제4개정판

수리통계학

허문열 · 송문섭 공저

Mathematical Statistics

박영사

제 4 개정판을 내면서

박영사에서 출판된 「수리통계학」은 1987년에 초판이 발행된 이후 수정을 거듭해 왔으며, 2009년에는 확률이론과 분포이론을 대폭 보완하여 「이론통계」란 새 이름으로 출판하였다. 그러나 「이론통계」는 이론적으로 더욱 보강된 내용이므로 어렵다는 지적과 함께 쉽게 수리통계를 접근할 수 있는 교재의 필요성이 제기되었다. 따라서 본서는 기존의 「수리통계학」을 대폭 수정하여 보다 쉬운 내용으로 재편성하였다.

예를 들어 '확률' 부분을 대폭 축소하였고, '분포이론'에서도 지나치게 이론적인 내용은 축소하였으며, 순차검정, 이원배치법, 로버스트 방법, 표본조사이론 등을 삭제하였다.

한편 비모수적 방법에서는 모수적 방법과 비교하면서 쉽게 접근하도록 수정하였다.

수리적인 내용을 최소화하려고 노력하였으나 수리통계의 특성으로 인하여 일부의 이론적인 내용도 포함시켰으며, 이들을 *로 표시하였다. 따라서 *표시가 있는 항목이나 예제 등은 생략해도 전체의 흐름에는 어려움이 없을 것으로 기대한다.

일부의 용어를 다시 수정하였다. 예를 들어 '비편향추정량'은 '불편추정량'으로 바꾸고, '확률표본'은 '랜덤표본'으로 바꾸었다.

본서는 한 학기용 교재로 사용할 수도 있으며, 두 학기용으로도 사용할 수 있다. 각 경우에 다음과 같이 다룰 것을 권장한다.

한 학기용의 경우

제 1 장(1-1∼4), 제 2 장(2-1∼2), 제 3 장(3-1), 제 4 장(4-1∼3),

제 5 장(5-1, 5-2-1∼3)

두 학기용의 경우

첫 학기: 제 1～4 장, 두 번째 학기: 제 5～7 장

연습문제는 필요에 따라 이론적인 내용을 보완할 수 있도록 어려운 내용도 그대로 두었다. 연습문제의 해답은 박영사 홈페이지의 자료실에서 다운받을 수 있도록 하였다. 홈페이지의 주소는 다음과 같다.

박영사 홈페이지: www.pakyoungsa.co.kr (자료실에서 다운로드)

끝으로 이 책이 출간되도록 애써주신 박영사의 편집부에 감사드린다.

2011 년 1 월

저　　자

차 례

제 1 장 확률과 확률분포

제 2 장 여러 가지 특수한 분포

제 3 장 통계량과 관련분포

제 4 장 추 정

제 6 장 비모수적 방법

제 7 장　분산분석과 회귀분석

☞ **연습문제 해답**(박영사 홈페이지, 머리말 참조 활용)

제 1 장

확률과 확률분포

1-1 확　　률

통계적 판단의 기초가 되는 개념은 확률(probability)이다. 따라서 이 절에서는 확률에 대한 간단한 성질을 살펴보기로 한다. 또한 조건부 확률과 독립사건의 확률 계산에 대하여 간단히 살펴보기로 한다.

1-1-1 확률의 기초 개념

확률적 실험에서 모든 가능한 결과들의 집합을 **표본공간**(sample space)이라 하고, 이를 기호 S로 나타내기로 한다. 표본공간의 부분집합을 **사건**(event) 또는 **사상**(event)이라 하며, 이들을 기호 A, B, C, … 등으로 나타내기로 한다. 사건 A가 발생한다는 것은 A에 속하는 원소 가운데 하나가 출현했음을 뜻한다. 사건 가운데 특히 한 개의 원소로 이루어진 사건을 **근원사건**(elementary event)이라 한다. 따라서 표본공간의 각 원소들은 근원사건이 된다.

[예 1-1] 주사위를 1개 던질 때 표본공간을 S, 짝수가 나오는 사건을 A로 나타내면 S와 A는 각각 다음과 같다.

$$S=\{1,\ 2,\ 3,\ 4,\ 5,\ 6\}$$
$$A=\{2,\ 4,\ 6\}$$

여기서 사건 A가 발생한다는 것은 2 또는 4 또는 6 가운데 하나가 나온다는 뜻이다.

사건의 기본 연산은 다음과 같다.

A와 B의 합사건 : $A \cup B=\{w \mid w \in A \text{ or } w \in B\}$

A와 B의 곱사건 : $A \cap B=\{w \mid w \in A \text{ and } w \in B\}$

A의 여사건 : $A^C=\{w \mid w \notin A \text{ and } w \in S\}$

곱사건 $A \cap B$는 흔히 AB로 나타내기도 한다.

확률은 사건이 일어날 가능성을 나타내는 수리적 측도로서, 라플라스(Laplace, 1749-1827)에 의한 확률의 고전적 정의는 다음과 같다.

> **정의 1-1** **확률의 고전적 정의**(라플라스)
> n개의 원소가 있는 표본공간 $S=\{e_1, \cdots, e_n\}$에서 각 근원사건 e_i가 일어날 가능성이 같을 경우에, k개의 원소로 구성된 사건 A가 일어날 확률은 다음과 같다.
>
> $$P[A]=\frac{k}{n}$$

표본공간의 원소를 표본점(sample point)이라 부르기도 한다. 사건 A에 속하는 표본점의 개수를 $n(A)$로 나타내면, 사건 A의 확률은 $P[A]=n(A)/n(S)$로 나타낼 수 있다.

[예 1-2] [예 1-1]에서와 같이 주사위 1개를 던질 때 짝수가 나올 확률은 다음과 같다.

$$P[A]=\frac{3}{6}=\frac{1}{2}$$

표본공간이 등확률의 근원사건으로 이루어진 경우에는 고전적 정의에 의해서 사건의 확률을 구할 수 있으나, 이와 같은 조건을 만족시키지 못하는 표본공간에서도 확률을 구할 수 있어야 한다. 예를 들어, 공정한 주사위를 던질 때 1이 나오는 사건을 A라고 하면 $P[A]=\frac{1}{6}$이다. 그러나 나무를 깎아서 만든 주사위가 정육면체가 아닐 경우에 1이 나올 확률은 $\frac{1}{6}$이 아닐 수 있다. 이 경우에 1이 나올 확률을 구하기 위해 계속해서 이 나무주사위를 던진 다음, "1이 나온 횟수"의 "던진 횟수"에 대한 비율을 구하면 이 값은 $P[A]$의 근사값이 될 수 있다. 즉,

$$P[A]\approx\frac{\text{1이 나온 횟수}}{\text{던진 횟수}}$$

이와 같이 사건 A가 일어나는 빈도의 극한비율로 확률을 정의하는 것을 빈

도학파적 정의라고 하며, 이를 요약하면 다음과 같다.

> **정의 1-2** 확률의 빈도학파적 정의
>
> 실험횟수를 n이라 할 때 사건 A가 일어날 확률은 다음과 같다.
>
> $$P[A]=\lim_{n\to\infty}\frac{1}{n}\times\{\text{사건 } A\text{가 발생한 횟수}\}$$

확률이론이나 통계이론에서 이와 같은 빈도학파적 정의로는 불충분하며, 다음과 같은 콜모고로프(Kolmogorov, 1903-1987)의 공리론적 정의에 의해 대부분의 확률이론이 설명될 수 있다.

> **정의 1-3** 확률의 공리론적 정의(콜모고로프)
>
> 표본공간 S에서 다음의 공리를 만족하는 $P[A]$를 사건 A의 확률이라고 한다.
>
> 공리 1. $P[S]=1$
>
> 공리 2. $0\le P[A]\le 1$
>
> 공리 3. 상호배반인 사건 A_1, A_2, $\cdots$에 대하여
>
> $$P[\bigcup_{i=1}^{\infty}A_i]=P[A_1]+P[A_2]+\cdots$$

공리 1은 어떤 실험에서도 표본공간 S는 항상 일어남을 뜻한다. 예를 들어, 주사위를 던질 때 윗면에 나오는 주사위의 눈의 개수는 1, 2, $\cdots$, 6 가운데 하나임을 뜻한다. 공리 2에 의해 어느 사건도 확률이 음수도 될 수 없고 1보다 클 수도 없음을 뜻한다. 공리 3은 상호배반인 두 사건 A, B에 대하여 합사건의 확률은 각각의 확률의 합과 같음을 의미한다. 예를 들어 주사위를 1개 던질 때, $A=\{1, 2\}$이고 $B=\{3, 4\}$이면 사건 A 또는 B가 일어날 확률은 다음과 같다.

$$P[A\cup B]=P[A]+P[B]=\frac{2}{6}+\frac{2}{6}=\frac{2}{3}$$

1-1-2 확률의 계산

다음의 두 정리에서는 확률의 정의로부터 얻을 수 있는 몇 가지 기본적인 성질들을 증명 없이 기술하기로 한다.

정리 1-1

(1) $P[A^c]=1-P[A]$

(2) $P[\phi]=0$

정리 1-2

(1) $A\subset B$ 이면 $P[A]\leq P[B]$

(2) $P[A\cup B]=P[A]+P[B]-P[A\cap B]$

[예 1-3] 한 개의 동전을 두 번 던져서 앞면(H)과 뒷면(T)이 나타나는 것을 관측하는 실험에서 표본공간은 다음과 같다.

$$S=\{(H, H), (H, T), (T, H), (T, T)\}$$

두 사건 A와 B를 각각

$$A=\{(H, H), (H, T)\},\ B=\{(H, H), (T, H)\}$$

로 정의하면

$$A\cap B=\{(H, H)\}$$

이며, $P[A\cap B]=\dfrac{1}{4}$이므로 $A\cup B$의 확률은 다음과 같다.

$$P[A\cup B]=P[A]+P[B]-P[A\cap B]$$
$$=\frac{1}{2}+\frac{1}{2}-\frac{1}{4}=\frac{3}{4}$$

1-1-3 조건부확률과 독립사건

한 사건이 일어났다는 조건하에 다른 사건이 일어날 확률에 대하여 알아보자. 예를 들어, 주사위 게임에서 주사위의 눈의 개수가 홀수임을 알았을 때, 그 주사위의 눈이 1일 확률은 얼마이겠는가? 주사위 게임에서 1이 나올 확률은 $\frac{1}{6}$이다. 그러나 홀수가 나왔다는 것을 알았을 때는 모든 가능한 결과들이 {1, 3, 5}이며, 이것이 새로운 표본공간이 되고 이 표본공간에서 1이 나올 확률은 $\frac{1}{3}$이다. 이와 같이 한 사건이 일어났다는 조건하에서는 다른 사건이 일어날 확률을 조건부확률이라 하며, 다음과 같이 정의한다.

정의 1-4 조건부확률(conditional probability)
사건 A가 주어졌을 때 B의 조건부확률은 다음과 같다.

$$P[B \mid A] = \frac{P[A \cap B]}{P[A]}$$

다만, $P[A] > 0$인 경우에만 정의된다.

조건부확률의 뜻을 생각해 보자. 사건 A가 일어났다면 A 이외의 것은 일어날 수가 없다. 따라서 이런 조건하에서는 A가 새로운 표본공간이 되고, A 내에서 $A \cap B$에 있는 근원사건이 일어날 때 B가 일어날 것이므로 A하에서 B의 조건부확률은 $P[A \cap B]$와 $P[A]$의 비로 주어진다.

[예 1-4] 〈표 1.1〉은 생명표 자료의 일부이다. 50세의 사망률(mortality rate)은 50세까지 살아 있다가 51세에 사망하는 조건부확률을 의미한다. 이제 어떤 사람이 50세까지 생존하는 사건을 A라 하고, 이 사람의 51세에 사망하는 사건을 B라고 하자. 그러면 50세의 사망률 $P[B \mid A]$을 구해 보자.

〈표 1.1〉 생 명 표

나　이	출생자 10만명당 생존자 수	생존자 1천명당 사망자 수
50	90,718	6.43
51	90,135	7.00
52	89,504	7.62

한 사람이 태어나서 50세까지 생존할 확률은 다음과 같다.

$$P[A]=\frac{90,718}{100,000}=0.90718$$

한편 50세까지 생존한 사람이 51세에 사망할 확률은 다음과 같다.

$$P[A\cap B]=\frac{(90,718-90,135)}{100,000}=0.00583$$

따라서 50세의 사망률은 다음과 같다.

$$P[B\mid A]=\frac{P[A\cap B]}{P[A]}=\frac{0.00583}{0.90718}=0.00643$$

조건부확률의 정의로부터 다음과 같은 **승법공식**을 얻을 수 있다.

$$P[A\cap B]=P[B\mid A]P[A]=P[A\mid B]P[B]$$

이제 표본공간의 분할을 생각해 보자. 사건 $A_1, \cdots, A_n$이

(i) $A_i\cap A_j=\phi,\ i\neq j$

(ii) $A_1\cup\cdots\cup A_n=S$

를 만족할 때, $A_1, \cdots, A_n$을 S의 **분할**(partition)이라 한다.

$A_1, \cdots, A_n$이 표본공간 S의 한 분할일 때

$$B\cap A_1,\ B\cap A_2,\ \cdots,\ B\cap A_n$$

은 상호배반인 사건들이므로 다음 등식이 성립한다.

$$\begin{aligned}P[B]&=P[(B\cap A_1)\cup(B\cap A_2)\cup\cdots\cup(B\cap A_n)]\\&=P[B\cap A_1]+\cdots+P[B\cap A_n]\\&=P[B\mid A_1]P[A_1]+\cdots+P[B\mid A_n]P[A_n]\end{aligned}$$

이들을 요약하면 다음과 같다.

정리 1-3 전확률(total probability)공식

$A_1, \cdots, A_n$이 표본공간 S의 한 분할일 때, 임의의 사건 B에 대하여 다음이 성립한다.

$$P[B]=P[B\mid A_1]P[A_1]+\cdots+P[B\mid A_n]P[A_n]$$

승법공식과 전확률공식에 의해 다음과 같은 베이즈 정리가 성립한다.

정리 1-4 베이즈 정리(Bayes' theorem)
$A_1, \cdots, A_n$이 표본공간 S의 한 분할이고, 각 i에 대하여 $P[A_i]>0$이며 $P[B]>0$일 때 다음 등식이 성립한다.

$$P[A_k|B]=\frac{P[B|A_k]P[A_k]}{\sum_{i=1}^{n} P[B|A_i]P[A_i]}$$

[증명]

$$\begin{aligned} P[A_k|B] &= \frac{P[A_k \cap B]}{P[B]} \\ &= \frac{P[B|A_k]P[A_k]}{P[B]} \qquad \text{(승법공식)} \\ &= \frac{P[B|A_k]P[A_k]}{\sum_{i=1}^{n} P[B|A_i]P[A_i]} \qquad \text{(전확률공식)} \end{aligned}$$

베이즈 정리는 $P[B|A_i]$를 알 수 있는 문제에서 $P[A_k|B]$를 구할 때 유용하게 사용되는 정리이다.

[예 1-5] 어느 공장의 제품생산 공정에는 1호기, 2호기, 3호기의 기계 3대가 있으며, 각각에서 전 생산량의 20%, 30%, 50%를 생산하고 있다. 또한 1, 2, 3호기의 불량률은 각각 0.4%, 0.2% 0.1%라고 한다. 이 공정에서 생산되는 제품 가운데 임의로 1개를 추출한 것이 불량품일 때, 이 불량품이 1호기, 2호기 3호기에서 생산되었을 확률을 각각 구해 보자.

불량품이 추출된 사건을 B라 하고, 1호기, 2호기, 3호기에서 생산되는 사건을 각각 A_1, A_2, A_3라고 하면 다음이 성립한다.

$$P[A_1]=0.2, \quad P[A_2]=0.3, \quad P[A_3]=0.5$$
$$P[B|A_1]=0.004, \quad P[B|A_2]=0.002, \quad P[B|A_3]=0.001$$

따라서 불량품이 1호기, 2호기, 3호기에서 생산되었을 확률은 각각 다음과 같다.

$$P[A_1|B]=\frac{P[B|A_1]P[A_1]}{P[B|A_1]P[A_1]+P[B|A_2]P[A_2]+P[B|A_3]P[A_3]}$$

$$=\frac{(0.004)\times(0.2)}{(0.004)\times(0.2)+(0.002)\times(0.3)+(0.001)\times(0.5)}$$

$$=\frac{8}{19}=0.421$$

$$P[A_2|B]=\frac{6}{19}=0.316$$

$$P[A_3|B]=\frac{5}{19}=0.263$$

사건 A가 일어난 것이 사건 B의 확률에 영향을 주지 않는다면

$$P[B \mid A]=P[B] \qquad (\text{다만, } P[A]>0)$$

이 성립하며, 이 때 A와 B는 **독립**(independent)이라 한다. A와 B가 독립이면 조건부확률의 정의로부터 다음이 성립한다.

$$P[B]=P[B|A]=\frac{P[A\cap B]}{P[A]}$$

따라서 A와 B가 독립이면 $P[A\cap B]=P[A]P[B]$가 성립한다. 한편 $P[A\cap B]=P[A]P[B]$이면

$$P[B|A]=\frac{P[A\cap B]}{P[A]}=\frac{P[A]P[B]}{P[A]}=P[B]$$

가 성립한다. 따라서 독립사건은 다음과 같이 세 가지 방법으로 정의한다.

정의 1-5 **독립사건**(independent event)

다음의 세 조건은 동치인 조건들이며, 이 가운데 하나만 성립하면 A와 B는 독립이다.

(1) $P[B|A]=P[B]$ (다만, $P[A]>0$)

(2) $P[A|B]=P[A]$ (다만, $P[B]>0$)

(3) $P[A\cap B]=P[A]P[B]$

또한, A와 B가 독립이 아닐 때 이들을 **종속**(dependent)이라 한다.

[예 1-6] 주사위 1개를 던질 때

$$A=\{1,\ 3,\ 5\},\quad B=\{1,\ 2\}$$

로 정의하면 A와 B는 독립인가 알아보자. $A\cap B=\{1\}$이므로 다음이 성립한다.

$$P[B]=\frac{2}{6}=\frac{1}{3}$$

$$P[B|A]=\frac{P[A\cap B]}{P[A]}=\frac{1/6}{3/6}=\frac{1}{3}$$

따라서 $P[B|A]=P[B]$이므로 A와 B는 독립이다.

연 습 문 제

1. 1. 1. 한 상자에 붉은 공, 흰 공, 검은 공이 각각 하나씩 들어 있다. 여기서 공 하나를 꺼내 색깔을 기록한 후 이를 다시 집어 넣고 또 하나를 꺼내 색깔을 기록하는 실험에 대응하는 표본공간은 어떻게 정의되는가? 만약 첫번째 공을 추출한 후 다시 집어 넣지 않는다면 표본공간은 어떻게 변하는가?

1. 1. 2. x와 y가 1, 2, 3 중 하나를 택한다고 한다. 이렇게 하면 $(x,\ y)$의 쌍은 모두 9개 있다. $x=y$인 쌍에는 $\frac{1}{6}$의 확률을 부여하고 그 외에는 모두 $\frac{1}{12}$을 부여하면 다음과 같은 경우 확률은 각각 얼마가 되겠는가?

(a) $x=2$　　(b) $y=1$　　(c) $x=2$ 또는 $y=1$

(d) $x+y\le 4$　　(e) $y>1$　　(f) $|x-y|=1$

1. 1. 3. 앞면이 나타날 때까지 동전을 던지는 실험을 생각해 보자. 뒷면을 T, 앞면을 H라고 하면 세 번째 던졌을 때 게임이 끝나는 사상은 TTH가 된다. k번째 시행에서 게임이 끝나는 확률을 $\frac{1}{2^k}$라 하자.

(a) S를 기술하여라.

(b) 동전을 세 번 이하 던져서 게임이 끝나는 확률을 구하여라.

(c) 짝수 번 동전을 던져서 게임이 끝나는 확률을 구하여라.

1. 1. 4. 동전을 두 번 던지는 실험에서 표본공간을 $S=\{(H,\ H),\ (H,\ T),\ (T,\ H),\ (T,\ T)\}$라고 하자. 또 각 표본점이 나타날 확률을 동일하다고 하자. 이 때 다음에 답하여라.

(a) 첫번째 동전이 앞면으로 나타났을 때 두 동전 모두 앞면이 될 확률
(b) 두 번 중 최소한 하나가 앞면일 때 두 개 모두 앞면이 될 확률

1.1.5. A, B, C 세 부품이 합해서 하나의 제품이 만들어진다고 한다. 또 A는 전체의 20%, B는 30%, C는 50%를 차지한다고 한다. 그리고 과거의 경험에 의하면 A는 5%, B는 10%, C는 4%의 불량률이 있다고 한다. 이 제품의 불량률은 어떻게 되겠는가?

1.1.6. 항아리 A에 3개의 붉은 구슬과 2개의 흰 구슬이 있다. 또 B항아리에는 4개의 붉은 구슬과 3개의 흰 구슬이 있다. A에서 랜덤하게 하나를 꺼내 B에 넣었다고 한다. B에서 구슬을 하나 꺼냈을 때 붉은 구슬이 될 확률은 얼마인가?

1.1.7. 세 개의 항아리가 있다. A항아리에는 두 개의 붉은 구슬이 있고, B에는 두 개의 흰 구슬이 있으며, C에는 흰 구슬과 붉은 구슬이 각각 하나씩 있다. 항아리 하나를 랜덤하게 택하고 여기서 구슬 하나를 임의로 택한다고 하자. 다음 질문에 답하여라.
(a) 흰 구슬이 추출될 확률을 구하여라.
(b) 흰 구슬이 추출되었다면 이것이 B항아리에서 추출되었을 확률은 얼마인가?

1-2 확률변수와 확률분포

표본공간에서 어떤 사건의 확률을 구하는 것이 매우 복잡하거나 어려울 때가 있다. 예를 들어 불량률이 10%인 공정에서 임의로 10개의 제품을 뽑아 검사할 때 이 가운데 불량품이 3개 이상일 확률은 얼마일까? 이와 같이 간단한 문제에서도 모든 경우의 수를 따지면서 확률을 구하는 것이 쉽지 않다.

이런 문제를 쉽게 해결하기 위해서 표본공간에서 사건을 실직선 위로 사상시키고, 사건의 확률을 실직선 위에서 정의된 분포함수를 이용해서 구하게 된다. 이를 위해 이 절에서는 확률변수, 확률밀도함수, 확률분포, 분포함수 등의 용어를 배우고 그들의 뜻을 익히도록 한다.

1-2-1 확률변수

[예 1-3]에서 다룬 동전을 두 번 던지는 시행을 다시 생각해 보자. 앞면과 뒷면을 각각 H(Head), T(Tail)로 나타내면 표본공간은 다음과 같다.

$$S=\{(H,\ H),\ (H,\ T),\ (T,\ H),\ (T,\ T)\}$$

이제 앞면이 나온 횟수에 따라 상금을 받는 게임을 한다고 하자. (예를 들어 H가 한 번 나오면 100원, 두 번 나오면 200원, 아니면 0원.) 그러면 우리는 동전을 두 번 던지는 시행에서 앞면이 몇 번 나오느냐에 관심이 있으며, 따라서 변수 X를 다음과 같이 정의할 수 있다.

$$X=\text{앞면의 개수}$$

이와 같이 정의된 X는 표본공간에서 정의된 실수함수로서 다음을 뜻한다.

$$X\{(H,\ H)\}=2,\ X\{(H,\ T)\}=1,\ X\{(T,\ H)\}=1,\ X\{(T,\ T)\}=0$$

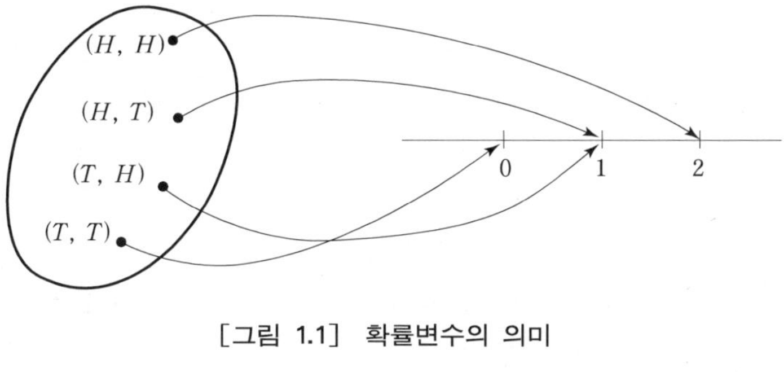

[그림 1.1] 확률변수의 의미

이와 같은 X를 확률변수라고 하며, 일반적으로 다음과 같이 정의한다.

> **정의 1-6** 표본공간에서 정의된 실수함수를 **확률변수**(random variable)라고 한다.

확률변수는 흔히 대문자 X, Y, Z, ⋯ 등으로 나타내며, 확률변수가 취하는 값들은 소문자 x, y, z, ⋯ 등으로 나타낸다.

앞의 예에서 확률변수 X가 x의 값을 취할 확률을 $f(x)$로 나타내면, $f(x)$는 다음과 같다.

$$f(x)=P[X=x]$$

따라서, $x=0$, 1, 2에 대한 확률을 표로 나타내면 다음과 같다.

x	0	1	2
$f(x)=P[X=x]$	$\frac{1}{4}$	$\frac{1}{2}$	$\frac{1}{4}$

이 때에 $f(x)$는 확률변수 X의 확률을 나타내는 함수이다. 한편, 확률변수 X는 표본공간에서 정의된 함수이나 우리는 X의 값에 대한 확률을 나타내는 $f(x)$에 관심이 있다. 따라서 X를 함수라고 부르는 대신에 변수라고 부른다.

확률변수는 그가 취하는 값의 종류에 따라 이산형과 연속형으로 나눌 수 있다.

정의 1-7 확률변수 X가 취할 수 있는 값들이 유한개이거나 셀 수 있는 경우에 X를 **이산확률변수**(discrete random variable)라고 하며, X가 취하는 값이 구간을 나타내는 경우에 **연속확률변수**(continuous random variable)라고 한다.

위의 정의에서 '셀 수 있다'(countable)는 말은 자연수 1, 2, 3, ⋯과 대응관계를 부여할 수 있다는 뜻이다.

[예 1-7] $X=10$개의 제품 가운데 들어 있는 불량품 개수

로 정의하면 X는 0부터 10까지의 정수값을 취할 수 있는 이산형이다. 한편

$$X=\text{전구의 수명}$$

으로 정의하면 X는 양수에서 정의된 연속형이다.

1-2-2 확률분포

이산형 확률변수 X에 대하여 X가 x의 값을 취할 확률을 나타내는 함수를 $f(x)$로 나타낼 때, $f(x)$를 X의 확률밀도함수 또는 간단히 밀도함수라고 한다. 이를 요약하면 다음과 같다.

> 정의 1-8 이산확률변수 X가 x의 값을 취할 확률을 나타내는 함수
>
> $$f(x)=P[X=x]$$
>
> 를 X의 **확률밀도함수**(probability density function) 또는 간단히 **밀도함수**라고 한다.

[예 1-8] 한 개의 주사위를 던질 때

$$X=\text{눈의 개수}$$

로 정의하면, 밀도함수 $f(x)$는 다음과 같다.

$$f(x)=\frac{1}{6},\quad x=1,\ 2,\ \cdots,\ 6$$

연속형 확률변수 X에 대하여, X가 구간 A에 속할 확률은 $\int_A f(x)dx$로 나타낼 수 있으며, 이 $f(x)$를 X의 확률밀도함수라고 한다.

> 정의 1-9 연속확률변수 X가 구간 A에 속할 확률을
>
> $$P[X\in A]=\int_A f(x)dx$$
>
> 로 나타낼 수 있을 때, 이 $f(x)$를 X의 **확률밀도함수** 또는 간단히 **밀도함수**라고 한다.

연속확률변수 X가 어느 구간에 속할 확률은 그 구간 위에서 밀도함수의 곡선 아래 면적이다. 따라서 연속형에서는 한 점에서의 확률은 언제나 0이며, 곡선 아래 전체면적은 1이다.

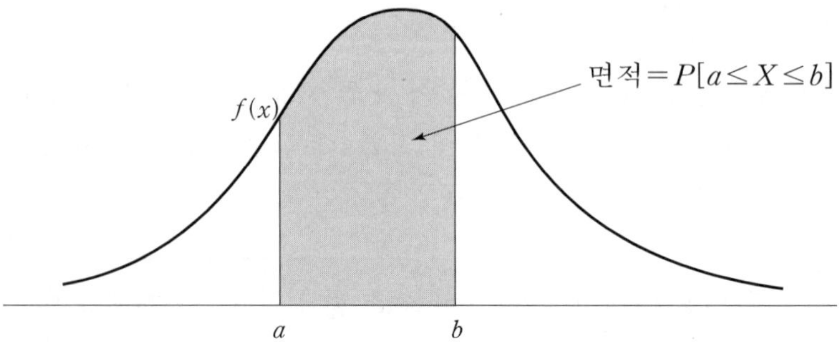

[그림 1.2] 연속형에서 밀도함수와 확률의 관계

[예 1-9] 다음과 같이 정의된 $f(x)$는 연속형 확률변수이다.

$$f(x)=\begin{cases} 2x, & 0\le x\le 1 \\ 0, & \text{아닐 때} \end{cases}$$

이를 그림으로 나타내면 [그림 1.3]과 같다.

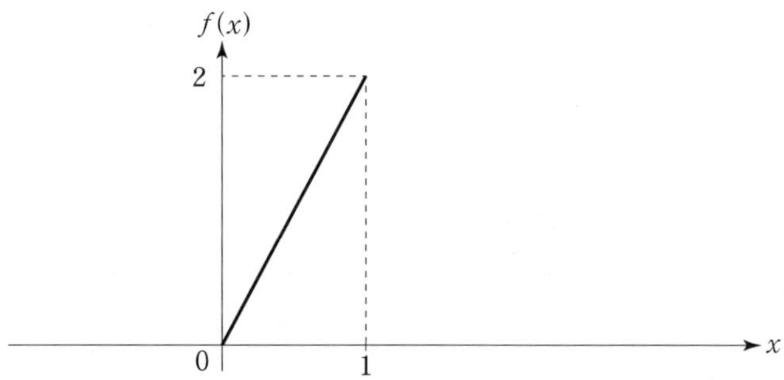

[그림 1.3] 연속형 $f(x)$의 모양

[예 1-10] 0부터 1까지의 눈금이 있는 회전원판에 화살을 꽂는 게임을 생각해보자. 확률변수 X를

$$X=\text{화살이 속하는 눈금}$$

으로 정의하면, X는 0부터 1까지의 모든 실수값을 취할 수 있는 연속형 확률변수이며, X가 구간 $[a, b]$에 속할 확률은 구간의 길이인 $b-a$에 비례한다. 따라서

$$P[a \le X \le b] = \frac{b-a}{1-0} = b-a \qquad (\text{다만, } 0 \le a < b \le 1)$$

이런 조건을 만족시키는 밀도함수는 다음과 같다.

$$f(x) = \begin{cases} 1, & 0 \le x \le 1 \\ 0, & \text{아닐 때} \end{cases}$$

이와 같은 분포를 **균등분포**(uniform distribution)라고 한다.

이산형과 연속형 밀도함수의 성질을 요약하면 다음과 같다.

이 산 형	연 속 형
$0 \le f(x) \le 1$	$0 \le f(x)$
$\sum_x f(x) = 1$	$\int_{-\infty}^{\infty} f(x)dx = 1$
$P[X \in A] = \sum_{x \in A} f(x)$	$P[X \in A] = \int_A f(x)dx$

확률변수의 누적분포함수는 다음과 같이 정의한다.

정의 1-10 확률변수 X의 **누적분포함수**(cumulative distribution function) $F(x)$는 다음과 같이 정의한다.

$$F(x) = P[X \le x]$$

누적분포함수를 간단히 **분포함수**라고도 한다.

밀도함수와 누적분포함수의 정의로부터, 두 함수 사이에 다음의 관계가 성립한다.

정리 1-5 밀도함수와 누적분포함수 사이의 관계

(1) 이산형: $F(x) = \sum_{u \le x} f(u)$

(2) 연속형: $F(x) = \int_{-\infty}^{x} f(u)du, \quad f(x) = F'(x)$

[참고] 우리는 밀도함수를 먼저 정의하고, 이로부터 누적분포함수와의 관계를

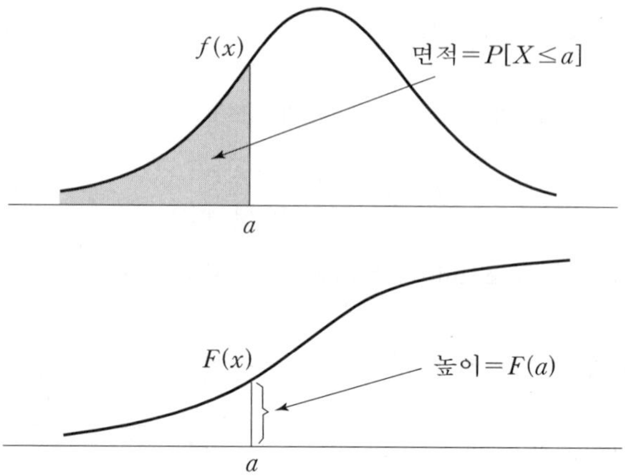

[그림 1.4] 밀도함수와 누적분포함수 사이의 관계

살펴보았다. 그러나 누적분포함수를 먼저 정의하고, 이로부터 밀도함수를 정의할 수도 있다. 예를 들어 이산형에서는

$$f(x)=F(x)-\lim_{h\to 0^+}F(x-h)$$

로 정의하며, 연속형에서는

$$f(x)=F'(x)$$

로 정의하여 밀도함수를 소개할 수도 있다. 이 외에도 여러 가지 방법이 있으나 이 책에서는 직관적으로 이해하기 쉬운 방법으로 소개하였다.

연속형에서 X가 어느 구간에 속할 확률은 그 구간 위에서 밀도함수 곡선 아래의 면적에 해당하며, 실수 a에 대하여 $F(a)=P[X\leq a]$이므로 밀도함수와 누적분포함수에서 이들 관계를 그림으로 나타내면 [그림 1.4]와 같다.

[예 1-11] X의 밀도함수가

$$f(x)=\begin{cases} e^{-x}, & x\geq 0 \\ 0, & \text{아닐 때} \end{cases}$$

로 정의되면, 누적분포함수는 다음과 같다.

$$\begin{aligned} F(x) &= \int_0^x e^{-u}\,du=[-e^{-u}]_0^x \\ &= 1-e^{-x},\ x\geq 0 \end{aligned}$$

[예 1-12] [예 1-8]에서 정의된 $f(x)=\frac{1}{6}$, $x=1, 2, \cdots, 6$는 정수 $\{1, 2, \cdots, 6\}$에서 균등분포를 따르는 밀도함수이다. 이 밀도함수의 누적분포함수는 다음과 같다.

$$F(x)=\begin{cases} 0, & x<1 \\ \frac{1}{6}, & 1\le x<2 \\ \frac{2}{6}, & 2\le x<3 \\ \vdots & \\ 1, & 6\le x \end{cases}$$

$F(x)$는 계단함수로서 이를 그림으로 나타내면 [그림 1.5]와 같다.

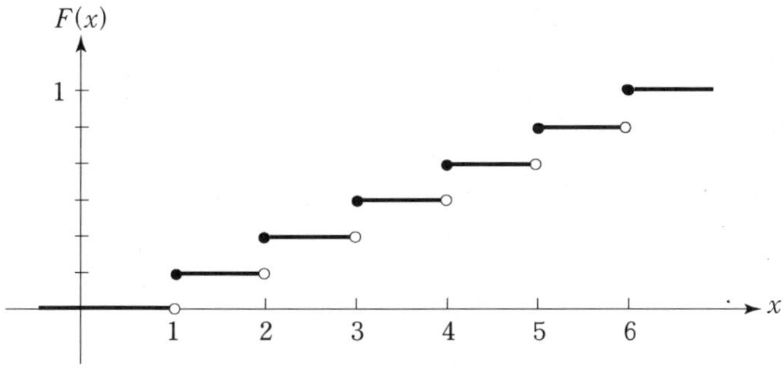

[그림 1.5] 이산형 누적분포함수의 예

연 습 문 제

1. 2. 1. 다음에 주어진 각 함수들이 이산확률밀도함수가 되도록 c를 결정하고 각각의 누적분포함수를 그려 보여라.

(a) $f(x)=\frac{x}{c}$ $\quad x=1, 2, 3, 4$

(b) $f(x)=cx$ $\quad x=1, 2, 3, 4$

(c) $f(x)=c\left(\frac{1}{4}\right)^x$ $\quad x=1, 2, 3, \cdots, \infty$

(d) $f(x)=c(1+x)^2$ $\quad x=0, 1, 2, 3$

1. 2. 2. 다음에 주어진 각 함수들이 연속확률밀도함수가 되도록 c를 결정하고 각각의 누적분포함수를 그려 보여라.

(a) $f(x)=c \qquad 0\le x\le 1$

(b) $f(x)=cx \qquad 0\le x\le 1$

(c) $f(x)=\dfrac{c}{x} \qquad 1\le x\le 10$

(d) $f(x)=ce^{-x} \qquad 0\le x<\infty$

1. 2. 3. 확률변수 X의 분포함수가 다음과 같다.

$$F(x)=\begin{cases} 0, & x\le 0 \\ \dfrac{x}{8}, & 0<x<2 \\ \dfrac{x^2}{16}, & 2\le x<4 \\ 1, & 4\le x \end{cases}$$

(a) X의 밀도함수를 구하여라.

(b) $P[1\le X\le 3]$를 구하여라.

(c) $P[X\ge 1.5]$를 구하여라.

1. 2. 4. 확률변수 X의 분포함수가 다음과 같다.

$$F(x)=\begin{cases} 0, & x<0 \\ \dfrac{(x+1)}{2}, & 0\le x<1 \\ 1, & 1\le x \end{cases}$$

(a) $P[-3<X\le \frac{1}{2}]$을 구하여라.

(b) $P[X=0]$을 구하여라.

1. 2. 5. X의 분포함수가 다음과 같다.

$$F(x)=\begin{cases} 0, & x<0 \\ \dfrac{x}{2}, & 0\le x<1 \\ \dfrac{2}{3}, & 1\le x<2 \\ \dfrac{11}{12}, & 2\le x<3 \\ 1, & 3\le x \end{cases}$$

이를 그려보고 $P[X<3]$, $P[X=1]$, $P[X>\frac{1}{2}]$, $P[2<X\leq 4]$를 구하여라.

1. 2. 6. X의 분포함수가 다음과 같다.

$$F(x)=\begin{cases} 0, & x<0 \\ x^2, & 0\leq x\leq 1 \\ 1, & 1<x \end{cases}$$

이를 그려 보고 밀도함수를 구하여라.

1-3 기대값과 적률

기초 통계학에서 모집단의 중심위치를 나타내는 **모평균**(population mean)과 산포도를 나타내는 **모분산**(population variance) 또는 **모표준편차**(population standard deviation)를 배웠다. 이 절에서는 이들과 같은 개념인 평균, 분산 및 적률을 분포함수의 개념에서 다루기로 한다.

1-3-1 기 대 값

평균(mean value 또는 average value)은 분포(또는 모집단)의 무게중심을 나타내는 개념이며, 기대값(expected value)은 확률변수에 대하여 평균적으로 기대하는 값이라는 의미를 갖는 용어이지만, 확률분포에서는 평균과 기대값이 같은 개념을 나타내는 용어들이다. 확률변수의 평균 또는 기대값의 정의는 다음과 같다.

정의 1-11 확률변수 X의 밀도함수가 $f(x)$일 때 X의 **기대값**(expected value) 또는 **평균**(mean)은 다음과 같이 정의한다.

(1) 이산형: $E[X]=\sum_{x} xf(x)$

(2) 연속형: $E[X]=\int_{-\infty}^{\infty} xf(x)dx$

기대값의 기호로는 $E[X]$, μ, μ_X 등을 사용한다.

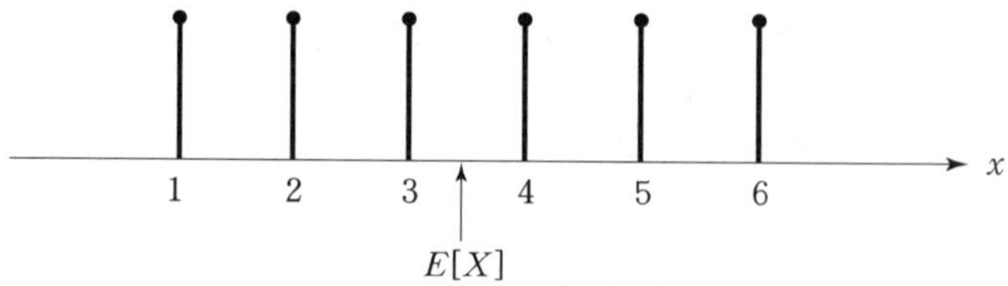

[그림 1.6] 무게중심을 나타내는 기대값의 의미

이산형에서 기대값은 각 x값에 확률 $f(x)$를 가중치로 하는 **가중평균**(weighted average)에 해당된다.

[예 1-13] 주사위 1개를 던질 때,

$$X = \text{눈의 개수}$$

로 정의하면 X는 1, 2, …, 6을 각각 $\frac{1}{6}$의 확률로 취한다. 따라서 X의 기대값은 다음과 같다.

$$E[X] = 1 \times \frac{1}{6} + 2 \times \frac{1}{6} + \cdots + 6 \times \frac{1}{6} = 3.5$$

[예 1-13]에서 X의 기대값은 3.5이지만 실제로 X가 3.5의 값을 취할 수 있는 것은 아니다. 즉, 주사위를 계속해서 던질 때 나오는 눈의 개수에 대한 평균의 개념 또는 기대되는 값의 추상적인 개념이다. 따라서 기대값을 **'수학적 기대값'**(mathematical expectation)이라 부르기도 한다.

[예 1-8]과 [예 1-13]에서 다룬 밀도함수에서 기대값 또는 평균을 그림으로 나타내면 [그림 1.6]과 같다. 그림에서 보는 바와 같이 기대값은 분포의 무게중심을 나타내는 개념으로 이해할 수 있다. 따라서 밀도함수가 좌우 대칭이며 평균이 존재하는 분포에서는 대칭점이 평균에 해당된다.

[예 1-14] X의 밀도함수가 다음과 같을 때 X의 기대값은 다음과 같다.

$$f(x) = \begin{cases} \frac{x}{2}, & 0 \le x \le 2 \\ 0, & \text{아닐 때} \end{cases}$$

$$E(X)=\int_0^2 x\cdot\frac{x}{2}dx=\frac{1}{2}\left[\frac{x^3}{3}\right]_0^2=\frac{4}{3}$$

확률변수 X의 함수인 $u(X)$도 확률변수이므로 $u(X)$의 기대값에 대하여 관심이 있는 경우도 많다. 다음은 $u(X)$의 기대값을 정의한 것이다.

> **정의 1-12** 확률변수 X의 밀도함수가 $f(x)$일 때 $u(X)$의 기대값은 다음과 같이 정의한다.
>
> (1) X가 이산형일 때: $E[u(X)]=\sum_x u(x)f(x)$
>
> (2) X가 연속형일 때: $E[u(X)]=\int_{-\infty}^{\infty}u(x)f(x)dx$

[예 1-15] [예 1-14]의 밀도함수에서 $u(x)=(x-1)^2$일 때

$$E[u(X)]=\int_0^2(x-1)^2\cdot\frac{x}{2}dx=\frac{1}{2}\left[\frac{x^4}{4}-\frac{2x^3}{3}+\frac{x^2}{2}\right]_0^2=\frac{1}{3}$$

기대값의 정의로부터 다음의 여러 가지 성질을 유도할 수 있다.

> **정리 1-6** c는 상수이고 $u_1(x), u_2(x)$는 실수함수일 때 다음이 성립한다.
>
> (1) $E[c]=c$
>
> (2) $E[cX]=cE[X]$
>
> (3) $E[u_1(x)+u_2(x)]=E[u_1(x)]+E[u_2(x)]$

[증명] X가 연속형인 경우에 (2)만 증명하면 다음과 같다.

(2) $E[cX]=\int_{-\infty}^{\infty}cxf(x)dx=c\int_{-\infty}^{\infty}xf(x)dx=cE[X]$

1-3-2 분 산

모집단의 중심위치를 나타내는 모수인 μ는 확률변수 X의 기대값 $E(X)$와 같은 개념임을 앞에서 다루었다. 마찬가지로 모집단의 산포도를 나타내는

모분산 σ^2에 대응되는 개념은 확률변수 X의 분산이며, 다음에서 이를 정의해 보자.

> **정의 1-13** 확률변수 X의 분산과 표준편차를 다음과 같이 정의한다.
>
> (1) X의 **분산**(variance): $\sigma_X{}^2 = V[X] = E[(X-\mu_X)^2]$
>
> (2) X의 **표준편차**(standard deviation): $\sigma_X = D[X] = \sqrt{V[X]}$
>
> 분산의 기호로는 $V[X]$, $\mathrm{Var}[X]$, σ^2, $\sigma_X{}^2$ 등을 사용하며, 표준편차의 기호로는 $D[X]$, $\mathrm{sd}[X]$, σ, σ_X 등을 사용한다.

[예 1-16] 다음의 두 분포에서 분산과 표준편차를 각각 구해 보자.

(1)

x	1	2	3	4
$f(x)$	$\frac{1}{4}$	$\frac{1}{4}$	$\frac{1}{4}$	$\frac{1}{4}$

(2)

y	1	2	3	4
$f(y)$	$\frac{1}{8}$	$\frac{3}{8}$	$\frac{3}{8}$	$\frac{1}{8}$

두 분포는 모두 2.5에 관하여 대칭이므로 평균이 2.5이다. 따라서 분산 및 표준편차는 다음과 같다.

(1) $$V[X] = (1-2.5)^2\frac{1}{4} + (2-2.5)^2\frac{1}{4} + (3-2.5)^2\frac{1}{4} + (4-2.5)^2\frac{1}{4}$$
$$= \frac{4.6}{4} = 1.15$$
$$D[X] = \sqrt{1.15} = 1.07$$

(2) $$V[Y] = (1-2.5)^2\frac{1}{8} + (2-2.5)^2\frac{3}{8} + (3-2.5)^2\frac{3}{8} + (4-2.5)^2\frac{1}{8}$$
$$= \frac{4.8}{8} = 0.6$$
$$D[Y] = \sqrt{0.6} = 0.775$$

이 예에서 Y의 분포가 X의 분포보다 평균 2.5에 밀집해 있으므로 Y의 분산이 X의 분산보다 작다. 이와 같이 분산과 표준편차는 산포도를 나타내는 측도이며, 특히 표준편차는 변수와 같은 척도(scale)를 갖는 산포의 측도이다.

[예 1-17] 다음의 균등분포에서 분산과 표준편차를 구해 보자.

$$f(x)=\begin{cases}1, & 0\le x\le 1\\ 0, & \text{아닐 때}\end{cases}$$

평균은 0.5 이므로, 분산과 표준편차는 각각 다음과 같다.

$$V(X)=\int_0^1\left(x-\frac{1}{2}\right)^2\cdot 1dx=\left[\frac{1}{3}\left(x-\frac{1}{2}\right)^3\right]_0^1=\frac{1}{12}$$

$$D[X]=\sqrt{\frac{1}{12}}=0.289$$

분산의 정의로부터 다음 성질들을 유도할 수 있다.

정리 1-7 a, b가 상수이고 $\mu=E(X)$일 때 다음이 성립한다.

(1) $V[X]=E[(X-\mu)^2]=E[X^2]-\mu^2$ (간편계산법)

(2) $V[aX+b]=a^2V[X]$

[증명]

(1) $E[(X-\mu)^2]=E[X^2-2\mu X+\mu^2]=E[X^2]-2\mu E[X]+\mu^2$
$=E[X^2]-2\mu^2+\mu^2=E[X^2]-\mu^2$

(2) (1)의 결과를 이용하여 다음을 얻을 수 있다.

$$\begin{aligned}V[aX+b]&=E[(aX+b)^2]-(E[aX+b])^2\\&=a^2E[X^2]+2abE[X]+b^2-(a^2E^2[X]+2abE[X]+b^2)\\&=a^2(E[X^2]-E^2[X])=a^2V[X]\end{aligned}$$

[예 1-18] [예 1-16]에서 X와 Y의 분산을 간편계산법으로 구해 보자.

(1) $V[X]=E[X^2]-\mu_X^2=\left(1^2\cdot\frac{1}{4}+2^2\cdot\frac{1}{4}+3^2\cdot\frac{1}{4}+4^2\cdot\frac{1}{4}\right)-(2.5)^2=1.15$

(2) $V[Y]=E[Y^2]-\mu_Y^2=\left(1^2\cdot\frac{1}{8}+2^2\cdot\frac{3}{8}+3^2\cdot\frac{3}{8}+4^2\cdot\frac{1}{8}\right)-(2.5)^2=0.6$

1-3-3 적률생성함수

확률변수 X의 평균은 $E[X]$이며, 분산은 $E[X^2]-\mu^2$으로 표현된다. 일반적으로 x^k의 기대값을 적률(moment)이라 하며, 적률생성함수를 다음과 같이 정의한다.

> **정의 1-14** 확률변수 X의 k차 **적률**(kth moment)은
>
> $$\mu_k = E[X^k]$$
>
> 이며, X의 밀도함수가 $f(x)$일 때 X의 **적률생성함수**(moment generating function)는 $M_X(t)$ 또는 간단히 $M(t)$로 나타내고 다음과 같이 정의한다. (다만, $t=0$ 근방에서 함수값이 존재할 때)
>
> $$M_X(t) = E[e^{tX}] = \sum_x e^{tx} f(x) \quad \text{또는} \quad \int_{-\infty}^{\infty} e^{tx} f(x)\,dx$$

[예 1-19] 주사위 1개를 던질 때

$$X = \text{눈의 개수}$$

로 정의하면, 확률밀도함수는 $f(x)=\frac{1}{6}$, $x=1, \cdots, 6$이다. 따라서 적률생성함수는 다음과 같다.

$$\begin{aligned} M(t) &= \sum_x e^{tX} f(x) = e^{1t} f(1) + e^{2t} f(2) + \cdots + e^{6t} f(6) \\ &= \frac{1}{6} e^{t} + \frac{1}{6} e^{2t} + \cdots + \frac{1}{6} e^{6t} \end{aligned}$$

이제 X의 적률과 적률생성함수의 관계를 알아보기 위하여, 이산형을 예로 $M(t)$를 t에 관하여 미분해 보자.

$$\frac{d}{dt} M(t) = \frac{d}{dt} \sum_x e^{tx} f(x) = \sum_x x e^{tx} f(x)$$

$$\frac{d^2}{dt^2} M(t) = \frac{d}{dt} \sum_x x e^{tx} f(x) = \sum_x x^2 e^{tx} f(x)$$

일반적으로

$$M^{(k)}(t)=\sum_x x^k e^{tx} f(x)=E[X^k e^{tX}]$$

따라서 다음이 성립한다.

$$M^{(k)}(0)=\sum_x x^k f(x)=E[X^k]$$

예를 들어 다음 관계가 성립한다.

$$E[X]=M'(0),\quad E[X^2]=M''(0)$$

두 확률변수의 적률생성함수가 동일하면 두 확률변수의 밀도함수도 동일하다. 즉, 각 분포함수에 대하여 유일한 적률생성함수가 대응된다. 그러나 이에 대한 증명은 이 책의 수준을 넘으므로 생략하기로 한다. 또한 경우에 따라서는 적률생성함수를 이용하여 평균, 분산 등의 적률을 구하는 것이 편리할 때가 많다.

[예 1-20] 확률변수 X의 밀도함수가

$$f(x)=xe^{-x},\quad 0<x<\infty$$

로 주어질 때, X의 적률생성함수와 평균, 분산을 구해보자. 먼저, 적률생성함수는 다음과 같다.

$$\begin{aligned} M(t)&=\int_{-\infty}^{\infty} e^{tx} f(x)dx \\ &=\int_0^{\infty} e^{tx}\cdot xe^{-x}dx \\ &=\int_0^{\infty} xe^{-(1-t)x}dx=\frac{1}{(1-t)^2} \end{aligned}$$

또한

$$\begin{aligned} M'(t)&=2(1-t)^{-3} \\ M''(t)&=6(1-t)^{-4} \end{aligned}$$

이므로 X의 평균과 분산은 각각 다음과 같다.

$$\begin{aligned} \mu&=E[X]=M'(0)=2 \\ \sigma^2&=V[X]=M''(0)-\mu^2=6-4=2 \end{aligned}$$

연 습 문 제

1. 3. 1. 확률분포가 다음과 같을 때 평균과 분산, 표준편차를 구하여라.

$$F(x)=\begin{cases} 0, & x<10 \\ \frac{1}{4}, & 10\le x<15 \\ \frac{3}{4}, & 15\le x<20 \\ 1, & 20\le x \end{cases}$$

1. 3. 2. X의 평균과 분산을 각각 μ, σ^2이라고 할 때 $Y=\dfrac{X-\mu}{\sigma}$의 평균과 분산은 각각 얼마가 되는가?

1. 3. 3. 왜도(coefficient of skewness)의 측정단위로 다음을 이용한다.

$$s=\frac{1}{\sigma^3}E[(X-\mu)^3]$$

만약 어떤 분포가 대칭이라면 $s=0$이고, 분포의 꼬리가 오른쪽이 왼쪽보다 길게 뻗어 있다면 $s>0$, 반대로 꼬리가 왼쪽이 오른쪽보다 길게 뻗어 있다면 $s<0$이 된다. $s>0$인 형태의 분포를 양의 방향으로 기울어진 분포(skewed positively) 또는 오른쪽으로 기울어진 분포라 하고, $s<0$인 분포를 음의 방향으로 기울어진 분포(skewed negatively) 또는 왼쪽으로 기울어진 분포라고 한다. 확률분포가 다음과 같이 주어졌을 때 이들을 그려보고 왜도를 구하여라.

(a) $f(x)=\begin{cases} \frac{2^{6-x}}{64}, & x=1, 2, 3, 4, 5, 6 \\ \frac{1}{64}, & x=7 \end{cases}$

(b) $f(x)=\begin{cases} \frac{1}{32}, & x=1 \\ \frac{2^{6-x}}{32}, & x=2, 3, 4, 5, 6 \end{cases}$

(c) $f(x)=1-|x-1|, \quad 0<x<2$

(d) $f(x)=e^{-x}, \quad 0<x$

1. 3. 4. 첨도(coefficient of kurtosis)의 측정단위는

$$k=\frac{1}{\sigma^4}E[(X-\mu)^4]-3$$

이다. 이 값은 분포가 중심 근처에서 퍼져 있는 정도를 측정하는 데 이용된다. $k=0$이면 정규분포(다음 장에서 설명됨)인 경우이고 $k<0$이면 정규분포보다 더 납작하게 퍼져 있는 분포가 되며, $k>0$이면 정규분포보다 중심부분이 더 뾰족하게 솟아 있는 형태가 된다. 다음 각 경우에 분포함수를 그려보고 k를 계산해 보아라.

(a) $f(x)=\frac{1}{6}$, $\quad x=1, 2, 3, 4, 5, 6$

(b) $f(x)=1$, $\quad 0<x<1$

(c) $f(x)=1-|x-1|$, $\quad 0<x<2$

1.3.5. 이산확률변수 X의 적률생성함수가 $M(t)=\frac{1}{3}+\frac{2}{3}e^t$일 때 X의 확률분포를 구하여라.

1.3.6. X의 적률생성함수가 $e^{3(e^t-1)}$과 같이 주어졌다면

(a) $P[X=0]$는 얼마인가?

(b) $P[X\geq 4]$는 얼마인가?

(c) $E[X]$, $V[X]$는 얼마인가?

1-4 다차원분포

이 절에서는 두 확률변수의 결합분포를 알아보고, 확률변수의 독립성 및 조건부 분포에 대하여 다룬다. 또한 두 확률변수의 상관관계를 나타내는 측도인 공분산과 상관계수를 정의하고 계산법을 알아본다. 확률변수들의 선형결합으로 표현된 식에 대한 기대값, 분산에 대하여도 알아본다.

1-4-1 두 확률변수의 결합분포

두 확률변수 X, Y의 결합밀도함수는 한 변수의 밀도함수가 확장된 개념으로 이해할 수 있다.

정의 1-15 다음과 같이 정의된 $f(x, y)$를 두 확률변수 X, Y의 **결합확률밀도함수**(joint probability density function) 또는 간단히 **결합밀도함수**라

고 한다.

(1) 이산형: $f(x, y)=P[X=x, Y=y]$

(2) 연속형: $P[(X, Y)\in A]=\int_A\int f(x, y)dxdy$

결합밀도함수도 밀도함수가 갖는 여러 가지 성질을 가지며, 두 확률변수의 결합분포를 흔히 **이변량분포**(bivariate distribution)라고 한다.

다음은 결합누적분포함수의 정의이다.

정의 1-16 두 확률변수 X, Y의 **결합누적분포함수**(joint cumulative distribution function)는 다음과 같이 정의한다.

$$F(x, y)=P[X\leq x, Y\leq y]$$

결합분포의 정의로부터 다음과 같은 관계를 얻을 수 있다.

정리 1-8 결합밀도함수와 결합누적분포함수 사이에는 다음과 같은 관계가 성립한다.

(1) 이산형: $F(x, y)=\sum_{u\leq x}\sum_{v\leq y}f(u, v)$

(2) 연속형: $F(x, y)=\int_{-\infty}^{x}\int_{-\infty}^{y}f(u, v)dudv$

결합분포로부터 주변분포를 다음과 같이 정의한다.

정의 1-17 X와 Y의 결합밀도함수가 $f(x, y)$일 때 **주변밀도함수**는 다음과 같이 정의한다.

(1) X의 주변밀도함수

(이산형) $f_X(x)=\sum_y f(x, y)$ (연속형) $f_X(x)=\int_{-\infty}^{\infty}f(x, y)dy$

(2) Y의 주변밀도함수

(이산형) $f_Y(y)=\sum_x f(x, y)$ (연속형) $f_Y(y)=\int_{-\infty}^{\infty}f(x, y)dx$

X의 주변밀도함수는 y값에 관계없이 x만에 대한 확률로 이해할 수 있다.

[예 1-21] 두 개의 주사위를 던질 때

X=첫번째 주사위의 눈의 개수
Y=두 번째 주사위의 눈의 개수

로 정의하면, X, Y의 결합밀도함수는 다음과 같다.

$$f(x,\ y)=\frac{1}{36},\quad x=1,\ \cdots,\ 6,\ y=1,\ \cdots,\ 6$$

한편, X와 Y의 주변밀도함수는 다음과 같다.

$$f_X(x)=\frac{1}{6},\quad x=1,\ \cdots,\ 6$$

$$f_Y(y)=\frac{1}{6},\quad y=1,\ \cdots,\ 6$$

[예 1-22] 다음 표는 두 확률변수 X, Y의 결합밀도함수와 주변밀도함수를 나타낸다.

x \ y	0	4	$f_X(x)$
1	$\frac{3}{8}$	$\frac{1}{8}$	$\frac{1}{2}$
3	$\frac{1}{8}$	$\frac{3}{8}$	$\frac{1}{2}$
$f_Y(y)$	$\frac{1}{2}$	$\frac{1}{2}$	1

[예 1-23] X, Y의 결합밀도함수가 균등분포

$$f(x,\ y)=1,\quad 0\le x\le 1,\quad 0\le y\le 1$$

를 따를 때 $P[X<Y]$를 구해 보자.

$$P[X<Y]=\int_{-\infty}^{\infty}\int_{-\infty}^{y}f(x,\ y)\,dx\,dy=\int_0^1\int_0^y dx\,dy$$
$$=\int_0^1 y\,dy=\left[\frac{y^2}{2}\right]_0^1=\frac{1}{2}$$

1-4-2 두 확률변수의 독립성과 조건부분포

정의 1-5 에서 두 사건 A, B의 독립성에 대한 필요충분조건으로

$$P[B|A]=P[B] \quad \text{또는} \quad P[A\cap B]=P[A]P[B]$$

를 제시하였다. 이제 두 확률변수의 독립성도 같은 개념으로 정의할 수 있다.

> **정의 1-18** 두 확률변수 X, Y에 대하여
>
> $$f(x,\ y)=f_X(x)f_Y(y), \qquad \text{모든 } x,\ y \text{에 대하여}$$
>
> 일 때 X와 Y는 **독립**(independent)이라 한다.

[예 1-24] [예 1-21]에서 모든 x, y에 대하여

$$f(x,\ y)=\frac{1}{36}=f_X(x)f_Y(y)$$

이므로 X, Y는 독립이다.

[예 1-25] [예 1-22]에서

$$f(1,\ 0)=\frac{3}{8}\neq\frac{1}{4}=f_X(1)f_Y(0)$$

이므로 X, Y는 독립이 아니다.

[예 1-26] 두 확률변수 X, Y의 결합밀도함수가

$$f(x,\ y)=e^{-x-y}, \quad 0<x<\infty, \quad 0<y<\infty$$

인 경우에 X, Y의 주변밀도함수는 각각

$$f_X(x)=e^{-x}, \quad 0<x<\infty$$
$$f_Y(y)=e^{-y}, \quad 0<y<\infty$$

이므로 $f(x,\ y)=f_X(x)f_Y(y)$이다. 따라서 X와 Y는 독립이다.

[예 1-27] 두 확률변수 X, Y의 결합밀도함수가

$$f(x,\ y)=x+y,\quad 0<x<1,\quad 0<y<1$$

인 경우에 X, Y의 주변밀도함수는 각각

$$f_X(x)=x+\frac{1}{2},\quad 0<x<1$$

$$f_Y(y)=y+\frac{1}{2},\quad 0<y<1$$

이므로 $f(x,\ y)\neq f_X(x)f_Y(y)$이다. 따라서 X와 Y는 독립이 아니다.

세 개 이상의 확률변수의 독립성도 같은 개념으로 정의할 수 있다. 즉,

$$f_{X_1,\cdots X_n}(x_1,\ \cdots,\ x_n)=f_{X_1}(x_1)\cdots f_{X_n}(x_n)$$

일 때 $X_1,\ \cdots,\ X_n$이 **상호독립**(mutually independent)이라 한다.

n개의 확률변수 $X_1,\ \cdots,\ X_n$이 상호독립이며 동일한 분포 $f(x)$를 가질 때 다음과 같이 나타내기도 한다.

$$X_1,\ \cdots,\ X_n \overset{iid}{\sim} f(x)$$

여기서 iid는 영어의 *i*ndependent and *i*dentically *d*istributed에서 첫 글자를 딴 것이다.

두 확률변수가 독립이면 한 확률변수가 어떤 값을 갖더라도 다른 변수의 확률에 영향을 주지 않는다. 그러나 독립이 아니면 두 확률변수는 서로 연관성이 있어서 한 확률변수가 취하는 값에 따라 다른 변수의 확률분포가 다를 수 있다. 예를 들어 "X=키, Y=몸무게"를 나타낼 때 키가 160cm인 남자들의 몸무게 분포와 170cm인 남자들의 몸무게 분포는 다르다. 이러한 개념을 나타내는 것이 조건부분포이다.

정의 1-19 두 확률변수 X, Y의 결합밀도함수를 $f(x,\ y)$라고 하자. Y의 값이 y로 주어질 때 X의 **조건부확률밀도함수**(conditional probability density function)를 $f(x|y)$로 나타내고 다음과 같이 정의한다.

$$f(x|y)=\frac{f(x,\ y)}{f_Y(y)} \qquad (\text{다만, } f_Y(y)>0\text{일 때})$$

조건부밀도함수가 밀도함수의 성질을 만족하는 것은 쉽게 증명할 수 있다. 예를 들어 연속형의 경우에 다음을 만족한다.

$$\int_{-\infty}^{\infty} f(x|y)dx = \int_{-\infty}^{\infty} \frac{f(x,\ y)}{f_Y(y)}dx = \frac{1}{f_Y(y)}\int_{-\infty}^{\infty} f(x,\ y)dx$$
$$= \frac{1}{f_Y(y)} f_Y(y) = 1$$

[예 1-28] [예 1-22]에서 y값에 따른 X의 조건부밀도함수 $f(x|y)$를 구하면 다음과 같다.

x	1	3	계
$f(x\|y=0)$	$\frac{3}{4}$	$\frac{1}{4}$	1
$f(x\|y=4)$	$\frac{1}{4}$	$\frac{3}{4}$	1

독립성 및 조건부밀도함수의 정의에서 다음 결과를 얻을 수 있다.

정리 1-9 두 확률변수 X, Y가 독립일 때 다음 등식이 성립한다.

$$f(x|y) = f_X(x), \quad f(y|x) = f_Y(y)$$

[증명] X와 Y가 독립이면 $f(x,\ y) = f_X(x) f_Y(y)$
조건부밀도함수의 정의에서 $f(x,\ y) = f(x|y) f_Y(y)$
$= f(y|x) f_X(x)$
따라서 주어진 등식이 성립한다.

[예 1-29] [예 1-26]에서 다음 등식이 성립한다.

$$f(x|y) = \frac{e^{-x-y}}{e^{-y}} = e^{-x} = f_X(x)$$

조건부분포에서도 기대값의 개념이 유용하다. 예를 들어 키가 170cm인 남자들의 평균 몸무게에 관심이 있을 수 있다. 이러한 개념을 다음과 같이 정의한다.

> **정의 1-20** $Y=y$일 때 X의 **조건부기대값**(conditional expectation)은 다음과 같이 정의한다.
>
> (1) 이산형: $E(X|y)=\sum_x xf(x|y)$
>
> (2) 연속형: $E(X|y)=\int_{-\infty}^{\infty} xf(x|y)dx$

[예 1-30] X, Y의 결합밀도함수가 다음과 같은 경우에 $E(X|y)$를 구해 보자.

$$f(x,\ y)=2,\quad 0<x<y<1$$

Y의 주변밀도함수는 다음과 같다.

$$f_Y(y)=\int_0^y 2dx=2y,\quad 0<y<1$$

조건부밀도함수는 다음과 같다.

$$f(x|y)=\frac{f(x,\ y)}{f_Y(y)}=\frac{2}{2y}=\frac{1}{y},\quad 0<x<y<1,\ 0<y<1$$

따라서 조건부기대값은 다음과 같다.

$$E(X|y)=\int_0^y xf(x|y)dx=\int_0^y \frac{x}{y}dx$$

$$=\frac{1}{y}\left[\frac{x^2}{2}\right]_0^y=\frac{y}{2},\quad 0<y<1$$

[예 1-30]에서 조건부기대값 $E[X|y]$는 y의 함수이다. 이제 y를 확률변수로 취급하면서 다시 기대값을 구해 보자. 즉,

$$E_Y[E(X|Y)]=\int_0^1 \frac{y}{2}\cdot 2ydy=\left[\frac{y^3}{3}\right]_0^1=\frac{1}{3}$$

한편 X의 주변밀도함수는

$$f_X(x)=\int_x^1 2dy=2(1-x),\quad 0<x<1$$

이므로 X의 기대값을 구하면 다음과 같다.

$$E[X]=\int_0^1 x\cdot 2(1-x)dx=\left[x^2-\frac{2x^3}{3}\right]_0^1=\frac{1}{3}$$

따라서 $E_Y[E(X|Y)]=E[X]$가 성립하며, 이는 일반적으로 성립하는 결과이다.

> 정리 1-10 두 확률변수 X, Y에 대하여 다음 등식이 성립한다.
> $$E_Y[E(X|Y)]=E[X]$$

[증명]

$$\begin{aligned}E_Y[E(X|Y)]&=\int_{-\infty}^{\infty}\left[\int_{-\infty}^{\infty}xf(x|y)dx\right]f(y)dy\\&=\int_{-\infty}^{\infty}\int_{-\infty}^{\infty}xf(x,\ y)dxdy\\&=\int_{-\infty}^{\infty}x\left[\int_{-\infty}^{\infty}f(x,\ y)dy\right]dx\\&=\int_{-\infty}^{\infty}xf_X(x)dx=E[X]\end{aligned}$$

[정리 1-10]의 뜻을 생각해 보자. 먼저 $E[X|y]$는 y의 각 값에서 X의 평균을 구한다는 뜻이며, 이것을 다시 모든 y에 관하여 평균을 구한 결과는 X의 분포에서 평균을 구한 것과 같다는 뜻이다.

1-4-3 공분산과 상관계수

두 확률변수의 연관성을 나타내는 측도인 공분산과 상관계수에 대하여 알아보자.

> 정의 1-21 두 확률변수 X, Y의 **공분산**(covariance)은 다음과 같이 정의한다.
> $$\text{Cov}[X,\ Y]=E[(X-\mu_X)(Y-\mu_Y)]$$
> 공분산의 기호로는 σ_{XY}, $\text{Cov}[X,\ Y]$ 등을 사용한다.

공분산의 계산에서는 흔히 다음의 간편계산법을 사용한다.

$$E[(X-\mu_X)(Y-\mu_Y)]=E[XY]-\mu_X\mu_Y$$

[예 1-31] [예 1-22]의 분포에서 X, Y의 공분산을 구해 보자.

x \ y	0	4	$f_X(x)$
1	$\frac{3}{8}$	$\frac{1}{8}$	$\frac{1}{2}$
3	$\frac{1}{8}$	$\frac{3}{8}$	$\frac{1}{2}$
$f_Y(y)$	$\frac{1}{2}$	$\frac{1}{2}$	1

$E[X]=E[Y]=2$임은 쉽게 확인할 수 있다. 한편, 표에서 $E[XY]$의 값은 다음과 같다.

$$E[XY]=1\times4\times\frac{1}{8}+3\times4\times\frac{3}{8}=5$$

따라서

$$\text{Cov}[X,\ Y]=E[XY]-\mu_X\mu_Y=5-(2)(2)=1$$

[예 1-32] [예 1-27]의 분포에서 X와 Y의 분포를 구해 보자. 주어진 결합밀도함수는

$$f(x,\ y)=x+y,\quad 0<x<1,\ \ 0<y<1$$

이며, [예 1-27]에서 구한 주변밀도함수를 이용하면

$$E[X]=E[Y]=\int_0^1 y\left(y+\frac{1}{2}\right)dy=\frac{7}{12}$$

한편

$$\begin{aligned}E[XY]&=\int_0^1\int_0^1 xy(x+y)\,dx\,dy=\int_0^1\left[\frac{1}{3}x^3y+\frac{1}{2}x^2y^2\right]_0^1dy\\&=\int_0^1\left(\frac{1}{3}y+\frac{1}{2}y^2\right)dy=\left[\frac{1}{6}y^2+\frac{1}{6}y^3\right]_0^1=\frac{1}{3}\end{aligned}$$

따라서 공분산은 다음과 같다.

$$\text{Cov}[X, Y]=E[XY]-\mu_X\mu_Y=\frac{1}{3}-\left(\frac{7}{12}\right)\left(\frac{7}{12}\right)=-\frac{1}{144}$$

정리 1-11 X와 Y가 독립이면 $\text{Cov}[X, Y]=0$이다. 그러나 역은 성립하지 않는다.

[증명] X와 Y가 독립이면 $f(x, y)=f_X(x)f_Y(y)$이므로

$$E[XY]=\int_{-\infty}^{\infty}\int_{-\infty}^{\infty}xyf(x, y)dxdy=\int_{-\infty}^{\infty}\int_{-\infty}^{\infty}xyf_X(x)f_Y(y)dxdy$$
$$=\left[\int_{-\infty}^{\infty}xf_X(x)dx\right]\left[\int_{-\infty}^{\infty}yf_Y(y)dy\right]=E[X]E[Y]$$

따라서 $\text{Cov}[X, Y]=E[XY]-E[X]E[Y]=0$이다. 한편, 역이 성립하지 않음을 보이려면 반례를 하나 제시하면 된다. 다음 표로 정의된 밀도함수를 생각하자.

x \ y	-1	0	1	$f_X(x)$
0	$\frac{1}{3}$	0	$\frac{1}{3}$	$\frac{2}{3}$
1	0	$\frac{1}{3}$	0	$\frac{1}{3}$
$f_Y(y)$	$\frac{1}{3}$	$\frac{1}{3}$	$\frac{1}{3}$	1

주변분포로부터 $E[X]=\frac{1}{3}$, $E[Y]=0$임을 쉽게 알 수 있다. 한편,

$$E[XY]=(0)(-1)\frac{1}{3}+(0)(1)\frac{1}{3}+(1)(0)\frac{1}{3}=0$$

이므로

$$\text{Cov}[X, Y]=E[XY]-E[X]E[Y]=0$$

이다. 그러나

$$f(0, -1)=\frac{1}{3}\neq\frac{2}{3}\times\frac{1}{3}=f_X(0)f_Y(-1)$$

즉, $\mathrm{Cov}[X, Y]=0$ 이면서도 X, Y가 독립이 아니다.

[예 1-31]에서는 공분산이 1이었다. 그러나 X와 Y의 단위를 각각 10배 하면 공분산은 100배가 된다. 즉, 같은 연관성을 갖는 분포에서도 단위에 따라 공분산은 변하며, 값 자체로는 얼마나 강한 연관성이 있는지 알기가 어렵다. 이런 문제점을 해결하기 위하여 상관계수를 다음과 같이 정의한다.

정의 1-22 두 확률변수 X, Y의 **상관계수**(correlation coefficient)는 다음과 같이 정의한다.

$$\mathrm{Corr}[X, Y]=\frac{\mathrm{Cov}[X, Y]}{\sqrt{V[X]V[Y]}}$$

상관계수의 기호로는 ρ, ρ_{XY}, $\mathrm{Corr}[X, Y]$ 등을 사용한다.

상관계수를 흔히 사용하는 기호를 써서 나타내면 다음과 같다.

$$\rho_{XY}=\frac{\sigma_{XY}}{\sqrt{\sigma_X^2\sigma_Y^2}} \quad \text{또는} \quad \frac{\sigma_{XY}}{\sigma_X\sigma_Y}$$

정리 1-12 X, Y의 상관계수 ρ에 대하여 $-1\le\rho\le1$이 성립한다.

[증명] 임의의 실수 a에 대하여 다음 부등식이 성립한다.

$$\begin{aligned}0&\le E[((X-\mu_X)+a(Y-\mu_Y))^2]\\&=E[(X-\mu_X)^2]+2aE[(X-\mu_x)(Y-\mu_Y)]+a^2E[(Y-\mu_Y)^2]\end{aligned}$$

윗식은 a에 관한 2차식이며, 항상 0보다 크거나 같으면 판별식이 0보다 작거나 같아야 한다. 즉,

$$E^2[(X-\mu_X)(Y-\mu_Y)]-E[(X-\mu_X)^2]E[(Y-\mu_Y)^2]\le0$$

따라서 $\sigma_{XY}^2-\sigma_X^2\sigma_Y^2\le0$이므로 다음이 성립한다.

$$\rho^2=\left(\frac{\sigma_{XY}}{\sigma_X\sigma_Y}\right)^2\le1, \quad \therefore\ -1\le\rho\le1$$

[예 1-33] [예 1-31]에서 X, Y의 분산은 각각 다음과 같다.

$$\mathrm{Var}(X)=(1+1)\cdot\frac{1}{2}=1$$

$$\mathrm{Var}(Y)=(4+4)\cdot\frac{1}{2}=4$$

한편, 공분산은 1이었으므로 상관계수는 다음과 같다.

$$\rho_{XY}=\frac{1}{\sqrt{1\cdot 4}}=\frac{1}{2}=0.5$$

[예 1-34] [예 1-27]과 [예 1-32]에서 X, Y의 분산은 다음과 같다.

$$\sigma_X{}^2=\sigma_Y{}^2=\int_0^1\left(y-\frac{7}{12}\right)^2\left(y+\frac{1}{2}\right)dy=\int_0^1\left(y^3-\frac{2}{3}y^2-\frac{35}{144}y+\frac{49}{288}\right)dy$$

$$=\left[\frac{1}{4}y^4-\frac{2}{9}y^3-\frac{35}{288}y^2+\frac{49}{288}y\right]_0^1=\frac{11}{144}$$

한편 공분산은 $-\frac{1}{144}$이었으므로 상관계수는 다음과 같다.

$$\rho_{XY}=\frac{-\frac{1}{144}}{\sqrt{\frac{11}{144}\cdot\frac{11}{144}}}=-\frac{1}{11}$$

1-4-4 확률변수의 선형결합

이 절에서는 확률변수의 선형결합으로 표현된 새로운 확률변수의 기대값, 분산 등에 대하여 알아보자.

정의 1-23 확률변수 $X_1, \cdots, X_n$의 결합밀도함수가 $f(x_1, \cdots, x_n)$일 때 $g(X_1, \cdots, X_n)$의 기대값은 다음과 같이 정의한다.

$$E[g(X_1, \cdots, X_n)]=\int_{-\infty}^{\infty}\cdots\int_{-\infty}^{\infty}g(x_1, \cdots, x_n)f(x_1, \cdots, x_n)dx_1\cdots dx_n$$

정리 1-13 기대값에 대하여 다음 등식이 성립한다.

(1) $E[X+Y]=E[X]+E[Y]$

(2) $E[a_0+a_1X_1+\cdots+a_nX_n]=a_0+a_1E[X_1]+\cdots+a_nE[X_n]$

[증명] (2)번은 (1)번의 확장이며, 여기서는 (1)번만 증명하기로 한다.

$$\begin{aligned}E[X+Y]&=\int_{-\infty}^{\infty}\int_{-\infty}^{\infty}(x+y)f(x,\ y)dxdy\\&=\int_{-\infty}^{\infty}\int_{-\infty}^{\infty}xf(x,\ y)dxdy+\int_{-\infty}^{\infty}\int_{-\infty}^{\infty}yf(x,\ y)dxdy\\&=\int_{-\infty}^{\infty}x\left[\int_{-\infty}^{\infty}f(x,\ y)dy\right]dx+\int_{-\infty}^{\infty}y\left[\int_{-\infty}^{\infty}f(x,\ y)dx\right]dy\\&=\int_{-\infty}^{\infty}xf_X(x)dx+\int_{-\infty}^{\infty}yf_Y(y)dy\\&=E[X]+E[Y]\end{aligned}$$

정리 1-14 분산에 대하여 다음 등식이 성립한다.

(1) $V[X+Y]=V[X]+V[Y]+2\mathrm{Cov}[X,\ Y]$

(2) $V[a_0+a_1X_1+\cdots+a_nX_n]=\sum_{i=1}^{n}a_i^2V[X_i]+2\sum_{i<j}a_ia_j\mathrm{Cov}[X_i,\ X_j]$

[증명] 앞과 마찬가지로 (1)번만 증명하기로 한다.

$$\begin{aligned}V[X+Y]&=E[(X+Y)-(\mu_X+\mu_Y)]^2\\&=E[(X-\mu_X)^2]+E[(Y-\mu_Y)^2]+2E[(X-\mu_X)(Y-\mu_Y)]\\&=V[X]+V[Y]+2\mathrm{Cov}[X,\ Y]\end{aligned}$$

[정리 1-14]에서 $X_1,\ \cdots,\ X_n$이 상호독립이면 모든 $i,\ j$에 대하여 $\mathrm{Cov}[X_i,\ X_j]=0$이므로 다음의 보조정리가 성립한다.

보조정리

(1) $X,\ Y$가 독립이면 $V[X+Y]=V[X]+V[Y]$

(2) $X_1,\ \cdots,\ X_n$이 상호독립이면 $V\left[a_0+\sum_{i=1}^{n}a_iX_i\right]=\sum_{i=1}^{n}a_i^2V[X_i]$

[예 1-35] A반의 통계학 점수를 나타내는 X는 평균 75 표준편차 10이며, B반의 통계학 점수를 나타내는 Y는 평균 80 표준편차 8이다. 두 반 성적의 합과 차에 대한 평균과 분산, 표준편차를 구해 보자.

(1) 평　　균

합: $E[X+Y]=E[X]+E[Y]=75+80=155$

차: $E[X-Y]=E[X]-E[Y]=75-80=-5$

(2) 분산과 표준편차 (X와 Y는 서로 독립이므로)

합: $V[X+Y]=V[X]+V[Y]=10^2+8^2=164$

차: $V[X-Y]=V[X]+V[Y]=164$

따라서 합과 차의 표준편차는 모두 $\sqrt{164}=12.8$

다음 정리에서는 확률변수의 선형결합에 대한 적률생성함수를 증명 없이 기술하기로 한다.

정리 1-15

(1) 확률변수 X의 적률생성함수를 $M(t)$라 하고 a, b를 상수라고 하면, $Y=a+bX$의 적률생성함수는 $e^{at}M(bt)$가 된다.

(2) k개의 상호독립적인 확률변수 $X_1, \cdots, X_k$의 적률생성함수가 각각 $M_1(t), \cdots, M_k(t)$일 때, 선형결합 $Y=a_0+a_1X_1+\cdots+a_kX_k$의 적률생성함수는 다음과 같다.

$$M_Y(t)=e^{a_0t}M_1(a_1t)\cdots M_k(a_kt)$$

연 습 문 제

1. 4. 1. X와 Y의 결합밀도함수가

$$f(x, y)=c(x+y), \qquad x=1, 2, \qquad y=1, 2, 3, 4$$

이 되기 위한 상수 c를 구하여라. 또 다음 문제에 답하여라.

(a) X의 주변밀도함수와 Y의 주변밀도함수를 구하여라.

(b) $P[X>Y]$를 구하여라.

(c) $P[X=2Y]$ 및 $P[Y=2X]$를 구하여라.

(d) $P[X+Y=3]$을 구하여라.

(e) $P[X\leq 3-Y]$를 구하여라.

(f) $P[X>1, Y>2]$를 구하여라.

(g) $P[0<X\leq 2,\ 1<Y\leq 3]$을 구하여라.

1.4.2. X와 Y의 결합밀도함수가 다음과 같다.

$$f(x,\ y)=2e^{-x}e^{-2y}, \qquad x>0,\ y>0$$

(a) $P[X>1,\ Y<1]$을 구하여라.

(b) $P[X<Y]$를 구하여라.

(c) $P[X<a]$를 구하여라.

1.4.3. 데이트를 즐기는 남학생과 여학생이 저녁 6시에 만나기로 하였다. 그런데 시내교통이 복잡하므로 이들은 모두 5시 50분에서 6시 10분 사이에 랜덤하게 약속장소에 도착한다고 한다. 남학생이 여학생을 5분 이상 기다릴 확률은 얼마인가?(힌트: X와 Y를 남학생과 여학생이 도착하는 시간이라면 $f(x,\ y)=\frac{1}{400}$, 5 : 50PM$\leq x\leq$6 : 10PM, 5 : 50PM$\leq y\leq$6 : 10PM이고, 따라서 구하고자 하는 확률은 $P[Y>X+5]$이다.)

1.4.4. $f(x,\ y)=\frac{1}{4}$, $(x,\ y)\in\{(0,\ 0),\ (1,\ 1),\ (1,\ -1),\ (2,\ 0)\}$일 때 다음에 답하여라.

(a) 결합밀도함수를 표로 나타내어라.

(b) X와 Y는 독립인가?

(c) $E[X|Y=0]$, $E[X|Y=1]$, $E[X|Y=2]$를 구하여라.

1.4.5. $f(x,\ y)=2,\ x+y\leq 1,\ x\geq 0,\ y\geq 0$이다.

(a) $E[Y|X]$와 $E(E[Y|X])$를 구하여라.

(b) X와 Y는 독립인가.

1.4.6. X, Y의 결합밀도함수가 다음과 같이 주어졌다.

$(x,\ y)$	$(1,\ 1)$	$(1,\ 2)$	$(2,\ 1)$	$(2,\ 2)$
$f(x,\ y)$	$\frac{1}{8}$	$\frac{1}{4}$	$\frac{1}{8}$	$\frac{1}{2}$

(a) $P[X|Y=i]$, $i=1, 2$를 구하여라.

(b) X와 Y는 독립인가?

(c) $P[XY\leq 3]$, $P[X+Y>2]$, $P[X|Y>1]$을 구하여라.

1.4.7. X와 Y의 결합밀도함수가 다음과 같다.

$$f(x,\ y)=2(1-y), \quad 0<x<1, \quad 0<y<1$$

(a) X와 Y는 독립인가?

(b) X와 Y의 공분산 및 상관계수를 구하여라.

(c) 결합밀도함수의 형태가

$$f(x, y)=2(1-x), \quad 0<x<1, \quad 0<y<1$$

과 같이 변하여도 앞의 결과는 변함이 없는가?

1.4.8. 어떤 전기제품의 수명은 두 개의 중요한 부품의 수명에 달려 있다고 한다. 각 부품의 수명을 X, Y라 할 때 이들의 결합밀도함수가

$$f(x, y)=\frac{1}{8}xe^{-\frac{x+y}{2}}, \quad x>0, \ y>0$$

과 같다고 한다. 또 이 제품이 고장났을 때 수리비용 C는 각 부품을 얼마 동안 사용하였는가에 따라 달라지고 경험에 의해

$$C=50+2X+5Y$$

의 관계가 있다고 한다. $E[C]$와 $V[C]$를 구하고 의미를 설명하여라.

1.4.9. 어떤 상점의 하루 매상고를 X, 하루에 소비되는 비용을 Y(물건의 원가와 제 잡비를 포함하고 X와 독립이라고 가정)라고 하면 하루 이익금 U는 $U=X-Y$라고 할 수 있다. X와 Y의 주변밀도함수가

$$f_X(x)=\frac{1}{6}x^3e^{-x}, \quad x>0$$

$$f_Y(y)=\frac{1}{2}e^{-\frac{y}{2}}, \quad y>0$$

과 같이 주어지면 $E[U]$와 $V[U]$는 얼마인가? 또 이 값으로부터 이 상점이 손해보는 날이 많다고 할 수 있는가?

1.4.10. 다음을 증명하여라.

(a) $\mathrm{Cov}[a+bX, c+dY]=bd\,\mathrm{Cov}[X, Y]$

(b) $\mathrm{Cov}[X+Y, Z]=\mathrm{Cov}[X, Z]+\mathrm{Cov}[Y, Z]$

1.4.11. $Y=a+bX$일 때 다음을 증명하여라.

$$\rho_{XY}=\begin{cases} +1, & b>0 \\ -1, & b<0 \\ 0, & b=0 \end{cases}$$

제 2 장

여러 가지 특수한 분포

2-1 이산형분포

이 절에서는 이항분포와 같이 이산점(discrete point)에서 정의된 분포함수 가운데 실용적으로 유용한 분포들에 대하여 살펴보기로 한다.

2-1-1 베르누이분포와 이항분포

어떤 실험 또는 시행의 결과가 두 가지 가운데 하나만 나오는 경우를 생각해 보자. 예를 들어 '성공 또는 실패', '합격 또는 불합격' 같은 경우들이다. 이와 같은 시행에서 흔히 '성공'(s) 확률은 p로 '실패'(f) 확률은 $q=1-p$로 나타낸다. 이런 시행을 n회 반복할 경우에 매회 성공률이 동일하고 각 시행이 독립적이면 이를 베르누이 시행(Bernoulli trial)이라 한다.

베르누이 시행에서 '성공'을 1로, '실패'를 0으로 대응시키는 확률변수를 베르누이 확률변수라고 부르며, 수리적인 정의는 다음과 같다.

정의 2-1 확률변수 X의 밀도함수가

$$f(x)=p^x q^{1-x}, \qquad x=0, 1, \qquad 0 \le p \le 1, \qquad q=1-p$$

로 주어질 때, X는 성공률 p인 **베르누이분포**(Bernoulli distribution)를 따른다고 한다.

베르누이분포의 적률생성함수는 다음과 같다.

$$\begin{aligned} M(t) &= E[e^{tX}] = \sum_x e^{tx} f(x) = e^{t\cdot 0} f(0) + e^{t\cdot 1} f(1) \\ &= (1-p) + pe^t \end{aligned}$$

또한 적률생성함수와 적률의 관계로부터 평균과 분산을 구할 수 있다.

$$\mu = E[X] = M'(0) = p$$
$$\sigma^2 = V[X] = M''(0) - \mu^2 = p - p^2 = p(1-p) = pq$$

베르누이분포에서 평균과 분산을 분포함수를 이용하여 직접 구할 수도 있다.

이를 위해 밀도함수는 다음과 같이 나타낼 수 있다.

x	0	1
$f(x)$	q	p

평균과 분산의 정의에서 다음 결과를 얻을 수 있다.

$$E[X]=0\cdot q+1\cdot p=p$$
$$E[X^2]=0^2\cdot q+1^2\cdot p=p$$
$$V[X]=E[X^2]-\mu^2=p-p^2=p(1-p)=pq$$

베르누이분포는 성공률 p에 의해 결정된다. 이와 같이 분포의 특성을 결정하는 상수를 **모수**(parameter)라고 부른다. 따라서 정의 2-1 에서 '성공률 p인' 대신에 '모수 p를 갖는' 베르누이분포라고 정의하기도 한다.

베르누이분포는 그 자체가 이용되는 경우보다는 다음과 같이 이항분포의 기초가 되는 분포로 사용되는 경우가 많다. 즉, Y_1, …, Y_n이 상호독립이고 성공률 p인 베르누이 확률변수일 때

$$X=Y_1+\cdots+Y_n$$

의 분포를 생각해 보자. 이와 같이 정의된 X의 값은 n회의 베르누이 시행에서 성공 횟수(즉, $Y=1$인 횟수)를 뜻하기도 한다. 예를 들어 어느 공정에서 생산되는 제품 가운데 임의로 n개를 택하여 품질을 검사할 때, Y_i는 각 제품이 불량품이면 1, 아니면 0으로 정의하면 X는 n개의 제품 가운데 들어 있는 불량품의 개수가 된다. 즉, 위에서 정의된 X는

$$X=n\text{회의 베르누이 시행에서 성공 횟수}$$

와 같은 정의가 된다. 이제 X의 분포함수를 생각해 보자.

X가 x의 값을 취할 경우의 수는

$$\binom{n}{x}=\frac{n!}{x!(n-x)!}$$

이며, 각 경우에 대한 확률은 (즉, x회의 성공과 $n-x$회의 실패에 대한 확률은)

$$p^x(1-p)^{n-x}$$

이다. 따라서 X의 밀도함수는 다음과 같다.

$$f(x)=P[X=x]=\binom{n}{x}p^x(1-p)^{n-x}, \qquad x=0,\ 1,\ \cdots,\ n$$

이와 같은 분포를 이항분포라고 하며, 수리적인 정의는 다음과 같다.

> **정의 2-2** 확률변수 X의 밀도함수가
>
> $$f(x)=\binom{n}{x}p^x q^{n-x}, \qquad x=0,\ 1,\ \cdots,\ n, \qquad q=1-p$$
>
> 로 주어질 때, X는 모수 $(n,\ p)$인 **이항분포**(binomial distribution)를 따른다고 한다.

이항분포는 시행 횟수 n과 성공률 p인 두 개의 모수를 갖고 있으며, X가 모수 n, p를 갖는 이항분포에 따름을 기호

$$X \sim B(n,\ p)$$

로 나타내기도 한다. 특히 베르누이 확률변수는 $X \sim \mathrm{B}(1,\ p)$로 나타낼 수 있다.

이항분포의 평균과 분산을 적률생성함수로부터 구할 수도 있지만, X가 n개의 상호독립인 베르누이 확률변수의 합으로 표현됨을 이용하여 구할 수도 있다. 즉,

$$E[X]=E[Y_1+\cdots+Y_n]=E[Y_1]+\cdots+E[Y_n]=np$$
$$V[X]=V[Y_1+\cdots+Y_n]=V[Y_1]+\cdots+V[Y_n]=npq$$

> **정리 2-1** $X \sim B(n,\ p)$일 때 적률생성함수, 평균, 분산은 다음과 같다.
>
> $$M(t)=(pe^t+q)^n$$
> $$E[X]=np, \qquad V[X]=npq$$

[증명] 평균과 분산에 대한 결과는 앞에서 보였으므로 $M(t)$만 구해 보자.

$$M(t)=E[e^{tX}]=\sum_{x=0}^{n} e^{tx} f(x)$$
$$=\sum_{x=0}^{n} e^{tx} \binom{n}{x} p^x(1-p)^{n-x}=[pe^t+(1-p)]^n$$

윗식에서 마지막 등식은 $(a+b)^n$의 이항전개식을 이용한 것이다.

이항분포에서 조합 $\binom{n}{x}$의 계산은 n이 클 때 매우 복잡해진다. 따라서 이항분포를 편리하게 사용할 수 있도록 누적분포를 구하여 표로 만들었으며, 부록 B.2는 선택된 n, p, x값에 대한 누적이항분포값

$$F(x)=P[X\leq x]=\sum_{k=0}^{x}\binom{n}{k}p^k q^{n-k}$$

를 계산하여 수록한 것이다.

[예 2-1] 어느 전구 제조 공정에서는 수명이 1,000시간 이하인 제품을 불량품으로 분류하며, 이 공정의 불량률이 10%라고 한다. 이 공정에서 임의로 20개의 전구를 선택하여 검사할 때 불량품이 5개 이상 나올 확률을 구해 보자. 이항분포표에서 $n=20$, $p=0.1$일 때 $P[X\leq 4]=0.957$이므로 구하는 확률은 다음과 같다.

$$P[X\geq 5]=1-P[X\leq 4]=1-0.957=0.043$$

2-1-2 초기하분포

제품의 생산공정에서 품질검사를 시행할 경우에, 각 검사에서 불량률은 공정의 불량률 p와 같고, 검사들은 서로 독립이므로 베르누이 시행이 된다. 그러나 M개의 제품이 있는 로트(lot)에서 n개를 추출하여 품질검사를 시행하는 경우에는 모형이 달라진다. 즉, 한 검사에서 결과가 불량품이냐 양호품이냐에 따라 다음 검사에서 불량품이 나올 확률이 달라진다.

예를 들어 10개의 제품이 있는 로트에 3개의 불량품이 있을 때, 이 로트에서 임의로 2개의 제품을 선택하여 검사할 경우에 1개가 불량품일 확률을 구해 보자. 10개 가운데 2개를 선택하는 경우의 수는 $\binom{10}{2}$이며, 1개의 불량품이 나온다는 것은 불량품 3개 가운데 1개, 양호품 7개 가운데 1개가 나온

다는 뜻이므로, 1개가 불량품일 경우의 수는 $\binom{3}{1}\binom{7}{1}$ 이다. 따라서 구하는 확률은 다음과 같다.

$$P[X=1]=\frac{\binom{3}{1}\binom{7}{1}}{\binom{10}{2}}=\frac{21}{45}=\frac{7}{15}$$

일반적으로 M개의 제품 가운데 K개가 불량품인 로트에서 n개의 표본을 추출할 때 나오는 불량품 개수를 X로 정의하면, x개가 불량품일 확률은 다음과 같다.

$$P[X=x]=\frac{\binom{K}{x}\binom{M-K}{n-x}}{\binom{M}{n}}$$

이와 같은 분포를 초기하분포라고 하며, 수리적인 정의는 다음과 같다.

> **정의 2-3** 확률변수 X의 밀도함수가
>
> $$P[X=x]=\frac{\binom{K}{x}\binom{M-K}{n-x}}{\binom{M}{n}}, \qquad x=0,\ 1,\ \cdots,\ \min(n,\ K)$$
>
> 로 주어질 때, X는 모수가 $(M,\ K,\ n)$인 **초기하분포**(hypergeometric distribution)를 따른다고 한다.

[예 2-2] 초기하분포는 샘플링 검사(sampling inspection)에서 유용한 분포이다. 예를 들어 30개의 제품이 있는 로트에서 3개를 임의로 추출하여 검사한 결과 불량품이 하나도 없으면 합격시키는 방법으로 검사한다고 하자. 그러면 로트의 실제 불량률이 10%일 때 합격할 확률은 다음과 같이 계산한다. 불량률이 10% 일 때는 30개 가운데 3개가 불량품이므로

$$P[X=0]=\frac{\binom{3}{0}\binom{27}{3}}{\binom{30}{3}}=\frac{27\cdot 26\cdot 25}{30\cdot 29\cdot 28}=0.720$$

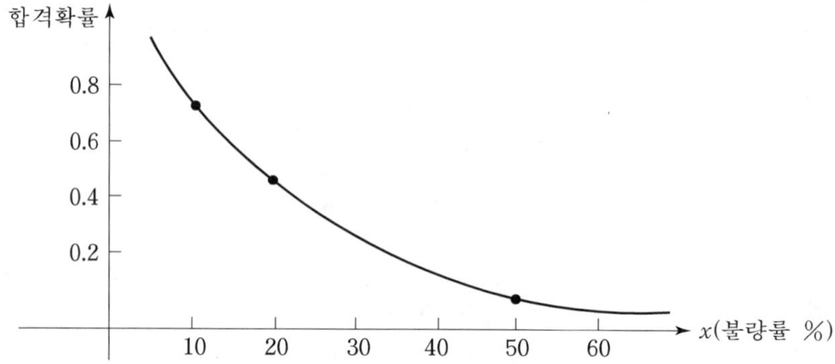

[그림 2.1] 검사특성곡선

마찬가지로 불량률이 20%, 50%일 때 합격할 확률은 각각 다음과 같다.

$$P[X=0]=\frac{\binom{6}{0}\binom{24}{3}}{\binom{30}{3}}=0.499$$

$$P[X=0]=\frac{\binom{15}{0}\binom{15}{3}}{\binom{30}{3}}=0.112$$

실제로 여러 p값에서 $P[X=0]$의 값을 구하여 이들을 부드러운 곡선으로 연결하면 [그림 2.1]과 같은 그래프를 얻을 수 있으며, 이를 **검사특성곡선**(operating characteristic curves, OC곡선)이라 한다.

초기하분포에서 평균과 분산은 정의를 이용하여 직접 구할 수 있다. 그러나 계산 과정이 복잡하고 수리적으로 중요한 과정은 아니므로 다음 정리에서는 결과만 제시하기로 한다.

> 정리 2-2 X가 모수 (M, K, n)인 초기하분포를 따를 때, 평균과 분산은 각각 다음과 같다.
>
> $$E[X]=np$$
>
> $$V[X]=np(1-p)\left(\frac{M-n}{M-1}\right),\quad p=\frac{K}{M}$$

이항분포와 초기하분포의 차이는 모집단이 무한이냐 유한이냐 하는 것이다. 따라서 샘플링 검사에서 한 개씩 검사한 것을 다시 넣고 추출하는 복원추출을 하면 불량품 개수는 이항분포에 따른다.

초기하분포의 분산은 이항분포의 분산에 $\frac{M-n}{M-1}$을 곱한 형태이며, 이 항을 **유한모집단수정항**(finite population correction factor)이라 한다. 이 값은 (n이 1보다 크므로) 언제나 1보다 작다. 즉, 초기하분포의 분산은 이항분포의 분산보다 작다. 따라서 샘플링 검사에서는 복원추출을 하지 않고 비복원추출에 의한 검사를 한다.

표본크기 n에 비하여 모집단 (또는 로트) 크기 M이 매우 클 때는 유한모집단수정항이 1에 가까우며, 따라서 초기하분포의 분산은 이항분포의 분산으로 근사될 수 있다. 실제로 $M \to \infty$일 때 초기하분포의 밀도함수가 이항분포의 밀도함수에 수렴하는 것을 보일 수 있다.

2-1-3 다항분포

이항분포에서 사용된 베르누이 시행에서는 시행 결과가 두 가지 중의 하나이었다. 이제 시행 결과가 k개 중의 하나인 **다항시행**(multinomial trial)에서 확률분포를 생각해 보자.

> **정의 2-4** 한 번의 다항시행에서 결과는 k개의 상호배반인 범주 중의 하나에 속하며, 각 범주에 속할 확률은 $p_1, \cdots, p_k (p_1+\cdots+p_k=1)$이라 하자. 이런 다항시행을 n회 반복할 경우에 범주 i에 속하는 횟수를 X_i로 정의하면 $X_1, \cdots, X_k$는 **다항분포**(multinomial distribution)를 따른다고 하며, 결합밀도함수는 다음과 같다.
>
> $$f(x_1, \cdots, x_k)=\frac{n!}{x_1!\cdots x_k!}p_1^{x_1}\cdots p_k^{x_k}, \quad x_1+\cdots+x_k=n, \quad p_1+\cdots+p_k=1$$

다항분포에서 $x_1+\cdots+x_n=n$이므로 $x_k=n-(x_1+\cdots+x_{k-1})$의 관계가 있다. 따라서 k개의 범주가 있는 다항분포에서 변수는 $k-1$개만 있는 셈이다.

다항분포는 k개의 확률변수가 서로 연관성이 있는 다변량분포이다. 그러나 각 X_i는 모수가 $(n,\ p_i)$인 이항분포를 따른다. 따라서 각 X_i의 평균과 분산은 각각 np_i, $np_i(1-p_i)$이다. 또한 $\text{Cov}[X_i,\ X_j]$도 공분산의 정의로부터 구할 수 있다. 그러나 여기서는 결과만 제시하기로 한다.

정리 2-3 다항분포에서 다음 결과가 성립한다.

$$E[X_i]=np_i,\quad V[X_i]=np_i(1-p_i),\quad \text{Cov}[X_i,\ X_j]=-np_ip_j\ \ (i\neq j)$$

다항분포는 범주형 자료의 분석에 많이 사용되며, 6장의 적합도검정 등에서 이용될 예정이다.

2-1-4 포아송분포

예를 들어 어느 전화 안내에 5분 동안 걸려 오는 전화번호 문의 횟수라든가 어느 특정지역에서 하루 동안 발생하는 교통사고 건수 등을 나타내는 확률변수에 관심이 있을 수 있다. 일반적으로 단위시간이나 단위공간에서 어떤 사건의 출현횟수가 갖는 분포를 포아송분포라고 하며, 수리적인 정의는 다음과 같다.

정의 2-5 확률변수 X의 밀도함수가

$$f(x)=\frac{\lambda^x e^{-\lambda}}{x!},\qquad x=0,\ 1,\ 2,\ \cdots$$

로 주어질 때, X는 모수 λ인 **포아송분포**(Poisson distribution)를 따른다고 한다.

포아송분포는 원래 이항분포의 근사값을 구하기 위해 개발되었다. 예를 들어 어느 혈액병으로 한 사람이 일년 동안 사망할 확률이 0.00001일 경우에 20만명 가운데 1년에 5명 이상이 이 혈액병으로 사망할 확률을 생각해 보자. 이 문제는 $n=20$만, $p=0.00001$인 이항분포에 의해 구해야 하나 계산이 매우 복잡하다. 이런 경우에 포아송분포를 이용하여 이항확률의 근사값을 구할 수 있다. 이에 대한 이론적 근거를 살펴보자.

이항분포 $B(n, p)$에서 $\lambda = np$로 고정시키고 n을 충분히 크게 할 경우에 이항분포의 근사분포를 알아보자. 이항분포의 밀도함수에서 $p = \frac{\lambda}{n}$로 대치하면 다음을 얻는다.

$$\begin{aligned}\binom{n}{x} p^x (1-p)^{n-x} &= \frac{n(n-1)\cdots(n-x+1)}{x!}\left(\frac{\lambda}{n}\right)^x \left(1-\frac{\lambda}{n}\right)^{n-x} \\ &= \frac{n(n-1)\cdots(n-x+1)}{nn\cdots n} \frac{\lambda^x}{x!}\left(1-\frac{\lambda}{n}\right)^{n-x}\end{aligned}$$

한편 $n \to \infty$일 때

$$\frac{n(n-1)\cdots(n-x+1)}{nn\cdots n} \to 1$$

$$\left(1-\frac{\lambda}{n}\right)^n \to e^{-\lambda}$$

$$\left(1-\frac{\lambda}{n}\right)^{-x} \to 1$$

이므로 다음 결과를 얻을 수 있다.

$$\begin{aligned}\lim_{n\to\infty} f(x) &= \lim_{n\to\infty} \frac{n(n-1)\cdots(n-x+1)}{nn\cdots n} \frac{\lambda^x}{x!}\left(1-\frac{\lambda}{n}\right)^n \left(1-\frac{\lambda}{n}\right)^{-x} \\ &= \frac{\lambda^x e^{-\lambda}}{x!}\end{aligned}$$

이와 같이 포아송분포는 이항분포에서 $p = \frac{\lambda}{n}$로 고정시키고 $n \to \infty$일 때 극한분포로 얻어지므로, p가 작고 n이 커서 $\lambda = np$가 적당한 범위에 있을 때는 포아송분포에서 이항 확률의 근사값을 얻을 수 있다. 또한 부록 B.3에는 누적 포아송분포인

$$P[X \le x] = \sum_{k=0}^{x} \frac{\lambda^k e^{-\lambda}}{k!}$$

의 값이 선택된 λ와 x값에 대하여 마련되어 있다.

[예 2-3] 한 생명보험회사에서 조사한 결과에 의하면 어느 혈액병으로 한 사람이 일 년 동안 사망할 확률이 0.00001이라고 한다. 이 보험회사에 가입된 20만 명 가운데 이 혈액병으로 일 년 동안에 5명 이상 사망할 확률을 구해 보자. 이를 위해

X=20만 명 가운데 일 년 동안 혈액병으로 인한 사망자 수

로 정의하면 $X \sim B(200{,}000,\ 0.00001)$이다. 그러나 이에 대한 이항분포표가 없으므로 포아송 근사에 의한 확률을 구해 보자. $\lambda = np = 2$이므로 누적포아송분포표에서 다음 결과를 얻는다.

$$P[X \geq 5] = 1 - P[X \leq 4] = 1 - 0.947 = 0.053$$

포아송분포는 단위시간이나 단위공간에서 어떤 사건의 출현횟수가 갖는 분포임을 설명하였다. 이와 같은 개념을 좀더 자세히 알아보자.

어떤 사건이 시간에 따라 (또는 공간에 따라) 계속적으로 발생할 때, 시간의 흐름에 따른 사건의 발생횟수를 확률변수의 모임으로 간주한 것을 **확률과정**(stochastic process)이라 하며, 특히 포아송 과정도 다음의 조건을 만족하는 확률과정이다.

정의 2-6 시간에 따라 랜덤하게 발생하는 사건들이 다음의 조건을 만족할 때 **포아송 과정**(Poisson process)이라 한다.

1. 겹치지 않는 기간 내에 발생하는 사건 수는 상호독립이다.
2. 짧은 시간 내에 한 사건이 발생할 확률은 시간의 길이에 비례한다.
3. 짧은 시간 내에 두 개 이상의 사건이 발생할 확률은 무시할 수 있다.
4. 위의 조건들은 전체 시간의 어떤 부분에서나 동일하게 성립한다.

어떤 사건이 포아송 과정의 조건을 만족할 때

X=단위 시간 내에 사건의 발생횟수

로 정의하면 X는 포아송분포를 따른다.

[예 2-4] 어떤 지역에서는 하루에 1건 꼴로 교통사고가 발생한다고 한다. 이 지역에서 3건 이상의 교통사고가 발생하는 날이 일년에 평균 며칠이나 되는지

알아보자. 이제

$$X = \text{하루에 발생하는 사고 건수}$$

로 정의하면, 매일 교통사고가 발생할 확률이 같다는 가정하에 X는 $\lambda=1$인 포아송분포를 따른다. 따라서 누적포아송분포표로부터 다음 결과를 얻는다

$$\begin{aligned} P[X \geq 3] &= 1 - P[X \leq 2] \\ &= 1 - 0.920 = 0.080 \end{aligned}$$

따라서 이 지역에서 1년에 3건 이상의 교통사고가 발생할 날은 평균적으로 다음과 같다.

$$365 \times 0.080 = 29.2(\text{일})$$

연 습 문 제

2. 1. 1. 베르누이분포의 평균과 분산을 평균과 분산의 정의로부터 직접 구하여라.

2. 1. 2. 이항분포의 평균과 분산을 정의로부터 직접 구하여라.

2. 1. 3. 어떤 회사는 나사를 10개들이 한 봉지 단위로 판다고 한다. 또 이 회사의 방침은 한 봉지에 하나라도 불량품이 있으면 다른 제품으로 바꿔 준다고 한다. 불량률이 1%라면 팔린 양의 몇 퍼센트 정도를 바꿔 주어야 하는가?

2. 1. 4. 어떤 회사의 통계에 의하면 오전에 만드는 제품은 불량률이 0.3%이고 오후에 만드는 제품은 불량률이 0.4%라고 한다. 또 전체 제품 중 30%가 오전에 만들어진다고 한다. 이 회사의 제품 10개 중 불량품이 하나도 나타나지 않을 확률은 얼마인가?(힌트: $P[\text{불량}]=P[\text{불량}|\text{조건1}]P[\text{조건1}]+P[\text{불량}|\text{조건2}]P[\text{조건2}]$)

2. 1. 5. 어떤 자동차메이커에 유리를 공급할 수 있는 중소업체가 5개가 있고, 이 중에서 2개 업체는 최근에 개업하였다고 한다. 이제 새로운 모형의 자동차를 만드는 데 필요한 유리를 공급받기 위해 랜덤으로 두 업체만 선정한다고 하자. 이 때 다음 확률을 계산하여라.

(a) 선정된 업체가 모두 최근에 개업한 회사일 확률

(b) 하나만 최근에 개업한 회사일 확률

(c) 모두 종래에 거래하던 업체일 확률

2. 1. 6. 어떤 학교에서는 한달에 100개의 형광등을 필요로 한다. 이를 공급받을 때 품질검사의 방법으로 3개를 랜덤하게 골라 이 중에서 하나라도 문제가 있으면 제품 전체를 반환시킨다고 한다. 이 문제를 위한 OC곡선을 그려라. 만약 5개를 택해 하나라도 불량이 있는 경우 전체를 반환시킨다면 OC곡선은 어떻게 달라지는가?([예 2-2] 참조)

2. 1. 7. 어떤 그룹에서 야유회를 가는데 이를 위해 맥주를 20병 샀다. 이 중에서 10개는 A회사 제품이고 10개가 B회사 제품이다. 얼마 지난 후 남은 맥주를 조사해 보니 A회사 제품만 5병 남아 있었다고 한다. 만약 두 회사제품의 품질이 동일하다면 이러한 결과가 나타날 확률이 얼마이겠는가? 이 문제를 위한 기본적인 가정들은 무엇인가?

2. 1. 8. 포아송확률 분포표로부터 다음을 구하여라.

$$P[X \le 5 | \lambda = 10], \quad P[X = 5 | \lambda = 10], \quad P[1 \le X \le 5 | \lambda = 10]$$

2. 1. 9. X가 포아송분포로서 $3P[X=1]=P[X=2]$라고 한다. $P[X=4]$는 얼마인가?

2. 1. 10. 복권 한 장이 100원이라고 하자. 그리고 당첨될 때 받는 돈을 50,000원이라 하자. 또 당첨될 확률은 0.001이라고 한다. 한 사람이 복권을 2,000번을 사서 만약 4번 이상만 당첨되었다면 이 사람은 손해보지는 않았다고 할 수 있다. 이 사람이 손해볼 확률은 정확히 모수가 (2000, 0.001)인 이항분포에서 성공횟수가 3회 이하 나타나는 확률이다. 이 확률의 근사값을 구하여라.

2. 1. 11. 어떤 음식점에 남자는 시간당 평균 6명, 여자는 시간당 평균 12명, 그리고 어린이는 시간당 12명이 온다고 한다. 남녀노소를 가리지 않고 5분 동안에 최소 2명 이상의 고객이 올 확률은 얼마인가? 이 확률을 계산하기 위한 기본가정들은 무엇인가?

2. 1. 12. 과거의 통계에 의하면 어떤 지역에서 교통사고로 사망한 사람 수가 한달에 평균 10명이었다고 한다. 그런데 市에서 강력한 조치를 취한 후 그 다음달에 6명이 사망하였다. 이 시에서는 이를 대대적으로 선전하였다고 한다. 시에서 이 조치를 취하지 않았더라도 교통사고로 사망하는 사람이 6명 이하일 확률은 얼마나 되겠는가? 이 결과로써 무엇을 말할 수 있는가?

2. 1. 13. 바리움-133으로부터 $\frac{1}{10}$초 동안에 방출되는 알파(α)입자들의 수를 가이거계기로 100회 측정한 결과가 다음에 나타나 있다.

방출된 수	1	2	3	4	5	6	7	8	9	10	11	12
빈 도	1	4	13	19	16	15	9	12	7	2	1	1

(a) 막대그래프를 이용하여 분포의 형태를 조사해 보아라.
(b) 방출수를 포아송모형으로 만들어 보아라.
(c) 포아송모형으로 계산된 빈도와 실제 자료 사이에 큰 차이가 있는지 비교해 보아라.

2-2 연속형분포

이 절에서는 정규분포와 같이 어떤 구간의 모든 점에서 정의된 분포함수 가운데 실용적으로 또는 이론적으로 중요한 분포들에 대하여 살펴보기로 한다.

2-2-1 균등분포

[㉮ 1-10]에서는 구간 (0, 1)에서 같은 밀도를 갖는 균등분포를 다루었다. 일반적으로 구간 (a, b)에서 균등분포는 다음과 같이 정의된다.

정의 2-7 확률변수 X의 밀도함수가

$$f(x)=\frac{1}{b-a},\quad a<x<b$$

로 주어질 때, X는 구간 (a, b)에서 **균등분포**(uniform distribution)를 따른다고 하며, 기호 $X\sim U(a, b)$로 나타내기도 한다.

정리 2-4 $X\sim U(a, b)$일 때

(1) X의 누적분포함수는 다음과 같다.

$$F(x)=\begin{cases} 0, & x\le a \\ \dfrac{x-a}{b-a}, & a<x<b \\ 1, & b\le x \end{cases}$$

(2) X의 평균과 분산은 각각 다음과 같다.

$$E[X]=\frac{a+b}{2}, \qquad V[X]=\frac{(b-a)^2}{12}$$

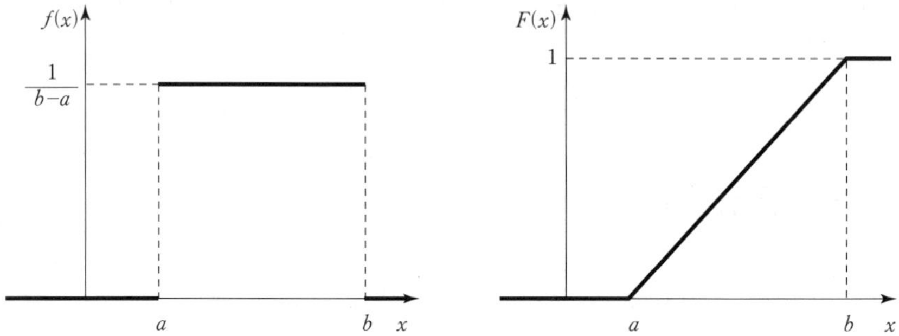

[그림 2.2] 균등분포의 밀도함수와 누적분포함수

[증명] (2)의 증명

$$E[X]=\int_a^b xf(x)dx=\int_a^b \frac{x}{b-a}dx=\frac{1}{b-a}\left[\frac{x^2}{2}\right]_a^b$$

$$=\frac{1}{b-a}\left(\frac{b^2}{2}-\frac{a^2}{2}\right)=\frac{a+b}{2}$$

$$E[X^2]=\int_a^b x^2f(x)dx=\int_a^b \frac{x^2}{b-a}dx=\frac{1}{b-a}\left[\frac{x^3}{3}\right]_a^b$$

$$=\frac{1}{b-a}\left(\frac{b^3}{3}-\frac{a^3}{3}\right)=\frac{1}{3}(a^2+ab+b^2)$$

$$V[X]=E[X^2]-\mu^2=\frac{1}{3}(a^2+ab+b^2)-\left(\frac{a+b}{2}\right)^2$$

$$=\frac{(b-a)^2}{12}$$

균등분포는 연속형으로만 정의되는 것이 아니라 이산형으로도 정의된다. 예를 들어 주사위를 1개 던질 때 나오는 눈의 개수를 X로 정의하면, X의 밀도함수는

$$f(x)=\frac{1}{6}, \quad x=1, 2, \cdots, 6$$

이며, X는 이산점 {1, 2, …, 6}에서 균등분포를 따르는 확률변수이다.

균등분포는 난수를 생성하는 데도 유용하게 사용될 수 있다. 부록 B.1에 있는 난수표는 정수 0, 1, …, 9로 이루어진 난수들이다. 즉, 0, 1, …, 9에서 균등분포를 따르는 확률변수의 관측값이라고 할 수 있다.

난수표를 이용하여 구간 (0, 1)에서 난수를 생성해 보자. 소수 이하 4자리까지 관측된 난수를 생성하려면 난수표에서 4자리를 읽고, 이들을 10000으로 나누면 된다. 예를 들어

3407, 5044, 0045, 7536, 7653, 6157, 6593, 3187, …

의 난수가 선택되었다면, (0, 1)에서 생성된 난수는 다음과 같다.

0.3407, 0.5044, 0.0045, 0.7536, 0.7653, 0.6157, 0.6593, 0.3187, …

다음에는 성공률 0.4인 베르누이 시행을 모의실험 하는 방법을 생각해 보자. 이를 위해 위와 같이 구간 (0, 1)에서 난수를 생성한 다음에, 이 난수가 0.4보다 작으면 성공 S를 대응시키고, 0.4보다 크면 실패 F를 대응시키면 된다. 위의 난수에 대하여는 베르누이 시행

$$S\ F\ S\ F\ F\ F\ F\ S\ \cdots$$

가 생성된 셈이다. 실제로 컴퓨터를 이용한 모의실험에서는 의사난수를 컴퓨터로 생성하여 이와 같은 작업을 할 수 있다.

2-2-2 정규분포

이산형에서 대표적인 분포가 이항분포라면 연속형에서 대표적인 분포는 정규분포이다. 정규분포는 흔히 다른 분포의 극한값으로 얻어지는 이론적인 분포이지만, 실용적으로 가장 많이 사용되며 또한 유용한 분포이다.

De Moivre(1667-1754)는 이항확률의 근사식으로 정규분포를 발견하였으며, C. Gauss(1777-1855)는 물리학 실험에서 발생하는 계측오차의 분포로서 정규분포를 제시하였다. 그러나 정규(normal)분포라는 이름은 1893년에 피어슨(Karl Pearson)에 의해 붙여졌으며, 이를 가우스(Gauss) 분포 또는 종형분포라고도 한다.

정의 2-8 확률변수 X의 밀도함수가

$$f(x)=\frac{1}{\sqrt{2\pi}\sigma}e^{-\frac{1}{2}\left(\frac{x-\mu}{\sigma}\right)^2}, \quad -\infty<x<\infty, \quad -\infty<\mu<\infty, \quad \sigma>0$$

로 주어질 때, X는 **정규분포**(normal distribution)를 따른다고 하며, 기호 $X\sim N(\mu,\ \sigma^2)$으로 나타낸다.

정규분포의 밀도함수는 $x=\mu$에 대하여 대칭이며, $x=\mu\pm\sigma$에 변곡점이 있고([그림 2.3]), 평균과 분산이 각각 μ, σ^2이다(정리 2-5). μ와 σ의 변화에 따라 밀도함수가 변하는 모습이 [그림 2.4]에 주어져 있다.

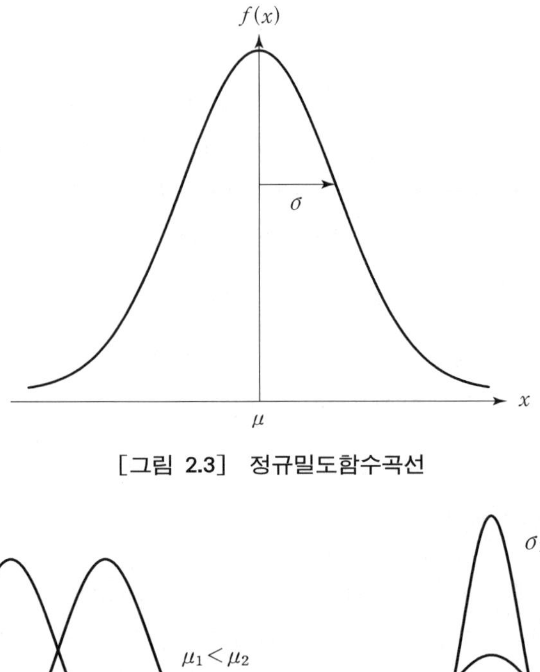

[그림 2.3] 정규밀도함수곡선

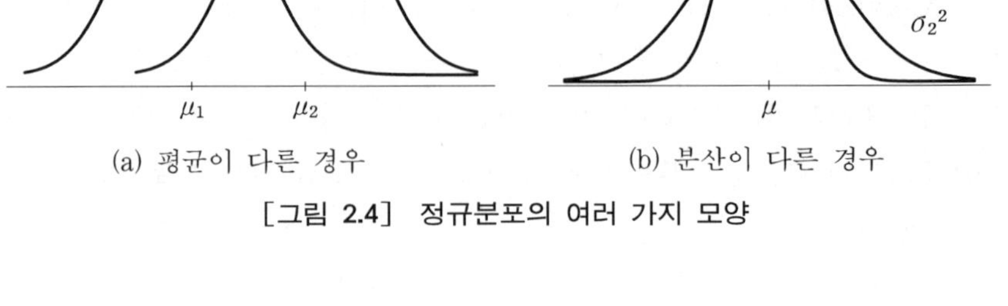

(a) 평균이 다른 경우 (b) 분산이 다른 경우

[그림 2.4] 정규분포의 여러 가지 모양

정규분포 가운데 평균 0, 분산 1인 정규분포 $N(0,\ 1)$을 **표준정규분포** (standard normal distribution)라고 한다. 표준정규분포의 밀도함수는 흔히 기호 $\phi(x)$로 나타내며, 누적분포함수는 기호 $\Phi(x)$로 나타낸다.

정규분포의 밀도함수를 적분하여 직접 확률을 구하는 것은 어렵다. 따라서 표준정규분포에 대한 확률을 구해서 표로 마련하였으며, 부록 B.4에는 $-3.9 \le x \le 3.9$의 범위에서 누적표준정규분포 $\Phi(x)$의 값이 주어져 있다.

[예 2-5] $X \sim N(0,\ 1)$일 때 $P[|X-1|>1.42]$의 값을 구해 보자.

$$\begin{aligned} P[|X-1|>1.42] &= 1-P[|X-1| \le 1.42] = 1-P[-0.42 \le X \le 2.42] \\ &= 1-(\Phi(2.42)-\Phi(-0.42)) \\ &= 1-(0.9922-0.3372) = 0.3450 \end{aligned}$$

정리 2-5 $X \sim N(\mu,\ \sigma^2)$일 때 X의 적률생성함수, 평균, 분산은 각각 다음과 같다.

$$M(t) = e^{\mu t + \sigma^2 t^2/2}$$

$$E[X] = \mu\ , \qquad V[X] = \sigma^2$$

[증명] (연습문제 2.2.7)

정규분포 $N(\mu,\ \sigma^2)$과 표준정규분포 $N(0,\ 1)$의 관계는 다음과 같다. 이를 이용하여 일반 정규분포 $N(\mu,\ \sigma^2)$에서 확률은 표준정규분포표를 이용하여 구할 수 있다.

정리 2-6 $X \sim N(\mu,\ \sigma^2)$일 때

$$Z = \frac{X-\mu}{\sigma}$$

로 정의하면, $Z \sim N(0,\ 1)$이다. 따라서 다음과 같이 X의 확률을 구할 수 있다.

$$P[a < X < b] = \Phi\left(\frac{b-\mu}{\sigma}\right) - \Phi\left(\frac{a-\mu}{\sigma}\right)$$

[증명] $P[a<X<b]=\int_a^b \frac{1}{\sqrt{2\pi}\sigma}e^{-\frac{1}{2}\left(\frac{x-\mu}{\sigma}\right)^2}dx$이며, $z=\frac{x-\mu}{\sigma}$로 치환하면 $dz=\frac{1}{\sigma}dx$이다. 또한 $x=a$일 때 $z=\frac{a-\mu}{\sigma}$, $x=b$일 때 $z=\frac{b-\mu}{\sigma}$이므로

$$P[a<X<b]=\int_{\frac{a-\mu}{\sigma}}^{\frac{b-\mu}{\sigma}} \frac{1}{\sqrt{2\pi}}e^{-\frac{1}{2}z^2}dz=\Phi\left(\frac{b-\mu}{\sigma}\right)-\Phi\left(\frac{a-\mu}{\sigma}\right)$$

[정리 2-6]에 의하면

$$X \sim N(\mu,\ \sigma^2)\text{일 때 } Z=\frac{X-\mu}{\sigma}\sim N(0,\ 1)$$

임을 의미한다. 이와 같이 확률변수 X에 대하여 $\frac{X-\mu}{\sigma}$로 변환시키는 것을 **표준화**(standardize)시킨다고 하며, 특히 X가 정규분포를 따를 때 표준화된 확률변수도 표준정규분포를 따른다는 뜻이다. 표준정규확률변수는 흔히 Z로 나타낸다.

[예 2-6] $X \sim N(\mu,\ \sigma^2)$일 때

$$\begin{aligned} P[\mu-\sigma<X<\mu+\sigma] &= P\left[-1<\frac{X-\mu}{\sigma}<1\right] \\ &= P[-1<Z<1] \\ &= P[Z<1]-P[Z<-1] \\ &= 0.8413-0.1587\approx 0.683 \end{aligned}$$

마찬가지로 $\mu\pm 2\sigma$, $\mu\pm 3\sigma$ 범위에 속할 확률을 구하여 요약하면 다음과 같다.

$$\begin{aligned} &P[\mu-\sigma<X<\mu+\sigma]\approx 0.683 \\ &P[\mu-2\sigma<X<\mu+2\sigma]\approx 0.954 \\ &P[\mu-3\sigma<X<\mu+3\sigma]\approx 0.997 \end{aligned}$$

표준정규분포에서 $(1-\alpha)$분위수를 (즉, 오른쪽 꼬리의 면적이 α인 점을) 기호 z_α로 나타내기로 한다. 즉, z_α는

$$P(Z>z_\alpha)=\alpha$$

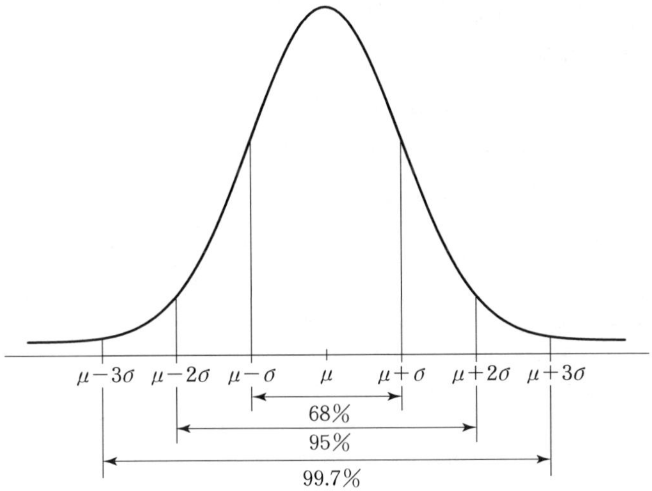

[그림 2.5] 정규분포에서 μ와 σ의 관계

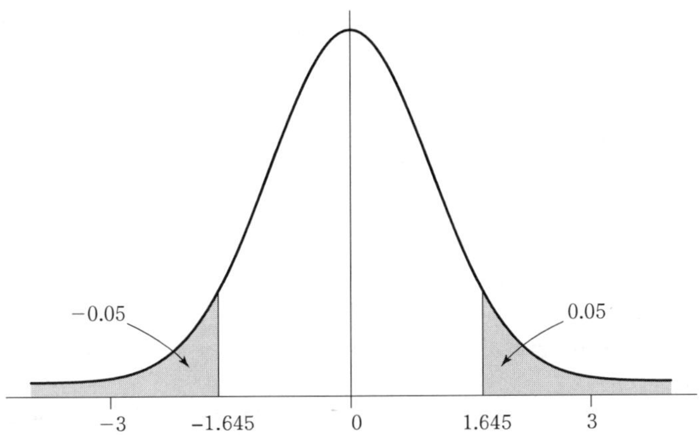

[그림 2.6] $z_{0.05}=1.645$를 나타내는 그림

를 만족하는 점이다. 자주 사용되는 z_α값은 다음과 같다.

$$z_{0.01}=2.326$$
$$z_{0.025}=1.96$$
$$z_{0.05}=1.645$$

[그림 2.6]은 $z_{0.05}=1.645$를 나타내는 그림이다.

상호독립인 정규확률변수의 선형결합은 다시 정규분포를 따른다. 다음 정리에서 이를 알아보자.

> 정리 2-7 $X_1, \cdots, X_n$이 상호독립이며, $X_i \sim N(\mu_i, \sigma_i^2)$, $i=1, \cdots, n$일 때
>
> $$Y = a_1X_1 + \cdots + a_nX_n$$
>
> 으로 정의된 Y는 평균 $a_1\mu_1 + \cdots + a_n\mu_n$, 분산 $a_1^2\sigma_1^2 + \cdots + a_n^2\sigma_n^2$인 정규분포를 따른다.

[증명] (연습문제 2.2.9)

[예 2-7] 어느 학생의 영어성적 X와 수학성적 Y는 다음과 같은 분포를 따른다.

$$X \sim N(80, 4^2), \qquad Y \sim N(75, 3^2)$$

한 시험에서 이 학생의 두 과목 성적의 합이 165점 이상일 확률을 구해 보자.

$X+Y$는 평균 $80+75=155$, 분산 $4^2+3^2=5^2$인 정규분포에 따르므로 구하는 확률은 다음과 같다.

$$\begin{aligned} P[X+Y \geq 165] &= P\left[\frac{(X+Y)-155}{5} \geq \frac{165-155}{5}\right] \\ &= P[Z \geq 2] = 1 - P[Z < 2] \\ &= 0.0228 \end{aligned}$$

2-2-3 지수분포

포아송분포는 주어진 단위시간 동안 발생하는 어떤 사건의 출현횟수가 갖는 분포로 소개되었다. 이제 다음 사건이 발생할 때까지 소요되는 시간을 T라고 할 때 T가 갖는 분포에 대하여 생각해 보자.

시간 $(0, t)$에서 이 사건이 발생하지 않을 확률은 $P[T>t]$이다. 단위시간 동안에 평균 λ개의 사건이 일어나는 포아송분포라면, 시간 $(0, t)$를 새로운 단위시간으로 간주할 경우에 평균 λt개의 사건이 일어나는 포아송분포가 된다. 따라서 X를 평균 λt인 포아송 확률변수라면

$$P[X=0] = \frac{(\lambda t)^0 e^{-\lambda t}}{0!} = e^{-\lambda t}$$

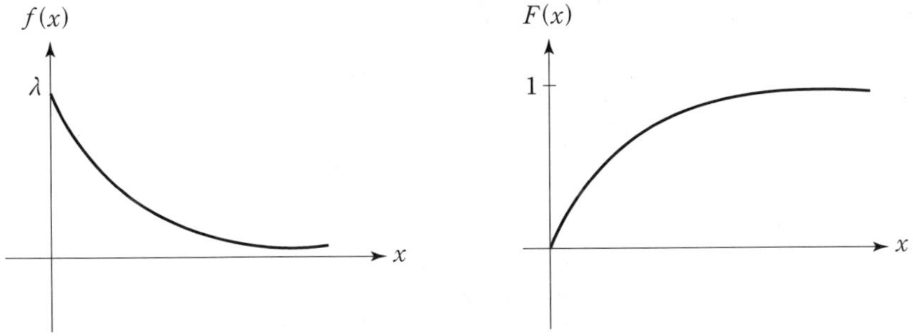

[그림 2.7] 지수분포의 모양

이다. 한편 $\{X=0\}$는 시간 $(0, t)$ 사이에서 사건이 일어나지 않는 경우를 뜻하므로 다음이 성립한다.

$$P[T>t]=P[X=0]=e^{-\lambda t}, \quad t>0$$

즉, 대기시간을 나타내는 확률변수 T의 누적분포함수와 밀도함수는 다음과 같다.

$$F(t)=P[T\le t]=1-P[T>t]=1-e^{-\lambda t}, \quad t>0$$
$$f(t)=F'(t)=\lambda e^{-\lambda t}, \quad t>0$$

정의 2-9 확률변수 X의 확률밀도함수가

$$f(x)=\lambda e^{-\lambda x}, \quad x>0, \quad \lambda>0$$

로 주어질 때, X는 모수 λ를 갖는 **지수분포**(exponential distribution)를 따른다고 한다.

정리 2-8 X가 모수 λ인 지수분포를 따를 때 적률생성함수, 평균, 분산은 각각 다음과 같다.

$$M(t)=\frac{\lambda}{\lambda-t}, \quad t<\lambda$$
$$E[X]=\frac{1}{\lambda}, \quad V[X]=\frac{1}{\lambda^2}$$

[증명] 적률생성함수의 정의에서 다음 결과를 얻는다.

$$M(t)=\int_{-\infty}^{\infty} e^{tx}f(x)dx=\int_{0}^{\infty} e^{tx}\lambda e^{-\lambda x}dx$$
$$=\int_{0}^{\infty} \lambda e^{(t-\lambda)x}dx=\frac{1}{1-t/\lambda},\quad t<\lambda$$

따라서

$$M'(t)=\frac{1/\lambda}{(1-t/\lambda)^2}$$
$$M''(t)=\frac{2/\lambda^2}{(1-t/\lambda)^3}$$

$M'(0)=\frac{1}{\lambda}$, $M''(0)=\frac{2}{\lambda^2}$ 이므로 분산과 평균은 각각 다음과 같다.

$$E[X]=M'(0)=\frac{1}{\lambda},\qquad V[X]=M''(0)-E[X^2]=\frac{1}{\lambda^2}$$

[예 2-8] 어느 가게에 들어오는 고객수 X는 시간당 평균 20명인 포아송분포로 설명할 수 있다고 한다. 이 가게에 5분 동안 고객이 한 사람도 들어오지 않을 확률을 구해 보자.

단위시간을 1분으로 바꾸면 고객수는 평균이 $\frac{1}{3}$ 인 포아송분포를 따른다. 따라서 X를 다음 고객이 들어올 때까지 소요되는 대기시간이라면 X는 평균이 3인 지수분포를 따르며, 구하는 확률 $P[X>5]$는 다음과 같다.

$$P[X>5]=1-P(X\leq 5)=1-(1-e^{-\frac{5}{3}})=e^{-\frac{5}{3}}=0.189$$

[예 2-9] 어떤 전기제품에 들어 있는 퓨즈는 평균수명이 500인 지수분포를 따른다고 한다. 이 퓨즈를 지금까지 300시간 사용하였다면 앞으로 600시간 이상 더 사용할 확률은 얼마이겠는가? X를 이 퓨즈의 수명이라 하면 구하는 확률은 조건부확률로서 다음과 같다.

$$P[X>300+600\,|\,X>300]=\frac{P[(X>900)\cap(X>300)]}{P[X>300]}=\frac{P[X>900]}{P[X>300]}$$

한편

$$P[X>t]=\int_{t}^{\infty}\frac{1}{500}e^{-\frac{x}{500}}dx=e^{-\frac{t}{500}}$$

이므로

$$P[X>900]=e^{-\frac{9}{5}},\quad P[X>300]=e^{-\frac{3}{5}},\quad P[X>600]=e^{-\frac{6}{5}}$$

이 성립한다. 따라서 구하는 확률은 다음과 같다.

$$P[X>300+600|X>300]=\frac{e^{-9/5}}{e^{-3/5}}=e^{-\frac{6}{5}}$$

여기서 한 가지 중요한 점은 $P[X>600]=e^{-\frac{6}{5}}$와 $P[X>300+600|X>300]=e^{-\frac{6}{5}}$이 같다는 사실이다. 즉, 새로운 제품이나 300시간을 사용한 제품이나 남은 수명은 확률적으로 동일하다는 뜻으로, 이는 지수분포 모형이 갖는 특징이다.

[예 2-9]에서 지수분포의 중요한 성질을 알아보았다. 즉, 어느 제품의 수명이 지수분포 모형으로 설명된다면, 앞으로 남은 수명은 지금까지 사용한 시간과 무관하다는 뜻이다. 이와 같은 성질을 **무기억성**(memoryless property)이라 한다. 따라서 수명이 지수분포를 따르는 제품에 대한 정기검사에서는 작동 여부만 점검하면 되며, 예방적 차원에서 신제품과 교환할 필요가 없다. 이와 같은 제품의 고장은 우연에 의해서만 일어난다는 뜻이다.

2-2-4 감마분포와 카이제곱분포

포아송분포는 주어진 단위시간 동안 어떤 사건의 출현횟수를 나타내는 분포이며, 이에 대하여 첫번째 사건이 발생할 때까지 대기시간이 나타내는 분포가 지수분포이었다. 이런 개념을 확장하여 r회의 포아송 사건이 발생할 때까지의 대기시간을 나타내는 분포를 감마분포라고 하며, 수리적인 정의는 다음과 같다.

> **정의 2-10** 확률변수 X의 밀도함수가
>
> $$f(x)=\frac{\lambda^r x^{r-1}e^{-\lambda x}}{\Gamma(r)},\qquad x>0,\quad r>0,\quad \lambda>0$$
>
> 다만, $\Gamma(r)=(r-1)\Gamma(r-1)$, $\Gamma(1)=1$로 정의
>
> 로 주어질 때, X는 모수 (r, λ)를 갖는 **감마분포**(gamma distribution)를 따른다고 한다.

감마분포의 정의에서 사용된 감마 함수에 대하여 좀더 자세히 알아보자.

정의 2-11 감마함수(gamma function)는 다음과 같이 정의된다.

$$\Gamma(r)=\int_0^\infty x^{r-1}e^{-x}dx, \qquad r>0$$

정리 2-9 감마함수는 다음과 같은 성질을 갖는다.

(1) $\Gamma(1)=1$

(2) $\Gamma\left(\frac{1}{2}\right)=\sqrt{\pi}$

(3) $\Gamma(r+1)=r!, \qquad r$은 자연수

(4) $\Gamma(r+1)=r\Gamma(r), \qquad r>0$

[증명] 생략

정리 2-10 X가 모수 (r, λ)를 갖는 감마분포를 따를 때 적률생성함수, 평균, 분산은 각각 다음과 같다.

$$M(t)=\left(\frac{\lambda}{\lambda-t}\right)^r, \qquad t<\lambda$$

$$E[X]=\frac{r}{\lambda}, \qquad V[X]=\frac{r}{\lambda^2}$$

[증명] (연습문제 2.2.16)

감마분포에서 $r=1$인 경우는 $f(x)=\lambda e^{-\lambda x}$로서 지수분포가 된다. 또한 다음 정리에서는 r개의 상호독립인 지수분포의 합은 감마분포를 따름을 보인다.

정리 2-11 상호독립인 r개의 확률변수 $X_1, \cdots, X_r$이 모수 λ인 지수분포를 따를 때

$$Y=X_1+\cdots+X_r$$

은 모수 (r, λ)인 감마분포를 따른다.

[증명] $M_i(t)$를 X_i의 적률생성함수라고 하면 [정리 2-8]에 의해 $M_i(t)=\frac{\lambda}{\lambda-t}$가 된다. 한편 $X_1, \cdots, X_r$은 상호독립이므로 다음 등식이 성립한다.

$$M_Y(t)=M_1(t)\cdots M_r(t)=\left(\frac{\lambda}{\lambda-t}\right)^r, \qquad \lambda>t$$

따라서 [정리 2-10]에 의해 Y는 모수(r, λ)인 감마분포를 따른다.

다음 보조정리는 **감마분포의 가법성**을 나타내는 정리이다.

보조정리 k개의 확률변수 $X_1, \cdots, X_k$가 상호독립이며, $i=1, \cdots, k$에 대하여 X_i는 모수(r_i, λ)인 감마분포를 따를 때

$$Y=X_1+\cdots+X_r$$

은 모수 $(r_1+\cdots+r_k, \lambda)$인 감마분포를 따른다.

감마분포의 다른 특수한 경우로서 카이제곱분포가 있다. 기초통계에서 다룬 카이제곱검정은 모두 카이제곱분포에 기초한 것이며, $Z_1, \cdots, Z_n$이 상호독립인 표준정규 확률변수일 때, 새로운 확률변수

$$\chi^2={Z_1}^2+\cdots+{Z_n}^2$$

의 분포를 카이제곱분포라고 정의했다. 이와 같이 정의된 카이제곱분포는 실제로 감마분포의 특수한 경우이며, 다음과 같이 정의한다.

정의 2-12 모수 (r, λ)인 감마분포에서 $r=\frac{n}{2}$, $\lambda=\frac{1}{2}$인 경우를 자유도 n인 **카이제곱분포**(chi-square distriburion)라고 한다. 따라서 자유도 n인 카이제곱분포의 밀도함수는 다음과 같다.

$$f(x)=\frac{1}{\Gamma(n/2)2^{n/2}}x^{n/2-1}e^{-x/2}, \quad x>0, \quad n>0$$

카이제곱분포는 3-1-3에서 자세하게 다루기로 한다.

감마분포는 두 개의 모수 r과 λ가 있으며, r과 λ가 변함에 따라 다양한

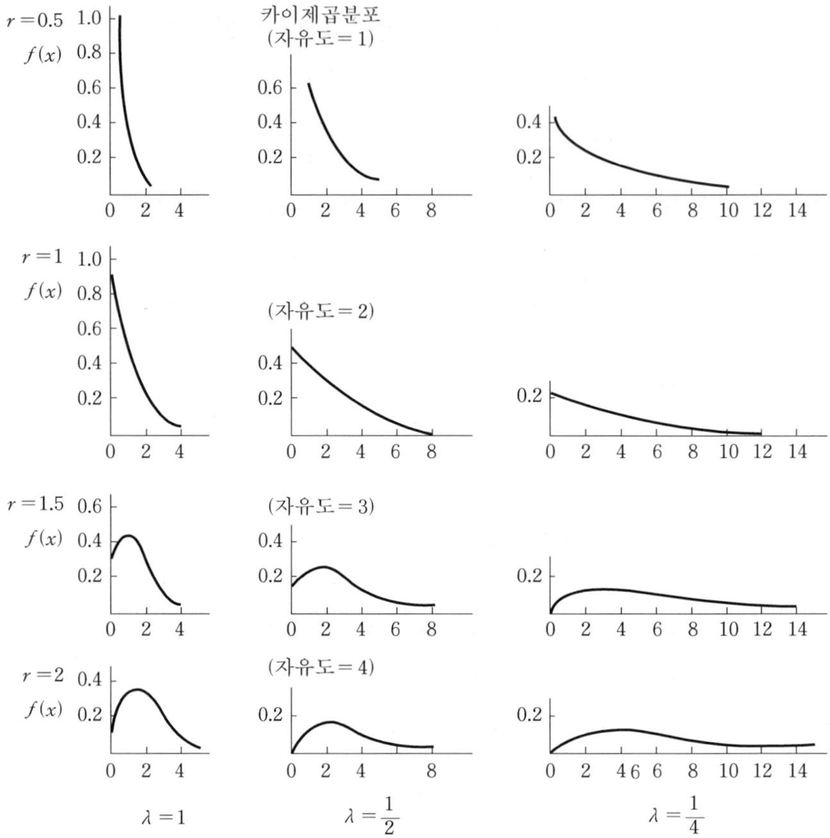

[그림 2.8] 감마분포의 여러 가지 형태

모양의 감마분포의 형태를 볼 수 있다. [그림 2.8]은 r과 λ의 여러 값에 대한 감마분포의 그림들이다. 그림을 보면 r의 값에 따라 감마분포의 형태가 변하고 있으며, λ의 값에 따라 분포의 형태는 그대로 있으면서 압축된 규모만 달라지고 있다. 따라서 r을 감마분포의 형태모수(shape parameter)라고 하며, λ를 척도모수(scale parameter)라고 한다.

2-2-5 이변량정규분포

X와 Y의 결합밀도함수가 정규분포인 이변량정규분포에서는, X와 Y의

주변분포와 조건부분포가 모두 정규분포인 성질을 갖고 있다. 다음은 이변량 정규분포의 정의이다.

정의 2-13 X, Y의 결합밀도함수가

$$f(x, y)=\frac{1}{2\pi\sigma_X\sigma_Y\sqrt{1-\rho^2}}\exp\left(-\frac{z_X^2-2\rho z_X z_Y+z_Y^2}{2(1-\rho^2)}\right),$$

$$\text{다만, } z_X=\frac{x-\mu_X}{\sigma_X}, \quad z_Y=\frac{y-\mu_Y}{\sigma_Y}, \quad -\infty<x<\infty, \quad -\infty<y<\infty$$

로 주어질 때 X, Y는 **이변량정규분포**(bivariate normal distribution)를 따른다고 한다. 이변량정규분포에는 5개의 모수 $(\mu_X, \mu_Y, \sigma_X^2, \sigma_Y^2, \rho)$가 있다.

이변량 정규밀도함수의 정의에서 X의 주변밀도함수를 구하면 다음과 같다.

$$f(x)=\int_{-\infty}^{\infty}f(x, y)dy=\frac{1}{\sqrt{2\pi}\sigma_X}e^{-\frac{1}{2}\left(\frac{x-\mu_X}{\sigma_X}\right)^2}, \quad -\infty<x<\infty$$

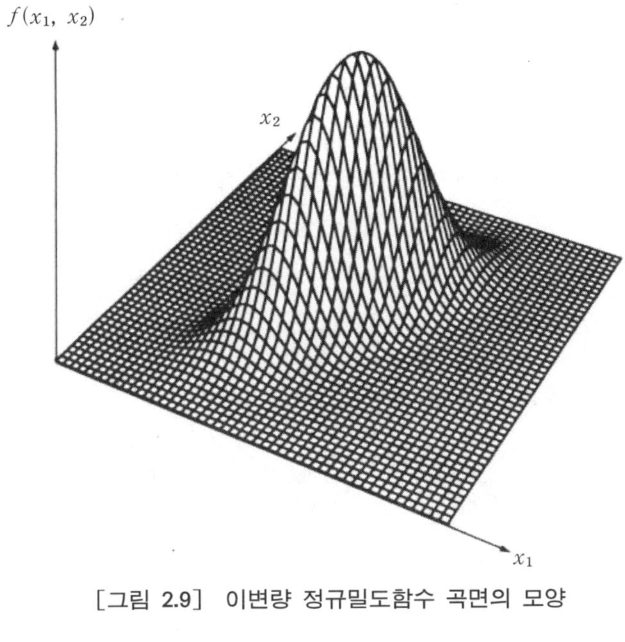

[그림 2.9] 이변량 정규밀도함수 곡면의 모양

즉, X의 주변밀도함수는 평균 μ_X, 분산 σ_X^2인 정규분포를 따른다. 또한 주어진 $X=x$에서 Y의 조건부 밀도함수 $f_{Y|x}(y)$는 다음과 같다.

$$f_{Y|x}(y)=\frac{f(x, y)}{f(x)}$$
$$=\frac{1}{\sqrt{2\pi}\,\sigma_Y\sqrt{1-\rho^2}}\exp\left(-\frac{1}{2(1-\rho^2)}\left(\frac{y-b}{\sigma_Y}\right)^2\right)$$

다만 $b=\mu_Y+\rho\dfrac{\sigma_Y}{\sigma_X}(x-\mu_X)$

따라서

$$\sigma_{Y|x}=\sigma_Y\sqrt{1-\rho^2}$$
$$\mu_{Y|x}=\mu_Y+\rho\frac{\sigma_Y}{\sigma_X}(x-\mu_X)$$

로 놓으면 조건부 밀도함수는 다음과 같이 나타낼 수 있다.

$$f_{Y|x}(y)=\frac{1}{\sqrt{2\pi}\,\sigma_{Y|x}}\exp\left(-\frac{1}{2}\left(\frac{y-\mu_{Y|x}}{\sigma_{Y|x}}\right)^2\right)$$

즉 $X=x$로 주어질 때 Y의 조건부 분포는 평균 $\mu_{Y|x}$, 분산 $\sigma_{Y|x}^2$인 정규분포를 따른다.

이제 X와 Y의 상관계수를 구해 보자. 상관계수는 척도에 무관하므로 편의를 위해 $\sigma_X=\sigma_Y=1$, $\mu_x=\mu_Y=0$로 놓으면 결합밀도함수는 다음과 같다.

$$f(x, y)=\frac{1}{2\pi\sqrt{1-\rho^2}}\exp\left(-\frac{x^2-2\rho xy+y^2}{2(1-\rho^2)}\right)$$

상관계수의 정의로부터 다음 등식이 성립한다.

$$\rho_{XY}=\frac{\sigma_{XY}}{\sigma_X\sigma_Y}=\frac{E[XY]-\mu_X\mu_Y}{\sigma_X\sigma_Y}=E[XY]$$

따라서

$$\rho_{XY}=E[XY]=\int_{-\infty}^{\infty}\int_{-\infty}^{\infty}xy\,f(x, y)\,dxdy$$

$$=\int_{-\infty}^{\infty}\int_{-\infty}^{\infty} xy\frac{1}{2\pi\sqrt{1-\rho^2}}\exp\left(-\frac{x^2-2\rho xy+y^2}{2(1-\rho^2)}\right)dxdy$$

윗식에서 y에 관한 적분을 먼저 시행하기 위하여 다음과 같이 변형시킨다.

$$\rho_{XY}=\frac{1}{\sqrt{2\pi}}\int_{-\infty}^{\infty} xe^{-\frac{1}{2}x^2}$$
$$\times\left(\frac{1}{\sqrt{2\pi}\sqrt{1-\rho^2}}\int_{-\infty}^{\infty} y\exp\left(-\frac{1}{2}\left(\frac{y-\rho x}{\sqrt{1-\rho^2}}\right)^2\right)dy\right)dx$$

한편 y에 관한 적분은 평균 ρx, 분산 $1-\rho^2$인 정규분포의 평균을 나타내는 식이므로 적분 결과는 ρx이다. 따라서 다음 결과를 얻는다.

$$\rho_{XY}=\frac{1}{\sqrt{2\pi}}\int_{-\infty}^{\infty} \rho x^2 e^{-\frac{1}{2}x^2}dx$$
$$=\rho\frac{1}{\sqrt{2\pi}}\int_{-\infty}^{\infty} x^2 e^{-\frac{1}{2}x^2}dx=\rho E[X^2]=\rho V[X]=\rho$$

이들을 요약하면 다음의 정리가 성립한다.

정리 2-12 X, Y의 결합밀도함수가 **정의 2-13** 으로 주어지는 이변량정규분포를 따를 때 다음이 성립한다.

(1) $X \sim N(\mu_X,\ \sigma_X^2)$, $\quad Y \sim N(\mu_Y,\ \sigma_Y^2)$

(2) $Y|X=x \sim N\left(\mu_Y+\rho\frac{\sigma_Y}{\sigma_X}(x-\mu_X),\ \ \sigma_Y^2(1-\rho^2)\right)$

(3) $\rho_{XY}=\rho$

이변량정규분포에서 조건부 분포는 7장에서 다루는 회귀모형의 기초가 되는 모형이다. [정리 2-12]에서

$$E[Y|x]=\mu_Y+\rho\frac{\sigma_Y}{\sigma_X}(x-\mu_X), \qquad V[Y|x]=\sigma_Y^2(1-\rho^2)$$

임을 알 수 있다. 따라서

$$a = \mu_Y - \rho\frac{\sigma_Y}{\sigma_X}\mu_X, \qquad b = \rho\frac{\sigma_Y}{\sigma_X}$$

로 놓으면, 조건부 기대값은

$$E[Y|x] = a + bx$$

로 나타낼 수 있다. 즉, 조건부 기대값 $E[Y|x]$는 x의 일차식임을 뜻한다. 또한 조건부 분산 $V[Y|x] = \sigma_Y^2(1-\rho^2)$에서 X, Y의 상관관계가 높을수록 분산이 감소함을 알 수 있다. 즉, 상관관계가 높으면 X값을 아는 것이 Y의 조건부 분산을 감소시키는 데 도움이 된다는 뜻이다.

[예 2-10] 과거의 자료에 의하면 성인 남자의 키(X, 단위: cm)와 몸무게(Y, 단위: kg)는 이변량정규분포를 따른다고 한다. 또한 X와 Y의 주변분포는 각각

$$X \sim N(170.5^2), \quad Y \sim N(60.4^2)$$

이고, X와 Y의 상관계수는 $\rho = 0.6$이라고 한다. 그러면, $X = x$에서 Y의 조건부 분산은

$$V[Y|x] = \sigma_Y{}^2(1-\rho^2) = 4^2(1-0.6^2) = 10.24 = (3.2)^2$$

로서 x값에 무관하며, 분산은 4^2에서 3.2^2으로 감소한다. 또한, Y의 조건부 기대값은

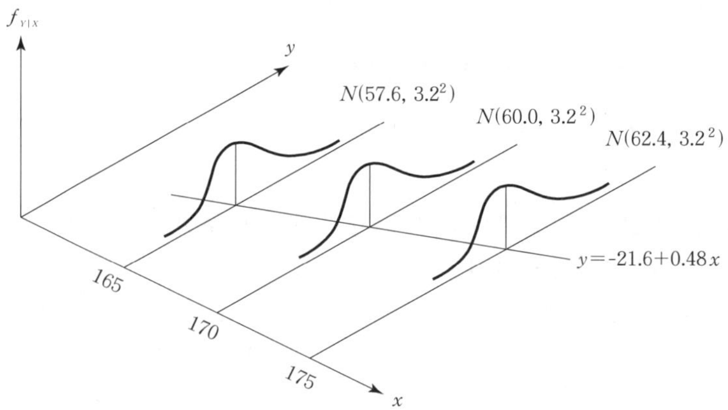

[그림 2.10] 이변량정규분포에서 조건부분포의 의미

$$E[Y|x]=60+0.6\frac{4}{5}(x-170)$$
$$=-21.6+0.48x$$

예를 들어 $x=165$, 170, 175에서 조건부 기대값은 각각 $y=57.6$, 60.0, 62.4이다. 즉, 키가 165cm인 남자들은 몸무게는 평균 57.6, 분산 3.2^2인 정규분포를 따르며, 키가 175cm인 남자의 몸무게는 평균 62.4, 분산 3.2^2인 정규분포를 따른다는 뜻이다. 이를 그림으로 나타내면 [그림 2.10]과 같다.

[예 2-11] 어떤 과목의 중간시험성적(X)과 기말시험성적(Y)은 이변량정규분포를 따른다고 한다. X의 평균과 표준편차는 각각 70점과 10점이며 Y의 평균과 표준편차는 각각 75점, 8점이다. 또한 두 점수간의 상관계수는 0.6이다. 한 학생이 중간시험에서 90점을 받았는데 군에 입대하게 되어 기말시험을 치루지 못했다. 이 학생이 기말시험을 치루었다면 어떤 성적을 받으리라고 기대되는지 생각해 보자. 먼저 조건부 기대값은 다음과 같다.

$$E[Y|X=90]=75+(0.6)\left(\frac{8}{10}\right)(90-70)=84.6$$

조건부 분산은 다음과 같다.

$$V[Y|X=90]=8^2(1-0.6^2)=6.4^2$$

즉, 이 학생의 기말시험성적의 조건부 기대값은 평균 84.6, 분산 6.4^2인 정규분포를 따른다. 따라서 이 학생의 기말시험성적이 78.2와 91 사이에 있을 확률은 다음과 같다.

$$P[78.2\le Y\le 91|X=90]=\Phi(1)-\Phi(-1)=0.683$$

[정리 1-11]에 의하면 X와 Y가 독립이면 항상 $\rho=0$이지만, $\rho=0$이라고 해서 X와 Y가 독립인 것은 아니다. 그러나 이변량정규분포에서는 $\rho=0$이면 $f(x, y)=f_X(x)f_Y(y)$의 관계가 있음을 쉽게 알 수 있다. 즉, $\rho=0$이면 X, Y는 독립이다. 이를 요약하면 다음과 같다.

정리 2-13 X, Y가 이변량정규분포를 따를 때 $\rho=0$은 X, Y가 독립이기 위한 필요충분조건이 된다.

이변량정규분포에서는 조건부 기대값 $E[Y|X=x]$가 x의 일차식으로 표현되었다. 그러나 일반적으로 이런 선형성이 성립하는 것은 아니다. 다음 예에서 이를 확인하여 보자.

[예 2-12] X, Y의 결합밀도함수가

$$f(x, y)=x+y, \qquad 0<x<1, \quad 0<y<1$$

로 주어질 때, X의 주변밀도함수는 다음과 같다.

$$f(x)=\int_0^1 f(x, y)dy=\int_0^1 (x+y)dy=x+\frac{1}{2}, \qquad 0<x<1$$

따라서 Y의 조건부 분포는

$$f_{Y|x}(y)=\frac{f(x, y)}{f(x)}=\frac{x+y}{x+\frac{1}{2}}, \qquad 0<y<1$$

이며, 조건부 기대값은 다음과 같다.

$$E[Y|X=x]=\int_0^1 y f_{Y|x}(y)dy=\frac{1}{x+\frac{1}{2}}\int_0^1 y(x+y)dy$$

$$=\frac{1}{x+\frac{1}{2}}\left(\frac{1}{2}x+\frac{1}{3}\right)=\frac{1}{2}+\frac{1}{12x+6}$$

이와 같이 $X=x$에 대한 Y의 조건부 기대값인 $E[Y|X=x]$이 x의 일차식인 선형모형이 아닌 예도 있다.

2-2-6 다변량정규분포

많은 자료들은 벡터 형식의 다변량자료로 관측된다. 예를 들어 각 개인의 신체검사 자료에서 (나이, 키, 몸무게, 혈압)으로 된 관측값을 얻거나, 대학원 시험에서 각 수험생에 대하여 (시험성적, 학부졸업성적, 면접성적)을 관측하면 각 개인별 자료가 벡터의 형식으로 관측된다. 이때에는 각 벡터의 원소들 사이에 연관성이 존재하며 이러한 자료를 다변량자료라고 한다.

다변량 확률변수 $\boldsymbol{X}$가 $p\times 1$ 벡터일 때, $\boldsymbol{X}$의 원소들을 $X_1, X_2, \cdots, X_p$라

고 하면 $\boldsymbol{X}$의 전치(transpose)는 다음과 같다.

$$\boldsymbol{X}'=(X_1, X_2, \cdots, X_p)$$

각 X_i의 평균, 분산 및 X_i, X_j의 공분산을 다음과 같이 나타내자.

$$E[X_i]=\mu_i,\ V[X_i]=\sigma_i^2=\sigma_{ii},\ \mathrm{Cov}[X_i, X_j]=\sigma_{ij}$$

그러면 확률벡터 $\boldsymbol{X}$의 평균벡터와 공분산행렬은 각각 다음과 같다.

$$\boldsymbol{\mu}=E[\boldsymbol{X}]=\begin{bmatrix} E[X_1] \\ E[X_2] \\ \vdots \\ E[X_p] \end{bmatrix}=\begin{bmatrix} \mu_1 \\ \mu_2 \\ \vdots \\ \mu_p \end{bmatrix}$$

$$\Sigma=\mathrm{Cov}[\boldsymbol{X}]=E[(\boldsymbol{X}-\boldsymbol{\mu})(\boldsymbol{X}-\boldsymbol{\mu})']=\begin{bmatrix} \sigma_{11} & \sigma_{12} & \cdots & \sigma_{1p} \\ \sigma_{21} & \sigma_{22} & \cdots & \sigma_{2p} \\ \vdots & \vdots & \ddots & \vdots \\ \sigma_{p1} & \sigma_{p2} & \cdots & \sigma_{pp} \end{bmatrix}$$

공분산행렬에서 $\sigma_{ij}=\mathrm{Cov}[X_i, X_j]=\mathrm{Cov}[X_j, X_i]=\sigma_{ji}$이므로, Σ는 대칭인 행렬이다.

이제 다변량 정규분포의 밀도함수에 대하여 알아보자. 2-2-2에서 다룬 일변량 정규분포의 밀도함수는 다음과 같았다.

$$f(x)=\frac{1}{\sqrt{2\pi}\sigma}e^{-\frac{1}{2}\left(\frac{x-\mu}{\sigma}\right)^2},\quad -\infty<x<\infty$$

이 밀도함수의 지수부분에서 제곱항은

$$\left(\frac{x-\mu}{\sigma}\right)^2=(x-\mu)(\sigma^2)^{-1}(x-\mu)$$

로 나타낼 수 있다. 이러한 형식이 다변량 정규분포에서도 그대로 유지되어 다변량 정규분포의 밀도함수는 다음과 같다.

$$f(\boldsymbol{x})=\frac{1}{(2\pi)^{p/2}|\Sigma|^{1/2}}e^{-(\boldsymbol{x}-\boldsymbol{\mu})'\Sigma^{-1}(\boldsymbol{x}-\boldsymbol{\mu})/2},\quad -\infty<x_i<\infty,\ i=1, \cdots, p$$

정의 2-14 p-벡터인 $\boldsymbol{X}$의 확률밀도함수가

$$f(\boldsymbol{x})=\frac{1}{(2\pi)^{p/2}|\Sigma|^{1/2}}e^{-(\boldsymbol{x}-\boldsymbol{\mu})'\Sigma^{-1}(\boldsymbol{x}-\boldsymbol{\mu})/2}, \quad -\infty<x_i<\infty,\ i=1,\ \cdots,\ p$$

로 주어질 때 $\boldsymbol{X}$는 평균벡터 $\boldsymbol{\mu}$, 공분산행렬 Σ인 **다변량 정규분포**를 따른다고 하며, 기호로

$$\boldsymbol{X} \sim N_p(\boldsymbol{\mu},\ \Sigma)$$

를 사용하기로 한다.

특히 이변량 정규분포의 경우에 2-2-5에서 다룬 밀도함수와 어떻게 일치하는지 알아보자. 이변량인 경우에 Σ와 Σ^{-1}는 각각 다음과 같다.

$$\Sigma=\begin{bmatrix}\sigma_{11} & \sigma_{12}\\ \sigma_{21} & \sigma_{22}\end{bmatrix} \qquad \Sigma^{-1}=\frac{1}{\sigma_{11}\sigma_{22}-\sigma_{12}^2}\begin{bmatrix}\sigma_{22} & -\sigma_{12}\\ -\sigma_{12} & \sigma_{11}\end{bmatrix}$$

한편 X_1과 X_2의 상관계수 ρ_{12}는

$$\rho_{12}=\frac{\sigma_{12}}{\sqrt{\sigma_{11}\sigma_{22}}}$$

를 나타내므로 σ_{12}는 다음과 같이 쓸 수 있다.

$$\sigma_{12}=\rho_{12}\sqrt{\sigma_{11}\sigma_{22}}$$

Σ^{-1}에서 σ_{12}를 위의 식으로 바꾸어 제곱항을 정리하면 다음과 같다(상세한 과정은 연습문제 2.2.23에서 다루기로 한다).

$$\begin{aligned}&(\boldsymbol{x}-\boldsymbol{\mu})'\Sigma^{-1}(\boldsymbol{x}-\boldsymbol{\mu})\\ &=\frac{1}{1-\rho_{12}^2}\left[\left(\frac{x_1-\mu_1}{\sqrt{\sigma_{11}}}\right)^2-2\rho_{12}\left(\frac{x_1-\mu_1}{\sqrt{\sigma_{11}}}\right)\left(\frac{x_2-\mu_2}{\sqrt{\sigma_{22}}}\right)+\left(\frac{x_2-\mu_2}{\sqrt{\sigma_{22}}}\right)^2\right]\end{aligned}$$

따라서 이변량 정규분포의 밀도함수는 다음과 같다.

$$\begin{aligned}f(x_1,\ x_2)=&\frac{1}{2\pi\sqrt{\sigma_{11}\sigma_{22}(1-\rho_{12}^2)}}\times\exp\left\{-\frac{1}{2(1-\rho_{12}^2)}\left[\left(\frac{x_1-\mu_1}{\sqrt{\sigma_{11}}}\right)^2\right.\right.\\ &\left.\left.-2\rho_{12}\left(\frac{x_1-\mu_1}{\sqrt{\sigma_{11}}}\right)\left(\frac{x_2-\mu_2}{\sqrt{\sigma_{22}}}\right)+\left(\frac{x_2-\mu_2}{\sqrt{\sigma_{22}}}\right)^2\right]\right\}\end{aligned}$$

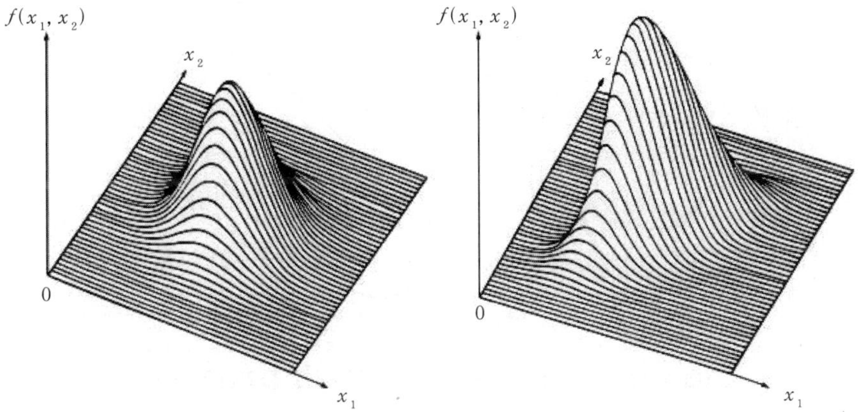

(a) $\sigma_{11}=\sigma_{22},\ \rho_{12}=0$　　(b) $\sigma_{11}=\sigma_{22},\ \rho_{12}=.75$

[그림 2.11] 두 정규밀도함수가 나타내는 곡면

윗식에서 특히 X_1과 X_2가 독립일 때는 $\rho_{12}=0$이 되며, 따라서 결합밀도함수는 두 정규 주변밀도함수의 곱으로 나타내어짐을 쉽게 알 수 있다.

이제 이변량 정규분포에서 ρ_{12}의 값이 변하면서 밀도함수가 나타내는 곡면이 어떻게 변하는지 알아보자. [그림 2.11]은 $\sigma_{11}=\sigma_{22}$이면서 $\rho_{12}=0$일 때와 $\rho_{12}=0.75$일 때 밀도함수가 나타내는 곡면이다. 그림에서 $\rho_{12}=0$일 때는 곡면이 대칭이며, ρ_{12}가 양수로서 1에 가까울수록 $x_1=x_2$인 축에 밀집된 형태로 나타난다.

밀도함수의 곡면의 모습을 자세히 알아보기 위해 등고선을 살펴보자. $f(x_1, x_2)$의 곡면을 x_1, x_2평면과 평행인 평면으로 자를 때 나타나는 등고선은 $f(x_1, x_2)=c_1$으로 나타낼 수 있으며, 이것은 곧 제곱항이 상수임을 뜻한다. 즉,

$$(\boldsymbol{x}-\boldsymbol{\mu})'\Sigma^{-1}(\boldsymbol{x}-\boldsymbol{\mu})=c^2$$

이 나타내는 곡선이 등고선이며, 등고선의 모양은 타원이다. [그림 2.11]에 대응되는 등고선의 모양은 [그림 2.12]와 같다.

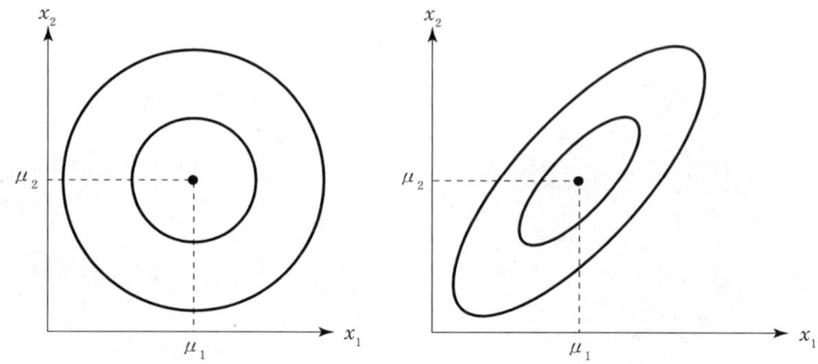

[그림 2.12] [그림 2.11]의 두 분포에 대한 등고선의 모양

연 습 문 제

2. 2. 1. 전철이 5분 간격으로 출발한다. 즉 7 : 00, 7 : 05, 7 : 10, ⋯에 전철이 출발한다고 한다. 한 학생이 이 역에 도착하는 시간은 7 : 00에서 7 : 10 사이에 균등분포를 따른다고 한다. 이 학생이 전철을 타기 위해 2분 이상 기다릴 확률은 얼마인가? 1분도 기다리지 않을 확률은?

2. 2. 2. X가 (a, b)에서 균등분포를 따른다면 X의 선형함수 $Y=a+bX$의 분포는?

2. 2. 3. A지점과 B지점의 거리가 100 km인 두 지점을 왕복하는 버스가 있다. 버스가 고장날 때를 대비하여 A지점과 B지점 그리고 A와 B지점의 중간지점에 각각 정비소를 두고 운영하고 있다. 과거의 경험에 의하면 버스는 운행도중 아무데서나 고장나게 될 확률이 동일하다고 한다. 어떤 사람의 주장은 정비소를 A지점에서 25km, 50km, 75km 지점에 설치하는 것이 현재보다 훨씬 효율적이라고 한다. 과연 이 주장이 맞는가?

2. 2. 4.* $\int_{-\infty}^{\infty} e^{-\frac{x^2}{2}} dx = \sqrt{2\pi}$ 임을 보여라(힌트: $\int_{-\infty}^{\infty} e^{-\frac{x^2}{2}} dx = 2\int_{0}^{\infty} e^{-\frac{x^2}{2}} dx$ 이고 $y=\frac{x^2}{2}$으로 치환한 후 $\Gamma\left(\frac{1}{2}\right)=\sqrt{\pi}$인 것을 이용한다).

2. 2. 5. $X \sim N(6, 25)$일 때 다음을 구하여라.

(a) $P[6 \le X \le 12]$ (b) $P[0 \le X \le 8]$

(c) $P[-2 \le X \le 0]$ (d) $P[|X-6| \le 10]$

2. 2. 6. $X \sim N(0, 1)$일 때 다음을 만족하는 상수 c를 구하여라.
(a) $P[|Z| \le c] = 0.5$ (b) $P[|Z| \ge c] = 0.9$

2. 2. 7. [정리 2-5]를 증명하여라.

2. 2. 8. $X \sim N(\mu, \sigma^2)$일 때 $|X-\mu|$의 분포를 구하여라.

2. 2. 9. [정리 2-7]을 증명하여라.

2. 2. 10. $N(10, 4)$에서 추출된 관측값들을 도수분포표로 만들기 위해 구간을 10개로 나누고자 한다. 이 구간들을 $(-\infty, 6)$, $[6, 7)$, $\cdots$, $[14, \infty)$와 같이 만든다면 이론적으로 각 구간에 몇 퍼센트의 관측값들이 속하게 되는가?

2. 2. 11.* $\log X \sim N(\mu, \sigma^2)$일 때 X는 **로그정규분포**(lognormal distribution)를 따른다고 한다. X의 확률밀도함수가

$$f(x) = \frac{1}{\sqrt{2\pi}\sigma x}\exp\left(-\frac{(\log x - \mu)^2}{2\sigma^2}\right), \qquad 0 < x < \infty$$

과 같이 되는 것을 증명하여라. 이 밀도함수를 그려 보아라. 또 X의 평균과 분산은 어떻게 되는가? 그리고 어떤 실수 α에 대해 X^α도 역시 로그정규분포가 되는 것을 증명하여라.

2. 2. 12. 통계발표에 의하면 남아가 여아에 비해 많다고 한다. 만약 한 아이가 태어날 때 남·여가 될 확률이 동일하다면 10,000명 중 남자 아이수가 여자 아이수에 비해 1% 이상 태어날 확률은 얼마나 되는가? 또 10만 명인 경우에는 확률값이 어떻게 변하는가? 100만 명인 경우는?

2. 2. 13. 일반적으로 전화 한 통화의 통화시간은 평균이 2분인 지수분포를 따른다고 한다. 통화시간이 2분 이상이 될 확률을 얼마인가? 또 2분에서 4분 사이일 확률은 얼마인가? 또 3분 이상될 확률은 얼마인가?

2. 2. 14. X가 지수분포를 따를 때 $P[X > E[X]]$일 확률은 얼마인가? 즉 지수확률변수가 평균보다 큰 값이 될 확률은 얼마인가?

2. 2. 15. $f(x) = \frac{1}{2}e^{-\frac{1}{2}x}$, $x \ge 0$일 때 $P[X > 3]$과 $P[X > 5 \mid X > 2]$를 구하고 이 결과가 나타내는 뜻을 설명하여라.

2. 2. 16. [정리 2-10]을 증명하여라.

2. 2. 17. 어떤 전기제품에 10개의 칩(chip)이 들어 있다. 각 칩의 수명은 평균

100시간인 지수분포를 따른다고 한다. 그리고 각 칩의 고장은 상호독립적이며 하나의 칩만 고장나도 이 제품은 작동하지 않는다고 한다. 이 제품이 작동하는 시간의 분포를 구하여라. 만약 10개의 칩 중에서 하나만 작동하여도 이 제품이 작동한다면 결과가 어떻게 변하는가?

2. 2. 18. (X, Y)가 $\mu_X=0$, $\mu_Y=4$, $\sigma_X=1$, $\sigma_Y=3$, $\rho=\dfrac{1}{3}$인 이변량정규분포를 따를 때 밀도함수는 어떻게 되는가?

2. 2. 19. $f(x, y)=c\exp(-x^2+xy-2y^2)$일 때($c$는 상수), μ_X, μ_Y, σ_X, σ_Y, ρ를 구하여라.

2. 2. 20. $f(x, y)$가 앞 문제와 같고 X와 Y가 독립적인 표준정규분포를 따를 때 다음 물음에 답하여라.

(a) $r=f(x, y)$를 만족하는 (x, y)점들은 어떤 곡선을 그리는가?

(b) $E[Y|X=x]$와 $V[Y|X=x]$는 x가 변할 때 어떻게 변하는가?

(c) $f_{Y|x}(y)$는 x가 변할 때 어떤 형태가 되는가?

2. 2. 21. X, Y가 이변량정규분포를 따르며 $\mu_X=3$, $\mu_Y=1$, $\sigma_X{}^2=16$, $\sigma_Y{}^2=25$, $\rho=\dfrac{3}{5}$이다. 다음을 구하여라.

(a) $P[3<Y<8]$

(b) $P[3<Y<8|X=7]$

(c) $P[-3<X<3]$

(d) $P[-3<X<3|Y=-4]$

2. 2. 22. X, Y가 이변량정규분포를 따르고 $\mu_X=5$, $\mu_Y=10$, $\sigma_X{}^2=1$, $\sigma_Y{}^2=25$와 같다. $P[4<Y<16|X=5]=0.954$이면 ρ는 얼마인가? 여기서, $\rho>0$이다.

2. 2. 23. 본문에 나오는 다음 등식이 성립함을 보여라.

$$(\boldsymbol{x}-\boldsymbol{\mu})'\Sigma^{-1}(\boldsymbol{x}-\boldsymbol{\mu})$$
$$=\frac{1}{1-\rho_{12}^2}\left[\left(\frac{x_1-\mu_1}{\sqrt{\sigma_{11}}}\right)^2-2\rho_{12}\left(\frac{x_1-\mu_1}{\sqrt{\sigma_{11}}}\right)\left(\frac{x_2-\mu_2}{\sqrt{\sigma_{22}}}\right)+\left(\frac{x_2-\mu_2}{\sqrt{\sigma_{22}}}\right)^2\right]$$

제 3 장

통계량과 관련분포

3-1 표본분포

우리는 기초통계에서 모집단, 모수, 통계량 등의 용어를 사용했으며, 2장에서는 이를 기초로 모집단, 모수 등의 용어를 직관적인 개념으로 사용했다. 이 장에서는 이런 용어들에 대한 자세한 정의를 알아보고, 통계량 가운데 특히 표본평균, 표본분산 등과 관련된 분포를 알아본다.

3-1-1 확률표본과 통계량

선거에서는 전체 유권자의 지지율에 관심이 있으며, 공정의 품질관리에서는 그 공정에서 생산되는 전체 제품의 품질에 관심이 있고, 우리 나라 대학생의 의식구조에 관한 연구에서는 우리 나라 전체 대학생의 의식구조에 대한 조사 결과에 관심이 있다. 동전을 던지는 실험에서는 앞면과 뒷면의 모든 관측값에 관심이 있고, 부모와 자식의 키 사이의 상관관계를 분석하는 문제에서는 모든 부모와 자식의 쌍으로 된 관측값에 관심이 있다. 이와 같이 관심의 대상이 되는 모든 개체들의 집합, 또는 이들 개체들의 관측값 또는 측정값의 집합을 **모집단**(population)이라 한다.

모집단에서 관측값 또는 측정값을 확률변수 X로 나타내며, 모집단의 특성은 X의 **분포**(distribution)로 나타낸다. 따라서 흔히 모집단과 분포는 같은 의미로 사용하기도 한다.

모집단에 대한 어떤 정보를 알기 위해서는 모집단 전체를 관측하거나 조사하는 것이 현실적으로 불가능하거나 어려운 경우가 많다. 예를 들어, 대통령 선거에서 모든 유권자를 조사한다거나, 어느 공정에서 생산되는 제품을 모두 검사한다거나, 이 세상에 있는 모든 부모와 자식의 키를 재는 일 등은 시간, 비용 등의 이유로 현실성이 없다. 따라서 우리는 모집단에서 일부를 조사하여 이들을 기초로 전체 모집단에 대한 추론을 하게 된다. 이와 같이 모집단에서 추출된 일부의 관측값이나 측정값의 집합을 **표본**(sample)이라 하며, 모집단을 이루는 각 개체들을 **추출단위**(sampling unit)라고 부른다.

표본에 기초한 추론은 모집단에서 추출단위의 개수가 유한이냐 무한이냐에 따라 방법이 다르게 된다. 유권자의 집합과 같이 유한개의 추출단위로 구성된 모집단을 **유한모집단**(finite population)이라 하며, 공정에서 생산되는 제품과 같이 무한히 많은 추출단위로 구성된 모집단을 **무한모집단**(infinite population)이라 한다.

무한모집단의 특징은 한 표본의 결과가 다음 표본의 특성치에 영향을 주지 않는 것이다. 예를 들어 공정에서 생산되는 제품의 품질검사에서 지금 관측한 제품이 불량품이고 아닌 것이 다음 제품이 불량품이고 아닌 것에 영향을 주지 않는다. 즉, 관측값을 나타내는 확률변수들이 서로 독립인 것이다. 유한모집단에서 비복원추출을 할 경우에는 이와 같은 성질이 성립하지 않는다. 예를 들어 10개의 제품이 있는 로트에 3개의 불량품이 있는 경우에 처음 표본이 불량품이냐 아니냐에 따라 두 번째 표본이 불량품일 확률이 다르게 된다. 따라서 유한모집단에서 비복원추출되는 관측값은 이론적으로 독립성의 성질을 갖지 못한다.

이론통계에서는 유한모집단보다는 무한모집단을 가정하는 것이 이론의 전개를 쉽게 한다. 따라서 앞으로 특별한 언급이 없으면 무한모집단을 가정하는 것으로 간주한다.

모집단을 확률변수 X의 분포로 가정할 수 있으며, 따라서 모집단에서 추출된 표본들은 확률변수 $X_1, X_2, \cdots, X_n$으로 나타낼 수 있다. 이론적으로 중요한 표본은 상호독립이며 동일한 분포를 갖는 표본들이다. 이런 표본을 랜덤표본이라 부른다.

> **정의 3-1** 상호독립이며 동일한 분포를 갖는 확률변수의 집합 $X_1, \cdots, X_n$을 크기 n인 **랜덤표본**(random sample)이라 한다.

random sample에 대응되는 용어는 랜덤표본 이외에도 **확률표본**, **임의표본** 등이 있으나, 이 책에서는 랜덤표본을 사용하기로 한다.

모집단의 특성치를 나타내는 확률변수 X의 밀도함수를 $f(x)$라고 하면 $X_1, \cdots, X_n$도 모두 동일한 분포를 가지므로 $X_1, \cdots, X_n$의 분포는 $f(x_1), \cdots, f(x_n)$이다. 또한 $X_1, \cdots, X_n$이 상호독립이면 결합밀도함수는 각각의 밀도함수의 곱으로 나타낼 수 있다. 따라서 확률표본 $X_1, \cdots, X_n$의 결합밀도함수는 다음과 같이 나타낼 수 있다.

$$f_{X_1,\cdots,X_n}(x_1,\ \cdots,\ x_n)=f(x_1)\cdots f(x_n)=\prod_{i=1}^{n}f(x_i)$$

[예 3-1] 어떤 공장에서 생산하는 전구의 수명은 평균 μ인 지수분포에 따른다고 한다. 평균 μ인 지수분포의 밀도함수는

$$f(x)=\frac{1}{\mu}e^{-\frac{x}{\mu}},\qquad x>0$$

이므로 크기 5인 확률표본의 결합밀도함수는 다음과 같다.

$$f_{X_1,\cdots,X_5}(x_1,\ \cdots,\ x_5)=f(x_1)\cdots f(x_5)=\left(\frac{1}{\mu}\right)^5 e^{-(x_1+\cdots+x_5)/\mu}$$

모집단 또는 분포의 특성을 결정하는 상수를 **모수**(parameter)라고 함을 2장에서 정의하였다. 예를 들어 평균, 분산, 표준편차, 모비율 등은 모두 모수들이다. 또한 이런 모수들에 대한 정보를 얻기 위해 모집단(또는 분포)에서 표본을 추출하고, 이들 표본을 이용한 공식으로 모수를 추정하게 된다. 예를 들어 평균을 추정하기 위해 **표본평균**(sample mean)

$$\bar{X}=\frac{X_1+\cdots+X_n}{n}$$

의 값을 구한다. 즉, $\bar{X}$는 랜덤표본의 함수로서 랜덤표본의 값이 정해지면 $\bar{X}$의 값도 정해진다. 이와 같은 함수를 통계량이라 한다.

정의 3-2 관측 가능한 랜덤표본의 함수를 **통계량**(statistics)이라 한다.

이 정의에서 '관측가능'(observable)이란 의미는 미지의 모수가 포함되어 있지 않다는 뜻이다. 예를 들어 $\bar{X}$는 관측가능이지만 $W=(X_1+X_2)-2\mu$로 정의된 W는 미지의 모수 μ를 포함하고 있으므로 관측가능이 아니다.

표본평균 $\bar{X}$는 흔히 모평균 μ를 추정하는 데 사용된다. 이와 같이 모수의 추정에 사용되는 통계량을 추정량이라 한다.

정의 3-3 모수의 추정에 사용되는 통계량을 특히 **추정량**(estimator)이라 하며, 추정량의 관측값을 **추정값**(estimate)이라 한다.

이론적으로 중요한 역할을 하는 통계량으로 순서통계량이 있다. 이는 랜덤표본을 크기 순으로 나열한 것으로 다음과 같이 정의된다.

정의 3-4 크기 n인 랜덤표본 $X_1, \cdots, X_n$을 작은 것부터 크기 순으로 나열한 통계량을 $X_{(1)}, \cdots, X_{(n)}$(따라서 $X_{(1)} \le \cdots \le X_{(n)}$)으로 표시하고 이를 **순서통계량**(order statistics)이라 한다.

순서통계량 가운데 특히 관심이 있는 것들로 최소값, 최대값, 분위수 등이 있으며, 이들에 대한 정의는 다음과 같다.

정의 3-5 $X_1, \cdots, X_n$이 크기 n인 랜덤표본일 때 최대값, 최소값, 분위수는 다음과 같이 정의한다.

(1) **최대값**(maximum value): $X_{(n)}$

(2) **최소값**(minimum value): $X_{(1)}$

(3) ***q* 분위수**(qth quantile): $X_{((n+1)q)}$

최대값이나 최소값의 정의에서 이들이 통계량임에도 관습에 따라 "량" 대신에 "값"이란 어미를 사용한다. 연속형 분포에서 q분위수는 다음 식을 만족하는 x_q로 정의된다.

$$F(x_q) = q$$

그러나 랜덤표본 또는 데이터에서 분위수는 유일하게 정의되지 않는다. 따라서 분위수를 정의하는 방법은 여러 가지 있으며, 위의 정의에서는 q분위수를 $(n+1)q$번째 값으로 정의한 것이다. 그러나 $(n+1)q$는 일반적으로 정수가 아니므로 순서통계량을 이용한 q분위수는 다음과 같이 구한다. 다만, 아래 식에서 $[(n+1)q]$는 $(n+1)q$를 넘지 않는 정수를 나타내며, g는 $(n+1)q$값에서 소수 부분을 나타내는 기호로서 $g=(n+1)q-[(n+1)q]$이다.

$$q\text{분위수} = X_{([(n+1)q])} + g(X_{([(n+1)q]+1)} - X_{([(n+1)q])})$$
$$= (1-g)X_{([(n+1)q])} + gX_{([(n+1)q]+1)}$$

실용적으로 분위수 대신에 백분위수를 흔히 사용한다. 예를 들어 $100q=p$일 때 $X_{(p)}$를 제p **백분위수**(pth percentile)라고 한다. 백분위수 가운데 특히 제25 백분위수를 **제1사분위수**(1st quartile), 제50 백분위수를 **제2사분위수**(2nd quartile), 제75 백분위수를 **제3사분위수**(3rd quartile)라고 한다.

모집단 또는 분포의 중심위치에 대한 추정량으로는 표본평균 이외에도 중앙값, 범위의 중앙값 등이 있으며, 이들을 요약하면 다음과 같다.

정의 3-6 $X_1, \cdots, X_n$이 크기 n인 랜덤표본일 때, 다음은 분포의 중심위치를 나타내는 통계량이다.

(1) **표본평균**(sample mean):

$$\overline{X} = \frac{1}{n}\sum_{i=1}^{n} X_i$$

(2) **표본중앙값**(sample median) 또는 **중앙값**:

$$m = \begin{cases} X_{(\frac{n+1}{2})}, & n\text{이 홀수} \\ \frac{1}{2}(X_{(\frac{n}{2})} + X_{(\frac{n}{2}+1)}), & n\text{이 짝수} \end{cases}$$

(3) **표본 범위의 중앙값**(sample midrange) 또는 **범위의 중앙값**:

$$M = \frac{1}{2}(X_{(1)} + X_{(n)})$$

분포의 중요한 정보는 중심위치 외에 산포도의 개념이 있다. 즉, 분포가 얼마나 넓게 퍼져 있나를 나타내는 산포도는 분포의 모양을 나타내는 중요한 개념이며, 이를 위한 통계량으로 분산, 표준편차, 범위, 사분위범위 등이 있다.

정의 3-7 $X_1, \cdots, X_n$이 크기 n인 랜덤표본일 때, 다음은 분포의 산포도를 나타내는 통계량이다.

(1) **표본분산**(sample variance):

$$S^2 = \frac{1}{n-1}\sum_{i=1}^{n}(X_i - \overline{X})^2$$

(2) **표본표준편차**(sample standard deviation):

$$S=\sqrt{\frac{1}{n-1}\sum_{i=1}^{n}(X_i-\overline{X})^2}$$

(3) **범위**(range):

$$R=X_{(n)}-X_{(1)}$$

(4) **사분위범위**(interquartile range):

$$IQR=Q_3-Q_1,\quad \text{다만, } Q_1\text{: 제1사분위수, } Q_3\text{: 제3사분위수}$$

[예 3-2] 고고학자들은 두개골의 모양을 통해 각 시대의 인간을 연구하는 기초 자료로 이용한다. 다음은 어느 시대의 유골에서 두개골의 너비를 측정한 7개의 자료이다(단위 mm).

141 140 145 135 147 141 154

이들을 순서대로 나열하면 다음과 같다.

135 140 141 141 145 147 154

이들로부터 중심위치 및 산포도를 나타내는 통계량의 값을 구하면 다음과 같다.

평균 $\overline{X}=143.3$

중앙값 $m=X_{(4)}=141$

범위의 중앙값 $M=\frac{1}{2}(135+154)=144.5$

범위 $R=154-135=19$

표본표준편차 $S=5.2$

제1사분위수는 $8\times\frac{1}{4}=2$번째 관측값이고, 제3사분위수는 $8\times\frac{3}{4}=6$번째 관측값이므로 Q_1, Q_3는 각각 다음과 같다.

$$Q_1=X_{(2)}=140$$
$$Q_3=X_{(6)}=147$$

따라서 사분위범위는 다음과 같다.

사분위범위 $IQR=Q_3-Q_1=7$

확률변수 X의 누적분포함수인 $F(x)$를 표본으로부터 추정할 수 있으며, 대표적인 방법이 다음과 같이 정의된 표본분포함수이다.

> **정의 3-8** 크기 n인 랜덤표본 $X_1, \cdots, X_n$에서 **표본분포함수**(sample 또는 empirical distribution function)는 다음과 같이 정의한다.
>
> $$F_n(x) = \frac{\#\{X_i \le x\}}{n}$$
>
> $$= \frac{1}{n}\{x\text{를 넘지 않는 관측값의 개수}\}$$

표본분포함수도 확률변수의 함수로서 통계량이다. 특히, 이 함수는 각 관측값 x_i에서 $\frac{1}{n}$씩 증가하는 **계단함수**(step function)이다. 즉, 관측값 $x_1, \cdots, x_n$ 각각에 $\frac{1}{n}$의 확률이 주어지는 분포함수이다.

[예 3-3] 다음 10개의 관측값에 대한 표본분포함수를 구해 보자.

31 28 27 32 36 33 29 35 24 33

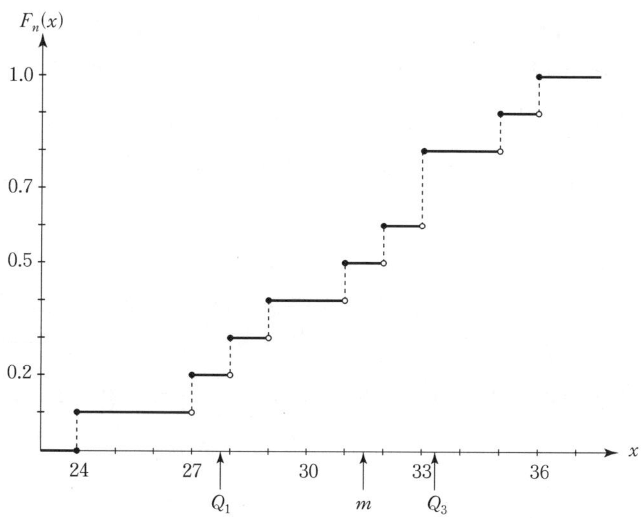

[그림 3.1] 표본분포함수의 예

Q_1: $11 \times \frac{1}{4} = \left(2 + \frac{3}{4}\right)$번째

m: $11 \times \frac{1}{2} = 5.5$번째

Q_3: $11 \times \frac{3}{4} = \left(8 + \frac{1}{4}\right)$번째

관측값을 순서대로 나열하고 $\frac{1}{10}$씩의 확률을 부여하는 분포함수는 다음과 같다.

x	$x<24$	$24 \le x < 27$	$27 \le x < 28$	$28 \le x < 29$	$29 \le x < 31$
$F_n(x)$	0	$\frac{1}{10}$	$\frac{2}{10}$	$\frac{3}{10}$	$\frac{4}{10}$

x	$31 \le x < 32$	$32 \le x < 33$	$33 \le x < 34$	$34 \le x < 35$	$x \ge 36$
$F_n(x)$	$\frac{5}{10}$	$\frac{6}{10}$	$\frac{8}{10}$	$\frac{9}{10}$	1

이를 그림으로 나타내면 [그림 3.1]과 같다. 그림에서 Q_1, m, Q_2는 각각 제 1 사분위수, 중앙값, 제 3 사분위수를 나타낸 것이다.

3-1-2 표본평균의 분포와 중심극한정리

모집단의 평균 μ를 추정하기 위해 관측값 $x_1, \cdots, x_n$을 얻고, 이들 관측값들의 평균 $\bar{x}=(x_1+\cdots+x_n)/n$을 계산하여 μ를 추정한다. 이 때 추정값인 $\bar{x}$가 평균 μ를 얼마나 잘 추정하고 있는지 등의 정보를 알기 위하여는 $\bar{x}$에 대한 성질을 알아야 한다. 즉 $x_1, \cdots, x_n$을 랜덤표본 $X_1, \cdots, X_n$으로 바꾼 통계량 $\overline{X}=(X_1+\cdots+X_n)/n$의 분포를 알아야 한다. 이와 같은 통계량의 분포를 표본분포라고 한다.

정의 3-9 통계량의 확률분포를 **표본분포**(sample distribution)라고 한다.

통계량들 가운데 가장 중요하고 많이 사용되는 통계량은 표본평균 $\overline{X}$이다. 따라서 이 절에서는 $\overline{X}$와 관계되는 분포를 알아보도록 한다.

정리 3-1 $X_1, \cdots, X_n$이 평균 μ, 분산 σ^2인 분포에서 크기 n인 랜덤표본일 때 표본평균 $\overline{X}$의 평균과 분산은 각각 μ, $\frac{\sigma^2}{n}$이다.

[증명] 랜덤표본은 상호독립이고 동일한 분포를 따르므로 다음이 성립한다.

$$E[\overline{X}]=E\left[\frac{X_1+\cdots+X_n}{n}\right]=\frac{1}{n}(E[X_1]+\cdots+E[X_n])=\frac{1}{n}(n\mu)=\mu$$

$$V[\overline{X}]=V\left[\frac{X_1+\cdots+X_N}{n}\right]=\frac{1}{n^2}(V[X_1]+\cdots+V[X_n])=\frac{1}{n^2}(n\sigma^2)=\frac{\sigma^2}{n}$$

[예 3-4] X_1, X_2, X_3는 다음의 균등분포에서 확률표본이라 하자.

$$f(x)=\frac{1}{3}, \quad x=-3,\ 0,\ 3$$

이제 $Y=\overline{X}=(X_1+X_2+X_3)/3$의 분포를 구하고, 이로부터 Y의 평균, 분산을 구해 보자. 먼저 X는 -3, 0, 3을 같은 확률로 취하므로 Y값에 대한 확률은 다음과 같이 경우의 수로 구할 수 있다.

y	$(x_1,\ x_2,\ x_3)$의 경우	확률
-3	$(-3, -3, -3)$	1/27
-2	$(-3, -3, 0)$ $(-3, 0, -3)$, $(0, -3, -3)$	3/27
-1	$(-3, 0, 0)$ $(0, -3, 0)$ $(0, 0, -3)$ $(-3, -3, 3)$ $(-3, 3, -3)$ $(3, -3, -3)$	6/27
0	$(-3, 0, 3)$ $(-3, 3, 0)$ $(0, -3, 3)$ $(0, 3, -3)$ $(3, -3, 0)$ $(3, 0, -3)$ $(0, 0, 0)$	7/27
1	$(3, 0, 0)$ $(0, 3, 0)$ $(0, 0, 3)$ $(3, 3, -3)$ $(3, -3, 3)$ $(-3, 3, 3)$	6/27
2	$(3, 3, 0)$ $(3, 0, 3)$ $(0, 3, 3)$	3/27
3	$(3, 3, 3)$	1/27

따라서 $Y=\overline{X}$의 확률분포는 다음과 같다.

y	-3	-2	-1	0	1	2	3
$f(y)$	$\frac{1}{27}$	$\frac{3}{27}$	$\frac{6}{27}$	$\frac{7}{27}$	$\frac{6}{27}$	$\frac{3}{27}$	$\frac{1}{27}$

Y의 분포로부터 $E[Y]$ 및 $V[Y]$를 구해 보자.

$$E[Y]=(-3)\frac{1}{27}+(-2)\frac{3}{27}+(-1)\frac{6}{27}+(1)\frac{6}{27}+(2)\frac{3}{27}+(3)\frac{1}{27}=0$$

$$V[Y]=(-3)^2\frac{1}{27}+(-2)^2\frac{3}{27}+(-1)^2\frac{6}{27}+(1)^2\frac{6}{27}+(2)^2\frac{3}{27}+(3)^2\frac{1}{27}=2$$

한편 X의 평균과 분산은 다음과 같다.

$$E[X]=(-3)\frac{1}{3}+(3)\frac{1}{3}=0$$

$$V[X]=(-3)^2\frac{1}{3}+(3)^2\frac{1}{3}=6$$

따라서 다음 등식이 성립한다.

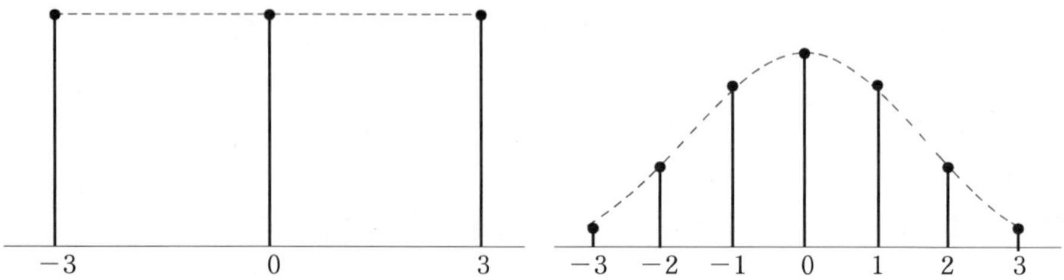

[그림 3.2] X의 분포와 $\bar{X}$의 분포 비교

$$E[\bar{X}]=0=E[X]$$
$$V[\bar{X}]=2=\frac{V[X]}{3}$$

[정리 3-1]에 의하면 모평균 μ를 추정하기 위해 표본평균 $\bar{X}$를 사용할 경우에 $\bar{X}$의 평균은 모평균 μ와 같고, $\bar{X}$의 분산은 모분산의 $\frac{1}{n}$이 된다. 따라서 표본크기 n이 증가할수록 $\bar{X}$의 분포는 μ의 근방에 좀더 밀집된 분포를 가짐을 알 수 있다. [예 3-4]에서도 X의 분포는 균등분포이나 $\bar{X}$의 분포는 평균 0에 좀더 밀집된 분포를 가짐을 볼 수 있다. [예 3-4]에서 X와 $\bar{X}$의 분포를 그림으로 나타내면 [그림 3.2]와 같다.

일반적으로 $\bar{X}$의 분포를 구하는 것은 매우 복잡하다. 그러나 원래 모집단이 정규분포를 따르면 $\bar{X}$도 정규분포를 따른다.

정리 3-2 $X_1, \cdots, X_n$이 $N(\mu, \sigma^2)$에서 크기 n인 랜덤표본이면 $\bar{X}$의 분포는 평균 μ, 분산 $\frac{\sigma^2}{n}$인 정규분포 $N\left(\mu, \frac{\sigma^2}{n}\right)$을 따른다.

[증명] X의 적률생성함수는 [정리 2.5]에 의해 다음과 같다.

$$M(t)=\exp\left(\mu t+\frac{\sigma^2}{2}t^2\right)$$

이다. 따라서 $\bar{X}=\frac{1}{n}(X_1+\cdots+X_n)$의 적률생성함수는 [정리 1-15]에 의해 다음과 같다.

$$M_{\bar{X}}(t)=\left[M\left(\frac{t}{n}\right)\right]^n=\left[\exp\left(\mu\left(\frac{t}{n}\right)+\frac{1}{2}\sigma^2\left(\frac{t}{n}\right)^2\right)\right]^n$$

$$=\exp\left(\mu t+\frac{1}{2}\frac{\sigma^2}{n}t^2\right)$$

따라서 $\overline{X}$는 $N\left(\mu,\ \frac{\sigma^2}{n}\right)$을 따른다.

[정리 3-1]에 의해 평균과 분산이 존재하는 분포라면 어떤 분포에서나 $\overline{X}$의 평균은 μ, $\overline{X}$의 분산은 $\frac{\sigma^2}{n}$ 이 된다. 한편, [정리 3-2]에 의하면 모집단이 정규분포를 따르면 $\overline{X}$의 분포도 정규분포를 따른다는 뜻이다.

[예 3-5] 어느 공정에서 생산되는 전구의 수명은 $N(1000,\ 100^2)$을 따른다고 한다. 이제 공정에서 임의로 25개의 표본을 추출하여 $\overline{X}$의 값을 구할 때, $\overline{X}$의 값이 구간 (980, 1020) 사이에 속할 확률을 구해 보자. $\overline{X}$는 $N\left(1000,\ \frac{100^2}{25}\right)$ 즉 $N(1000,\ 20^2)$을 따르며, 따라서 $Z=(\overline{X}-1000)/20$은 표준정규분포를 따른다. 따라서 구하는 확률은 다음과 같다.

$$\begin{aligned}P[980\le\overline{X}\le1020]&=P\left[\frac{980-1000}{20}\le\frac{\overline{X}-1000}{20}\le\frac{1020-1000}{20}\right]\\&=P[-1\le Z\le1]=P[Z\le1]-P[Z<-1]\\&=0.8413-0.1587=0.6826\end{aligned}$$

[예 3-6] 어느 회사의 통조림은 내용물 함량이 400g으로 표시되며, 이 통조림의 생산공정에서 표준편차는 10g이라고 한다. 한편, 통조림의 함량검사에서는 16개의 표본을 추출하여 표본평균을 구하고, 이 표본평균이 400g 미만이면 불합격 판정을 받게 된다. 이 검사에서 불합격 받을 확률을 2.5% 이하로 하려면 생산공정에서 내용물의 평균함량을 얼마로 조정해야 할까? 평균함량을 μ라고 놓면

$$\begin{aligned}P[\overline{X}<400]&=P\left[\frac{\overline{X}-\mu}{10/\sqrt{16}}<\frac{400-\mu}{10/\sqrt{16}}\right]\\&=P\left[Z<\frac{400-\mu}{10/4}\right]\end{aligned}$$

이다. 한편 이 확률이 2.5% 이하가 되기 위하여 정규분포표에서 $P[Z<-1.96]=0.025$이므로 μ값을 다음과 같이 구한다.

$$\frac{400-\mu}{10/4}=-1.96\text{에서}\quad \mu=400+(1.96)(2.5)=404.9\approx405(\text{g})$$

[예 3-7] $X_1, \cdots, X_n$이 $N(50, 16)$에서 추출된 랜덤표본일 때 $\bar{X}$는 $N\left(50, \frac{16}{n}\right)$을 따른다. 이제 n에 따라 $\bar{X}$의 분포가 변하는 모습을 보기 위하여 $n=1$, 4, 16, 64인 경우에 $\bar{X}$의 밀도함수를 그린 것이 [그림 3.3]에 있다. 이제 각 표본크기에서 $P[49<\bar{X}<51]$의 값을 구해 보자. $Z=(\bar{X}-50)/\sqrt{16/n}$은 표준정규분포를 따르므로 다음이 성립한다.

$$\begin{aligned} P[49<\bar{X}<51] &= P\left[\frac{49-50}{4/\sqrt{n}}<Z<\frac{51-50}{4/\sqrt{n}}\right] \\ &= \Phi\left(\frac{\sqrt{n}}{4}\right)-\Phi\left(-\frac{\sqrt{n}}{4}\right) \\ &= 2\Phi\left(\frac{\sqrt{n}}{4}\right)-1 \end{aligned}$$

따라서 n이 변함에 따라 $\bar{X}$가 49와 51 사이에 있을 확률은 다음과 같다.

n	1	4	16	64
$P[49<\bar{X}<51]$	0.1974	0.3830	0.6826	0.9544

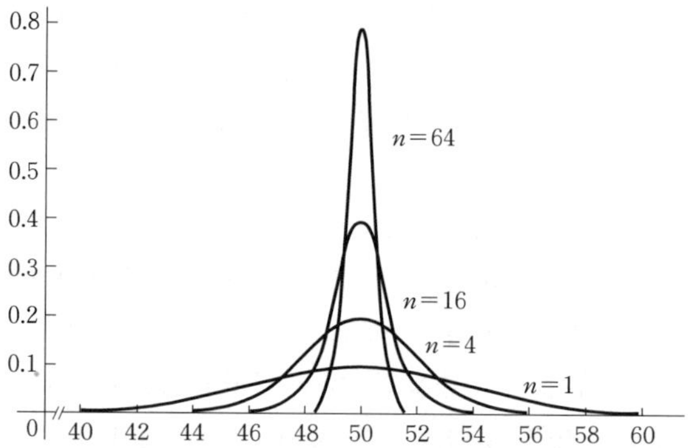

[그림 3.3] 표본크기의 변화에 따른 $\bar{X}$의 분포

[예 3-4]에서는 원래 X의 분포는 균등분포이었으나, $n=3$인 $\bar{X}$의 분포는 중앙에 좀더 밀집되어 있었다. 실제로 확률을 나타내는 점들을 부드러운 곡선으로 연결하면 정규분포 곡선에 가까운 모양이 됨을 알 수 있다. 이 경우에 n을 증가시키면서 $\bar{X}$의 분포를 구해 보면 훨씬 더 부드럽게 정규분포의 모양에 가까워짐을 확인할 수 있다.

일반적으로 모집단 또는 X의 분포가 정규분포가 아닐 때에도 표본크기

n이 커지면 $\overline{X}$의 분포는 정규분포에 가까워지며, 이와 같은 사실을 중심극한정리라고 한다.

정리 3-3 중심극한정리(central limit theorem)
$X_1, \cdots, X_n$이 평균 μ, 분산 σ^2인 랜덤표본일 때

$$Z=\frac{\overline{X}-\mu}{\sigma/\sqrt{n}}$$

의 분포는 n이 증가하면서 $N(0, 1)$에 한없이 가까워진다.

[증명] 부록 A.4 참고.

이 책에서는 **극한분포**(limiting distribution)를 다루고 있지 않기 때문에 [정리 3-3]에서는 '가까워진다'는 표현을 사용했다. 이론적으로는 Z의 극한분포가 $N(0, 1)$이다. 즉,

$$\lim_{n\to\infty} P\left[\frac{\overline{X}-\mu}{\sigma/\sqrt{n}}\leq z\right]=\Phi(z)$$

이 성립한다.

중심극한정리에서 평균 $\overline{X}$ 대신에 $S=X_1+\cdots+X_n$을 사용하여 나타낼 수도 있다. 즉,

$$Z=\frac{\overline{X}-\mu}{\sigma/\sqrt{n}}=\frac{S-n\mu}{\sqrt{n}\sigma}$$

로 나타낼 수 있으므로 랜덤표본의 합 S를 표준화시킨 통계량도 표준정규분포에 수렴한다.

[예 3-8] 컴퓨터를 이용하여 정규분포에서 의사난수를 생성하는 방법을 생각해 보자. $X_1, \cdots, X_n$이 구간 $(0, 1)$에서 균등분포인 $U(0, 1)$에서 랜덤표본일 때

$$Y=X_1+\cdots+X_n$$

으로 정의하자. 그러면 각 X_i의 평균은 $\frac{1}{2}$, 분산은 $\frac{1}{12}$이므로

$$E[Y]=\frac{n}{2}, \qquad V[Y]=\frac{n}{12}$$

이다. 특히 $n=12$일 때 Y의 평균과 분산은 각각 6과 1이다. 따라서

$$Z=\sum_{i=1}^{12} X_i-6$$

은 근사적으로 $N(0,\ 1)$에 따른다. 따라서 $U(0,\ 1)$에서 12개의 의사난수를 생성하여 위 식과 같이 Z값을 계산하면 $N(0,\ 1)$에서 의사난수가 1개 생성된 것과 같다. 이런 작업을 원하는 횟수만큼 반복하여 $N(0,\ 1)$에서 난수를 얻을 수 있다. 흔히 $n=12$를 사용하는 이유는 '계산의 간편성' 때문이다. 또한 $n=12$개 정도면 정규분포에 충분히 가까워진다고 간주할 수 있기 때문이다. $N(\mu,\ \sigma^2)$에서의 난수는 Z를 $\sigma Z+\mu$로 변환시키면 된다.

3-1-3 카이제곱분포

흔히 μ를 추정하기 위해 표본평균 $\overline{X}$를 이용하고, σ^2을 추정하기 위해 S^2을 이용한다. 또한 μ에 관한 추론문제를 다루기 위해서는 $\overline{X}$(또는 표준화된 $\overline{X}$)의 분포를 알아야 한다. 마찬가지로 σ^2에 관한 추론문제에서는 S^2과 관련된 분포를 알아야 하며, 이 절에서는 이와 관련된 카이제곱분포를 알아보기로 한다. 카이제곱분포의 정의는 다음과 같다.

정의 3-10 확률변수 X의 밀도함수가

$$f(x)=\frac{1}{\Gamma\left(\frac{n}{2}\right)2^{\frac{n}{2}}}\, x^{\frac{n}{2}-1}e^{-\frac{x}{2}}$$

으로 주어질 때, X는 자유도 n인 **카이제곱분포**(χ^2-분포, chi-square distribution)를 따른다고 하며 기호 $X\sim\chi^2_{(n)}$으로 나타낸다.

정의 2.12에서는 감마분포에서 $r=\frac{n}{2}$, $\lambda=\frac{1}{2}$인 경우를 카이제곱분포라고 정의했으며, 두 정의는 같은 정의이므로 감마분포에서의 가법성 같은 성질을 그대로 갖는다. [정리 2-10]에서 감마분포의 적률생성함수, 평균, 분산

이 각각

$$M(t)=\left(\frac{\lambda}{\lambda-t}\right)^r,\quad E[X]=\frac{r}{\lambda},\quad V[X]=\frac{r}{\lambda^2}$$

이므로, $r=\frac{n}{2}$, $\lambda=\frac{1}{2}$를 대입하면 다음 결과를 얻는다.

정리 3-4 $X\sim\chi^2_{(n)}$일 때 X의 적률생성함수, 평균, 분산은 각각 다음과 같다.

$$M(t)=(1-2t)^{-\frac{n}{2}}$$

$$E[X]=n\ ,\qquad V[X]=2n$$

카이제곱분포의 밀도함수는 매우 복잡하므로 직접 확률을 구하기가 어렵다. 따라서 카이제곱분포표가 부록 B.5에 마련되어 있다. 카이제곱분포에서 $(1-\alpha)$분위수를 기호 $\chi^2_{\alpha,n}$으로 나타내기로 한다. 즉, $X\sim\chi^2_{(n)}$일 때 $\chi^2_{\alpha,n}$은

$$P[X>\chi^2_{\alpha,n}]=\alpha$$

를 만족하는 점을 나타내기로 한다. 부록 B.5에는 선택된 α와 n에 대한 $\chi^2_{\alpha,n}$의 값이 주어져 있다.

[예 3-9] $X\sim\chi^2_{(5)}$일 때

$$P[X>1.145]=0.95,\quad P[X>11.07]=0.05$$

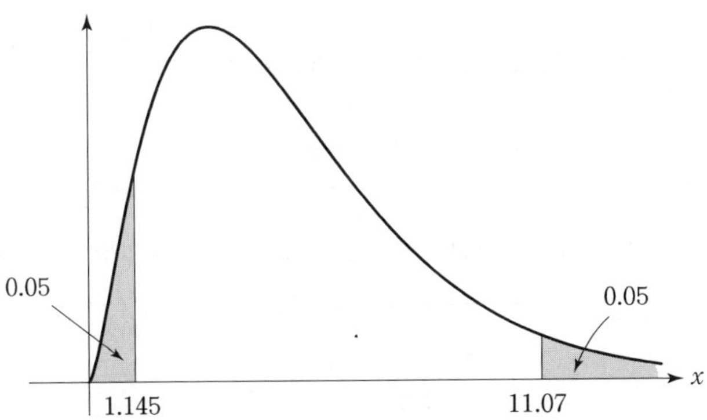

[그림 3.4] $\chi^2_{\alpha,5}$ 값

이므로

$$\chi^2_{0.95,\,5}=1.145,\quad \chi^2_{0.05,\,5}=11.07$$

이다. 이들을 그림으로 나타내면 [그림 3.4]와 같다.

[정리 2-11]의 보조정리로부터 감마분포는 가법성의 성질을 가지며, 따라서 카이제곱분포에서도 같은 가법성이 성립한다.

정리 3-5 (카이제곱분포의 가법성) $X_1, \cdots, X_k$가 상호독립이며 $X_i \sim \chi^2_{(r_i)}$, $i=1, \cdots, k$일 때

$$Y=X_1+\cdots+X_k$$

는 자유도 $(r_1+\cdots+r_k)$인 카이제곱분포 $\chi^2_{(r_1+\cdots+r_k)}$를 따른다.

[증명] [정리 2.11]의 보조정리에 의해 Y는 $r=\frac{1}{2}(r_1+\cdots+r_k)$, $\lambda=\frac{1}{2}$인 감마분포를 따르므로 정리가 성립한다.

2-2-4에서 언급한 바와 같이 기초통계에서는

$$Y=Z_1^2+\cdots+Z_n^2 \qquad (Z_1, \cdots, Z_n\text{은 상호독립인 } N(0, 1))$$

이 갖는 분포를 자유도 n인 카이제곱분포라고 정의한다. 이제 이와 같이 정의된 Y가 실제로 $\chi^2_{(n)}$을 따름을 증명해 보자.

정리 3-6 $Z \sim N(0, 1)$일 때 다음이 성립한다.

$$Z^2 \sim \chi^2_{(1)}$$

[증명] $Y=Z^2$의 분포함수를 $G(y)$라고 하자. 그러면 $y>0$에 대하여

$$\begin{aligned} G(y) &= P[Z^2 \le y] = P[-\sqrt{y} \le Z \le \sqrt{y}] \\ &= 2\int_0^{\sqrt{y}} \frac{1}{\sqrt{2\pi}} e^{-Z^2/2}\, dz \end{aligned}$$

위 식의 적분에서 $z=\sqrt{x}$로 변환하면 $dz=\frac{1}{2\sqrt{x}}dx$이므로

$$G(y)=\int_0^y \frac{1}{\sqrt{2\pi}\sqrt{x}}e^{-\frac{x}{2}}dx$$

따라서 밀도함수는 다음과 같다.

$$g(y)=G'(y)=\frac{1}{\sqrt{\pi}2^{1/2}}y^{\frac{1}{2}-1}e^{-\frac{y}{2}}, \qquad y>0$$

한편 $\sqrt{\pi}=\Gamma\left(\frac{1}{2}\right)$이므로, 위 식은 $\chi^2_{(1)}$의 밀도함수이다.

감마분포의 가법성과 [정리 3-6]로부터 다음 정리를 얻는다.

정리 3-7 $Z_1, \cdots, Z_n$이 $N(0, 1)$에서 랜덤표본일 때 다음이 성립한다.

$$Y=Z_1^2+\cdots+Z_n^2 \sim \chi^2_{(n)}$$

또한 $X\sim N(\mu, \sigma^2)$일 때 $Z=\frac{(X-\mu)}{\sigma}\sim N(0, 1)$이므로 다음 보조정리가 성립한다.

보조정리 $X_1, \cdots, X_n$이 $N(\mu, \sigma^2)$에서 랜덤표본일 때 다음이 성립한다.

$$Y=\sum_{i=1}^n\left(\frac{X_i-\mu}{\sigma}\right)^2 \sim \chi^2_{(n)}$$

다음은 S^2과 관련된 중요한 성질로서, 다음 절에서 다룰 T-통계량의 분포를 설명하는 데 필요한 결과이기도 하다.

정리 3-8 $X_1, \cdots, X_n$이 $N(\mu, \sigma^2)$에서 랜덤표본이고

$$\overline{X}=\frac{1}{n}\sum_{i=1}^n X_i, \qquad S^2=\frac{1}{n-1}\sum_{i=1}^n (X_i-\overline{X})^2$$

으로 정의하면 다음이 성립한다.

(1) $\overline{X}$와 S^2은 독립이다.

(2) $\frac{(n-1)S^2}{\sigma^2} \sim \chi^2_{(n-1)}$

[증명] (1) 일반적인 경우의 증명은 복잡하므로 $n=2$인 경우만 증명하기로 한다. $n=2$일 때는

$$\overline{X}=\frac{X_1+X_2}{2},\ S^2=\frac{1}{2-1}\sum_{i=1}^{2}(X_i-\overline{X})^2=\frac{(X_1-X_2)^2}{2}$$

이 된다. 따라서 $\overline{X}$와 S^2의 독립을 증명하려면 X_1+X_2와 X_1-X_2의 독립성을 증명하면 된다. 또한 X_1+X_2와 X_1-X_2도 정규분포에 따르므로 X_1+X_2와 X_1-X_2의 공분산이 0임을 보이면 된다. X_1과 X_2는 동일한 분포를 가지므로 $E[X_1-X_2]=0$, $E[X_1^2-X_2^2]=0$이다. 따라서 공분산의 간편계산법에 의해 다음 결과를 얻을 수 있다.

$$\begin{aligned}\mathrm{Cov}[X_1+X_2, X_1-X_2]&=E[(X_1+X_2)(X_1-X_2)]-E[X_1+X_2]E[X_1-X_2]\\&=E[X_1^2-X_2^2]-E[X_1+X_2]E[X_1-X_2]\\&=0\end{aligned}$$

즉, X_1+X_2와 X_1-X_2는 독립이므로 $\overline{X}$와 S^2은 독립이다.

(2) $\sum(X_i-\overline{X})(\overline{X}-\mu)=0$이므로 다음 분해가 가능하다.

$$\sum(X_i-\mu)^2=\sum(X_i-\overline{X}+\overline{X}-\mu)^2=\sum(X_i-\overline{X})^2+n(\overline{X}-\mu)^2$$

따라서

$$\frac{\sum(X_i-\mu)^2}{\sigma^2}=\frac{\sum(X_i-\overline{X})^2}{\sigma^2}+\left(\frac{\overline{X}-\mu}{\sigma/\sqrt{n}}\right)^2$$

한편

$$W=\frac{\sum(X_i-\mu)^2}{\sigma^2},\quad U=\frac{\sum(X_i-\overline{X})^2}{\sigma^2},\quad V=\left(\frac{\overline{X}-\mu}{\sigma/\sqrt{n}}\right)^2$$

라고 놓으면 $W\sim\chi^2_{(n)}$이고 $V\sim\chi^2_{(1)}$이다. (1)에 의해 $\overline{X}$와 S^2은 독립이므로 U와 V도 독립이다. 따라서 적률생성함수 사이에 다음 관계가 성립한다.

$$M_W(t)=M_U(t)M_V(t)$$

즉,

$$M_U(t)=\frac{M_W(t)}{M_V(t)}=\frac{(1-2t)^{-n/2}}{(1-2t)^{-1/2}}=(1-2t)^{-\frac{n-1}{2}}$$

따라서 $U=\frac{(n-1)S^2}{\sigma^2}$은 자유도가 $(n-1)$인 카이제곱분포를 따른다.

S^2의 정의에서 우리는 제곱합인 $\sum(X_i-\overline{X})^2$을 제곱합의 자유도인 $n-1$로 나눈 것으로 정의하였다. 이와 같이 정의하면 정규분포에서 S^2이 σ^2의 **불편추정량**(unbiased estimator)이 되는 장점이 있기 때문이다. 그러나 σ^2의 추정량으로 제곱합을 n으로 나눈 형식을 사용하기도 한다. 이들의 성질에 대하여는 4장에서 자세히 다룰 예정이다. 여기서 **"자유도"**(degrees of freedom)란 독립적인 관측값의 개수를 의미한다. 예를 들어 제곱합을 다시 쓰면

$$\sum_{i=1}^{n}(X_i-\overline{X})^2=(X_1-\overline{X})^2+(X_2-\overline{X})^2+\cdots+(X_n-\overline{X})^2$$

이며, n개의 편차들인 $(X_1-\overline{X})$, …, $(X_n-\overline{X})$은 $\sum(X_i-\overline{X})=0$을 만족한다. 즉,

$$(X_1-\overline{X})+(X_2-\overline{X})+\cdots+(X_n-X)=0$$

의 조건을 만족하기 위해서는 $(n-1)$개의 편차가 결정되면 마지막 편차는 자동적으로 결정된다. 따라서 마지막 하나의 편차는 자유를 잃게 되어 제곱합, 즉 S^2의 자유도는 $(n-1)$이다.

> **정리** 3-9 X_1, …, X_n이 $N(\mu, \sigma^2)$에서 랜덤표본일 때,
>
> $$S^2=\frac{1}{n-1}\sum_{i=1}^{n}(X_i-\overline{X})^2$$
>
> 의 평균과 분산은 각각 σ^2과 $\dfrac{2}{n-1}\sigma^4$이다.

[증명] [정리 3-8]에서 $\dfrac{(n-1)S^2}{\sigma^2}\sim\chi^2_{(n-1)}$이고 [정리 3-4]에서 자유도 $(n-1)$인 카이제곱분포의 평균과 분산은 각각 $n-1$, $2(n-1)$이므로 결과가 성립한다.

3-1-4 t-분포

평균 μ를 추정하기 위해 표본평균 $\overline{X}$를 사용하며, 구간추정이나 검정 등의 추론문제를 다루기 위해서는 $\overline{X}$와 관련된 분포를 알아야 한다. 즉,

$$Z=\frac{\overline{X}-\mu}{\sigma/\sqrt{n}} \sim N(0,\ 1)$$

임을 이용하여 μ에 관한 추론문제를 다룬다. 그러나 표준편차 σ를 모를 때는 이 Z-통계량을 사용할 수 없으며, 따라서 σ를 표본표준편차 S로 추정하여 사용하게 된다. 즉,

$$T=\frac{\overline{X}-\mu}{S/\sqrt{n}}$$

으로 정의된 T-통계량을 이용하는 것이 자연스런 대안이 될 것이며, 이 T-통계량의 분포를 t-분포라고 부른다. t-분포의 수리적 정의는 다음과 같다.

정의 3-11 $Z \sim N(0,\ 1)$이고 $U \sim \chi^2_{(n)}$이며, Z와 U는 독립일 때

$$T=\frac{Z}{\sqrt{U/n}}$$

은 자유도 n인 ***t*-분포**(t-distribution)를 따른다고 하며, 기호 $T \sim t_{(n)}$으로 나타낸다.

t-분포는 1937년 영국인 Gosset에 의해 Student라는 익명으로 발표되었으며, 이를 기념하기 위해 "Student t-분포"라고 부르기도 한다.

실제로 t-분포는 다음의 결과를 가장 많이 이용한다.

정리 3-10 $X_1, \cdots, X_n$이 $N(\mu, \sigma^2)$에서 랜덤표본일 때 다음이 성립한다.

$$T=\frac{\overline{X}-\mu}{S/\sqrt{n}} \sim t_{(n-1)}$$

[증명] T-통계량의 모양은 바꾸면 다음과 같이 나타낼 수 있다.

$$T=\frac{\overline{X}-\mu}{S/\sqrt{n}}=\left(\frac{\overline{X}-\mu}{\sigma/\sqrt{n}}\right)\Bigg/\sqrt{\frac{(n-1)S^2}{\sigma^2}\Bigg/(n-1)}$$

위 식에서

$$Z=\frac{\overline{X}-\mu}{\sigma/\sqrt{n}} \sim N(0,\ 1), \qquad U=\frac{(n-1)S^2}{\sigma^2} \sim \chi^2_{(n-1)}$$

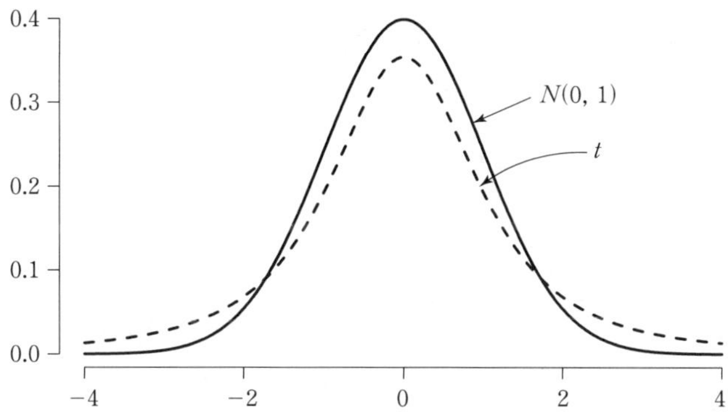

[그림 3.5] 표준정규분포와 t-분포의 모양

이며, $\overline{X}$와 S^2은 독립이므로 Z와 U도 독립이다. 따라서 t-분포의 정의에서 T-통계량은 자유도 $(n-1)$인 t-분포를 따른다.

T-통계량은 Z-통계량에서 분모의 σ 대신 S를 대입한 것이므로 T-통계량의 분포는 표준정규분포와 매우 비슷하며, 참값 σ 대신에 추정값 S를 사용한 것이므로 T-통계량의 분산은 Z-통계량의 분산보다 좀더 클 것으로 기대할 수 있다. 실제로 t-분포의 모양은 표준정규분포와 매우 비슷하며, $x=0$에 관하여 대칭이고, 종 모양을 이루고, 자유도가 증가할수록 표준정규분포에 수렴하는 모습이다. [그림 3.5]는 표준정규분포와 t-분포의 그림이다.

t-분포를 이용할 수 있도록 분포표가 부록 B.6에 마련되어 있다. t-분포에서 $(1-\alpha)$분위수를 기호 $t_{\alpha,n}$으로 나타내기로 한다. 즉, $X \sim t_{(n)}$일 때 기호 $t_{\alpha,n}$은

$$P[X > t_{\alpha,n}] = \alpha$$

를 만족하는 점을 나타내기로 한다. 부록 B.6에는 선택된 α, n에 대한 $t_{\alpha,n}$의 값이 수록되어 있다.

[예 3-10] $X \sim t_{(10)}$일 때 $t_{0.05,9}=1.833$이며, 이를 그림으로 나타내면 [그림 3.6]과 같다.

t-분포표는 자유도 30까지 $t_{\alpha,n}$ 값이 주어지고, 30보다 큰 자유도는 정규분포로 근사시켜도 좋으므로 자유도 ∞일 때 $t_{\alpha,n}$ 값이 수록되어 있다.

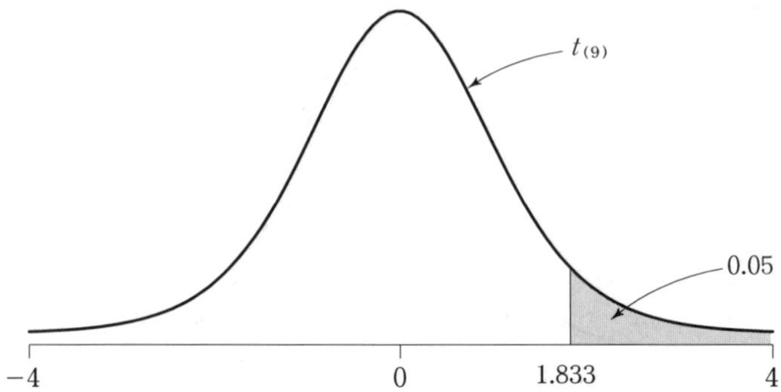

[그림 3.6] $t_{0.05,\,9}$ 값

[예 3-11] $N(\mu,\ \sigma^2)$에서 크기 9인 랜덤표본을 사용하여 $\overline{X}$를 구할 경우에 확률 $P[|\overline{X}-\mu|<1.86]$의 값을 (1) "$\sigma=3$인 경우"와 (2) "$\sigma$가 미지이며 $S=3$을 관측한 경우"로 나누어 구해 보자.

(1) $\sigma=3$인 경우

$$Z=\frac{\overline{X}-\mu}{\sigma/\sqrt{n}}=\overline{X}-\mu \sim N(0,\ 1)$$

이므로 구하는 확률은 다음과 같다.

$$\begin{aligned}P[|\overline{X}-\mu|<1.86]&=P[-1.86<Z<1.86]\\&=2P[Z<1.86]-1\\&=2(0.9686)-1=0.9372\end{aligned}$$

(2) σ가 미지이며 $S=3$을 관측한 경우

$$T=\frac{\overline{X}-\mu}{S/\sqrt{n}}=\overline{X}-\mu \sim t_{(8)}$$

이므로 구하는 확률은 다음과 같다.

$$\begin{aligned}P[|\overline{X}-\mu|<1.86]&=P[-1.86<T<1.86]\\&=2P[T<1.86]-1\\&=2(0.9500)-1=0.9000\end{aligned}$$

이와 같이 σ를 모를 때는 σ를 아는 경우보다 불확실성이 커지게 된다.

t-분포의 특수한 경우로서 코쉬분포가 다음과 같이 정의된다.

> **정의 3-12** 자유도가 1인 t-분포를 **코쉬분포**(Cauchy distribution)라고 하며, 밀도함수는 다음과 같다.
>
> $$f(x)=\frac{1}{\pi}\frac{1}{1+x^2}, \quad -\infty<x<\infty$$

정규분포를 기준으로 할 때 코쉬분포는 극단적으로 두터운 꼬리를 갖는 분포이며, 이에 대하여 균등분포는 꼬리가 없는 분포로 분류된다. 따라서 새로운 추정량의 효율을 모의실험을 통하여 $\overline{X}$와 비교할 경우에는 정규분포를 포함하여 코쉬분포, 균등분포 등에서 난수를 생성하고 각각에서 효율을 비교하는 것이 보통이다.

코쉬분포는 $x=0$에 관하여 대칭인 분포이지만, 적분값이 존재하지 않으므로 평균, 분산 등이 존재하지 않는 분포이다. 직관적인 이유는 예를 들어 지수분포나 정규분포에서는 x값이 커지면서 밀도함수가 지수적으로 감소하지만 코쉬분포에서는 x^2에 비례하는 속도로 감소하므로 적분값이 존재하지 않는다. 코쉬분포가 실현되는 예로서 벽을 향하여 기관총을 쏘는 실험을 생각할 수 있다. 즉, 기관총을 벽과 평행인 각도에서 시작하여 등각운동으로 회전시킬 때, 벽에 나타난 총알 자국의 밀도는 코쉬분포를 따른다.

3-1-5 F-분포

통계학의 응용분야에서 가장 널리 사용되는 방법은 분산분석과 회귀분석(이 책의 7장)일 것이다. 또한 분산분석과 회귀분석에서 사용하는 검정법은 대부분이 F-검정이므로, F-검정의 기초가 되는 F-분포에 대하여 알아보자. F-분포의 수리적 정의는 다음과 같다.

> **정의 3-13** $U\sim\chi^2_{(m)}$, $V\sim\chi^2_{(n)}$이며, U와 V는 독립일 때
>
> $$F=\frac{U/m}{V/n}$$
>
> 은 자유도 $(m,\ n)$인 **F-분포**를 따른다고 하며, 기호 $F\sim F_{(m,n)}$으로 나타낸다.

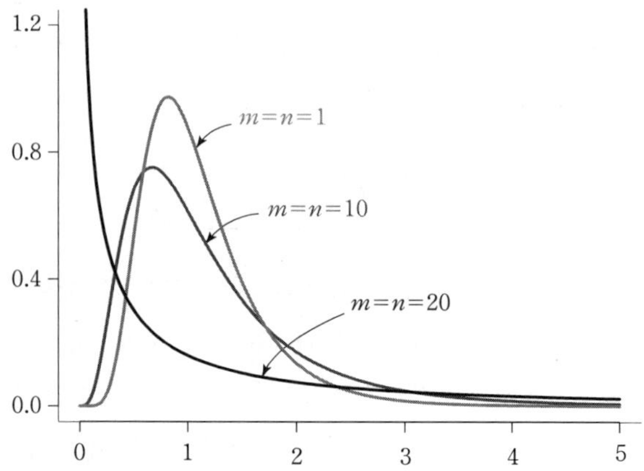

[그림 3.7] 자유도의 변화에 따른 F-분포

F-분포에는 두 개의 자유도가 있으며, 분자의 자유도를 먼저 쓰고 분모의 자유도를 다음에 쓴다. [그림 3.7]은 자유도의 변화에 따른 F-분포의 모양이다. m과 n이 증가하면 F-분포의 모양은 $x=1$에 밀집된 모형에 가까워진다.

F-분포표는 부록 B.7에 수록되어 있다. F-분포에서 $(1-\alpha)$분위수를 $F_{\alpha,m,n}$으로 나타내기로 한다. 즉, $X \sim F_{(m,n)}$일 때 기호 $F_{\alpha,m,n}$은

$$P[F > F_{\alpha,m,n}] = \alpha$$

를 만족하는 점을 나타내기로 한다. 부록 B.7에는 $\alpha=0.05$와 0.01 및 선택된 m, n에 대한 $F_{\alpha,m,n}$값이 수록되어 있다.

[예 3-12] $X \sim F_{(4,5)}$일 때 $F_{0.05,4,5}=5.19$이며 이를 그림으로 나타내면 [그림 3.8] (a)와 같다.

F-분포표에는 χ^2-분포표 또는 t-분포표와는 달리 왼쪽 꼬리에 대한 F_α값을 직접 구할 수 없다. 즉 χ^2-분포에서는 왼쪽 꼬리가 5%인 점은 $\chi^2_{0.95,n}$을 찾으면 되고, t-분포에서는 $-t_{0.05,n}$이 왼쪽 꼬리가 5%인 점이다. F-분포에서 왼쪽 꼬리에 대한 F_α값은 오른쪽 꼬리의 F_α값을 이용한다. F-분포의 정의에서 분모와 분자를 바꾸면 자유도가 바뀌는 F-분포가 되므로 다음

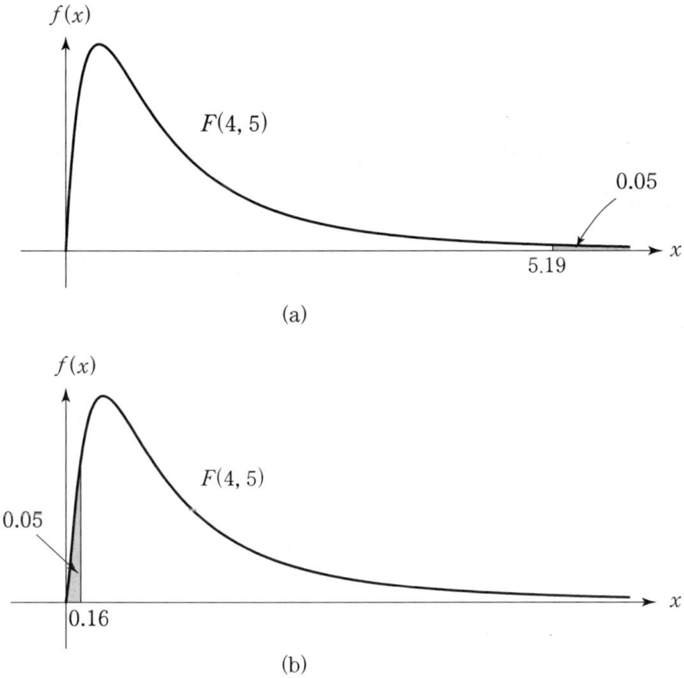

[그림 3.8] $F_{\alpha,4,5}$ 값

정리가 성립한다.

정리 3-11 $F \sim F_{(m,n)}$일 때 $\frac{1}{F} \sim F_{(n,m)}$이다. 따라서 다음 등식이 성립한다.

$$F_{1-\alpha,m,n} = \frac{1}{F_{\alpha,n,m}}$$

[예 3-13] $F_{0.95,4,5} = \frac{1}{F_{0.05,5,4}} = \frac{1}{6.26} = 0.16$이며, [그림 3.8] (b)에서 왼쪽 꼬리에 해당된다.

두 분포의 등분산성을 검정하거나, 분산분석, 회귀분석 등에서 나타나는 검정통계량은 흔히 제곱합의 비로 표현되며, 이런 통계량은 흔히 F-분포를 따른다. 다음은 5장에서 두 분산의 동일성 검정에 사용될 통계량의 기초가 되는 결과이다.

정리 3-12 $X_1, \cdots, X_m$은 $N(\mu_1, \sigma_1^2)$에서 크기 m인 랜덤표본이고, $Y_1, \cdots, Y_n$은 $N(\mu_2, {\sigma_2}^2)$에서 크기 n인 랜덤표본이며, 두 랜덤표본이 독립일 때 다음이 성립한다.

$$F=\frac{{S_1}^2/{\sigma_1}^2}{{S_2}^2/{\sigma_2}^2}\sim F_{(m-1,\, n-1)}$$

여기서 ${S_1}^2$, ${S_2}^2$은 각각 X, Y 표본의 표본분산이다.

[증명] F-통계량의 모양을 바꾸면 다음과 같이 나타낼 수 있다.

$$F=\frac{{S_1}^2/{\sigma_1}^2}{{S_2}^2/{\sigma_2}^2}=\frac{\dfrac{(m-1){S_1}^2}{{\sigma_1}^2}\Big/(m-1)}{\dfrac{(n-1){S_2}^2}{{\sigma_2}^2}\Big/(n-1)}$$

위 식의 분자와 분모에서 각각

$$U=\frac{(m-1){S_1}^2}{{\sigma_1}^2}\sim\chi^2_{(m-1)},\qquad V=\frac{(n-1){S_2}^2}{{\sigma_2}^2}\sim\chi^2_{(n-1)}$$

이며, U와 V는 가정에 의해 독립이므로, F-분포의 정의에 의해 주어진 F-통계량은 자유도 $(m-1,\, n-1)$인 F-분포를 따른다.

t-분포와 F-분포의 정의로부터 두 분포 사이의 관계를 얻을 수 있다. 즉, t-분포의 정의에서 $U\sim\chi^2_{(n)}$일 때

$$T=\frac{Z}{\sqrt{U/n}}\sim t_{(n)}$$

이며, Z와 U는 독립이므로 F-분포의 정의에서 다음이 성립한다.

$$T^2=\frac{Z^2}{U/n}=\frac{Z^2/1}{U/n}\sim F_{(1,\, n)}$$

즉, $T\sim t_{(n)}$일 때 $T^2\sim F_{(1,\, n)}$이다.

연 습 문 제

3.1.1. 30명 학생들의 시험성적이 다음과 같다.

51 52 52 58 59 59 61 62 63 69 72 74 76 80 80
80 81 81 82 83 84 86 87 88 88 89 90 94 94 95

(a) 평균, 중앙값, 표준편차를 구하여라.
(b) 사분위수와 사분위범위를 구하여라.

3.1.2. $X_1, \cdots, X_n$으로 주어지는 n개의 관측값의 평균과 표준편차가 각각 5와 2로 나타났다.

(a) $Y_i=3X_i+4$로 각 데이터를 변환시키면 이 변환된 데이터의 평균과 표준편차는 얼마나 되는가?
(b) 새로운 관측값 X_{n+1}이 더 추가되면 평균과 표준편차는 어떻게 변화하는가? 이 값이 n개 관측값의 평균에서 점점 멀어질수록 평균과 표준편차가 어떻게 변화하는지 조사해 보아라.

3.1.3. 크기 5인 랜덤표본이 각각 다음과 같은 분포로부터 추출되었을 때 표본평균의 기대값과 분산을 구하여라.

(a) $f(x)=1, \quad 0<x<1$
(b) $f(x)=\frac{1}{2}, \quad -1<x<1$
(c) $f(x)=e^{-x}, \quad x>0$
(d) $f(x)=2e^{-2x}, \quad x>0$
(e) $f(x)=\begin{cases} x, & 0<x\le 1, \\ 2-x, & 1<x<2 \end{cases}$
(f) $f(x)=\frac{1}{\sqrt{2\pi}}e^{-\frac{1}{2}x^2}, \quad -\infty<x<\infty$

3.1.4. 크기 5인 랜덤표본이 각각 다음과 같은 이산형분포로부터 추출되었을 때 표본평균의 기대값과 분산을 구하여라.

(a) $f(x)=\frac{1}{4}, \quad x=1, 2, 3, 4$
(b) $f(x)=\frac{e^{-3}3^x}{x!}, \quad x=0, 1, 2, \cdots$
(c) $f(x)=\binom{10}{x}(0.2)^x(0.8)^{10-x}, \quad x=0, 1, \cdots, 10$

3.1.5. 매일매일 주가의 변동은 외부의 큰 영향이 없다면 어떤 일정한 변동폭을 유지하면서 독립적으로 움직인다고 할 수 있다. 즉 $X_1, X_2, \cdots$를 평균 0, 분산 σ^2을 갖는 상호독립적인 확률변수라 하고 Y_0를 오늘의 주가라고 할 때

n일 후의 주가 Y_n은 다음과 같은 관계식으로 표현할 수 있다.

$$Y_n = Y_{n-1} + X_n, \quad n \geq 1$$
$$Y_0 = \mu$$

오늘의 주가가 100원이고 $\sigma^2 = 1$이라고 할 때 5일 후의 주가가 95원에서 105원 사이가 될 확률은 얼마인가? 또 10일 후의 주가가 95원에서 105원 사이가 될 확률은?

3. 1. 6. 세금계산을 할 때 1원 미만은 사사오입에 의해 받는다고 한다. 하루에 10,000명을 계산한다고 할 때 계산으로 인해 1원 이상의 이익이 나타날 확률은 얼마인가? 이 값을 계산하는 데 필요한 모든 가정을 열거하고 이 가정들의 타당성을 논하여라.

3. 1. 7. $Z_1, \cdots, Z_6$를 $N(0, 1)$로부터 추출한 랜덤표본이라고 할 때 다음을 만족하는 b를 구하여라.

$$P[Z_1^2 + \cdots + Z_6^2 \leq b] = 0.95$$

3. 1. 8. $X_1, \cdots, X_n$이 평균 μ와 분산 σ^2을 갖는 분포($N(\mu, \sigma^2)$이 아닐 수도 있다)로부터 추출된 크기 n인 랜덤표본일 때 $E[S^2] = E\left[\frac{1}{n-1}\sum_{i=1}^{n}(X_i - \bar{X})^2\right] = \sigma^2$임을 보여라.

3. 1. 9. $X \sim t_{10}$일 때 다음을 만족하는 상수 c를 수표에서 찾아라.

(a) $P[|T| \geq c] = 0.05$ (b) $P[|T| \geq c] = 0.01$

(c) $P[|T| \geq c] = 0.02$ (d) $P[|T| \geq c] = 0.10$

3. 1. 10. $\bar{X}$와 S^2이 $N(\mu, \sigma^2)$으로부터 추출한 크기 16인 랜덤표본으로부터 구해졌다면

$$P\left[-c < \frac{4(\bar{X} - \mu)}{S} < c\right] = 0.95$$

를 만족하는 c는 얼마인가?

3. 1. 11. 어떤 대학의 남학생 중 9명을 랜덤하게 택해 이들의 키를 조사한 결과 $\bar{X}$와 S^2이 각각 170cm, 36cm^{2}으로 나타났다. 이 대학 남학생의 키가 정규분포를 따른다고 하면 그들의 평균키가 168cm에서 171cm 사이에 있을 확률과 169cm에서 172cm 사이에 있을 확률은 다른가? 또 167cm에서 170cm 사이에 있을 확률은 어떻게 비교되겠는가?

3. 1. 12.* 자유도 n인 t-분포의 평균과 분산은 각각 0, $\frac{n}{n-2}$인 것을 보여라(힌트: X와 Y가 독립이면 $E\left[\frac{X}{Y}\right]=E[X]E\left[\frac{1}{Y}\right]$).

3. 1. 13.* t-분포에서 자유도가 1인 경우를 코쉬분포라고 한다. 이 분포의 밀도함수를 구해 보고 평균을 구해 보아라(힌트: $\frac{d}{dy}(\ln y)=\frac{1}{y}$을 이용).

3. 1. 14. $F \sim F_{(m,n)}$이라고 할 때 수표로부터 다음을 구하여라.

(a) $P[F \geq 3.02]$, $m=9$, $n=10$

(b) $P[F \leq 4.14]$, $m=7$, $n=15$

(c) $P[F \leq 0.1508]$, $m=8$, $n=5$ (힌트: $0.1508=\frac{1}{6.63}$)

(d) $P[0.1323 \leq F \leq 2.79]$, $m=6$, $n=15$

3-2 확률변수의 함수의 분포

확률변수의 함수는 새로운 확률변수가 되므로 이들에 대한 분포를 구해야 할 경우가 많다. 이산형의 경우에는 대부분 직관적인 고찰에 의해 구해질 수 있지만 연속형의 경우에는 수리적인 기법을 사용하는 것이 편리하다. 따라서 이 절에서는

(1) 분포함수를 이용하는 방법

(2) 변수변환에 의한 방법

(3) 적률함수를 이용하는 방법

을 다루기로 한다. 또한, 특별한 경우로서 확률변수의 함수 및 순서통계량의 분포를 다루기로 한다.

3-2-1 이산형 확률변수의 경우

이산형 확률변수의 함수의 분포는 대부분 직관적인 방법에 의해 구할 수 있다.

[예 3-14] 이산형 확률변수 X의 밀도함수가 다음과 같다.

x	-1	0	1
$f(x)$	0.3	0.4	0.3

새로운 확률변수 Y를 $Y=X^2-1$로 정의하면 $X=-1, 0, 1$일 때 $Y=0, -1, 0$이다. 따라서 Y는 0 또는 -1의 두 값 가운데 한 값을 갖는다. 각각의 확률을 구하면 다음과 같다.

$$P[Y=0]=P[(X=-1)\cup(X=1)]=P[X=-1]+P[X=1]=0.3+0.3=0.6$$
$$P[Y=-1]=1-P[X=0]=0.4$$

따라서 Y의 밀도함수 $g(y)$는 다음과 같다.

y	0	-1
$g(y)$	0.6	0.4

3-2-2 분포함수를 이용하는 방법

연속확률변수의 함수의 분포는 대부분 새로운 확률변수의 분포함수를 유도함으로써 구할 수 있다. 예를 들어 [정리 3-6]에서 $Z^2\sim\chi^2_{(1)}$임을 보이기 위하여 $Y=Z^2$의 분포함수를 직접 유도하여 증명하였다.

[예 3-15] 확률변수 X가 평균 1인 지수분포를 따를 때 $Y=\sqrt{X}$의 밀도함수를 구해 보자. Y의 분포함수 $F_Y(y)$는 정의에 의해 다음과 같다.

$$F_Y(y)=P[Y\le y]=P[\sqrt{X}\le y]$$

한편 $\lambda=1$인 지수분포의 밀도함수와 분포함수는 각각 다음과 같다.

$$f_X(x)=e^{-x}, \qquad x>0$$
$$F_X(x)=1-e^{-x}, \qquad x>0$$

한편 $Y=\sqrt{X}$이므로 $y>0$이고 다음이 성립한다.

$$F_Y(y)=P[Y\le y]=P[\sqrt{X}\le y]$$
$$=P[X\le y^2]=F_X(y^2)=1-e^{-y^2} \quad y>0$$

따라서 Y의 분포함수는

$$F_Y(y)=1-e^{-y^2}, \quad y>0$$

이고 밀도함수는 다음과 같다.

$$f_Y(y)=\frac{d}{dy}F_Y(y)=2ye^{-y^2}, \quad y>0$$

이는 **와이블분포**(Weibull distribution)의 특수한 경우이다.

[예 3-16] 확률변수 X가 구간 $(-1, 1)$에서 균등분포 $U(-1, 1)$를 따를 때 $Y=X^2$의 분포를 구해 보자. 먼저 X의 밀도함수는 다음과 같다.

$$f(x)=\frac{1}{2}, \quad -1<x<1$$

$-1<x<1$일 때 $0<y<1$이며 $[X^2\le y] \Longleftrightarrow [-\sqrt{y}\le X\le\sqrt{y}]$이므로, Y의 분포함수는 다음과 같이 표현될 수 있다.

$$\begin{aligned} F_Y(y) &= P[Y\le y]=P[X^2\le y] \\ &= P[-\sqrt{y}\le X\le\sqrt{y}] \\ &= \int_{-\sqrt{y}}^{\sqrt{y}} f_X(x)dx \\ &= \int_{-\sqrt{y}}^{\sqrt{y}} \frac{1}{2}dx=\sqrt{y}, \quad 0<y<1 \end{aligned}$$

따라서 Y의 밀도함수는 다음과 같다.

$$f_Y(y)=\frac{d}{dy}F_Y(y)=\frac{1}{2\sqrt{y}}, \quad 0<y<1$$

3-2-3 변수변환에 의한 방법

새로운 확률변수의 분포함수를 직접 구하는 것이 어려울 때 변수변환의 기법을 이용하면 쉽게 해결되는 경우가 있다. 다음은 이에 필요한 정리이다.

정리 3-13 $X\sim f_X(x)$이며 $g(x)$가 $f_X(x)$의 정의역에서 단조증가 또는 단조감소하면 $Y=g(X)$의 밀도함수는 다음과 같다.

$$f_Y(y)=\left|\frac{dx}{dy}\right| f_X(x), \qquad x=g^{-1}(y)$$

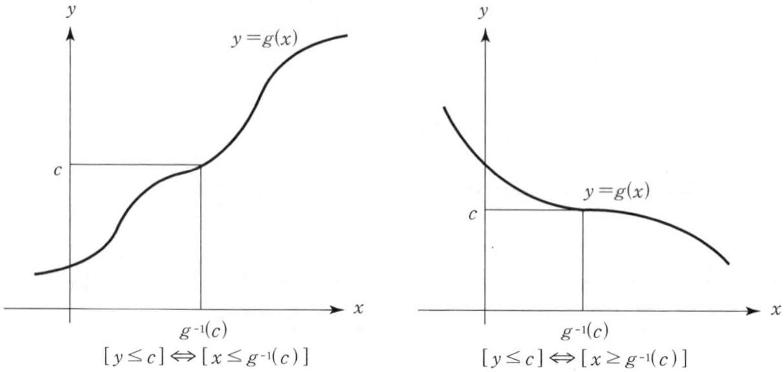

[그림 3.9] 단조증가함수와 단조감소함수

[증명] $g(x)$가 단조증가하면 $[g(X)\le y] \Longleftrightarrow [X\le g^{-1}(y)]$이므로([그림 3.9] 참조), 누적분포함수의 정의로부터 다음이 성립한다.

$$\begin{aligned} F_Y(y) &= P[Y\le y] = P[g(X)\le y] \\ &= P[X\le g^{-1}(y)] = F_X(g^{-1}(y)) \end{aligned}$$

따라서 Y의 밀도함수는 다음과 같다.

$$\begin{aligned} f_Y(y) &= \frac{d}{dy}F_X(g^{-1}(y)) \\ &= \left(\frac{d}{dy}g^{-1}(y)\right)f_X(g^{-1}(y)) \end{aligned}$$

한편 $g(x)$가 단조감소하면 $[g(X)\le y] \Longleftrightarrow [X\ge g^{-1}(y)]$이므로([그림 3.9] 참조), 다음이 성립한다.

$$\begin{aligned} F_Y(y) &= P[X\ge g^{-1}(y)] \\ &= 1-P[X\le g^{-1}(y)] = 1-F_X(g^{-1}(y)) \end{aligned}$$

따라서 Y의 밀도함수는 다음과 같다.

$$f_Y(y) = \left(-\frac{d}{dy}g^{-1}(y)\right)f_X(g^{-1}(y))$$

즉, $g(x)$가 단조증가이면 $\frac{d}{dy}g^{-1}(y)$는 양수이고 단조감소이면 $\frac{d}{dy}g^{-1}(y)$는 음수이므로 다음이 성립한다.

$$f_Y(y) = \left|\frac{d}{dy}g^{-1}(y)\right| f_X(g^{-1}(y))$$

[예 3-17] $X \sim N(\mu, \sigma^2)$일 때 $Y=\dfrac{X-\mu}{\sigma}$의 분포를 구해 보자. [정리 2.6]에서는 치환적분법에 의해 증명했으나, [정리 3-13]을 적용해서 Y의 밀도함수를 구해 보자. $x=g^{-1}(y)=\sigma y+\mu$, $\dfrac{dx}{dy}=\sigma$이므로 밀도함수는 다음과 같다.

$$\begin{aligned} f_Y(y) &= |\sigma| f_X(\sigma y+\mu) \\ &= \sigma \frac{1}{\sqrt{2\pi}\sigma} \exp\left[-\frac{1}{2}\left(\frac{\sigma y+\mu-\mu}{\sigma}\right)^2\right] \\ &= \frac{1}{\sqrt{2\pi}} e^{-\frac{1}{2}y^2} \end{aligned}$$

따라서 $Y \sim N(0,\ 1)$이다.

다음은 확률적분변환인 $Y=F(X)$에 의한 Y는 $U(0,\ 1)$에 따름을 나타내는 정리이다. 비모수통계에서는 이론적으로 중요한 결과이다.

> **정리 3-14 (확률적분변환)** X는 분포함수와 밀도함수가 각각 $F_X(x)$, $f_X(x)$인 연속확률변수이고, $F^{-1}(x)$는 미분가능할 때
>
> $$Y=F_X(X)$$
>
> 로 정의된 확률변수 Y는 $(0,\ 1)$에서 균등분포 $U(0,\ 1)$을 따른다.

[증명] $Y=F_X(x)$는 0과 1 사이에서 단조증가하는 함수이다. $x=F_X{}^{-1}(y)$이며 $\dfrac{dx}{dy}=\dfrac{1}{f_X(F_X{}^{-1}(y))}$이므로 다음이 성립한다.

$$\begin{aligned} f_Y(y) &= \left|\frac{dx}{dy}\right| f_X(x), \quad x=F_X{}^{-1}(y) \\ &= \frac{1}{f_X(F_X{}^{-1}(y))} f_X(F_X{}^{-1}(y))=1, \qquad 0 \le y \le 1 \end{aligned}$$

따라서 $Y \sim U(0,\ 1)$이다.

[정리 3-14]는 다음과 같이 분포함수를 이용하여 증명할 수도 있다. 즉,

$$\begin{aligned} F_Y(y) &= P[Y \le y]=P[F_X(X) \le y] \\ &= P[X \le F_X^{-1}(y)]=F_X(F_X^{-1}(y))=y \end{aligned}$$

$$f_Y(y)=\frac{d}{dy}F_Y(y)=\frac{d}{dy}y=1,\ 0 \le y \le 1$$

3-2-4 적률생성함수를 이용하는 방법

적률생성함수와 밀도함수 사이에는 1 대 1의 대응관계가 있으므로, $Y=g(X)$의 적률생성함수를 구할 수 있으면 이를 이용하여 Y의 분포를 구할 수 있다.

[예 3-18] [예 3-17]에서는 $X\sim N(\mu,\ \sigma^2)$일 때 $Y=\dfrac{X-\mu}{\sigma}$의 분포를 변수변환에 의한 방법으로 구했다. 여기서는 적률생성함수를 이용하여 다시 구해 보자.

$$\begin{aligned} M_Y(t) &= E[e^{tY}] \\ &= E\left[\exp\left(\frac{X-\mu}{\sigma}t\right)\right] \\ &= E\left[\exp\left(\frac{t}{\sigma}X-\frac{\mu}{\sigma}t\right)\right] \\ &= \exp\left(-\frac{\mu}{\sigma}t\right)E\left[\exp\left(\frac{t}{\sigma}X\right)\right] \\ &= \exp\left(-\frac{\mu}{\sigma}t\right)M_X\left(\frac{t}{\sigma}\right) \end{aligned}$$

한편 [정리 2-5]에서 $M_X(t)=\exp\left(\mu t+\frac{1}{2}\sigma^2t^2\right)$이므로 위 식은 다음과 같다.

$$\begin{aligned} M_Y(t) &= \exp\left(-\frac{\mu}{\sigma}t\right)\exp\left(\mu\frac{t}{\sigma}+\frac{1}{2}\sigma^2\left(\frac{t}{\sigma}\right)^2\right) \\ &= \exp\left(\frac{1}{2}t^2\right) \end{aligned}$$

즉 $Y\sim N(0, 1)$이다.

3-2-5 확률변수의 합과 차의 분포

X와 Y의 결합밀도함수를 $f_{XY}(x,\ y)$라 하고, X와 Y의 함수인 $W=t(X, Y)$의 분포를 구하는 방법을 알아보자. 다음은 이를 위해 유용하게 사용될 수 있는 정리이다.

정리 3-15 함수 $W=t(X, Y)$가 $X=x$로 고정시킬 때 Y의 단조증가 또는 단조감소 함수이면, W의 밀도함수는 다음과 같다.

$$f_W(w)=\int\left|\frac{\partial y}{\partial w}\right| f_{XY}(x, y)dx$$

여기서 y는 $w=t(x, y)$의 관계에서 w와 x의 함수로 나타내고, x의 적분 구간은 문제에 맞게 정해져야 한다.

[증명] $X=x$로 고정시키면 [정리 3-13]에 의해 $W|X=x$의 조건부분포와 $Y|X=x$의 조건부분포 사이에 다음의 관계가 성립한다.

$$f(w|x)=\left|\frac{\partial y}{\partial w}\right| f(y|x)$$

한편 $f_{XY}(x, y)=f_X(x)f(y|x)$, $f_{XW}(x, w)=f_X(x)f(w|x)$를 위 식에 대입하면 $f_X(x)$가 소거되어 다음 결과를 얻는다.

$$f_{XW}(x, w)=\left|\frac{\partial y}{\partial w}\right| f_{XY}(x, y)$$

$f_{XW}(x, w)$는 X와 W 결합밀도함수이므로, 이제 $f_{XW}(x, w)$를 x에 대해 적분하면 W의 주변밀도함수를 얻는다.

[정리 3-15]를 이용할 경우에 어느 변수를 고정변수로 선택하는가에 따라 풀이 과정이 쉬워질 수도 있고 어려워질 수도 있으므로, 일반적으로 적분이 쉬워질 수 있도록 고정변수를 선택해야 한다. [정리 3-15]의 보조정리로서 두 확률변수의 합과 차의 분포를 구할 수 있다.

보조정리 X와 Y의 결합밀도함수가 $f(x, y)$일 때

(1) $W=X+Y$의 밀도함수: $f_W(w)=\int f(x, w-x)dx$

(2) $W=X-Y$의 밀도함수: $f_W(w)=\int f(x, x-w)dx$

[증명] (1) $W=X+Y$에서 $Y=W-X$이므로 $\left|\frac{\partial y}{\partial w}\right|=1$이다. [정리 3-15]에 의해 결과가 성립한다.

(2) $W=X-Y$ 에서 $Y=X-W$ 이므로 $\left|\frac{\partial y}{\partial w}\right|=1$ 이다. [정리 3-15]에 의해 결과가 성립한다.

[예 3-19]* X와 Y가 독립이고 구간 (0, 1)에서 균등분포인 $U(0, 1)$를 따를 때 $W=X+Y$의 분포를 구해 보자.

X, Y의 결합밀도함수는

$$f(x, y)=1, \qquad 0<x<1, \quad 0<y<1$$

이며, 보조정리에 의해

$$f_W(w)=\int f(x, w-x)dx=\int 1dx$$

이다. 위 식에서 w의 적분 범위를 생각해 보자. 주어진 x, y의 범위에 의해 $0<w<2$이며, $y=w-x$이고 $0<y<1$이므로 $0<w-x<1$이다. 즉, 다음의 세 조건을 만족해야 한다.

$$0<x<1, \quad 0<w<2, \quad w-1<x<w$$

이를 만족하는 영역은 [그림 3.10](a)에서 어두운 부분이다. 따라서 w에 따른 x의 범위는 다음과 같다.

$$\begin{aligned} &0<w\le 1 \text{ 일 때} \quad 0<x<w \\ &1<w<2 \text{ 일 때} \quad w-1<x<1 \end{aligned}$$

따라서 다음 결과를 얻는다.

① $0<w\le 1$일 때,

$$f_W(w)=\int_0^w 1dx=w$$

② $1<w<2$일 때,

$$f_W(w)=\int_{w-1}^1 1dx=2-w$$

이들을 그림으로 나타내면 [그림 3.10](b)와 같으며, 이 분포를 **삼각형분포**(triangular distribution)라고 한다.

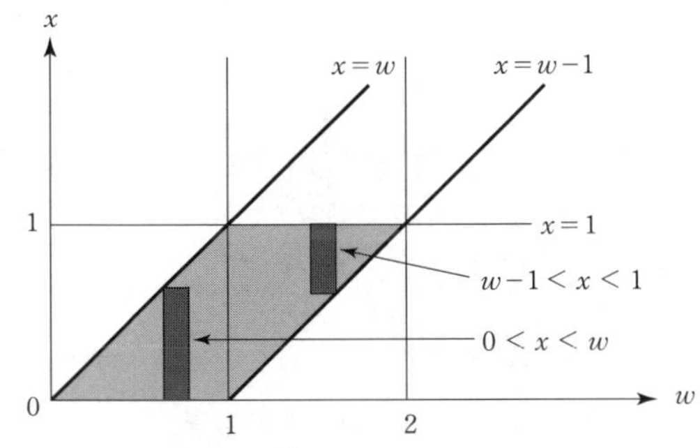

[그림 3.10](a) 적분영역

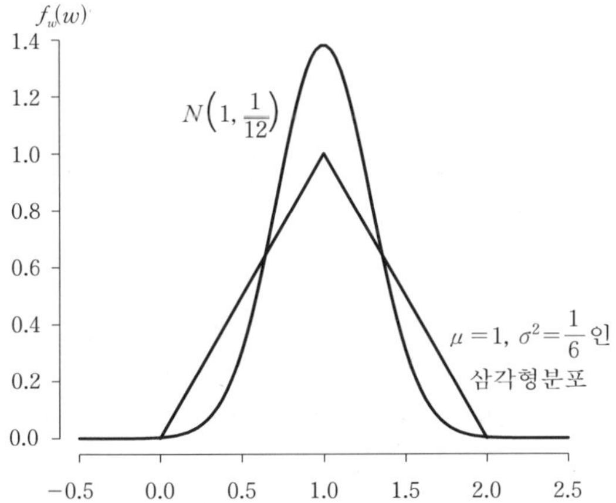

[그림 3.10](b) 삼각형분포

[예 3-20] X, Y가 독립이고 평균 1인 지수분포를 따를 때 $W=X-Y$의 분포를 구해 보자. X, Y의 결합밀도함수는 다음과 같다.

$$f_{XY}(x, y)=e^{-(x+y)}, \qquad x>0, \quad y>0$$

보조정리에 의해 W의 밀도함수는 다음과 같다.

$$f_W(w)=\int e^{-(x+x-w)}dx=\int e^{-2x+w}dx$$

위 식에서 적분구간을 구해 보자. $x>0$, $y>0$이고 $w=x-y$이므로 $-\infty<w<\infty$이다. $y=x-w$이고 $y>0$이므로 $x-w>0$이다. 따라서 다음 세 조건을 만족해야 한다.

$$x>w, \quad x>0, \quad -\infty<w<\infty$$

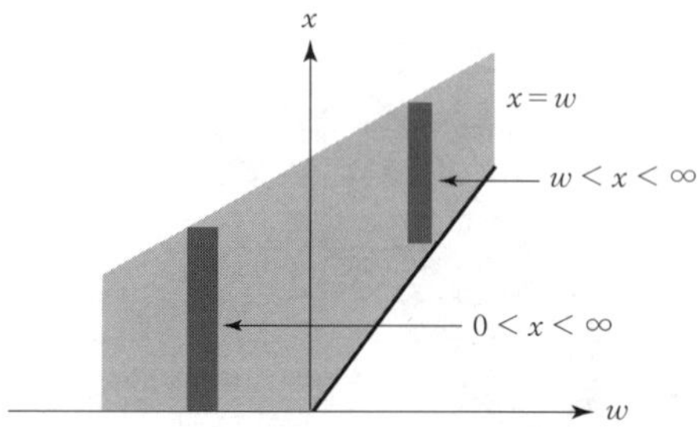

[그림 3.11](a) 적분영역

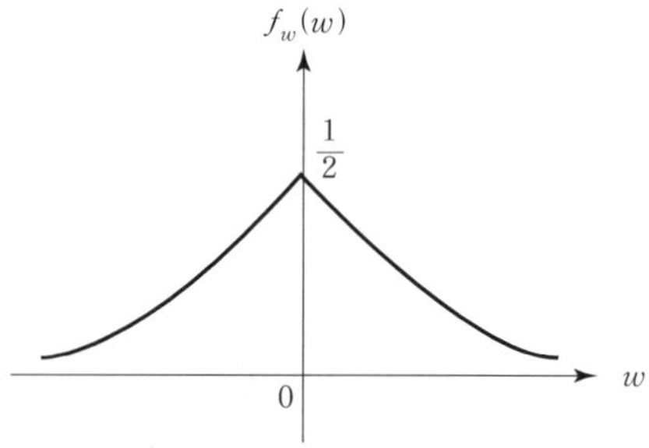

[그림 3.11](b) 이중지수분포

이를 만족하는 영역은 [그림 3.11](a)에서 어두운 부분이다. 따라서 w에 따른 x의 범위는 다음과 같다.

$$w \le 0 \text{ 일 때}, \quad 0 < x < \infty$$
$$w > 0 \text{ 일 때}, \quad w < x < \infty$$

따라서 다음 결과를 얻는다.

① $w \le 0$일 때,

$$f_W(w) = \int_0^{\infty} e^{-2x+w} dx = \frac{1}{2} e^{w}$$

② $w > 0$일 때,

$$f_W(w) = \int_w^{\infty} e^{-2x+w} dx = \frac{1}{2} e^{-w}$$

두 결과를 종합하면 다음 밀도함수를 얻는다.

$$f_W(w) = \frac{1}{2} e^{-|w|}, \quad -\infty < w < \infty$$

이와 같은 분포를 **이중지수분포**(double exponential distribution)라고 한다. 분포의 모양은 [그림 3.11](b)와 같다.

3-2-6 순서통계량의 분포

랜덤표본 $X_1, \cdots, X_n$을 크기 순으로 나열한 순서통계량 $X_{(1)} \le \cdots \le X_{(n)}$과 관련된 통계량의 분포를 알아보자.

정리 3-16 $X_1, \cdots, X_n$이 $F(x)$에서 랜덤표본일 때 k번째 순서통계량 $X_{(k)}$의 분포함수와 밀도함수는 각각 다음과 같다.

$$F_k(x) - \sum_{j=k}^{n} \binom{n}{j} [F(x)]^j [1-F(x)]^{n-j}$$

$$f_k(x) = n\binom{n-1}{k-1}[F(x)]^{k-1}[1-F(x)]^{n-k} f(x)$$

$$= \frac{n!}{(k-1)!(n-k)!}[F(x)]^{k-1}[1-F(x)]^{n-k} f(x)$$

[증명] 분포함수의 정의에서 $F_k(x) = P[X_{(k)} \le x]$이다. 한편, $[X_{(k)} \le x]$의 뜻은 k번째 순서통계량이 x보다 작거나 같다는 것이므로, n개의 관측값 가운데 x보다 작거나 같은 것의 개수가 최소한 k개 이상임을 의미한다. 또한 한 관측값이 x보다 작을 확률은 $P[X \le x] = F(x)$이므로 $P[X_{(k)} \le x]$은 성공률이 $F(x)$인 실험을 n회 시행했을 때 k회 이상 성공이 나타날 확률과 같다. 따라서 분포함수는 다음과 같이 나타낼 수 있다.

$$F_k(x) = P[X_{(k)} \le x] = \sum_{j=k}^{n} \binom{n}{j} [F(x)]^j [1-F(x)]^{n-j}$$

$X_{(k)}$의 밀도함수는 $F_k(x)$를 미분한 것이므로 다음과 같다.

$$f_k(x) = \frac{d}{dx} F_k(x) = \sum_{j=k}^{n} \binom{n}{j} j [F(x)]^{j-1} f(x) [1-F(x)]^{n-j}$$

$$+ \sum_{j=k}^{n} \binom{n}{j} [F(x)]^j (n-j) [1-F(x)]^{n-j-1} (-f(x))$$

위 식을 정리하면 주어진 밀도함수를 얻을 수 있다.

$X_{(k)}$의 분포는 베타분포의 특수한 경우가 된다. 확률변수 Y의 밀도함수가

$$f_Y(y)=\frac{\Gamma(r+s)}{\Gamma(r)\Gamma(s)}y^{r-1}(1-y)^{s-1},\quad 0<y<1,\quad r>0,\quad s>0$$

로 주어질 때, Y는 모수 (r, s)인 **베타분포**(beta distribution)를 따른다고 한다. 따라서 $X_{(k)}$는 모수가 $r=k$, $s=n-k+1$인 베타분포를 따른다.

밀도함수 곡선 아래의 면적이 1임을 이용하면 다음 등식을 얻을 수 있다.

$$B(r, s)=\frac{\Gamma(r)\Gamma(s)}{\Gamma(r+s)}=\int_0^1 u^{r-1}(1-u)^{s-1}du$$

이와 같이 정의된 $B(r, s)$를 모수 r, s인 **베타함수**(beta function)라고 하며, 부록 A.2에 감마함수와 베타함수에 대한 자세한 설명이 있다.

[정리 3-16]에서 $k=n$과 $k=1$을 대입하면 최대값과 최소값의 분포함수와 밀도함수를 얻을 수 있다. 결과는 다음과 같다.

보조정리 $X_1, \cdots, X_n$의 분포함수 $F(x)$에서 랜덤표본일 때 최대값 $X_{(n)}$와 최소값 $X_{(1)}$의 분포함수와 밀도함수는 다음과 같다.

(1) $F_n(x)=[F(x)]^n$, $f_n(x)=nf(x)[F(x)]^{n-1}$

(2) $F_1(x)=1-[1-F(x)]^n$, $f_1(x)=nf(x)[1-F(x)]^{n-1}$

[예 3-21] $X_1, \cdots, X_n$이 $U(0, \theta)$에서 랜덤표본일 때 다음이 성립함을 증명해 보자.

(1) $E[X_{(1)}]=\dfrac{\theta}{n+1}$

(2) $E[X_{(n)}]=\dfrac{n\theta}{n+1}$

(1) $U(0, \theta)$의 밀도함수와 분포함수는 각각 다음과 같다.

$$f(x)=\frac{1}{\theta},\quad 0<x<\theta$$

$$F(x)=\frac{x}{\theta},\quad 0<x<\theta$$

따라서 보조정리에서 $X_{(1)}$의 밀도함수는 다음과 같다.

$$f_1(x)=\frac{n}{\theta}\left(1-\frac{x}{\theta}\right)^{n-1},\quad 0<x<\theta$$

따라서

$$E[X_{(1)}]=\int_0^\theta xf_1(x)dx=\int_0^\theta x\left(\frac{n}{\theta}\right)\left(1-\frac{x}{\theta}\right)^{n-1}dx$$

$y=\frac{x}{\theta}$라 놓으면 $\theta dy=dx$이고 $0<x<\theta$일 때 $0<y<1$이므로

$$E[X_{(1)}]=\int_0^\theta n\left(\frac{x}{\theta}\right)\left(1-\frac{x}{\theta}\right)^{n-1}dx=n\theta\int_0^1 y(1-y)^{n-1}dy$$

한편 베타함수의 정의로부터

$$\mathbf{B}(a,\ b)=\int_0^1 y^{a-1}(1-y)^{b-1}dy=\frac{\Gamma(a)\Gamma(b)}{\Gamma(a+b)}$$

따라서 $\Gamma(n)=(n-1)!$임을 이용하면 다음을 얻을 수 있다.

$$\begin{aligned}E[X_{(1)}]&=n\theta\mathbf{B}(2,\ n)=n\theta\frac{\Gamma(2)\Gamma(n)}{\Gamma(n+2)}\\&=\frac{(n\theta)(1!)(n-1)!}{(n+1)!}=\frac{\theta}{n+1}\end{aligned}$$

(2) $E[X_{(n)}]$에 대한 결과는 연습문제 3.2.17에서 다루기로 한다.

[예 3-22] $X_1,\ \cdots,\ X_n$이 평균 1인 지수분포에서 랜덤표본일 때 최소값과 최대값의 분포함수와 밀도함수를 구하고, 특히 $n=3$인 경우에 최소값과 최대값의 기대값을 구해 보자.

평균 1인 지수분포의 밀도함수와 분포함수는 각각 다음과 같다.

$$f(x)=e^{-x},\quad x>0$$
$$F(x)=1-e^{-x},\quad x>0$$

따라서 최소값과 최대값의 분포함수와 밀도함수는 각각 다음과 같다.

$$\begin{aligned}F_1(x)&=1-(1-F(x))^n=1-[1-(1-e^{-x})]^n\\&=1-e^{-nx},\quad x>0\end{aligned}$$

$$f_1(x)=\frac{d}{dx}F_1(x)=ne^{-nx}, \quad x>0$$
$$F_n(x)=(F(x))^n=(1-e^{-x})^n, \quad x>0$$
$$f_n(x)=ne^{-x}(1-e^{-x})^{n-1}, \quad x>0$$

특히 $n=3$일 때 $f_1(x)$와 $f_3(x)$는 다음과 같다.

$$f_1(x)=3e^{-3x}, \quad x>0$$
$$f_3(x)=3e^{-x}(1-e^{-x})^2=3(e^{-x}-2e^{-2x}+e^{-3x}), \; x>0$$

따라서, $\int_0^\infty x\cdot \alpha e^{-\alpha x}dx=\frac{1}{\alpha}$임을 이용하면 다음 결과를 얻을 수 있다.

$$E[X_{(1)}]=\int_0^\infty xf_1(x)dx=\frac{1}{3}$$
$$E[X_{(3)}]=\int_0^\infty xf_3(x)dx=\int_0^\theta 3x(e^{-x}-2e^{-2x}+e^{-3x})dx$$
$$=3\left(1-\frac{1}{2}+\frac{1}{3}\times\frac{1}{3}\right)=\frac{11}{6}$$

[예 3-23] $X_1, \cdots, X_5$가 $U(0, 1)$에서 크기 5인 랜덤표본일 때 최대값과 중앙값이 각각 $\frac{1}{2}$보다 클 확률을 구해 보자.

X의 분포함수는 $F(x)=x$, $0<x<1$이며, 최대값은 $X_{(5)}$, 중앙값은 $X_{(3)}$이므로 보조정리로부터 각각의 분포함수는 다음과 같다.

$$F_5(x)=x^5, \quad 0<x<1$$
$$F_3(x)=\sum_{j=3}^{5}\binom{5}{j}x^j(1-x)^{5-j}$$
$$=1-\sum_{j=1}^{2}\binom{5}{j}x^j(1-x)^{5-j}$$

따라서 구하는 확률은 다음과 같다.

$$P\left[X_{(5)}\geq\frac{1}{2}\right]=1-F_5\left(\frac{1}{2}\right)=1-\left(\frac{1}{2}\right)^5=0.96875$$
$$P\left[X_{(3)}\geq\frac{1}{2}\right]=1-F_3\left(\frac{1}{2}\right)$$
$$=1-\sum_{j=1}^{2}\binom{5}{j}\left(\frac{1}{2}\right)^j\left(1-\frac{1}{2}\right)^{5-j}=0.5$$

[예 3-24] 지수분포는 신뢰성공학에서 자주 나타나는 확률모형이다. 예를 들어 어떤 시스템은 두 개의 동일한 부품으로 이루어져 있고, 각 부품이 고장나는 시간은 평균수명 100시간인 지수분포를 따른다고 하자. 두 부품이 직렬로 연결되는 경우와 병렬로 연결되는 경우에 각 시스템이 고장나는 시간의 확률분포를 구해 보자([그림 3.12] 참조).

두 부품이 고장날 때까지 작동하는 시간을 각각 X_1, X_2라고 하면, 이들의 밀도함수와 분포함수는 각각 다음과 같다.

$$f(x)=\frac{1}{100}e^{-\frac{x}{100}}, \qquad x>0$$
$$F(x)=1-e^{-\frac{x}{100}}, \qquad x>0$$

(1) 직렬인 경우 고장나는 시간은 $U=\min\{X_1, X_2\}$이므로

$$F_U(u)=1-[1-F(u)]^2=1-e^{-\frac{u}{50}}, \qquad u>0$$

(2) 병렬인 경우 고장나는 시간은 $V=\max\{X_1, X_2\}$이므로

$$F_V(v)=[F(v)]^2=(1-e^{-\frac{v}{100}})^2, \qquad v>0$$

즉, 직렬로 연결된 시스템의 고장 시간은 평균이 반으로 줄어든 지수분포를 따르나, 병렬로 연결된 시스템은 지수분포가 아닌 다른 분포를 따르게 된다.

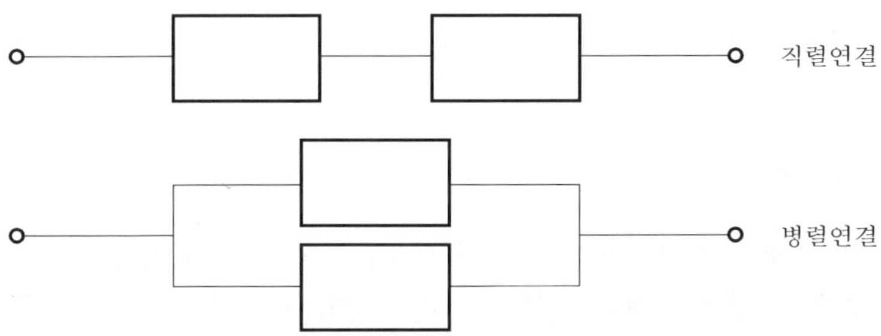

[그림 3.12] 직렬연결과 병렬연결

연 습 문 제

3. 2. 1. 이산형 확률변수 X의 밀도함수가 다음과 같다.

x	-1	0	1
$f_X(x)$	0.3	0.4	0.3

(a) $Y=-X$의 밀도함수를 구하여라.
(b) $Y=X^2$의 밀도함수를 구하여라.
(c) $Y=|X|$의 밀도함수를 구하여라.
(d) $Y=2X+1$의 밀도함수를 구하여라.

3. 2. 2. 확률변수 X가 평균 λ인 포아송분포를 따른다고 한다. $Y=4X$의 확률밀도함수를 구하여라.

3. 2. 3. X의 밀도함수가 다음과 같이 주어졌다.

$$f_X(x)=2(1-x), \qquad 0\le x\le 1$$

(a) $Y=2X-1$의 밀도함수를 구하여라.
(b) $Y=1-2X$의 밀도함수를 구하여라.
(c) $Y=X^2$의 밀도함수를 구하여라.

3. 2. 4. X가 이산형 확률변수일 때 $Y=aX+b$의 밀도함수가

$$f_Y(y)=f_X\left(\frac{y-b}{a}\right)$$

와 같이 주어짐을 보여라.

3. 2. 5. 어떤 공장에서 제품을 만드는 데 필요한 부품 가운데 하나를 하청업체로부터 납품받는다고 한다. 과거의 경험에 의하면 납품일이 약속일로부터 하루 내지 1주일 가량 항상 늦었다고 한다(X를 늦는 날짜라고 하면 X는 구간$(1, 7)$에서 균일분포를 따른다). 이 공장에서는 늦는 정도에 따라 손해가 발생하며 손해액 Y는 늦는 날에 대해 $Y=2X^2$의 관계가 있다고 한다. Y의 분포를 구하여라.

3. 2. 6. 어떤 화학반응에서 나타나는 온도 X는 매 실험마다 변화하며 변화하는 정도는 다음 밀도함수에 의해 설명된다고 한다.

$$f_X(x)=xe^{-\frac{x^2}{2}}, \; x>32$$

여기서 X는 화씨로 측정되었다고 한다. 화씨를 섭씨로 변환하는 식은 $Y=\frac{5}{9}(X-32)$이다. 온도변화의 분포를 섭씨로 나타내라. 즉 $f_Y(y)$를 구하여라.

3. 2. 7. $f_X(x)=e^{-x}$, $x\geq 0$일 때 $Y=\ln X$의 밀도함수를 구하여라.

3. 2. 8. $f_X(x)=\frac{x^2}{9}$, $0<x<3$일 때 $Y=X^2$의 밀도함수를 구하여라.

3. 2. 9. X의 밀도함수가

$$f_X(x)=abx^{b-1}e^{-ax^b},\ x>0,\ a>0,\ b>0$$

과 같이 주어질 때 X는 모수(a, b)인 와이불분포를 따른다고 한다.

(a) $Y=X^b$의 분포를 구하여라.

(b) 상수 k에 대해 $E[X^k]$를 구하여라.

3. 2. 10. X가 평균 μ인 지수분포를 따를 때 $Y=\frac{X}{\mu}$는 어떤 분포를 따르는가. 변수변환법과 적률생성함수법을 이용해서 구해 보아라.

3. 2. 11. 이산형 확률변수 X의 밀도함수가

$$f(x)=\frac{1}{3},\quad X=-1,\ 0,\ 1$$

과 같이 주어져 있을 때

(a) $Y=X^2$의 밀도함수를 구하여라.

(b) $f_{X,Y}(x, y)$를 구하여라.

(c) $\mathrm{Cov}[X, Y]$를 구하여라.

(d) $X+Y$, $X-Y$, XY의 밀도함수를 구하여라.

3. 2. 12. X_1, X_2가 $f(x)=2x$, $0<x<1$에서 추출된 랜덤표본일 때, $P[X_1<2X_2]$를 구하여라.

3. 2. 13. X_1, X_2, X_3가 $f(x)=e^{-x}$, $x>0$에서 추출된 랜덤표본일 때 $\bar{X}=\frac{X_1+X_2+X_3}{3}$의 분포가 어떻게 되겠는지 직관적으로 답을 구해 보아라.

3. 2. 14. X_1, X_2가 $f(x)=e^{-x}$, $x>0$에서 추출된 랜덤표본일 때 X_1+X_2와 $e^{(X_1+X_2)}$의 확률밀도함수를 구하여라.

3. 2. 15. X_1, X_2가 $N(0, 1)$에서 추출된 랜덤표본일 때 $\frac{X_1}{X_2}$의 밀도함수는 코쉬분포를 따름을 보여라.

3. 2. 16. X_1, X_2가 구간 (0, 1)의 균등분포로부터 추출된 랜덤표본일 때 다음에 주어지는 통계량의 분포함수를 구하여라.

(a) $U=\min\{X_1, X_2\}$

(b) $V=\max\{X_1, X_2\}$

또 이 통계량들의 확률밀도함수는 어떻게 되는가?

3. 2. 17. $X_1, \cdots, X_n$이 $U(0, \theta)$에서 추출되었다. 다음을 보여라.

(a) $E[X_{(n)}]=\dfrac{n}{n+1}\theta$

(b) $V[X_{(n)}]=\left[\dfrac{n}{n+2}-\left(\dfrac{n}{n+1}\right)^2\right]\theta^2$

3. 2. 18. $X_1, \cdots, X_{11}$이 $U(0, 1)$에서 추출된 랜덤표본일 때, $E[X_{(6)}]=\dfrac{1}{2}$임을 증명하여라.

3. 2. 19. 수년 동안 관측한 바에 의하면 어떤 강의 최대수위 X는 다음과 같은 분포를 따르는 것으로 나타났다(단위 m).

$$f(x)=\frac{1}{5}, \qquad 5<x<10$$

(물론 실제문제에서 강의 최대수위가 균일분포를 따르지는 않으나 수학적으로 다루기 쉽게 하기 위해 이 모형을 택했다.) 이 지역 관할군청에서 둑을 쌓으려고 하는데, 앞으로 30년 동안 수위가 가장 높을 때 이 둑이 넘칠 확률이 30% 이내가 되도록 하려면 얼마나 높이 세워야 하는가?(힌트: $P[X_{(30)}<c]\leq 0.3$인 c를 구한다)

제 4 장
추 정

4-1 바람직한 추정량의 성질

모집단의 중심위치인 모평균 μ를 추정하기 위하여 관측값 $x_1, \cdots, x_n$에서 흔히 $\bar{x}$의 값을 구한다. 이 때 $\bar{x}$가 μ에 대하여 얼마나 좋은 추정량인가를 평가하기 위하여 관측값을 확률변수로 취급하고 표본평균 $\overline{X}$의 성질을 규명한다. 예를 들어 $E[\overline{X}]=\mu$, $V[\overline{X}]=\dfrac{\sigma^2}{n}$이므로 X의 분포가 μ에 관하여 대칭이면 $\overline{X}$의 분포도 μ에 관하여 대칭이고, 특히 n이 충분히 클 때는 $\overline{X}$의 값은 확률적으로 μ에 가까운 값만 관측될 것을 기대한다.

이와 같은 내용은 추정량 $\overline{X}$의 성질에 관한 것들이다. 이 절에서는 추정량이 가져야 할 바람직한 성질을 살펴보기로 한다.

4-1-1 불 편 성

정의 3-3 에서 정의한 바와 같이 모수의 추정에 사용되는 통계량을 **추정량**(estimator)이라 부른다. 이 절에서는 추정량의 가장 기본이 되는 성질인 불편성에 대하여 알아보기로 한다.

예를 들어 μ의 추정량인 $\overline{X}$가 $E[\overline{X}]=\mu$를 만족시킨다는 것은 $\overline{X}$의 분포가 μ를 중심으로 밀집되어 있을 뿐만 아니라, $\overline{X}$의 관측값은 평균적으로 μ에 가까운 값이 된다는 뜻이므로 매우 바람직한 성질이 된다.

일반적으로 모수 θ의 추정량을 $\hat{\theta}$으로 나타낼 때, $\hat{\theta}$의 기대값이 다시 θ가 되는 성질을 **불편성**(unbiasedness, 또는 **비편향성**)이라 한다.

> 정의 4-1 불편추정량 및 편향
>
> (1) 모수 θ의 추정량 $\hat{\theta}$에 대하여
>
> $$E[\hat{\theta}]=\theta$$
>
> 일 때 $\hat{\theta}$을 θ의 **불편추정량**(unbiased estimator)이라 한다.
>
> (2) $E[\hat{\theta}]\neq\theta$일 때 $\hat{\theta}$을 **편향추정량**(biased estimator)이라 한다.
>
> (3) $E[\hat{\theta}]-\theta$를 **편의**(偏倚) 또는 **편향**(bias)이라고 한다.

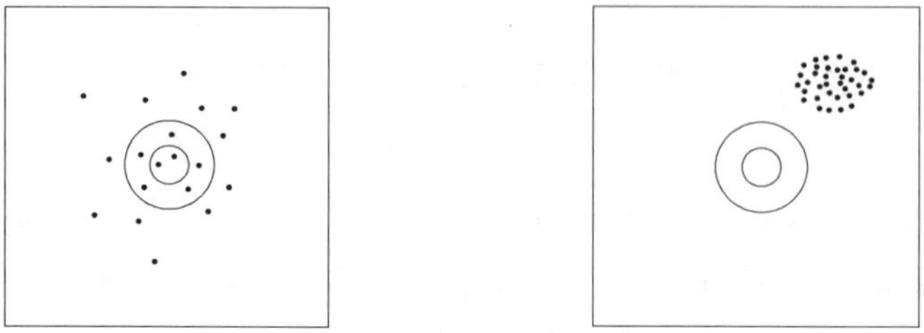

(a) 불편이고 분산이 큰 예　　(b) 편향이 크고 분산이 작은 예

[그림 4.1] 편향과 분산

어느 추정량에 편향이 있다는 것은 치우침이 있다는 뜻이다. 즉 $\hat{\theta}$의 값이 참값인 θ와 반복적으로 크거나 작을 수 있다는 뜻이다. 이에 대하여 분산이 크다는 것은 편향과는 무관한 개념이다. 예를 들어 [그림 4.1]은 과녁에 두 가지 총을 쏜 결과라고 하자. 첫번째 (a) 그림에서는 과녁의 중앙을 중심으로 넓게 퍼져 있는 모양이므로 불편이면서 분산이 큰 경우를 뜻하며, 두번째 (b) 그림에서는 분산은 작으나 편향이 큰 경우를 뜻한다.

[예 4-1] (1) $E[\overline{X}]=\mu$이므로 $\overline{X}$는 μ의 불편추정량이다.

(2) $X \sim B(n,\ p)$일 때 $\hat{p}=\dfrac{X}{n}$로 놓으면

$$E[\hat{p}]=E\left[\frac{X}{n}\right]=\frac{E[X]}{n}=\frac{np}{n}=p$$

이므로 $\hat{p}$는 p의 불편추정량이다.

[예 4-2] 평균 μ, 분산 σ^2인 분포로부터 크기 n인 랜덤표본 $X_1,\ \cdots,\ X_n$을 추출했을 때 σ^2의 추정량으로 다음의 두 가지가 흔히 사용된다.

$$S^2=\frac{1}{n-1}\Sigma(X_i-\overline{X})^2$$

$$\hat{\sigma}^2=\frac{1}{n}\Sigma(X_i-\overline{X})^2$$

이 두 추정량들의 불편성을 조사해 보자. 문제로부터 모든 i에 대해

$$\sigma^2=V[X_i]=E[X_i-\mu]^2=E[X_i^2]-\mu^2$$

이므로 다음 등식이 성립한다.

$$E[X_i^2]=\sigma^2+\mu^2$$

또한

$$\frac{1}{n}\sigma^2=V[\bar{X}]=E[\bar{X}-\mu]^2=E[\bar{X}^2]-\mu^2$$

이므로 다음이 성립한다.

$$E[\bar{X}^2]=\mu^2+\frac{1}{n}\sigma^2$$

따라서

$$\begin{aligned}E[\sum(X_i-\bar{X})^2]&=E[\sum X_i^2-n\bar{X}^2]\\&=\sum E[X_i^2]-nE[\bar{X}^2]\\&=n(\sigma^2+\mu^2)-n\left(\mu^2+\frac{1}{n}\sigma^2\right)\\&=(n-1)\sigma^2\end{aligned}$$

이 결과로부터 다음이 성립한다.

$$E[S^2]=\sigma^2$$

$$E[\hat{\sigma}^2]=\frac{n-1}{n}\sigma^2$$

즉 S^2은 불편추정량이지만 $\hat{\sigma}^2$은 편향추정량이 된다.

4-1-2 평균제곱오차와 효율성

추정량의 불편성은 추정량의 분포에 치우침이 없기 위한 성질이다. 추정량의 다른 중요한 성질은 분포의 흩어짐의 정도이다. 즉, 추정량의 분산 또는 표준편차는 추정량이 얼마나 좋은 추정량인가를 나타내는 중요한 척도가 된다. 따라서 추정량의 표준편차를 특히 표준오차라고 한다.

정의 4-2 추정량 $\hat{\theta}$의 표준편차를 **표준오차**(standard error)라고 하며, 기호 $\mathrm{SE}(\hat{\theta})$로 나타낸다. 즉,

$$\mathrm{SE}(\hat{\theta})=\sqrt{V[\hat{\theta}]}$$

[예 4-3] (1) $SE[\overline{X}]=\dfrac{\sigma}{\sqrt{n}}$

(2) $SE(\hat{p})=\sqrt{\dfrac{p(1-p)}{n}}$

추정량의 성질을 나타내는 측도로서 기대값과 분산을 동시에 고려하는 기준이 필요하다. 예를 들어 불편이면서 분산이 큰 추정량과 편향이면서 분산이 작은 추정량이 있다면 어느 것이 더 효율적인지 판단할 수 있는 기준이 필요하다. 이런 개념을 나타내는 것으로 평균제곱오차가 있다.

정의 4-3 $\hat{\theta}$가 모수 θ의 추정량일 때

$$MSE=E[\hat{\theta}-\theta]^2$$

을 **평균제곱오차**(MSE, mean square error)라고 한다.

정리 4-1 θ의 추정량 $\hat{\theta}$에 대해 다음이 성립한다.

$$MSE[\hat{\theta}]=V[\hat{\theta}]+(Bias[\hat{\theta}])^2$$

[증명] $\mu=E[\hat{\theta}]$라고 하면 다음이 성립한다.

$$\begin{aligned}MSE[\hat{\theta}]&=E[\hat{\theta}-\theta]^2=E[\hat{\theta}-\mu+\mu-\theta]^2\\&=E[\hat{\theta}-\mu]^2+2E[\hat{\theta}-\mu][\mu-\theta]+E[\mu-\theta]^2\end{aligned}$$

여기서 μ와 θ는 상수이므로

$$MSE[\hat{\theta}]=E[\hat{\theta}-\mu]^2+2(\mu-\theta)E[\hat{\theta}-\mu]+(\mu-\theta)^2$$

그러나 $E[\hat{\theta}]=\mu$라고 하였으므로 $E[\hat{\theta}-\mu]=0$이고 따라서

$$MSE[\hat{\theta}]=E[\hat{\theta}-\mu]^2+(\mu-\theta)^2$$

이 성립한다. 또한 $V[\hat{\theta}]=E[\hat{\theta}-\mu]^2$, $Bias[\hat{\theta}]=E[\hat{\theta}]-\theta=\mu-\theta$이므로 주어진 결과를 얻을 수 있다.

[예 4-4] $X_1, \cdots, X_n$이 평균 μ 분산 σ^2인 랜덤표본일 때

$$T_1=\overline{X}, \qquad T_2=X_1$$

으로 정의하자. T_1은 표본평균으로 μ를 추정한 것이고 T_2는 첫번째 관측값으로 μ를 추정한 것이다. μ의 추정량 T_1, T_2의 편향은

$$\text{Bias}[T_1]=E[\overline{X}]-\mu=0, \qquad \text{Bias}[T_2]=E[X_1]-\mu=0$$

이므로 모두 불편추정량이다. 한편 이들의 MSE는 다음과 같다.

$$\text{MSE}[T_1]=V[\overline{X}]=\frac{\sigma^2}{n}$$

$$\text{MSE}[T_2]=V[X_1]=\sigma^2$$

즉, T_1, T_2는 모두 불편추정량이지만 MSE에는 큰 차이가 나므로, MSE의 기준으로는 $T_1=\overline{X}$가 $T_2=X_1$보다 μ에 대한 좋은 추정량으로 평가된다.

[예 4-5] [예 4-2]에서 다룬 S^2과 $\hat{\sigma}^2$을 다시 생각해 보자. 즉,

$$S^2=\frac{1}{n-1}\Sigma(X_i-\overline{X})^2$$

$$\hat{\sigma}^2=\frac{1}{n}\Sigma(X_i-\overline{X})^2$$

으로 정의할 때 [예 4-2]에서

$$E[S^2]=\sigma^2$$

$$E[\hat{\sigma}^2]=\frac{n-1}{n}\sigma^2$$

이다. 따라서

$$\text{Bias}[S^2]=E[S^2]-\sigma^2=0$$

$$\text{Bias}[\hat{\sigma}^2]=E[\hat{\sigma}^2]-\sigma^2=-\frac{1}{n}\sigma^2$$

이제 정규분포를 가정하고 각각의 MSE를 구해 보자. [정리 3-9]로부터

$$V[S^2]=\frac{2}{n-1}\sigma^4$$

이다. 한편 $\hat{\sigma}^2=\frac{n-1}{n}S^2$이므로 MSE는 각각 다음과 같다.

$$\text{MSE}[S^2]=V[S^2]=\frac{2}{n-1}\sigma^4$$

$$\text{MSE}[\hat{\sigma}^2]=V\left[\frac{n-1}{n}S^2\right]+(\text{Bias}[\hat{\sigma}^2])^2$$

$$=\left(\frac{n-1}{n}\right)^2\frac{2}{n-1}\sigma^4+\left(-\frac{1}{n}\sigma^2\right)^2$$
$$=\frac{2n-1}{n^2}\sigma^4$$

두 MSE를 비교하기 위해 $\text{MSE}[S^2]-\text{MSE}[\hat{\sigma}^2]$을 구해 보자.

$$\text{MSE}[S^2]-\text{MSE}[\hat{\sigma}^2]=\frac{2}{n-1}\sigma^4-\frac{2n-1}{n^2}\sigma^4$$
$$=\frac{3n-1}{n^2(n-1)}>0,\quad n\geq 2$$

즉, 정규분포에서 S^2의 MSE가 $\hat{\sigma}^2$의 MSE보다 크므로 MSE의 기준으로는 $\hat{\sigma}^2$이 S^2보다 좋은 추정량이다.

σ^2에 대한 추정량으로 S^2과 $\hat{\sigma}^2$이 있으며, 두 추정량은 각각의 장점을 가지고 있다. 예를 들어 S^2은 불편성의 성질을 갖고 있으며, $\hat{\sigma}^2$은 MSE의 측면에서 좋은 성질을 갖고 있다. 그러나 [예 4-5]에서 계산된 MSE의 차는 n이 커짐에 따라 급속히 작아지는 값이다. 따라서 실용적인 편의를 위해 σ^2의 추정량으로 S^2이 선호되기도 한다.

일반적으로 한 모수에 대한 추정량은 많이 있을 수 있으며, 상대적으로 어느 것이 더 좋은가를 나타내기 위해 다음과 같이 두 MSE의 비로 상대효율을 정의한다.

정의 4-4 θ의 추정량으로 T_1과 T_2가 있을 때

$$e(T_1,\ T_2)=\frac{\text{MSE}[T_2]}{\text{MSE}[T_1]}$$

을 T_1의 T_2에 대한 **상대효율**(relative efficiency)이라 한다. 특히 T_1과 T_2 사이에

$$e(T_1,\ T_2)\geq 1 \qquad (\text{즉, } \text{MSE}[T_1]\leq\text{MSE}[T_2])$$

의 관계가 있을 때 T_1이 T_2보다 **효율적**(efficient)이라고 한다.

[예 4-6] $N(\mu,\ \sigma^2)$에서 크기 n인 랜덤표본을 이용하여 σ^2을 추정할 때

$$S^2=\frac{1}{n-1}\Sigma(X_i-\overline{X})^2$$

$$\hat{\sigma}^2 = \frac{1}{n}\sum(X_i - \overline{X})^2$$

을 이용한다면 [예 4-5]로부터 $n \geq 2$ 인 경우에

$$\text{MSE}[\hat{\sigma}^2] < \text{MSE}[S^2]$$

이 성립하였다. [예 4-5]의 계산 결과로부터 $\hat{\sigma}^2$의 S^2에 대한 상대효율은 $n \geq 2$ 일 때 다음과 같다.

$$e(\hat{\sigma}^2,\ S^2) = \frac{\text{MSE}[S^2]}{\text{MSE}[\hat{\sigma}^2]} = \frac{2n^2}{(n-1)(2n-1)} > 1$$

n의 변화에 따른 상대효율을 계산하면 다음과 같다.

n	5	10	20	100
$e(\hat{\sigma}^2,\ S^2)$	1.39	1.17	1.08	1.02

따라서 소표본에서는 $\hat{\sigma}^2$이 S^2보다 상대적으로 효율이 높지만 표본크기가 커지면 두 추정량의 효율은 우열을 가리기가 힘들어진다.

[예 4-7] $X_1, \cdots, X_n$이 평균 μ인 지수분포

$$f(x) = \frac{1}{\mu}e^{-\frac{x}{\mu}}, \qquad x > 0$$

로부터 추출한 랜덤표본이라 하자. $X_1, \cdots, X_n$가 랜덤표본이므로

$$E[X_i] = E[X], \qquad V[X_i] = V[X], \qquad i = 1, \cdots, n$$

이 성립하며 평균 μ, 분산 μ^2인 지수분포이므로 다음이 성립한다.

$$E[X_i] = \mu, \qquad V[X_i] = \mu^2, \qquad i = 1, \cdots, n$$

또한 $a_1 + \cdots + a_n = 1$을 만족하는 a_i들에 대해 추정량

$$U = a_1X_1 + \cdots + a_nX_n$$

은 μ의 불편추정량이다. 이제 다음과 같은 선형결합으로 주어지는 두 가지 추정량들의 효율을 생각해 보자.

i) $a_1 = 1,\ a_2 = \cdots = a_n = 0$일 때

$$U_1 = X_1$$

이고 이 추정량의 분산은 다음과 같다.

$$V[U_1] = V[X_1] = V[X] = \mu^2$$

ii) $a_1= \cdots =a_n=\frac{1}{n}$ 일 때

$$U_n=\overline{X}=\frac{1}{n}(X_1+ \cdots +X_n)$$

이고 이 추정량의 분산은 다음과 같다.

$$V[U_n]=V[\overline{X}]=\frac{1}{n}V[X]=\frac{1}{n}\mu^2$$

따라서 U_n이 U_1보다 더 유효한 추정량이고 U_1의 U_n에 대한 상대효율은 $\frac{V[U_n]}{V[U_1]}=\frac{1}{n}$ 이다.

[예 4-8] $X_1, \cdots, X_n$이 $U(0, \theta)$에서 추출한 랜덤표본일 때 θ의 추정량으로 다음 두 가지를 생각할 수 있다.

$$\hat{\theta}=X_{(n)}$$
$$\tilde{\theta}=2\overline{X}$$

균등분포의 평균과 분산을 나타내는 [정리 2-4]에 의해

$$E[X]=\frac{\theta}{2}, \qquad V[X]=\frac{\theta^2}{12}$$

이므로 다음이 성립한다.

$$E[\tilde{\theta}]=E[2\overline{X}]=\theta$$
$$\text{MSE}[\tilde{\theta}]=V[\tilde{\theta}]=V[2\overline{X}]=\frac{\theta^2}{3n}$$

$\hat{\theta}$의 평균과 분산은 [연습문제 3.2.17]로부터 각각 $\frac{n}{n+1}\theta, \left[\frac{n}{n+2}-\left(\frac{n}{n+1}\right)^2\right]\theta^2$ 이므로 MSE는 다음과 같다.

$$\text{MSE}[\hat{\theta}]=\frac{2}{(n+1)(n+2)}\theta^2$$

따라서 모든 양의 정수 n에 대해 다음이 성립한다.

$$e(\hat{\theta}, \tilde{\theta})=\frac{\text{MSE}[\tilde{\theta}]}{\text{MSE}[\hat{\theta}]}=\frac{(n+1)(n+2)}{6n}\geq 1$$

n의 변화에 따른 상대효율을 계산해 보면 다음과 같다.

n	5	10	20	100
$e(\hat{\theta}, \tilde{\theta})$	1.4	2.2	3.85	17.17

이 결과로부터 n이 커짐에 따라 $\hat{\theta}$가 $\tilde{\theta}$에 비해 효율이 급격히 증가하는 것을 알 수 있다.

4-1-3 일 치 성

일치성의 개념은 추정량의 극한 개념이므로 수리적인 설명이 쉽지 않다. 예를 들어 '확률수렴'(convergence in probability)의 의미를 알아야 하지만, 이런 개념은 이 책의 범위를 벗어나므로 직관에 의한 설명만 하기로 한다.

예를 들어 표본평균 $\overline{X}$의 기대값은 μ이고 분산은 $\dfrac{\sigma^2}{n}$이므로, 표본크기 n이 무한히 커지면 분산은 0으로 수렴하며 $\overline{X}$는 확률적으로 μ에 한없이 가까워지리라 기대한다. 이런 개념을 일치성이라 한다.

> **정의 4-5** θ의 추정량 T가 임의의 양수 ε에 대하여
>
> $$\lim_{n\to\infty} P[\,|T-\theta|<\varepsilon\,]=1$$
>
> 이면, T를 θ의 **일치추정량**(consistent estimator)이라 한다. 특히
>
> $$\lim_{n\to\infty}\text{MSE}[T]=\lim_{n\to\infty}E[T-\theta]^2=0$$
>
> 일 때 T를 θ의 **MSE 일치추정량**이라 한다.

[예 4-9] $X\sim B(n,\,p)$일 때 p의 추정량으로 표본비율 $\hat{p}=\dfrac{X}{n}$를 사용한다. 이제 다른 추정량으로 항상 $\tilde{p}=\dfrac{1}{2}$을 사용하여 p를 추정하는 방법을 생각해 보자. 즉,

$$\hat{p}=\frac{X}{n}, \qquad \tilde{p}=\frac{1}{2}$$

로 놓고 각각의 MSE를 구해 보자.

$$V[\hat{p}]=\frac{p(1-p)}{n}, \quad \text{Bias}[\hat{p}]=0, \quad V[\tilde{p}]=0, \quad \text{Bias}[\tilde{p}]=\frac{1}{2}-p$$

이므로 다음이 성립한다.

$$\text{MSE}[\hat{p}]=V[\hat{p}]+(\text{Bias}[\hat{p}])^2=\frac{p(1-p)}{n}\to 0,\ n\to\infty \text{인 때}$$

$$\text{MSE}[\tilde{p}]=V[\tilde{p}]+(\text{Bias}[\tilde{p}])^2=\left(\frac{1}{2}-p\right)^2 \not\to 0,\ n\to\infty \text{일 때}$$

따라서 $\hat{p}$는 일치추정량이지만 $\tilde{p}$는 일치추정량이 아니다.

[예 4-9]에서 $\hat{p}$는 p의 자연스런 추정량이지만, $\tilde{p}$는 관측 결과에 관계없이 언제나 $\frac{1}{2}$로 추정하는 방법이므로 자연스런 추정량이 되지 못한다. 실제로 일치성의 조건마저 만족시키지 못하는 추정량은 유용한 추정량이 되지 못한다. 따라서 응용분야에서 유용하게 사용되는 추정량들은 모두 일치성의 조건을 만족시킨다고 생각해도 좋다. 그럼에도 불구하고 이론통계에서 일치성을 확인하는 이유는 이런 개념들이 추정량의 성질을 규명하는 데 유용한 개념들이기 때문이다.

연 습 문 제

4. 1. 1. $E[\hat{\theta}_1]=E[\hat{\theta}_2]=\theta$이고 $V[\hat{\theta}_1]=\sigma_1{}^2$, $V[\hat{\theta}_2]=\sigma_2{}^2$일 때

$$\hat{\theta}_3=a\hat{\theta}_1+(1-a)\hat{\theta}_2$$

로 정의하면 $\hat{\theta}_3$는 불편추정량임을 보여라. 또 $\hat{\theta}_1$과 $\hat{\theta}_2$가 독립이라면 $\hat{\theta}_3$의 분산은 어떻게 되는가? 또 $\hat{\theta}_3$의 분산이 최소가 되려면 a를 어떻게 정해야 하는가?

4. 1. 2. X_1, X_2, X_3가 다음과 같은 확률분포로부터 추출한 3개의 관측값이라고 하자.

$$f(x)=\begin{cases} \dfrac{1}{\theta}e^{-\frac{x}{\theta}}, & x>0,\ \theta>0, \\ 0, & x\le 0 \end{cases}$$

θ의 추정량으로 다음과 같은 통계량을 생각해 보자.

(a) $\hat{\theta}_1=X_1$

(b) $\hat{\theta}_2=\dfrac{X_1+X_2}{2}$

(c) $\hat{\theta}_3=\dfrac{X_1+2X_2}{3}$

(d) $\hat{\theta}_4=\dfrac{X_1+X_2+X_3}{3}$

(e) $\hat{\theta}_5 = \min\{X_i\}$
이들 중 불편추정량은 어떤 것들인가? MSE를 기준으로 하여 이 추정량들의 순위를 결정하여라.

4.1.3. $g(x)$가 x의 어떤 함수이고 U가 θ의 불편추정량일 때 $g(U)$는 $g(\theta)$의 불편추정량인가?(힌트: $E[U]=\theta$일 때 $E[U^2]=\theta^2$인가?)

4.1.4. 동전을 n번 던졌을 때 앞면이 나타나는 횟수를 X라고 하자. 동전의 앞면이 나타나는 비율 p를 추정하기 위해

$$T = \frac{X + \frac{1}{2}}{n+1}$$

을 이용한다면 이 추정량은 불편추정량인가? 또 이 추정량의 MSE를 구하고 $\hat{p} = \frac{X}{n}$에 대한 상대효율을 구해 보아라.

4.1.5. 평균이 μ인 지수분포로부터 크기 n인 랜덤표본 $X_1, \cdots, X_n$을 추출했다고 하자.
(a) $\bar{X}$는 μ의 불편추정량인가?
(b) $\bar{X}$의 분산은 얼마인가?

4.1.6. 크기 n인 랜덤표본 $X_1, \cdots, X_n$이 $U(0, \theta)$에서 택해졌을 때 $\hat{\theta} = \max\{X_i\}$라고 하면

$$W = \frac{n+1}{n}\hat{\theta}$$

는 θ의 불편추정량임을 보여라. 또 $e(W, \hat{\theta})$를 구하여라(힌트: [㉮ 4.8]의 결과를 이용).

4-2 점 추 정

이 절에서는 모수를 추정하는 대표적인 방법들을 다루기로 한다. 가장 많이 사용되는 방법으로 적률법과 최대가능도추정법이 있다. 적률법은 적용하기 쉬운 장점이 있으나 비현실적인 추정량을 제시하는 경우도 있으므로, 이론적으로 좋은 성질을 많이 갖고 있는 최대가능도추정법이 더 많이 사용된다.

4-2-1 적 률 법

랜덤표본 $X_1, \cdots, X_n$으로부터 $\mu=E[X]$를 추정할 경우에, 각 X_i의 기대값도 μ이므로

$$\hat{\mu}=\frac{1}{n}(X_1+\cdots+X_n)$$

으로 추정하는 것은 자연스런 방법이며, 실제로 $\hat{\mu}=\overline{X}$는 μ의 불편추정량이다. 이와 같은 논리를 일반화시킨 것이 적률법이며, 다음과 같이 정의한다.

> **정의 4-6** **적률**(moment)과 **적률법**(method of moment)
>
> (1) 모집단 $\boldsymbol{r}$차적률: $\mu_r=E[X^r], \quad r=1, \cdots$
>
> (2) 표본 $\boldsymbol{r}$차적률: $\hat{\mu}_r=\frac{1}{n}\Sigma X_i^r, \quad r=1, \cdots$
>
> 모집단의 적률과 표본의 적률을 사용하여 $\mu_r=\hat{\mu}_r$, $r=1, \cdots$를 해당 모수에 대해 풀어 추정량을 구하는 방법을 **적률법**이라 한다.

[예 4-10] $X_1, \cdots, X_n$이 $N(\mu, \sigma^2)$에서 추출한 랜덤표본일 때 μ와 σ^2의 추정량을 적률법으로 구해 보자.

$$\mu_1=E[X]=\mu$$
$$\mu_2=E[X^2]=\sigma^2+(E[X])^2$$

이며, $E[X]$와 $E[X^2]$의 표본적률은

$$\hat{\mu}_1=\hat{E}[X]=\frac{1}{n}\Sigma X_i$$

$$\hat{\mu}_2=\hat{E}[X^2]=\frac{1}{n}\Sigma X_i^2$$

이므로 $\mu_1=\hat{\mu}_1$, $\mu_2=\hat{\mu}_2$이라 놓고 이를 μ과 $\hat{\sigma}^2$에 대해 풀면 이들의 추정량은 각각 다음과 같다.

$$\hat{\mu}=\overline{X}$$
$$\hat{\sigma}^2=\frac{1}{n}\Sigma X_i^2-\overline{X}^2=\frac{1}{n}\Sigma(X_i-\overline{X})^2$$

[예 4-11] 모평균의 제곱인 μ^2의 적률법에 의한 추정량은 다음과 같다.

$$\hat{\mu}^2 = \overline{X}^2$$

[예 4-12] $X_1, \cdots, X_n$이 다음과 같은 밀도함수를 갖는 분포에서 추출된 랜덤 표본이라고 하자.

$$f(x) = \lambda e^{-\lambda x}, \quad \lambda > 0, \quad x > 0$$

적률방법에 의해 λ의 추정량을 구하여 보면 $E[X] = \dfrac{1}{\lambda}$ 이므로 $\dfrac{1}{\lambda} = \overline{X}$를 λ에 대해 풀면 다음과 같은 결과를 얻는다.

$$\hat{\lambda} = \frac{1}{\overline{X}}$$

[예 4-13] $X_1, \cdots, X_n$이 다음과 같은 밀도함수를 갖는 분포에서 추출된 랜덤 표본이라고 하자.

$$f(x) = \theta x^{\theta-1}, \qquad \theta > 0, \quad 0 < x < 1$$

이 분포에서

$$E[X] = \int_0^1 x \cdot \theta x^{\theta-1} dx = \frac{\theta}{\theta+1}$$

이므로 $\dfrac{\theta}{\theta+1} = \overline{X}$를 θ에 대해 풀면 다음과 같다.

$$\hat{\theta} = \frac{\overline{X}}{1-\overline{X}}$$

[예 4-14] 어떤 관공서에서는 서비스를 받고자 하는 사람이 많아 이들에게 먼저 온 순서대로 일련번호가 부여된 번호표를 배부했다. 어떤 사람이 현재 몇 명이 기다리고 있는지를 알기 위해 기다리는 사람 중 n명을 임의로 추출해 번호를 알아본 결과 $X_1, \cdots, X_n$이었다. 이 자료에 의하면 현재 기다리는 사람이 몇 명으로 추정되겠는가? 현재 기다리는 사람수를 θ라고 하면 각 X_i는 $\{1, 2, \cdots, \theta\}$의 값을 $\dfrac{1}{\theta}$의 확률로 취하는 이산형 균등분포를 따른다고 할 수 있다. 이 분포의 1차적률은 다음과 같다.

$$E[X] = \sum_{i=1}^{\theta} i \frac{1}{\theta} = \frac{1+2+\cdots+\theta}{\theta} = \frac{1+\theta}{2}$$

따라서 $\frac{1+\theta}{2}=\overline{X}$을 θ에 대해 풀면, 적률법에 의한 θ의 추정량은 $\hat{\theta}=2\overline{X}-1$이 된다. 이제 3명을 조사한 결과, 그들이 갖고 있는 번호가 2, 3, 10이라면 $\bar{x}=\frac{2+3+10}{3}=5$이고, 따라서 $\hat{\theta}=2\cdot 5-1=9$가 된다. 그러나 세 사람 중 한 사람의 번호가 10이었으므로 θ는 10보다 크거나 같아야 한다. 이 결과에 의하면 적률법에 의한 추정량이 타당하지 않을 때가 있음을 알 수 있다.

4-2-2 최대가능도추정법

적률법에 의한 추정량은 구하는 방법이 직관적이고 과정이 간단하여 초기추정량으로 많이 이용된다. 그러나 [예 4-14]에서와 같이 타당성이 없는 추정값이 나타날 수 있으며, 경우에 따라서는 모수의 개수만큼 적률이 존재하지 않아서 적률법에 의한 추정이 불가능할 때도 있다. 이에 반하여 일반적으로 좋은 성질을 갖고 있는 추정량을 구하는 방법으로 R. A. Fisher에 의한 최대가능도추정법이 있다. 최대가능도추정법의 논리를 간단한 예로 알아보자.

어떤 상자 안에 3개의 공이 있으며, 공의 색은 흰 색 또는 검은 색이라고 한다. 이 상자에서 2개의 공을 비복원추출하여 보니 이들 모두가 흰색이었다. 나머지 한 공의 색은 무엇이겠는가? 이 문제에서 우리가 내릴 수 있는 결정은 다음의 두 가지 가운데 하나이다.

(1) 나머지 하나도 흰 공이다. 즉, 흰 공은 3개다.

(2) 나머지 하나는 검은 공이다. 즉, 흰 공은 2개다.

1)의 경우, 즉, 3개가 모두 흰 공이었다면 관측된 2개가 모두 흰 공일 확률은 당연히 1이다.

2)의 경우, 3개 중 1개가 검은 공이라면 이 중에 비복원으로 추출한 2개가 모두 흰 공일 확률은 1/3이다. 즉,

$$\frac{\binom{2}{2}\binom{1}{0}}{\binom{3}{2}}=\frac{1}{3}$$

이를 요약하면 다음과 같다.

· 흰 공이 3개라면 우리가 수행한 실험 결과 「임의로 2개를 추출하였을

때 모두 흰 색」이 나타날 확률은 1이다.

· 흰 공이 2개라면 우리가 수행한 실험 결과 「임의로 2개를 추출하였을 때 모두 흰 색」이 나타날 확률은 $\frac{1}{3}$이다.

따라서 우리의 관측 결과에 의하면, '흰 공이 2개'라는 결론보다는 '흰 공이 3개'라는 결론이 더욱 타당한 결론이 된다.

이와 같이 관측 결과를 가장 잘 설명해 줄 수 있는 추정량을 모수의 추정량으로 선택하는 방법을 최대가능도추정법이라 하며, 다음과 같이 정의된다.

> **정의 4-7** (1) n개의 관측값 $x_1, \cdots, x_n$에 대한 결합밀도함수
>
> $$L(\theta)=f(x_1, \cdots, x_n\ ;\ \theta)$$
>
> 을 θ의 함수로 간주할 때 $L(\theta)$를 **가능도함수**(likelihood function)라고 한다.
>
> (2) 가능도함수 $L(\theta)$를 최대로 하는 θ의 값 $\hat{\theta}$을 θ의 **최대가능도추정량**(**MLE**, maximum likelihood estimator)이라 한다.

앞 예제의 경우 상자 안에 있는 공의 수가 3개이고, 이 중 θ개를 검정색이라고 하면 $3-\theta$개가 흰색이다. 이 상자에서 2개의 공을 비복원으로 추출하고 이 중 2개 모두 흰색이 나타날 확률은 초기하분포를 따르며 이는 다음과 같다.

$$L(\theta)=f(x=2\ ;\ \theta)=\frac{\binom{3-\theta}{2}\binom{\theta}{0}}{\binom{3}{2}}=\begin{cases}1, & \text{if } \theta=0\\ \frac{1}{3}, & \text{if } \theta=1\end{cases}$$

따라서 $\theta=0$, 즉 검은 공은 없는 것으로 하는 것이 $L(\theta)$ 함수를 최대로 해준다.

위의 정의에서 결합밀도함수 $f(x_1, \cdots, x_n\ ;\ \theta)$를 θ만의 함수로 취급하고 $x_1, \cdots, x_n$은 상수로 간주한 것이다. 실제로 밀도함수 $f(x_1, \cdots, x_n\ ;\ \theta)$는 $x_1, \cdots, x_n$이 관측될 확률의 개념이며, 이 값은 θ값에 따라 달라진다. 따라서 이 확률값을 최대로 하는 θ는 관측값 $x_1, \cdots, x_n$을 가장 잘 설명하는 모수값이 된다. 즉, $\theta=\hat{\theta}$일 때 $x_1, \cdots, x_n$이 관측될 가능성이 가장 크다는

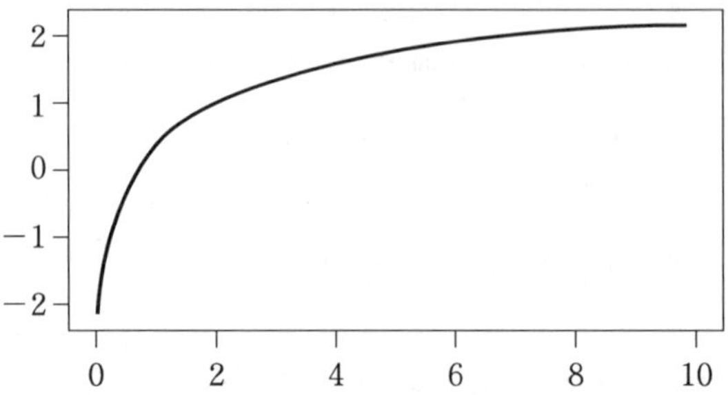

[그림 4.2] $y=\ln(x)$의 그래프(단조증가함수)

뜻이며, 바로 이 θ값을 최대가능도추정량이라 부르는 것이다. 또한 최대가능도추정량은 흔히 영문 약자를 사용하여 MLE라고 부른다.

가능도함수 $L(\theta)$는 $x_1, \cdots, x_n$의 결합밀도함수이기도 하므로, 관측값이 랜덤표본(즉, 상호독립이고 동일한 분포를 따르는 표본)일 경우에는 다음이 성립한다.

$$L(\theta)=f(x_1\,;\,\theta)f(x_2\,;\,\theta)\cdots f(x_n\,;\,\theta)$$

$L(\theta)$를 최대로 하는 θ값을 구하기 위해 $\frac{d}{d\theta}L(\theta)=0$ 의 해를 구해야 한다. 그러나 지수함수와 같은 경우에는 로그함수 $\ln(x)$로 변환시켜서 최대값을 찾는 것이 쉽다. 즉, $y=\ln(x)$는 [그림 4.2]와 같은 모양의 단조증가함수이므로 $L(\theta)$를 최대로 하는 θ값이나 $\ln L(\theta)$를 최대로 하는 θ값이나 같게 된다. 따라서 $L(\theta)$보다는 $\ln L(\theta)$를 미분하여 0으로 놓고 해를 구하는 것이 $L(\theta)$에서 직접 구하는 것보다 쉬운 경우가 많다.

[예 4-15] n개의 관측값이 밀도함수

$$f(x\,;\,\theta)=\frac{1}{\theta}e^{-\frac{1}{\theta}x}, \quad x>0$$

에서 추출되었다고 하자. 이 때 가능도함수는 다음과 같다.

$$\begin{aligned} L(\theta) &= \prod_{i=1}^{n} f(x_i\,;\,\theta) \\ &= \left(\frac{1}{\theta}\right)^n e^{-\frac{1}{\theta}(x_1+\cdots+x_n)} \end{aligned}$$

$y=\sum x_i$라고 하면 다음이 성립한다.

$$L(\theta)=\left(\frac{1}{\theta}\right)^n e^{-\frac{1}{\theta}y}$$

그러나

$$\ln L(\theta)=-n\ln(\theta)-\frac{y}{\theta}$$

이고

$$\frac{d\ln L(\theta)}{d\theta}=-\frac{n}{\theta}+\frac{y}{\theta^2}$$

이므로 $\frac{d\ln L(\theta)}{d\theta}=0$으로 하는 값은 $\hat{\theta}=\frac{Y}{n}=\overline{X}$이며 이는 θ의 최대가능도추정량이다.

[예 4-16] $X_1, \cdots, X_n$이

$$f(x\,;\lambda)=\frac{\lambda^x e^{-\lambda}}{x!},\quad x=1, 2, \cdots$$

에서 추출된 랜덤표본일 때 λ의 MLE를 구해 보자.

$$\begin{aligned}L(\lambda)&=\left(\frac{\lambda^{x_1}e^{-\lambda}}{x_1!}\right)\cdots\left(\frac{\lambda^{x_n}e^{-\lambda}}{x_n!}\right)\\&=\frac{e^{-n\lambda}\lambda^{\Sigma x_i}}{x_1!\cdots x_n!}\end{aligned}$$

따라서

$$\ln L(\lambda)=-n\lambda+(\Sigma x_i)\ln\lambda-\ln(x_1!\cdots x_n!)$$

양변을 λ로 편미분하면

$$\frac{\partial}{\partial\lambda}\ln L(\lambda)=-n+\frac{1}{\lambda}\Sigma x_i$$

따라서 $\frac{\partial}{\partial\lambda}\ln L(\lambda)=0$으로 하는 λ의 값은 $\frac{1}{n}\Sigma x_i=\bar{x}$이다. 즉, λ의 최대가능도추정량은 $\overline{X}$이다.

[예 4-17] n회 베르누이시행을 수행한 결과 $X_1, \cdots, X_n$의 관측값이 나타났다. 이 실험의 결과로부터 성공률 p의 MLE를 구하는 과정은 다음과 같다. 베르누이분포는

$$f(x\,;p)=p^x(1-p)^{1-x},\quad x=0, 1$$

이므로 n개의 관측값에 대한 가능도함수는 다음과 같다.

$$L(p)=\prod_{i=1}^{n} f(x_i\ ;\ p)=\prod_{i=1}^{n} p^{x_i}(1-p)^{1-x_i}$$

여기서 $y=\sum x_i$라고 하면

$$L(p)=p^y(1-p)^{n-y}$$

한편

$$\ln L(p)=y\ \ln\ p+(n-y)\ln(1-p)$$

이므로

$$\frac{d\ln L(p)}{dp}=\frac{y}{p}-\frac{n-y}{1-p}=0$$

을 만족하는 p는 $\hat{p}=\dfrac{y}{n}=\bar{x}$이다. 따라서 p의 최대가능도추정량은 $\overline{X}$이다.

[예 4-18] $X_1, \cdots, X_n$이 $N(\mu, \sigma^2)$에서 추출한 랜덤표본일 때 가능도함수는 두 개의 모수 μ와 σ^2의 함수이며 다음과 같다.

$$\begin{aligned} L(\mu, \sigma^2) &= \prod_{i=1}^{n} f(x_i\ ;\ \mu, \sigma^2) \\ &= \prod_{i=1}^{n} \frac{1}{\sigma\sqrt{2\pi}} \exp\left[-\frac{1}{2}\ \frac{(x_i-\mu)^2}{\sigma^2}\right] \end{aligned}$$

여기서 가능도함수 양변에 자연로그를 취하면 다음이 성립한다.

$$\ln L(\mu, \sigma^2)=-\frac{n}{2}\ln(2\pi)-\frac{n}{2}\ln\sigma^2-\frac{1}{2}\ \frac{\sum(x_i-\mu)^2}{\sigma^2}$$

MLE를 구하기 위해서 $\ln L(\mu, \sigma^2)$을 μ, σ^2에 대하여 편미분하면 각각 다음과 같다.

$$\frac{\partial \ln L(\mu, \sigma^2)}{\partial\mu}=\frac{1}{\sigma^2}\sum(x_i-\mu)$$

$$\frac{\partial \ln L(\mu, \sigma^2)}{\partial\sigma^2}=-\left(\frac{n}{2}\right)\left(\frac{1}{\sigma^2}\right)+\frac{1}{2\sigma^4}\sum(x_i-\mu)^2$$

이 두 편미분을 0으로 하는 방정식은 다음과 같다.

$$\frac{1}{\sigma^2}\sum(x_i-\mu)=0$$

$$-\left(\frac{n}{2}\right)\left(\frac{1}{\sigma^2}\right)+\frac{1}{2\sigma^4}\sum(x_i-\mu)^2=0$$

이를 μ와 σ^2에 대해 풀면 μ와 σ^2의 MLE가 다음과 같이 구해진다.

$$\hat{\mu}=\frac{1}{n}\Sigma X_i=\overline{X}$$

$$\hat{\sigma}^2=\frac{1}{n}\Sigma(X_i-\overline{X})^2$$

여기서 μ의 MLE는 σ^2의 정보와 관계 없이 $\overline{X}$이다. 그러나 σ^2의 MLE는 μ를 아는 경우 $\frac{1}{n}\Sigma(X_i-\mu)^2$이고 μ를 모르는 경우 $\frac{1}{n}\Sigma(X_i-\overline{X})^2$이다.

$\hat{\theta}$가 θ의 MLE일 때 θ의 단조함수인 $t(\theta)$의 MLE는 $t(\hat{\theta})$이다. 이와 같은 성질을 MLE의 **불변성**(invariance property)이라 한다. 이 불변성의 성질은 MLE를 구하는 데 매우 유용한 성질이다.

예를 들어 $\sqrt{\theta}$는 단조함수이므로 T가 θ의 MLE라면 $\sqrt{\theta}$의 MLE는 $\sqrt{T}$가 된다. 따라서 $X_1, \cdots, X_n$이 $N(\mu, \sigma^2)$에서 랜덤표본일 때 $\theta=\sigma^2$의 MLE는 $\hat{\sigma}^2=\frac{1}{n}\Sigma(X_i-\overline{X})^2$이므로 $\sqrt{\theta}=\sigma$의 MLE는 $\hat{\sigma}=\sqrt{\frac{1}{n}\Sigma(X_i-\overline{X})^2}$이다. MLE는 이외에도 여러 가지 좋은 성질을 갖고 있으며, 4-4절에서는 MLE의 다른 성질들을 다루게 된다.

[예 4-19] $X_1, \cdots, X_n$이 $U(0, \theta)$에서 추출된 랜덤표본이면 X_i의 밀도함수가

$$f(x_i)=\frac{1}{\theta}, \quad 0\le x_i\le\theta$$

이므로 θ의 가능도함수는 다음과 같다.

$$L(\theta)=\prod_{i=1}^{n}f(x_i)=\left(\frac{1}{\theta}\right)^n, \quad 0\le x_1\le\theta, \cdots, 0\le x_n\le\theta$$

위 식에서 모든 x_i가 $[0, \theta]$의 범위에서 정의되었으며, 이는 최소값 $x_{(1)}$은 0보다 크고 최대값 $x_{(n)}$은 θ보다 작음을 뜻한다. 따라서 $L(\theta)$는 다음과 같이 표현할 수 있다.

$$L(\theta)=\left(\frac{1}{\theta}\right)^n, \qquad 0\le x_{(n)}\le\theta$$

$L(\theta)$는 θ가 작을수록 커지므로 $L(\theta)$를 최대로 하는 θ는 $x_{(n)}$이다. 따라서 θ의 MLE는 $X_{(n)}$이다. 또한 [예 4-8]에 의하면 $\hat{\theta}=X_{(n)}$는 편향추정량이지만, 적률법에 의한 불편추정량 $2\overline{X}$보다 더 효율적인 추정량임을 알 수 있다.

앞의 예에서 본 바와 같이 많은 경우 MLE는 불편추정량이 아니다. 그러나 MLE $\hat{\theta}$에 대하여

$$E[\hat{\theta}]=c\theta$$

가 성립하면, $\frac{1}{c}\hat{\theta}$은 최대가능도추정법에 의한 불편추정량이 된다. 예를 들어 $U(0,\ \theta)$에서 추출된 랜덤표본에 기초한 MLE는 $X_{(n)}$이고, $E[X_{(n)}]=\left(\frac{n}{n+1}\right)\theta$이므로 MLE에 기초한 θ의 불편추정량은 $\left(\frac{n+1}{n}\right)X_{(n)}$이다. 마찬가지로 정규분포에서 σ^2의 MLE는 $\hat{\sigma}^2=\frac{1}{n}\Sigma(X_i-\overline{X})^2$이며 $E[\hat{\sigma}^2]=\frac{n-1}{n}\sigma^2$이므로 MLE에 기초한 σ^2의 불편추정량은 $\frac{1}{n-1}\Sigma(X_i-\overline{X})^2$이다.

[예 4-20] $X_1, \cdots, X_n$이 $U\left(\theta-\frac{1}{2},\ \theta+\frac{1}{2}\right)$에서 추출된 랜덤표본이라면 X_i의 밀도함수가

$$f(x_i)=1, \qquad \theta-\frac{1}{2}\le x_i\le\theta+\frac{1}{2}$$

이므로 θ의 가능도함수는 다음과 같다.

$$L(\theta)=\prod_{i=1}^{n}f(x_i)=1,\ \theta-\frac{1}{2}\le x_1\le\theta+\frac{1}{2},\ \cdots,\ \theta-\frac{1}{2}\le x_n\le\theta+\frac{1}{2}$$

여기서 $\theta-\frac{1}{2}\le x_1\le\theta+\frac{1}{2}, \cdots, \theta-\frac{1}{2}\le x_n\le\theta+\frac{1}{2}$의 의미는 모든 x_i가 $\left[\theta-\frac{1}{2}, \theta+\frac{1}{2}\right]$의 범위에 속하는 것이다. 이를 다시 표현하면, 최소값 $x_{(1)}$은 $\theta-\frac{1}{2}$보다 크고, 최대값 $x_{(n)}$은 $\theta+\frac{1}{2}$보다 작은 것이다. 따라서

$$x_{(1)}\ge\theta-\frac{1}{2}, \qquad x_{(n)}\le\theta+\frac{1}{2}$$

이고 이를 다시 쓰면 다음과 같다.

$$x_{(n)}-\frac{1}{2}\le\theta\le x_{(1)}+\frac{1}{2}$$

이를 종합하면 $L(\theta)$는 다음과 같이 표현할 수 있다.

$$L(\theta)=\begin{cases}1, & x_{(n)}-\frac{1}{2}\le\theta\le x_{(1)}+\frac{1}{2}\\ 0, & \text{그 외의 }\theta\text{값}\end{cases}$$

따라서 $L(\theta)$를 최대로 하는 θ, 즉 θ의 MLE는 $X_{(n)}-\frac{1}{2}$과 $X_{(1)}+\frac{1}{2}$ 사이의 모든 값이다. 이러한 경우 보통 두 경계값 $X_{(n)}-\frac{1}{2}$과 $X_{(1)}+\frac{1}{2}$의 산술평균인

$$\frac{1}{2}\left(X_{(n)}-\frac{1}{2}+X_{(1)}+\frac{1}{2}\right)=\frac{1}{2}(X_{(1)}+X_{(n)})$$

을 이용한다. 또한 이 값은 **정의 3-6** 에서 정의된 범위의 중앙값인 것을 알 수 있다. 예를 들어 3개의 관측값이 0.4, 0.7, 0.3으로 나타났다면 θ의 MLE는 $0.7-0.5=0.2$와 $0.3+0.5=0.8$ 사이의 아무 값이나 된다. 여기서 범위의 중앙값은 $\frac{1}{2}(0.3+0.7)=0.5$이므로 이를 θ의 MLE로 이용할 수 있다.

연 습 문 제

4. 2. 1. $X_1, \cdots, X_n$이

$$f(x)=(\theta+1)x^{\theta}, \quad 0<x<1$$

로부터 추출한 랜덤표본일 때 θ의 적률추정량은 $\dfrac{2\overline{X}-1}{1-\overline{X}}$ 인 것을 보여라. 또 최대가능도추정량은 $-1-\dfrac{n}{\ln\prod_{i=1}^{n}X_i}$ 인 것을 보여라. $n=3$인 경우, 관측값이 0.5, 0.4, 0.9가 나타났다면 두 추정방법에 의한 θ의 추정값은 어떻게 비교되는가.

4. 2. 2. $X_1, \cdots, X_n$이 $U(0, 2\theta+1)$에서 추출한 랜덤표본일 때 θ의 추정량을 적률방법에 의해 구해 보아라. 또 최대가능도추정법에 의해 구해 보고 이 두 추정량을 비교해 보아라. 만약 $X_1, \cdots, X_n$이 $U(\mu-3\sigma, \mu+3\sigma)$로부터 뽑혔다면 적률방법과 최대가능도추정법에 의한 μ와 σ의 추정량은 각각 무엇이고 또 어떻게 비교되겠는가?

4. 2. 3. $X_1, \cdots, X_n$이 $N(0, \sigma^2)$일 때 σ^2의 MLE는 $\frac{1}{n}\Sigma X_i^2$임을 보여라.

4. 2. 4. $X_1, \cdots, X_m$은 m명 남학생의 키를 측정한 관측값이고, $Y_1, \cdots, Y_n$은 n명 여학생의 키를 측정한 관측값이라고 하자. 또 이들은 상호독립적으로 측정한 값이라고 하자. 이제 $X_i \sim N(\mu_1, \sigma^2)$, $Y_i \sim N(\mu_2, \sigma^2)$이라고 할 때 σ^2의

$$\text{MLE는 } \frac{\sum_{i=1}^{m}(X_i-\bar{X})^2+\sum_{i=1}^{n}(Y_i-\bar{Y})^2}{m+n} \text{ 인 것을 보여라.}$$

(힌트: $X_1, \cdots, X_m, Y_1, \cdots, Y_n$의 결합밀도함수를 생각한다).

4. 2. 5. $X_1, \cdots, X_n$이 평균 λ인 포아송분포로부터 추출한 랜덤표본이다. X의 표준편차 $\sqrt{\lambda}$의 MLE를 구하여라.

4. 2. 6. 어떤 학생이 학교에 통학할 때 집에서 버스를 타고 지하철 정거장까지 도착하여 지하철을 타고 학교에 간다. 지하철로 소모되는 시간은 거의 변함이 없으나 버스 소요시간은 상당히 변화가 많아 이를 추정하여 학교 수업시간에 맞추고자 하였다. 8일 동안 버스에 의한 소요시간을 조사한 결과, 다음과 같은 결과를 얻었다(단위: 분).

15 21 14 23 29 17 15 18

만약 버스에 의한 소요시간이 $U(\theta_1, \theta_2)$를 따른다면 최악의 경우 몇 분이 소모된다고 생각할 수 있는가? 또 가장 운이 좋은 날은? 이를 적률방법과 최대가능도추정법에 의해 구해 보고 결과를 비교하여라.

4-3 구간추정

모평균 μ를 추정하기 위하여 표본평균 $\bar{X}$를 사용하고, 모비율 p를 추정하기 위하여 표본비율 $\hat{p}$를 사용한다. 그러나 이와 같은 점추정에서는 $\bar{X}$의 값이나 $\hat{p}$의 값만 제시하게 되므로 이들이 얼마나 정확하게 모수를 추정하고 있는지 모르게 된다. 물론 $\bar{X}$나 $\hat{p}$와 같이 표준오차(SE)를 알고 있을 때는 점추정 값의 오차에 대한 개념이 있겠으나, 일반적으로 추정값 자체만으로는 얼마나 오차가 큰 추정인지 모르게 된다. 이와 같은 점추정의 단점을 보완하는 방법으로 구간추정이 있다. 구간추정은 점추정에 오차의 개념을 추가하기 위해 구간으로 모수를 추정하는 방법이라고 이해할 수 있다.

이 절에서는 정규분포에서 모수인 μ, σ^2과 이항분포의 모수 p에 대한 구간추정법을 다루고, 주어진 신뢰도(정확도)를 만족시키기 위한 표본크기를 구하는 방법을 알아본다.

4-3-1 신뢰구간의 의미

예를 들어 어느 공정에서 생산되는 전구는 표준편차 100시간(따라서 분산 100^2)인 정규분포를 따른다고 하자. 그러면

$$Z=\frac{\overline{X}-\mu}{100/\sqrt{n}} \sim N(0,\ 1)$$

이며, 표준정규분포표에서 $P[-1.96 \le Z \le 1.96]=0.95$이므로 다음 등식이 성립한다.

$$P\left[-1.96 \le \frac{\overline{X}-\mu}{100/\sqrt{n}} \le 1.96\right]=0.95$$

$$P\left[\overline{X}-1.96\frac{100}{\sqrt{n}} \le \mu \le \overline{X}+1.96\frac{100}{\sqrt{n}}\right]=0.95$$

위 식에서 구간 $\left[\overline{X}-1.96\frac{100}{\sqrt{n}},\ \overline{X}+1.96\frac{100}{\sqrt{n}}\right]$은 확률구간이다. 즉, 관측값이 주어지면 구간이 정해지고, 관측 때마다 구간은 확률에 의해 결정된다. 이 확률구간이 모수 μ를 포함하고 있을 확률이 0.95(또는 95%)이다.

일반적으로 모수 θ에 대한 두 통계량 $L(X_1,\ \cdots,\ X_n)$과 $U(X_1,\ \cdots,\ X_n)$이 있어서

$$P[L(X_1,\ \cdots,\ X_n) \le \theta \le U(X_1,\ \cdots,\ X_n)]=1-\alpha$$

이며, L과 U의 관측값을 각각 $\ell(x_1,\ \cdots,\ x_n)$과 $u(x_1,\ \cdots,\ x_n)$이라 할 때, 구간

$$(L(X_1,\ \cdots,\ X_n),\ U(X_1,\ \cdots,\ X_n))$$

또는

$$(\ell(x_1,\ \cdots,\ x_n),\ u(x_1,\ \cdots,\ x_n))$$

을 θ의 **100(1−α)% 신뢰구간**(confidence interval)이라 한다. 또한 L(또는 ℓ)을 신뢰구간의 **하한**(lower limit), U(또는 u)를 신뢰구간의 **상한**(upper limit)이라 하며, $(1-\alpha)$ 또는 $100(1-\alpha)\%$를 **신뢰수준**(confidence level)이라 한다.

한 모수 θ에 대하여 $P[L<\theta<U]=(1-\alpha)$를 만족하는 L과 U는 무수히 많을 수 있으나, 구간 $(L,\ U)$의 길이가 최소가 되는 신뢰구간을 최적인

신뢰구간이라 한다. 그러나 최적인 신뢰구간을 구하는 것이 어려울 때는 사용하기 편리한 방법을 선택한다.

신뢰구간은 흔히 θ의 추정량을 이용하여 구한다. 예를 들어 T가 θ의 추정량이고 c_1, c_2가 $P[T<c_1]=\frac{\alpha}{2}$, $P[T>c_2]=\frac{\alpha}{2}$인 상수라면

$$P[T-c_1 \le \theta \le T+c_2]=1-\alpha$$

를 만족한다. 즉, $[T-c_1, T+c_2]$는 θ의 $100(1-\alpha)\%$ 신뢰구간이다. 특히 $c_1=c_2=c$로서 대칭인 경우에는 신뢰구간을

$$T \pm c=[T-c,\ T+c]$$

로 간단히 나타내기로 한다.

[예 4-21] 어느 공정에서 생산되는 전구의 수명은 $N(\mu, 100^2)$를 따른다고 한다. 이 공정에서 임의로 25개의 표본을 추출하여 평균을 구한 결과 $\bar{x}=1200$시간이라면 평균수명의 95% 신뢰구간은 다음과 같다.

$$\bar{x} \pm 1.96\frac{100}{\sqrt{n}}=1200 \pm 1.96(20)=(1160.8,\ 1239.2)$$

[예 4-21]에서 다시 25개의 표본을 추출하여 $\bar{x}$값을 구한다면 $\bar{x}$는 1200이 아니고 다른 값이 될 것이다. 따라서 관측 때마다 다른 신뢰구간을 얻게 된다. 즉, μ의 95% 신뢰구간의 의미는 신뢰구간을 반복해서 구할 때 전체의 약 95% 정도는 μ를 포함하리라 기대할 수 있다는 뜻이다. 이를 그림으로 나타내면 [그림 4.3]과 같다.

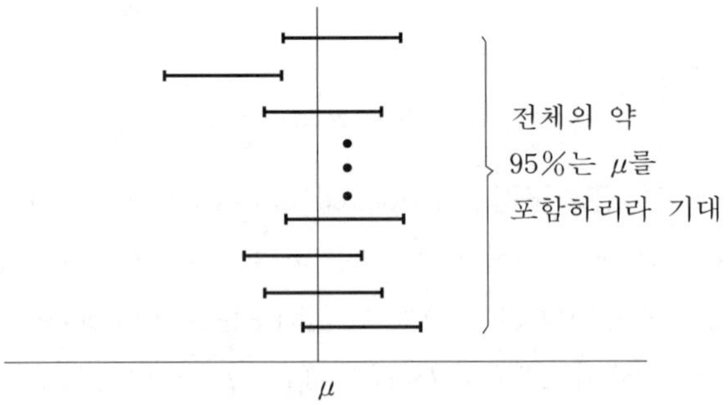

[그림 4.3] 95% 신뢰구간의 의미

4-3-2 정규분포에서 구간추정

정규분포에서 두 모수 μ와 σ^2에 관한 신뢰구간을 구해 보자. μ에 관한 신뢰구간은 σ^2을 아는 경우와 모르는 경우에 구하는 방법이 다르다. 또한 두 정규모집단에서 평균의 차인 $\mu_1-\mu_2$에 관한 신뢰구간과 두 분산의 비인 σ_2^2/σ_1^2의 신뢰구간을 구해 보자.

(1) $\boldsymbol{\sigma}$를 알 경우 $\boldsymbol{\mu}$의 신뢰구간

σ를 알 경우에는 Z-통계량을 이용한다. 즉,

$$Z=\frac{\overline{X}-\mu}{\sigma/\sqrt{n}} \sim N(0,\ 1)$$

를 이용한다. Z-분포에서 z_α는 $P[Z>z_\alpha]=\alpha$인 $(1-\alpha)$분위수를 나타내므로 다음이 성립한다.

$$P\left[-z_{\alpha/2}\le\frac{\overline{X}-\mu}{\sigma/\sqrt{n}}\le z_{\alpha/2}\right]=1-\alpha$$

$$P\left[\overline{X}-z_{\alpha/2}\frac{\sigma}{\sqrt{n}}\le\mu\le\overline{X}+z_{\alpha/2}\frac{\sigma}{\sqrt{n}}\right]=1-\alpha$$

따라서 μ의 $100(1-\alpha)\%$ 신뢰구간은 다음과 같다.

$$\bar{x}\pm z_{\alpha/2}\frac{\sigma}{\sqrt{n}}=\left(\bar{x}-z_{\alpha/2}\frac{\sigma}{\sqrt{n}},\ \bar{x}+z_{\alpha/2}\frac{\sigma}{\sqrt{n}}\right)$$

(2) $\boldsymbol{\sigma}$를 모를 경우 $\boldsymbol{\mu}$의 신뢰구간

σ를 모를 경우에는 t-통계량을 이용한다. 즉,

$$T=\frac{\overline{X}-\mu}{S/\sqrt{n}} \sim t_{(n-1)}$$

임을 이용한다. t-분포에서 $t_{\alpha,n}$은 $P[T>t_{\alpha,n}]=\alpha$인 $(1-\alpha)$분위수를 나타내므로 다음이 성립한다.

$$P\left[-t_{\alpha/2,\,n-1}\le\frac{\overline{X}-\mu}{S/\sqrt{n}}\le t_{\alpha/2,\,n-1}\right]=1-\alpha$$

$$P\left[\overline{X}-t_{\alpha/2,\,n-1}\frac{S}{\sqrt{n}}\le\mu\le\overline{X}+t_{\alpha/2,\,n-1}\frac{S}{\sqrt{n}}\right]=1-\alpha$$

따라서 μ의 $100(1-\alpha)$%신뢰구간은 다음과 같다.

$$\bar{x}\pm t_{\alpha/2,\,n-1}\frac{S}{\sqrt{n}}=\left(\bar{x}-t_{\alpha/2,\,n-1}\frac{S}{\sqrt{n}},\ \bar{x}+t_{\alpha/2,\,n-1}\frac{S}{\sqrt{n}}\right)$$

[예 4-22] [예 4-21]에서 σ를 모르며 $\bar{x}=1200$, $S=100$이 관측되었다고 하자. 그러면 t-분포표에서 $t_{0.025,\,24}=2.064$이므로 μ의 95% 신뢰구간은 다음과 같다.

$$\bar{x}\pm t_{\alpha/2,\,n-1}\frac{S}{\sqrt{n}}=1200\pm2.064(20)\approx(1158.7,\ 1241.3)$$

같은 신뢰수준에서는 $t_{\alpha,\,n-1}>z_\alpha$이므로, σ를 모를 경우에는 신뢰구간의 길이가 길어진다.

(3) 두 평균의 차 $\mu_1-\mu_2$의 신뢰구간

두 모집단의 분포가 각각

$$X\sim N(\mu_1,\ \sigma_1),\quad Y\sim N(\mu_2,\ \sigma_2)$$

일 때 평균의 차인 $\mu_1-\mu_2$의 신뢰구간을 구해 보자. 평균의 차에 관한 추론 문제에서는 $\sigma_1{}^2$과 $\sigma_2{}^2$을 아는 경우는 거의 없다. 뿐만 아니라 $\sigma_1{}^2$과 $\sigma_2{}^2$이 다를 경우에는 신뢰구간의 형태가 매우 복잡해지므로, 여기서는 미지의 공통 분산을 가정한다. 즉,

$$\sigma_1{}^2=\sigma_2{}^2=\sigma\qquad(\text{미지})$$

의 가정하에 $\mu_1-\mu_2$의 신뢰구간을 구해 보자. X, Y 각각에서 크기가 m, n이고 독립인 랜덤표본을 추출하면, $\mu_1-\mu_2$의 추정량은 $\overline{X}-\overline{Y}$이며,

$$\overline{X}-\overline{Y}\sim N\left(\mu_1-\mu_2,\ \frac{1}{m}\sigma^2+\frac{1}{n}\sigma^2\right)$$

이다. 따라서

$$Z=\frac{(\overline{X}-\overline{Y})-(\mu_1-\mu_2)}{\sqrt{\sigma^2\left(\frac{1}{m}+\frac{1}{n}\right)}}\ \sim\ N(0,1)$$

이 성립한다. 그러나 σ^2이 미지이므로 이 Z-통계량을 그대로 사용할 수는 없으며, σ^2을 추정해서 대입해야 한다.

X, Y에서 표본분산을 각각 ${S_1}^2$, ${S_2}^2$이라 하면

$$ {S_1}^2 = \frac{1}{m-1}\Sigma(X_i - \bar{X})^2 $$

$$ {S_2}^2 = \frac{1}{n-1}\Sigma(Y_i - \bar{Y})^2 $$

이다. 따라서 [정리 3-8]에서 다음이 성립한다.

$$ \frac{(m-1){S_1}^2}{\sigma^2} \sim \chi^2_{(m-1)}, \qquad \frac{(n-1){S_2}^2}{\sigma^2} \sim \chi^2_{(n-1)} $$

한편 두 랜덤표본은 독립이므로 ${S_1}^2$과 ${S_2}^2$도 독립이다. 따라서 카이제곱 분포의 가법성인 [정리 3-5]에 의해 다음이 성립한다.

$$ U = \frac{(m-1){S_1}^2 + (n-1){S_2}^2}{\sigma^2} \sim \chi^2_{(m+n-2)} $$

따라서 t-분포의 정의인 정의 3-11 에 의해 다음이 성립한다.

$$ T = \frac{Z}{\sqrt{U/(m+n-2)}} \sim t_{(m+n-2)} $$

이제 공통분산 σ^2의 추정량으로 **합동표본분산**(pooled sample variance)

$$ {S_p}^2 = \frac{(m-1){S_1}^2 + (n-1){S_2}^2}{m+n-2} $$

을 사용하면, 위의 T-통계량은 다음과 같이 표현된다.

$$ T = \frac{(\bar{X} - \bar{Y}) - (\mu_1 - \mu_2)}{\sqrt{{S_p}^2\left(\frac{1}{m} + \frac{1}{n}\right)}} \sim t_{(m+n-2)} $$

이를 요약한 결과와 두 평균의 차 $\mu_1 - \mu_2$의 신뢰구간은 다음과 같다.

정리 4-2 $X_1, \cdots, X_m$과 $Y_1, \cdots, Y_n$이 각각 $N(\mu_1, \sigma_1^2)$, $N(\mu_2, \sigma_2^2)$에서 상호독립인 랜덤표본일 때 다음이 성립한다.

(1)
$$T = \frac{(\bar{X}-\bar{Y})-(\mu_1-\mu_2)}{S_p\sqrt{\dfrac{1}{m}+\dfrac{1}{n}}} \sim t_{(m+n-2)}$$

다만, $S_p^2 = \dfrac{(m-1)S_1^2+(n-1)S_2^2}{m+n-2}$ (합동표본분산)

(2) $\mu_1-\mu_2$의 $100(1-\alpha)\%$ 신뢰구간:

$$(\bar{x}-\bar{y}) \pm t_{\alpha/2,\, m+n-2} S_p\sqrt{\frac{1}{m}+\frac{1}{n}}$$

지금까지 구한 신뢰구간의 모양을 다시 살펴보자. μ의 신뢰구간에서 t-분포를 이용할 경우에는 $100(1-\alpha)\%$ 신뢰구간이

$$\bar{X} \pm t_{\alpha/2}\widehat{\text{SE}}[\bar{X}], \quad (\widehat{\text{SE}}[\bar{X}]\text{는 } \bar{X}\text{의 표준오차})$$

형식이며, $\mu_1-\mu_2$의 $100(1-\alpha)\%$ 신뢰구간은 다음과 같다.

$$(\bar{X}-\bar{Y}) \pm t_{\alpha/2}\widehat{\text{SE}}[\bar{X}-\bar{Y}]$$

즉, 모수 θ의 추정량 $\hat{\theta}$가 대칭인 분포를 따를 때는 신뢰구간이

$$\hat{\theta} \pm k \cdot \text{SE}[\hat{\theta}]$$

형식이고, k값은 신뢰수준이 $1-\alpha$가 되도록 결정한다.

[예 4-23] A, B 두 기계에서 생산되는 철선의 인장강도는 과거의 경험으로 정규성을 가정할 수 있다. 두 기계에서 각각 10개씩 관측하여 다음 자료를 얻었다면, 평균 인장강도의 차에 대한 95% 신뢰구간을 구해 보자.

	표본크기	표본평균	표본분산
A	10	65	2^2
B	10	62	3^2

먼저 합동표본분산은 다음과 같다.

$$S_p{}^2 = \frac{(10-1)2^2 + (10-1)3^2}{10+10-2} = 6.5$$

t-분포표에서 $t_{0.025,\,18} = 2.101$ 이므로, 95% 신뢰구간은 다음과 같다.

$$(\bar{x}-\bar{y}) \pm t_{\alpha/2,\,m+n-2} S_p \sqrt{\frac{1}{m}+\frac{1}{n}} = (65-62) \pm 2.101\sqrt{6.5\left(\frac{1}{10}+\frac{1}{10}\right)}$$
$$= 3 \pm 2.4 = (0.6,\ 5.4)$$

(4) 분산 σ^2의 신뢰구간

분산 σ^2과 관련된 통계량으로 [정리 3-8]의 결과를 이용한다. 즉,

$$\frac{(n-1)S^2}{\sigma^2} \sim \chi^2_{(n-1)}$$

임을 이용한다. 카이제곱 분포에서 오른쪽 꼬리의 확률이 α가 되는 $(1-\alpha)$ 분위수를 χ^2_α 으로 나타내므로 다음이 성립한다.

$$P\left[\chi^2_{1-\alpha/2,\,n-1} \le \frac{(n-1)S^2}{\sigma^2} \le \chi^2_{\alpha/2,\,n-1}\right] = 1-\alpha$$
$$P\left[\frac{(n-1)S^2}{\chi^2_{\alpha/2,\,n-1}} \le \sigma^2 \le \frac{(n-1)S^2}{\chi^2_{1-\alpha/2,\,n-1}}\right] = 1-\alpha$$

따라서 σ^2 의 $100(1-\alpha)\%$ 신뢰구간은 다음과 같다.

$$\left(\frac{(n-1)S^2}{\chi^2_{\alpha/2,\,n-1}},\ \frac{(n-1)S^2}{\chi^2_{1-\alpha/2,\,n-1}}\right)$$

이 신뢰구간은 길이가 가장 짧은 최적인 신뢰구간은 아니지만, 계산의 편의를 위해 양 꼬리의 확률이 각각 $\frac{\alpha}{2}$씩 되도록 하는 분위수를 이용하여 신뢰구간을 구한 것이다.

(5) 분산의 비 $\sigma_2{}^2/\sigma_1{}^2$의 신뢰구간

분산의 비 $\sigma_2{}^2/\sigma_1{}^2$과 관련된 통계량으로 [정리 3-12]의 결과를 이용한다. 즉,

$$F = \frac{S_1{}^2/\sigma_1{}^2}{S_2{}^2/\sigma_2{}^2} \sim F_{(m-1,\,n-1)}$$

을 이용할 수 있다. F-분포에서 오른쪽 꼬리의 확률이 α인 점을 $F_{\alpha, m, n}$으로 나타내므로 다음이 성립한다.

$$P\left[F_{1-\alpha/2, m-1, n-1} \le \frac{S_1^2/\sigma_1^2}{S_2^2/\sigma_2^2} \le F_{\alpha/2, m-1, n-1}\right] = 1-\alpha$$

$$P\left[F_{1-\alpha/2, m-1, n-1}\frac{S_2^2}{S_1^2} \le \frac{\sigma_2^2}{\sigma_1^2} \le F_{\alpha/2, m-1, n-1}\frac{S_2^2}{S_1^2}\right] = 1-\alpha$$

따라서 σ_2^2/σ_1^2의 $100(1-\alpha)\%$ 신뢰구간은 다음과 같다.

$$\left(F_{1-\alpha/2, m-1, n-1}\frac{S_2^2}{S_1^2},\ F_{\alpha/2, m-1, n-1}\frac{S_2^2}{S_1^2}\right)$$

[예 4-24] [예 4-23]의 자료에서 두 분산의 비에 대한 95% 신뢰구간을 구해보자. $S_1^2=2^2$, $S_2^2=3^2$이며, F-분포표에서 $F_{0.025, 9, 9}=3.18$이므로

$$F_{0.975, 9, 9} = \frac{1}{F_{0.025, 9, 9}} = 0.314$$

이다. 따라서 σ_2^2/σ_1^2의 95% 신뢰구간은 다음과 같다.

$$\left((0.314)\frac{3^2}{2^2},\ (3.18)\frac{3^2}{2^2}\right) = (0.7065,\ 7.155)$$

4-3-3 비율의 구간추정

모집단이 정규분포를 따르지 않을 경우에는 추정량의 분포가 복잡하므로 구간추정이 어려워진다. 따라서 흔히 중심극한정리를 이용하여 근사 신뢰구간을 구한다. 정규분포는 이론적 분포이며, 실제 현장에서 얻는 데이터가 정확한 정규분포에서 얻어진 관측값인 경우는 없다. 다만, 정규분포에 비슷한 분포라면 $\overline{X}$의 분포는 매우 빠른 속도로 정규분포에 수렴하므로, 소표본에서도 정규성의 가정하에 얻은 결과를 적용시킬 수 있다.

이 절에서는 모비율 p에 관한 신뢰구간을 정규근사로 구하고, 주어진 오차한계의 조건을 만족시키기 위한 표본크기를 구하는 문제를 다루기로 한다.

(1) 비율 p의 신뢰구간

$Y_1, \cdots, Y_n$이 성공률 p인 베르누이 분포에서 랜덤표본일 때 $X=\sum Y_i$는 이항분포 $B(n, p)$를 따른다. 따라서 비율의 추정량인 표본비율

$$\hat{p}=\frac{X}{n}=\frac{\sum Y_i}{n}=\overline{Y}$$

는 실제로 베르누이 분포에서 표본평균에 해당된다. 또한 이항분포로부터 기대값과 분산이 각각 np, $np(1-p)$이므로, $\hat{p}$의 기대값과 분산은 각각

$$E[\hat{p}]=p, \qquad V[\hat{p}]=\frac{p(1-p)}{n}$$

이다. 따라서 중심극한정리로부터 다음과 같은 이항분포의 정규근사를 얻는다.

$$Z=\frac{\hat{p}-p}{\sqrt{p(1-p)/n}} \rightarrow N(0,\ 1)$$

따라서 n이 충분히 클 때 다음이 성립한다.

$$P\left[-z_{\alpha/2} \leq \frac{\hat{p}-p}{\sqrt{p(1-p)/n}} \leq z_{\alpha/2}\right] \approx 1-\alpha$$

$$P\left[\hat{p}-z_{\alpha/2}\sqrt{\frac{p(1-p)}{n}} \leq p \leq \hat{p}+z_{\alpha/2}\sqrt{\frac{p(1-p)}{n}}\right] \approx 1-\alpha$$

위 식에서 $\hat{p}$의 표준오차에 다시 p가 들어 있기 때문에, 이 p에 $\hat{p}$를 대입하여 사용하게 된다. 따라서 p의 $100(1-\alpha)\%$ (근사)신뢰구간은 다음과 같다.

$$\left(\hat{p}-z_{\alpha/2}\sqrt{\frac{\hat{p}(1-\hat{p})}{n}},\ \hat{p}+z_{\alpha/2}\sqrt{\frac{\hat{p}(1-\hat{p})}{n}}\right)$$

베르누이 분포 또는 이항분포에서 'n이 충분히 크다'는 기준으로 흔히 '$np>5$, $n(1-p)>5$'를 제시한다. 즉, np와 $n(1-p)$가 모두 5 이상일 정도로 n이 크면 정규근사에 큰 문제가 없다는 뜻이다.

[예 4-25] 어느 공정의 불량률을 조사하기 위하여 100개의 제품을 추출하여 조사한 결과 8개의 불량품이 나왔다면, $\hat{p}=0.08$이며, $z_{0.025}=1.96$이므로 불량률의 95% 신뢰구간은 다음과 같다.

$$0.08 \pm (1.96)\sqrt{\frac{(0.08)(0.92)}{100}} = (0.027,\ 0.133)$$

(2) 표본크기의 결정

σ를 알 경우 μ의 $100(1-\alpha)\%$신뢰구간은 다음과 같다.

$$\bar{x} \pm z_{\alpha/2}\frac{\sigma}{\sqrt{n}} = \left(\bar{x} - z_{\alpha/2}\frac{\sigma}{\sqrt{n}},\ \bar{x} + z_{\alpha/2}\frac{\sigma}{\sqrt{n}}\right)$$

즉 μ의 신뢰구간의 상한과 하한은 $\bar{x}$를 중심으로 $\pm z_{\alpha/2}\sigma/\sqrt{n}$의 범위에 있다. 이 때

$$z_{\alpha/2}\frac{\sigma}{\sqrt{n}}$$

를 μ의 추정에서 $100(1-\alpha)\%$ **오차한계**(limit of error)라고 한다.

마찬가지로 p의 추정에서 p의 $100(1-\alpha)\%$신뢰구간은

$$\hat{p} \pm z_{\alpha/2}\sqrt{\frac{\hat{p}(1-\hat{p})}{n}}$$

이므로 p의 추정에서 $100(1-\alpha)\%$ **오차한계**(limit of error)는 다음과 같다.

$$z_{\alpha/2}\sqrt{\frac{\hat{p}(1-\hat{p})}{n}}$$

이제 주어진 오차한계의 조건을 만족시키기 위한 표본크기를 구하는 방법을 생각해 보자. μ의 추정에서 $100(1-\alpha)\%$ 오차한계를 d 이내로 하기 위한 표본크기는

$$z_{\alpha/2}\frac{\sigma}{\sqrt{n}} \leq d$$

을 만족한다. 따라서 구하는 표본크기는

$$n \geq \left(z_{\alpha/2}\frac{\sigma}{d}\right)^2$$

을 만족시키는 최소의 정수를 택한다.

p의 추정에서는 한 단계를 더 고려해야 한다. 먼저 p의 추정을 위한 표

본크기를 구하려는 것이므로 $\hat{p}$값이 관측되기 이전 단계이다. 따라서 100$(1-\alpha)$% 오차한계인 $z_{\alpha/2}\sqrt{\hat{p}(1-\hat{p})/n}$을 직접 사용할 수가 없다. 따라서 p에 대한 사전 정보가 있는 경우와 없는 경우로 나누어 생각한다.

과거의 경험이나 시험조사에서 $p \approx p_0$라는 사전 정보가 있을 때는 부등식

$$z_{\alpha/2}\sqrt{\frac{\hat{p}(1-\hat{p})}{n}} \leq d$$

에서, 다음을 만족하는 최소의 정수를 택한다.

$$n \geq p_0(1-p_0)\left(\frac{z_{\alpha/2}}{d}\right)^2$$

p에 대한 사전 정보가 없는 경우에는 상당히 보수적인 방법을 택하게 된다. 즉, $p(1-p)$의 최대값은 $p=\frac{1}{2}$일 때 최대값 $\frac{1}{4}$이므로 n값은 다음을 만족하는 최소의 정수로 택한다.

$$n \geq \frac{1}{4}\left(\frac{z_{\alpha/2}}{d}\right)^2$$

이들을 요약하면 다음과 같다.

[표본크기의 결정]
비율 p의 추정에서 $100(1-\alpha)$% 오차한계를 d 이내로 하기 위한 표본크기는 다음과 같다.

(1) $p \approx p_0$라는 사전 정보가 있는 경우

$$n \geq p_0(1-p_0)\left(\frac{z_{\alpha/2}}{d}\right)^2$$

(2) p에 대한 사전 정보가 없는 경우

$$n \geq \frac{1}{4}\left(\frac{z_{\alpha/2}}{d}\right)^2$$

[예 4-26] 어느 선거에서 A후보는 자신의 지지율에 대한 조사를 하려고 한다. 사전 정보가 없는 상태에서 95% 오차한계를 3% 이내로 하기 위한 표본크기를 구해 보자. 95% 오차한계에서는 $z_{0.025}=1.96$이며, $d=0.03$이므로 표본크

기는 다음과 같다.

$$n \geq \frac{1}{4}\left(\frac{1.96}{0.03}\right)^2 = 1067.1$$

즉, $n=1068$명을 표본으로 뽑아 조사해야 한다.

연 습 문 제

4.3.1. $N(\mu, 72)$로부터 8개의 관측값을 택해 $\bar{x}=85$를 얻었다. μ에 대한 80%, 90%, 95%, 99%의 신뢰구간을 구하여라.

4.3.2. 9명의 학생들로부터 IQ검사를 한 결과, $\bar{x}=112.72$, $s=13.38$이 나타났다. 이 학생들이 $N(\mu, \sigma^2)$인 집단으로부터 추출되었다면 μ의 90% 신뢰구간을 구하여라.

4.3.3. 두 인접국가의 성인남자 키를 비교하기 위해 두 나라가 공동주최하는 학회에 참석한 남자학자들을 대상으로 표본을 추출하여 측정한 결과는 다음과 같다.

A국가: $m=12$, $\bar{x}=168\text{cm}$, $s_A=5\text{cm}$

B국가: $n=15$, $\bar{y}=165\text{cm}$, $s_B=6\text{cm}$

A국가와 B국가의 평균 성인남성 키의 차이를 90% 신뢰도로 구간추정하여라. 이 문제를 풀기 위한 가정을 모두 열거하여라.

4.3.4. $X_1, \cdots, X_n$은 $N(\mu, \sigma^2)$에서 추출한 랜덤표본이다. $S^2=\frac{1}{n-1}\Sigma(X_i-\bar{X})^2$이라고 할 때 σ^2의 $100(1-\alpha)\%$ 신뢰구간이 다음과 같은 것을 보여라.

$$\left(\frac{(n-1)S^2}{C_U}, \frac{(n-1)S^2}{C_L}\right)$$

여기서 C_U, C_L은 $V \sim \chi^2_{(n-1)}$이라고 할 때

$$P[V \leq C_L] = P[V \geq C_U] = \frac{\alpha}{2}$$

4.3.5. (문제 4.3.4 참조) 정밀도를 요구하는 한 측정기를 이용하여 4번 측정한 결과 353, 351, 355, 351의 값을 얻었다. 이 측정기의 측정분산에 관한 95% 신뢰구간을 구하라. 이 과정에 필요한 모든 가정을 열거하여라.

4.3.6. 선거에 출마한 사람이 자기의 지지도를 알아보기 위해 112명을 상대로 여

론조사를 한 결과 62명의 지지자가 나타났다. 이 자료로부터 지지율 p의 신뢰도에 대한 80%, 90%, 95%, 99% 신뢰구간을 구해 보고 이 값들을 비교해 보아라.

4.3.7. 과거의 자료에 의하면 실업률이 5% 정도였다고 한다. 새로운 경제정책이 세워진 후 실업률의 변화를 알기 위해 조사를 해 보고자 한다. 최대오차를 1%가 넘지 않도록 하고 결과에 대하여 최소한 99%의 신뢰도를 가지려면 표본크기는 얼마로 하는 것이 타당한가?

4.3.8. 평균이 λ인 포아송분포로부터 60개의 관측값을 택한 결과 $\bar{x}=2.1$이 나타났다. λ의 95% 근사신뢰구간을 구하여라(중심극한정리를 이용한다).

4.3.9. 두 집단의 키를 비교하고자 한다. 과거의 경험에 의하면 두 집단의 키의 표준편차는 5cm로 동일하다고 한다. 95% 오차한계를 2cm 수준으로 하려면 각 집단에서 몇 명씩 택하는 것이 적절한가?

4-4* 충분통계량과 최소분산불편추정량

추정량의 성질로서 불편성과 일치성 이외에도 많은 이론들이 있다. 이 절에서는 충분성의 개념을 설명하고 최대가능도추정량과 충분통계량의 관계를 알아본다. 또한 불편추정량 가운데 분산이 가장 작은 추정량을 구하는 방법을 알아보고, 분산의 하한에 관한 크래머-라오의 정리를 소개한다.

4-4-1 충분통계량

동전을 3번 던졌을 때 앞면이 한 번 나타났다면 앞면이 나타날 확률(p)의 추정값은 직관적으로 $\frac{1}{3}$이 된다(또 앞 절의 추정방법에 의해서도 이 값은 $\frac{1}{3}$이다). 매번 동전을 던질 때 앞면이 나타나면 1, 뒷면이 나타나면 0이라고 하자. 동전을 3회 던진다면 앞면이 한 번 나타나는 출현의 형태는 다음의 세 가지 중에서 하나가 될 것이다.

1회	2회	3회	합	p의 추정값
1	0	0	1	$\frac{1}{3}$
0	1	0	1	$\frac{1}{3}$
0	0	1	1	$\frac{1}{3}$

이 표에 의하면 출현의 순서가 어떠하든지 p의 추정값은 세 가지 경우에 모두 동일하게 나타났다. 만약 동전을 100번 던졌을 때 앞면이 53번 나타났다면 p의 추정값은 0.53이 될 것이며, 이러한 출현이 나타날 수 있는 방법의 수는 $\binom{100}{53}$가지가 된다. 이제 어떤 관측자가 동전이 나타나는 형태는 기록하지 않고 앞면이 나타나는 수만 기록하였다고 하자. 이렇게 기록된 결과만으로 p를 추정하였다면 정보의 손실을 가져왔다고 할 수 있겠는가? 다시 말해 앞면이 나타나는 횟수의 합만 가지고도 p를 추정하는 데는 충분한 자료가 될 수 있다고 생각하는가? 이 문제에 대한 이론적 해답은 충분통계량의 개념으로부터 얻을 수 있다.

$X_1, \cdots, X_n$이 $B(1, p)$에서 추출된 랜덤표본이라 하면 X_i가 1이 될 확률은 p이고 0이 될 확률은 $1-p$이다. 여기서 $Y=\sum X_i$라고 하면 Y는 n회 베르누이시행 중에서 성공한 횟수의 합이 된다. p를 추정하기 위해 전체 성공횟수인 Y의 정보만으로 충분하다면 표본$(X_1, \cdots, X_n)$에서 Y가 갖고 있는 정보를 제거한 나머지는 p에 대한 어떠한 정보도 갖지 않아야 한다. 이를 수학적으로 표현하면 다음과 같다.

$$P[X_1=x_1, \cdots, X_n=x_n | Y=y]\text{는 } p\text{를 포함하지 않는다.}$$

이 확률은 다시 쓰면 다음과 같다.

$$P[X_1=x_1, \cdots, X_n=x_n | Y=y]=\frac{P[X_1=x_1, \cdots, X_n=x_n, Y=y]}{P[Y=y]}$$

분자는 각 X_i가 0이나 1을 택하면서 전체 성공횟수가 y일 확률이므로 $p^y(1-p)^{n-y}$이고 분모는 n회의 베르누이시행 중에서 y회의 성공이 나타나는 이항확률이므로 $\binom{n}{y}p^y(1-p)^{n-y}$가 된다. 따라서 다음이 성립한다.

$$P[X_1=x_1,\ \cdots,\ X_n=x_n|Y=y]=\frac{p^y(1-p)^{n-y}}{\binom{n}{y}p^y(1-p)^{n-y}}=\frac{1}{\binom{n}{y}}$$

즉, Y가 주어졌을 때 $(X_1, \cdots, X_n)$은 p에 대해 어떠한 정보도 갖지 못한다.

이러한 개념을 정리하면 다음과 같다.

> **정의 4-8** $X_1,\ \cdots,\ X_n$이 모수 θ를 갖는 어떤 분포로부터 추출된 랜덤표본이고 $T=g(X_1,\ \cdots,\ X_n)$을 한 통계량이라고 하자. T가 주어질 때 $X_1,\ \cdots, X_n$의 분포, 즉
>
> $$P[X_1=x_1,\ \cdots,\ X_n=x_n|T=t]$$
>
> 이 θ와 무관하면 T를 θ의 **충분통계량**(sufficient statistic)이라고 한다.

이 정의로부터 표본 자체는 충분통계량이다. 왜냐하면

$$P[X_1=x_1,\ \cdots,\ X_n=x_n|X_1=x_1,\ \cdots,\ X_n=x_n]=1$$

이 되어 θ를 포함하지 않기 때문이다. 또한 $Y_1, \cdots, Y_n$을 $X_1, \cdots, X_n$의 순서통계량이라 하면 이들도 역시 충분통계량이다. 왜냐하면 표본추출 결과

$$(X_1=x_1,\ \cdots,\ X_n=x_n)$$

이 관측되었다면 $(x_1,\ \cdots,\ x_n)$을 순서배열하는 방법인 순열의 수는 $n!$이고 이 중의 하나가 $(y_1,\ \cdots,\ y_n)$이다. 따라서

$$(Y_1=y_1,\ \cdots,\ Y_n=y_n)$$

은 $n!$개의 가능한 배열 중의 하나이다. 따라서 다음이 성립한다.

$$P[X_1=x_1,\ \cdots,\ X_n=x_n|Y_1=y_1,\ \cdots,\ Y_n=y_n]=\frac{1}{n!}$$

[예 4-27] 포아송분포 $f(x\ ;\ \lambda)=e^{-\lambda}\frac{\lambda^x}{x!}$, $x=0, 1, \cdots$ 로부터 크기 2인 랜덤표본 X_1, X_2를 추출했을 때 X_1-X_2가 충분통계량인가를 조사해 보려면 음이 아닌 정수 a, b, c에 대해

$$P[X_1=a,\ X_2=b \mid X_1-X_2=c]$$

가 λ와 무관한지를 조사하면 된다. 위의 결과는 모든 음이 아닌 정수 a, b, c에 대해 성립해야 하므로 $a=0,\ b=0,\ c=0$에 대해 알아보자.

$$P[X_1=0,\ X_2=0 \mid X_1-X_2=0]=P[X_1=0,\ X_2=0 \mid X_1=X_2]$$
$$=\frac{P[X_1=0,\ X_2=0,\ X_1=X_2]}{P[X_1=X_2]}=\frac{P[X_1=0,\ X_2=0]}{P[X_1=X_2]}$$

여기서 $\{X_1=X_2\}$인 사상은 다음과 같다.

$$\{(X_1=0,\ X_2=0)\cup(X_1=1,\ X_2=1)\cup\cdots\}$$

또한 X_1과 X_2는 독립이므로 다음이 성립한다.

$$P[X_1=k,\ X_2=k]=P[X_1=k]P[X_2=k]=[f(k\,;\lambda)]^2=\left(e^{-\lambda}\frac{\lambda^k}{k!}\right)^2$$

따라서

$$P[X_1=X_2]=\sum_{k=0}^{\infty}P[X_1=k,\ X_2=k]=e^{-2\lambda}\left[1+(\lambda)^2+\left(\frac{\lambda^2}{2!}\right)^2+\left(\frac{\lambda^3}{3!}\right)^2+\cdots\right]$$

따라서 구하는 확률은 다음과 같다.

$$P[X_1=0,\ X_2=0 \mid X_1-X_2=0]$$
$$=\frac{(f(0\,;\lambda))^2}{\sum_{k=0}^{\infty}(f(k\,;\lambda))^2}=\frac{e^{-2\lambda}}{e^{-2\lambda}\left[1+\lambda^2+\left(\frac{\lambda^2}{2!}\right)^2+\left(\frac{\lambda^3}{3!}\right)^2+\cdots\right]}$$
$$=\frac{1}{1+\lambda^2+\left(\frac{\lambda^2}{2!}\right)^2+\left(\frac{\lambda^3}{3!}\right)^2+\cdots}$$

이 결과에 의하면 조건부확률 $P[X_1=0,\ X_2=0 \mid X_1-X_2=0]$은 λ를 포함하고 있으므로 X_1-X_2는 충분통계량이 될 수 없다.

충분통계량이 통계이론에서 중요한 역할을 하고 있는 이유는 앞에서 열거한 예와 설명을 통해 어느 정도 설명되었다. 대부분의 "좋은" 추정량은 충분통계량의 함수이며, 보편적으로 "좋은 추정량"이라고 하면 최소분산불편추정량을 의미한다. 이의 정의는 다음과 같다.

> **정의 4-9** $X_1, \cdots, X_n$이 $f(x\,;\theta)$로부터 추출된 랜덤표본이라고 하자. θ의 추정량 T가 **최소분산불편추정량(MVUE, minimum variance unbiased estimator)**이기 위한 필요충분조건은 다음과 같다.
>
> (1) $E[T]=\theta$
>
> (2) 어떠한 다른 불편추정량 T'에 대해서도 $V[T]\le V[T']$

4-4-2* 인수분해정리

어떤 통계량이 충분한가를 조사할 때 정의 4-8의 충분통계량에 관한 정의를 이용하려면 앞의 예제에서 나타난 바와 같이 매우 복잡하고 난해한 경우가 대부분이다. 특히 어떤 분포가 주어졌을 때 해당되는 충분통계량을 구하는 과정을 위의 정의만 이용한다면 거의 불가능한 경우가 대부분이다. 다행히도 이러한 문제를 쉽게 해결해 주는 정리가 Neyman에 의한 **인수분해정리(factorization theorem)**로서 다음과 같다.

> **정리 4-3 네이만의 인수분해정리**
>
> 통계량 $U=u(X_1, \cdots, X_n)$이 랜덤표본 $X_1, \cdots, X_n$의 함수일 때 U가 모수 θ의 충분통계량이 되기 위한 필요충분조건은 가능도함수 L이 다음과 같이 인수분해되는 것이다.
>
> $$L(\theta\,;x_1, \cdots, x_n)=g(u\,;\theta)h(x_1, \cdots, x_n)$$
>
> 여기서 $g(u\,;\theta)$는 u와 θ만의 함수이고 $h(x_1, \cdots, x_n)$는 θ를 포함하지 않아야 한다.

이 정리의 증명은 생략하기로 한다.*

[예 4-28] $X_1, \cdots, X_n$이 모수 p인 기하분포 $(f(x\,;p)=p^x(1-p),\ x=0, 1, \cdots)$에서 추출된 랜덤표본이면 가능도함수는 다음과 같다.

$$L(p\,;x_1, \cdots, x_n)=p^{\Sigma x_i}(1-p)^n$$

---

* Hogg and Craig(1995)의 *Introduction to Mathematical statistics*의 7.2절 참조.

여기서 $u=\sum x_i$라 하고

$$g(u\,;\,p)=p^u(1-p)^n$$
$$h(x_1,\ \cdots,\ x_n)=1$$

이라고 하면 가능도함수가 인수분해되며, 따라서 $U=\sum X_i$는 p의 충분통계량이 된다.

[예 4-29] $X_1,\ \cdots,\ X_n$이 $N(0,\ \sigma^2)$에서 추출된 랜덤표본일 때 $\theta=\sigma^2$이라고 하면 가능도함수는 다음과 같다.

$$L(\theta\,;\,x_1,\ \cdots,\ x_n)=\left(\frac{1}{\sqrt{2\pi\theta}}\right)^n \exp\left(-\frac{1}{2\theta}\sum x_i^2\right)$$

여기서 $u=\sum x_i^2$이라 하고

$$g(u\,;\,\theta)=\left(\frac{1}{\sqrt{2\pi\theta}}\right)^n \exp\left(-\frac{1}{2\theta}u\right)$$
$$h(x_1,\ \cdots,\ x_n)=1$$

이라고 하면 가능도함수는 인수분해되며, 따라서 $U=\sum X_i^2$는 $\theta=\sigma^2$의 충분통계량이다.

[예 4-30] $X_1, \cdots, X_n$이 $U(0,\ \theta)$에서 추출된 랜덤표본이면 가능도함수는 다음과 같다.

$$L(\theta\,;\,x_1,\ \cdots,\ x_n)=\begin{cases}\dfrac{1}{\theta^n}, & 0\le x_{(n)}\le\theta \\ 0, & \text{그 외의 값}\end{cases}$$

따라서 $U=X_{(n)}$이라 하고

$$g(u\,;\,\theta)=\begin{cases}\dfrac{1}{\theta^n}, & 0\le u\le\theta \\ 0, & \text{그 외의 값}\end{cases}$$
$$h(x_1,\ \cdots,\ x_n)=1$$

이라고 하면, 가능도함수는 인수분해되고 $U=X_{(n)}$이 θ의 충분통계량임을 알 수 있다.

이상의 예들로부터 최대가능도추정량이 충분통계량과 밀접한 관계가 있음을 알 수 있다. 실제로 다음과 같은 정리가 성립한다.

> 정리 4-4 최대가능도추정량은 충분통계량의 함수다.

[증명] U가 θ의 충분통계량이면 [정리 4-3]에 의해 가능도함수 L은 다음과 같이 분해된다.

$$L(\theta\,;\,x_1,\,\cdots,\,x_n)=g(u\,;\,\theta)h(x_1,\,\cdots,\,x_n)$$

θ의 최대가능도추정량은 가능도함수 L을 최대로 하는 통계량이고, 위의 식에서 가능도함수 L이 θ를 포함하는 부분은 $g(u\,;\,\theta)$이기 때문에 $L(\theta\,;\,x_1,\,\cdots,\,x_n)$을 최대로 하는 θ는 $g(u\,;\,\theta)$를 최대로 하는 θ가 된다. 그러나 $g(u\,;\,\theta)$를 최대로 하는 θ는 U의 함수가 될 것이며 U는 충분통계량이기 때문에 정리가 성립된다.

4-4-3* 라오-블랙웰 정리

어떤 추정량이 MVUE인가를 알아보는 것은 쉬운 일이 아니다. 그러나, 다음 정리는 MVUE를 찾는 데 중요한 역할을 한다.

> 정리 4-5 라오-블랙웰(Rao Blackwell)정리
>
> U와 T가 통계량이고 $E[U]=\theta$라고 하자. $W=E[U|T]$이면 다음이 성립한다.
>
> (1) W는 T만의 함수인 통계량
>
> (2) $E[W]=\theta$
>
> (3) $V[W]\le V[U]$

[증명] (1) 조건부기대값의 정의에 의해 W는 T만의 함수이며, 따라서 통계량이다.

(2) 1장의 [정리 1-10]에 의해 $E[W]=E[E[U|T]]=E[U]=\theta$

(3)번의 증명은 다음과 같다.

$$\begin{aligned}V[U]&=E[U-\theta]^2=E[U-W+W-\theta]^2\\&=E[U-W]^2+2E[(U-W)(W-\theta)]+E[W-\theta]^2\end{aligned}$$

여기서 $E[(U-W)(W-\theta)]$를 구해 보면 [정리 1-10]에 의해 다음이 성립한다.

$$E[(U-W)(W-\theta)]=E[E[(U-W)(W-\theta)|T]]$$

(1)에서 W는 T만의 함수이므로 T가 주어졌을 때 W는 상수가 된다. 따라서 다음이 성립한다.

$$E[(U-W)(W-\theta)|T]=(W-\theta)E[(U-W)|T]$$

가정으로부터 $W=E[U|T]$라고 하였으므로

$$E[(U-W)|T]=W-E[W|T]=W-W=0$$

따라서 $E[(U-W)(W-\theta)]=0$이 되어 다음이 성립한다.

$$V[U]=E[U-W]^2+E[W-\theta]^2=E[U-W]^2+V[W]\geq V[W]$$

보조정리 U가 θ의 불편추정량이고 T가 θ의 충분통계량이면 $W=E[U|T]$는 충분통계량의 함수로서 θ의 불편추정량이며, W의 분산이 U의 분산보다 더 크지는 않다.

이 정리의 의미는 다음과 같다. 모수 θ의 추정량으로 불편성과 최소분산의 성질을 갖는 **최량추정량**(best estimator) 방법을 제시한다. 즉, θ의 충분통계량 T가 존재하면 이 충분통계량의 함수로서 불편성의 성질을 갖는 새로운 추정량 W를 찾는 것이다. 이를 위해 θ의 불편추정량이면서 T만의 함수가 아닌 U를 찾고, 충분통계량 T의 조건하에 U의 조건부기대값을 T의 함수로 표현하면, 이 통계량 W는 θ의 불편추정량이면서 분산이 U의 분산보다 작게 된다. 만약 우리가 생각한 θ의 불편추정량 U가 이미 충분통계량의 함수로 표시되었다면 어떤 결과가 나타나겠는가? 앞의 정리에 의한다면 새로운 통계량도 역시 충분통계량의 함수가 되면서 불편추정량이고 분산은 원래 선택한 추정량보다 크지 않을 것이다. 이제 충분통계량으로 표시되는 θ의 불편추정량 U가 유일하게 하나만 존재한다면 앞의 정리에 의해 새로 만들어지는 추정량 W는 유일한 추정량 U와 같아지고, 따라서 이 추정량의 분산보다 더 작은 분산을 갖는 어떤 다른 추정량도 구할 수 없을 것이다. 이와 같은 유일성을 설명하려면 밀도함수의 **완비성**(completeness)을 설명해야 하나, 이는 이 책의 범위를 벗어나므로 여기서는 충분성만 다루기로 한다.

우리가 대하는 대부분의 분포에서는 모수 θ를 추정할 때 충분통계량에 기초한 불편추정량을 구했다면 이 추정량은 MVUE가 된다.

[예 4-31] $X_1, \cdots, X_n$이 $B(1, p)$에서 추출한 랜덤표본일 때 앞에서 설명한 바와 같이 $\sum X_i$은 p의 충분통계량이다. 또한 $E[X_1]=p$이므로 $U=X_1$, $T=\sum X_i$라고 하면 보조정리에 의해 $E[U|T]$는 T의 함수로서 p의 불편추정량이다. 이제 $E[X_1|\sum X_i]$를 구해 보면 다음과 같다.

$$\begin{aligned}
E[X_1|\sum_{i=1}^{n} X_i=y] &= \sum_{x_1=0}^{1} x_1 P[X_1=x_1|\sum_{i=1}^{n} X_i=y] \\
&= 0\cdot P[X_1=0|\sum_{i=1}^{n} X_i=y]+1\cdot P[X_1=1|\sum_{i=1}^{n} X_i=y] \\
&= P[X_1=1|\sum_{i=1}^{n} X_i=y] \\
&= \frac{P[X_1=1,\ \sum_{i=1}^{n} X_i=y]}{P[\sum_{i=1}^{n} X_i=y]} \\
&= \frac{P[X_1=1,\ \sum_{i=2}^{n} X_i=y-1]}{P[\sum_{i=1}^{n} X_i=y]} \\
&= \frac{P[X_1=1]P[\sum_{i=2}^{n} X_i=y-1]}{P[\sum_{i=1}^{n} X_i=y]} \\
&= \frac{p\binom{n-1}{y-1}p^{y-1}(1-p)^{n-1-y+1}}{\binom{n}{y}p^{y}(1-p)^{n-y}} \\
&= \frac{\binom{n-1}{y-1}}{\binom{n}{y}} = \frac{y}{n}
\end{aligned}$$

따라서 다음이 성립한다.

$$E[X_1|\sum X_i]=\frac{1}{n}\sum X_i=\overline{X}$$

또한 $\sum X_i \sim B(n, p)$이므로 $\overline{X}$의 기대값과 분산은 다음과 같다.

$$E[\overline{X}]=E\left[\frac{1}{n}\sum X_i\right]=p$$

$$V[X]=V\left[\frac{1}{n}\sum X_i\right]=\frac{1}{n^2}np(1-p)=\frac{1}{n}p(1-p)$$

처음에 생각한 p의 불편추정량 X_1은 $B(1, p)$를 따르고, $V[X_1]=p(1-p)$이므로 새로운 p의 불편추정량 $\overline{X}$가 X_1보다 효율적이다. 그러나 이 새로운 추정량 $\overline{X}$보다 더 효율적인 불편추정량이 존재할 것인가? 이를 위해 이번에는 $U=\overline{X}$로 하고 $T=\Sigma X_i$를 한 다음 보조정리를 적용시킨다면, $E[U|T]$가 $U=\overline{X}$보다 더 효율적인 p의 새로운 불편추정량으로 나타나게 될 것이다. 그러나,

$$E[\overline{X}|\Sigma X_i=y]=E\left[\frac{1}{n}\Sigma X_i|\Sigma X_i=y\right]=\frac{y}{n}$$

이기 때문에 새로운 추정량은 역시 $\overline{X}$가 된다. 즉 $\overline{X}$보다 더 효율적인 추정량은 없고 따라서 $\overline{X}$는 p의 MVUE라고 판단할 수 있다.

[예 4-32] $X_1, \cdots, X_n$이 $U(0, \theta)$에서 추출한 랜덤표본이라면 [예 4-30]에 의해 $X_{(n)}$이 충분통계량이 됨을 알았다. 또 $X_{(n)}$의 기대값은 $\frac{n}{n+1}\theta$이다(연습문제 3.2.17). 따라서 $\frac{n+1}{n}X_{(n)}$은 충분통계량으로 표현되는 θ의 불편추정량이다. 이제 $\frac{n+1}{n}X_{(n)}$보다 더 효율적인 불편추정량이 있는지 조사하기 위해 충분통계량 $X_{(n)}$이 주어졌을 때 $\frac{n+1}{n}X_{(n)}$의 기대값을 구해 보면

$$E\left[\frac{n+1}{n}X_{(n)}|X_{(n)}=y\right]=\frac{n+1}{n}y$$

와 같다. 따라서 $\frac{n+1}{n}X_{(n)}$보다 더 효율적인 불편추정량은 없으며 이 추정량은 MVUE가 된다.

4-4-4* 분산의 하한과 정보량

Cramer와 Rao는 불편추정량*이 취할 수 있는 분산의 최소값을 제시하였으며, 이 최소값을 CRLB(Cramer-Rao Lower Bound)라고 부른다.

정리 4-6 크레머-라오의 하한(CRLB)

$f(x;\theta)$의 정의역이 θ에 관계되어 있지 않고 $\frac{\partial}{\partial\theta}\ln f(x;\theta)$가 존재할 때, 임의의 불편추정량 U의 분산은 다음의 부등식을 만족한다.

* 원래 CRLB는 불편추정량에 국한된 것은 아니다. 여기서는 문제를 쉽게 하기 위해 불편추정량인 경우로 한정시켜 설명한다.

$$V[U] \ge \frac{1}{I(\theta)}$$

여기서, $I(\theta)$는 다음과 같이 정의된 값으로서 표본의 **정보**(information) 또는 **정보량**(amount of information)이라 한다.

$$I(\theta) = nE\left[\left(\frac{\partial}{\partial\theta}\ln f(X\,;\,\theta)\right)^2\right] = -nE\left[\frac{\partial^2}{\partial\theta^2}\ln f(X\,;\,\theta)\right]$$

이 정리에 의하면 어떤 불편추정량 T를 구했을 때 만약 이 추정량의 분산이 $\frac{1}{I(\theta)}$(=CRLB)와 같다면 이 추정량은 당연히 MVUE가 된다.

이 정리의 증명은 복잡하므로 생략하기로 하고 그 의미만 생각해 보기로 한다. 이 정리에 의하면 $I(\theta)$는 표본크기에 비례하고 분포의 분산에 반비례한다. 즉 n개의 관측값이 갖는 정보량 $I(\theta)$는 표본크기가 클수록 증가하며 표본이 추출된 분포의 분산이 클수록 감소한다. 또한 임의의 불편추정량의 분산은 정보의 역수보다 작을 수는 없으며, 표본이 갖는 정보량이 많을수록 분산은 감소한다.

[예 4-33] $X_1, \cdots, X_n$이 $B(1, p)$에서 추출된 랜덤표본이면

$$f(x\,;\,p) = p^x(1-p)^{1-x},\ x=0, 1$$

이므로

$$\begin{aligned}\frac{\partial}{\partial p}\ln f(x\,;\,p) &= \frac{\partial}{\partial p}[x\ln p + (1-x)\ln(1-p)]\\ &= \frac{x}{p} - \frac{1-x}{1-p}\end{aligned}$$

이고

$$\begin{aligned}\frac{\partial^2}{\partial p^2}\ln f(x\,;\,p) &= \frac{\partial}{\partial p}\left(\frac{x}{p} - \frac{1-x}{1-p}\right) = -\frac{x}{p^2} - \frac{1-x}{(1-p)^2}\\ &= -\frac{1}{(1-p)^2} - \left(\frac{1}{p^2} - \frac{1}{(1-p)^2}\right)x\end{aligned}$$

그러나 $E[X]=p$이므로 다음이 성립한다.

$$E\left[\frac{\partial^2}{\partial p^2}\ln f(X\,;\,p)\right] = -\frac{1}{(1-p)^2} - \left(\frac{1}{p^2} - \frac{1}{(1-p)^2}\right)p = -\frac{1}{p(1-p)}$$

따라서 $I(p)=\frac{n}{p(1-p)}$이 되고 p의 불편추정량에 대한 CRLB는 $\frac{p(1-p)}{n}$가 된다. 그러나 p의 불편추정량 $\overline{X}$의 분산은 $\frac{p(1-p)}{n}$이므로 $V[\overline{X}]=\frac{1}{I(p)}$이다. 즉 $\overline{X}$는 p의 불편추정량이면서 분산이 CRLB와 같으므로 MVUE다. 이는 이미 [예 4-31]에서 지적한 바와 같다.

[예 4-34] $X_1, \cdots, X_n$이 $N(\theta, 1)$에서 추출된 랜덤표본이라고 하자. 그러면

$$\begin{aligned}\frac{\partial}{\partial\theta}\ln f(x\,;\,\theta)&=\frac{\partial}{\partial\theta}\ln\left[\frac{1}{\sqrt{2\pi}}\exp\left(-\frac{1}{2}(x-\theta)^2\right)\right]\\&=\frac{\partial}{\partial\theta}\left(-\frac{1}{2}(x-\theta)^2\right)=x-\theta\end{aligned}$$

이고

$$\frac{\partial^2}{\partial\theta^2}\ln f(x\,;\,\theta)=\frac{\partial}{\partial\theta}(x-\theta)=-1$$

이므로 다음이 성립한다.

$$I(\theta)=-nE\left[\frac{\partial^2}{\partial\theta^2}\ln f(X\,;\,\theta)\right]=-nE[-1]=n$$

따라서 θ의 불편추정량에 대한 CRLB는 $\frac{1}{n}$이다. 이제 θ의 불편추정량으로 $\overline{X}$를 생각해 보면 이 문제의 경우 $V[\overline{X}]=\frac{1}{n}=$CRLB이므로 $\overline{X}$는 θ의 MVUE가 된다.

[예 4-35] $X_1, \cdots, X_n$이 $N(0, \sigma^2)$에서 추출된 랜덤표본일 때 $\theta=\sigma^2$이라 하면

$$\begin{aligned}\frac{\partial}{\partial\theta}\ln f(x\,;\,\theta)&=\frac{\partial}{\partial\theta}\ln\left[\frac{1}{\sqrt{2\pi\theta}}\exp\left(-\frac{1}{2}\frac{x^2}{\theta}\right)\right]\\&=\frac{\partial}{\partial\theta}\left[-\frac{1}{2}\ln(2\pi\theta)-\frac{1}{2}\frac{x^2}{\theta}\right]\\&=-\frac{1}{2\theta}+\frac{x^2}{2\theta^2}\end{aligned}$$

이고

$$\frac{\partial^2}{\partial\theta^2}\ln f(x\,;\,\theta)=\frac{\partial}{\partial\theta}\left(-\frac{1}{2\theta}+\frac{x^2}{2\theta^2}\right)=\frac{1}{2\theta^2}-\frac{x^2}{\theta^3}$$

그러나 $E[X^2]=V[X]+(E[X])^2$이고 이 문제에서 $V[X]=\sigma^2=\theta$, $E[X]=0$이

므로 $E[X^2]=\sigma^2$ 이 된다. 따라서

$$E\left[\frac{\partial^2}{\partial\theta^2}\ln f(X\,;\,\theta)\right]=E\left[\frac{1}{2\theta^2}-\frac{X^2}{\theta^3}\right]$$
$$=\frac{1}{2\theta^2}-\frac{1}{\theta^3}E[X^2]$$
$$=\frac{1}{2\theta^2}-\frac{1}{\theta^3}\theta=-\frac{1}{2\theta^2}$$

이고 다음이 성립한다.

$$I(\theta)=-nE\left[\frac{\partial^2}{\partial\theta^2}\ln f(X\,;\,\theta)\right]=\frac{n}{2\theta^2}$$

따라서 θ 의 불편추정량에 대한 CRLB는 $\dfrac{2\theta^2}{n}=\dfrac{2\sigma^4}{n}$ 이다.

이제 $\hat{\sigma}^2=\dfrac{1}{n}\Sigma X_i^2$ 을 생각해 보면 $E[X_i^2]=\sigma^2$ 이므로

$$E[\hat{\sigma}^2]=E\left[\frac{1}{n}\Sigma X_i^2\right]=\frac{1}{n}\Sigma E[X_i^2]=\sigma^2$$

이고 따라서 $\hat{\sigma}^2$는 σ^2의 불편추정량이다. 또한 $X_i\sim N(0,\,\sigma^2)$이므로 $\dfrac{X_i^2}{\sigma^2}\sim\chi^2_{(1)}$ 이고 따라서 [정리 3-4]에 의해 $V\left[\dfrac{X_i^2}{\sigma^2}\right]=2$가 된다. 이를 다시 쓰면

$$V[X_i^2]=2\sigma^4$$

이므로 다음이 성립한다.

$$V[\hat{\sigma}^2]=V\left[\frac{1}{n}\Sigma X_i^2\right]=\frac{1}{n^2}\Sigma V[X_i^2]=\frac{2\sigma^4}{n}=\text{CRLB}$$

이상의 결과로부터 $X_i\sim N(0,\,\sigma^2)$일 때 $\hat{\sigma}^2=\dfrac{1}{n}\Sigma X_i^2$은 σ^2의 MVUE이다.

마지막으로 최대가능도추정량이 가지고 있는 다음과 같은 중요한 성질을 증명 없이 제시한다.

> **정리 4-7** 분포에 대한 적당한 조건하에, 표본크기가 커짐에 따라 θ의 최대가능도추정량은 어떤 다른 추정량보다 더 효율적이며, 표본크기가 커질 때 최대가능도추정량은 분산이 $\dfrac{1}{I(\theta)}$ 인 정규분포에 수렴한다.

[예 4-36] $X_1, \cdots, X_n$이 $N(0, \sigma^2)$에서 추출한 랜덤표본일 때 σ^2의 최대가능도추정량은 $\frac{1}{n}\sum X_i^2$이다. 또 [예 4-35]에서 $E\left[\frac{1}{n}\sum X_i^2\right]=\sigma^2$이고 $I(\sigma^2)=\frac{n}{2\sigma^4}$이라고 하였으므로 σ^2의 최대가능도추정량 $\frac{1}{n}\sum X_i^2$은 n이 커질 때 평균이 σ^2이고 분산이 $\frac{2\sigma^4}{n}$인 정규분포에 수렴하며, σ^2의 어떤 다른 추정량도 $\frac{1}{n}\sum X_i^2$보다 더 효율적일 수가 없다.

연 습 문 제

4. 4. 1. $X_1, \cdots, X_n$이 $B(1, p)$에 추출된 랜덤표본일 때 분해정리를 이용하여 $\sum X_i$가 p의 충분통계량인 것을 보여라.

4. 4. 2. 모수 λ인 포아송분포로부터 n개의 관측값 $X_1, \cdots, X_n$을 추출했을 때 다음 물음에 답하여라.

(a) $\sum X_i$는 λ의 충분통계량임을 보여라.

(b) X_1은 λ의 불편추정량임을 보여라.

(c) λ의 최대가능도추정량은 충분통계량 $\sum X_i$의 함수인 것을 보여라.

(d) λ의 정보량 $I(\lambda)$를 구하여라.

(e) λ의 불편추정량 $\bar{X}$의 분산은 CRLB$\left(=\frac{1}{I(\lambda)}\right)$인 것을 보여라(즉 $\bar{X}$는 MVUE다).

4. 4. 3. $X_1, \cdots, X_n$이 $N(\mu, \sigma^2)$에서 추출되었다. 다음 물음에 답하여라.

(a) μ를 모르고 σ^2을 알 때 $\bar{X}$는 μ의 충분통계량임을 보여라.

(b) μ를 알고 σ^2을 모를 때 $\sum(X_i-\mu)^2$은 σ^2의 충분통계량임을 보여라. 또 $\frac{1}{n}\sum(X_i-\mu)^2$은 σ^2의 불편추정량인 것을 보이고 이 추정량의 분산을 구해 보아라.

(c) σ^2의 불편추정량에 대한 CRLB를 구해 보고 $\frac{1}{n}\sum(X_i-\mu)^2$은 σ^2의 MVUE임을 보여라.

4. 4. 4. $X_1, \cdots, X_n$이 레일리(Rayleigh)분포

$$f(x)=\left(\frac{2x}{\theta}\right)e^{-\frac{x^2}{\theta}}, \quad x>0$$

로부터 추출한 n개의 관측값이다. 다음 물음에 답하여라.

(a) θ의 MLE를 구하여라.

(b) ΣX_i^2은 θ의 충분통계량인 것을 보여라.

(c) X_i^2은 평균이 θ인 지수분포를 따르는 것을 보이고 이를 이용하여 $E\left[\frac{1}{n}\Sigma X_i^2\right]$과 $V\left[\frac{1}{n}\Sigma X_i^2\right]$을 구하여라.

(d) $I(\theta)$를 구하고 (c)에서 구한 $V\left[\frac{1}{n}\Sigma X_i^2\right]$은 $\text{CRLB}=\frac{1}{I(\theta)}$임을 보여라 (즉 $\frac{1}{n}\Sigma X_i^2$은 θ의 MVUE다).

4.4.5. $X_1, \cdots, X_n$이 모수 α와 β의 와이불(Weibull)분포

$$f(x)=\frac{\beta}{\alpha}x^{\beta-1}\exp\left(-\frac{x^\beta}{\alpha}\right), \quad x>0$$

으로부터 뽑힌 n개의 관측값이다. Σx_i^β은 α의 충분통계량인 것을 보여라.

4.4.6. $X_1, \cdots, X_n$은

$$f(x)=e^{-(x-\theta)}, \quad x\geq\theta$$

으로부터 뽑힌 n개의 관측값이다. $X_{(1)}=\min\{X_1, \cdots, X_n\}$은 θ의 충분통계량인 것을 보여라. 또 이를 이용하여 충분통계량에 기본을 둔 θ의 불편추정량을 구하여라.

4-5* 베이즈 방법

모집단의 분포가 $f(x;\theta)$일 때 미지의 모수 θ에 대한 추론문제를 다루기 위하여 이 모집단에서 표본 $X_1, \cdots, X_n$을 추출한다. 지금까지는 미지의 모수 θ는 상수임을 가정하고, 표본에 기초하여 θ를 추정하거나 θ에 대한 검정을 시행하였다.

그러나 현실적인 문제에서 우리는 θ에 대한 사전정보를 갖고 있을 수 있다. 예를 들어 외국의 구매자가 S회사에서 TV를 구매할 것인지의 여부를 결정하는 문제를 생각해 보자. θ가 이 회사 제품의 품질을 나타내는 어떤 척도라고 하자. 지금까지 공부한 바에 의한다면 몇 개의 제품을 임의로 추출하여 이 표본에서 얻어진 통계량을 이용하여 θ를 추정하였다. 즉 확률표본에서 얻어진 표본정보만을 가지고 θ를 추정한 것이다. 그러나 이 구매자가 과거의 경험 혹은 주관적 판단으로부터 S회사 제품의 품질에 대한 사전정보가 있다

면 단순히 표본에서 얻어진 정보만을 사용하여 θ를 추정하는 것보다는 과거의 경험 혹은 주관적 판단을 θ에 대한 사전정보의 형태로 θ의 추정에 이용하는 것이 좀더 바람직할 것이다. 이 경우 사전정보는 θ에 대한 것이며, 이 정보는 θ에 대한 분포형태로 표현될 수 있다. 고전적인 통계적 방법에서는 θ를 상수로 취급하였던 것에 반해 모수 θ를 확률변수 θ로 취급하는 이러한 방법은 상당한 논쟁의 여지가 있다. 이와 같이 추정 혹은 검정하고자 하는 모수를 확률변수로 취급하고 이에 대한 사전정보를 θ의 확률분포형태로 표현하여 의사결정에 적용하는 방법을 **베이즈 방법**(Bayesian methods)이라고 한다. 여기서는 베이즈방법에서 기본적으로 필요한 손실함수와 위험함수를 먼저 정의하고 사전확률과 사후확률 그리고 베이즈 추정법와 켤레분포에 대해 간단히 설명하고자 한다.

4-5-1 손실함수와 위험함수

X의 밀도함수가 $f(x\,;\theta)$이고 표본 X가 주어졌을 때 $t=t(X)$를 θ의 추정량이라고 하자(여기서 X는 n개의 관측값으로 이루어진 벡터$(X_1, \cdots, X_n)$라고 생각할 수 있다). θ를 t로 추정하였을 때 발생하는 손실을 $l(\theta, t)$라고 하자. 예를 들어 추정오차가 클 때 손실이 크면 $l(\theta, t)=c(t-\theta)^2$과 같이 제곱오차를 생각할 수도 있고, 추정오차가 클 때 손실이 크지 않다면 $l(\theta, t)=c|t-\theta|$를 생각할 수 있다.

$t=t(x)$가 좋은 추정량인가를 결정하는 하나의 방법으로 $l(\theta, t)$의 기대값을 생각할 수 있으며 이는 다음과 같다.

$$\begin{aligned} R(\theta, t) &= E_X[l(\theta, t)] \\ &= \int l(\theta, t) f(x\,;\theta)\,dx \end{aligned}$$

여기서 $l(\theta, t)$를 **손실함수**(loss function), $R(\theta, t)$를 **위험함수**(risk function)라고 한다.

[예 4-37] 지수분포의 평균 θ를 추정하기 위해 n개의 관측값을 얻었다. 손실함수는 $l(\theta, t)=(\theta-t)^2$을 이용한다. θ의 추정량인 t에 대하여 세 가지를 생각

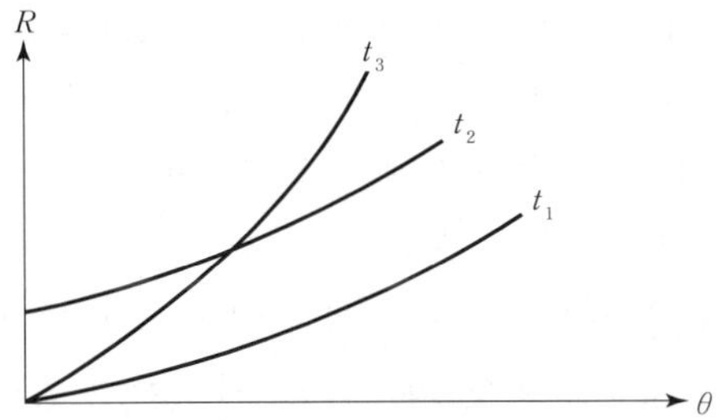

[그림 4.4] [예 4-37]의 위험함수

해 보자.

$$t_1 = \overline{X}$$
$$t_2 = \overline{X} + 1$$
$$t_3 = X_n \quad (n\text{번째 관측값})$$

여기에 대응하는 위험함수는 다음과 같다.

$$\begin{aligned} R_1(\theta, t_1) &= E[l(\theta, t_1)] = E[(\overline{X}-\theta)^2] \\ &= V[\overline{X}] = \frac{1}{n}\theta^2 \\ R_2(\theta, t_2) &= E[l(\theta, t_2)] = E[(\overline{X}-\theta)+1]^2 \\ &= E[\overline{X}-\theta]^2 + 2E[\overline{X}-\theta] + 1 \\ &= V[\overline{X}] + 1 = \frac{\theta^2}{n} + 1, \end{aligned}$$

$E[\overline{X}-\theta]=0$ 이므로

$$R_3(\theta, t_3) = E[l(\theta, t_3)] = E[X_n - \theta]^2 = V[X_n] = \theta^2$$

각 위험함수를 그려본 것이 [그림 4.4]와 같다.

이 그림에서 알 수 있듯이 t_1은 t_2와 t_3보다 항상 위험이 작다. 그러나 t_2와 t_3의 비교에서는 한쪽이 다른 쪽보다 항상 위험이 작은 것은 아니다. 또한, [연습문제 4.5.1]에서 볼 수 있듯이 모든 가능한 추정량을 고려할 때는 t_1이 위험을 최소로 하는 추정량이라고 할 수 없다. 즉 t_1이 t_2나 t_3보다는 위험을 작게 하지만, 모든 추정량 가운데 가장 효과적인 추정량인 것은 아니다.

[예 4-38] 어떤 회사에서 생산되는 전구는 10개씩 한 묶음으로 만든다. 한 묶음에서 한 개를 랜덤하게 추출하여 파괴검사를 한다. 검사 결과 나머지 9개를

개당 15원에 출하하거나 전체를 파괴하거나 한다. 출하된 제품 중에 불량이 나타나면 개당 30원씩 배상을 한다. 또 9개 전체를 파괴하는 데는 10원의 비용이 든다. 이제 전체 10개의 전구 중에 k개가 불량이라고 하자. 이 회사에서 택하는 의사결정은 다음 네 가지 중 하나이다.

d_1 : 전구가 양품이면 출하하고, 불량이면 파괴한다.
d_2 : 전구가 양품이면 파괴하고, 불량이면 출하한다.
d_3 : 전구가 양품이면 출하하고, 불량이면 출하한다.
d_4 : 전구가 양품이면 파괴하고, 불량이면 파괴한다.

회사의 입장에서 손실은 물품이 출하될 경우 (배상액−판매액)이고, 물품이 파괴될 경우 파괴하는 데 드는 비용이므로 의사결정함수 d_i에 따른 손실함수는 다음과 같다. 여기서 X는 검사의 결과다.

$$l(k, d_1)=\begin{cases} -9\times 15+30k, & X=\text{양품} \\ 10, & X=\text{불량} \end{cases}$$

$$l(k, d_2)=\begin{cases} 10, & X=\text{양품} \\ -9\times 15+30(k-1), & X=\text{불량} \end{cases}$$

$$l(k, d_3)=\begin{cases} -9\times 15+30k, & X=\text{양품} \\ -9\times 15+30(k-1), & X=\text{불량} \end{cases}$$

$$l(k, d_4)=\begin{cases} 10, & X=\text{양품} \\ 10, & X=\text{불량} \end{cases}$$

위험함수 $R(k, d_i)=E[l(k, d_i)]$를 계산하면 다음과 같다.

$$\begin{aligned} R(k, d_1)=E[l(k, d_1)]&=(-135+30k)P[X=\text{양품}]+10P[X=\text{불량}] \\ &=(-135+30k)\left(1-\frac{k}{10}\right)+10\left(\frac{k}{10}\right) \\ &=-3k^2+44.5k-135 \end{aligned}$$

마찬가지 방법에 의해

$$\begin{aligned} &R(k,\ d_2)=3k^2-17.5k+10 \\ &R(k,\ d_3)=-135+27k \\ &R(k,\ d_4)=10 \end{aligned}$$

이상 네 가지 위험함수를 그려본 것이 [그림 4.5]에 나타나 있다.

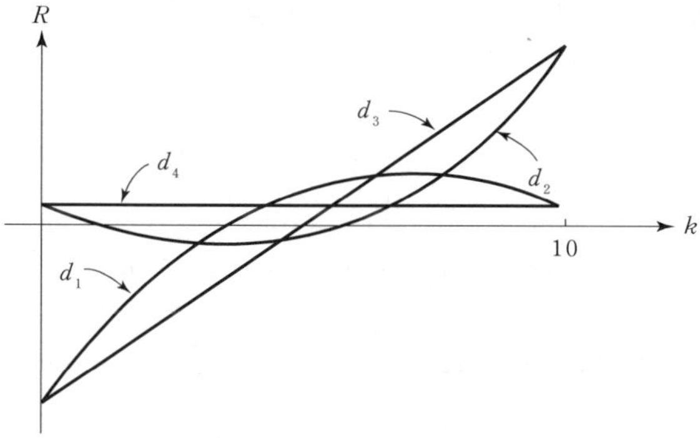

[그림 4.5] [예 4-38]의 위험함수

위의 예에서 보는 바와 같이 한 가지 추정량(의사결정; d_i)이 다른 추정량에 비해 모든 θ(위의 예에서는 k)에서 균등하게 효율적일 수는 없다. 실제 모든 θ에서 균등하게 $R(\theta, t)$를 최소로 하는 추정량은 현실적으로 구하기는 어렵다.

4-5-2 베이즈 추정

앞의 예에서도 본 바와 같이 위험함수 $R(\theta, t)$는 θ를 포함하고 있으며 θ를 모르기 때문에 이를 최소로 하는 t를 구하는 것은 매우 어렵다. 그러나 만약 θ에 대한 사전정보를 아는 경우 이를 밀도함수로 표현하여

$$E_\theta[R(\theta, t)]$$

를 택하면 이 결과는 θ를 포함하지 않게 되어 문제를 해결할 수 있다. $\pi(\theta)$를 θ에 대한 **사전분포**(prior distribution)라고 하면 **기대위험**(expected risk) 또는 **베이즈 위험**(Bayes risk)은 다음과 같이 정의된다.

$$E_\theta[R(\theta, t)] = \int R(\theta, t)\pi(\theta)d\theta$$

기대위험은 θ에 관하여 적분한 결과이므로 θ를 포함하지 않는다.

[예 4-39] ([예 4-38]의 계속) 과거의 경험으로부터 $k \le 2$를 알고 있고 사전분포가 다음과 같다고 한다.

$$P[k=i]=\begin{cases} \frac{1}{3}, & i=0, 1, 2 \\ 0, & i \ge 3 \end{cases}$$

이 경우 각 d_i에 대한 기대위험(expected risk)을 구해 보면 다음과 같다.

$$\begin{aligned} E[R(k, d_1)] &= \sum_{i=0}^{2} R(i, d_1) P[k=i] \\ &= \frac{1}{3} \sum_{i=0}^{2} (-3i^2 + 44.5i - 135) = -95.5 \end{aligned}$$

마찬가지로 다음의 결과를 얻을 수 있다.

$$\begin{aligned} E[R(k, d_2)] &= -2.5 \\ E[R(k, d_3)] &= -108 \\ E[R(k, d_4)] &= 10 \end{aligned}$$

[예 4-39]에서는 기대위험이 가장 작은 d_3를 택하는 것이 바람직하다. 기대위험 $E_\theta[R(\theta, t)]$는 추정량 t와 θ의 사전분포 $\pi(\theta)$에 따라 결정된다. 이를 강조하기 위해 기대위험을 $r(\pi, t)$와 같이 π와 t의 함수로 표현하기로 한다. 만약 $\pi(\theta)$가 주어졌을 때 $r(\pi, t)$를 최소로 하는 t를 구할 수 있다면 이를 **베이즈 추정량**(Bayes estimator)이라고 한다. 물론 베이즈 추정량은 π에 따라 달라지므로 이를 논할 때는 항상 $\pi(\theta)$를 같이 생각하여야 한다.

θ에 대한 사전분포 $\pi(\theta)$가 주어지고 관측값 X의 밀도함수 $f(x;\theta)$가 주어지면 이들로부터 θ에 대한 **사후분포**를 구할 수 있다. X와 θ가 모두 확률변수라면 $f(x;\theta)$는 θ가 고정된 상태에서 X의 조건부 밀도함수로 생각할 수 있다. 따라서

$$g(x, \theta) = f(x;\theta)\pi(\theta)$$

와 같이 정의된 $g(x, \theta)$는 X와 θ의 결합밀도함수이다. 그러나

$$g(x, \theta) = g(\theta | x) h(x)$$

로 표현할 수 있으며 여기서 $h(x)$는

$$h(x)=\int g(x, \theta)d\theta=\int f(x ; \theta)\pi(\theta)d\theta$$

와 같이 정의되는 X의 주변밀도함수이다. 즉

$$g(\theta|x)=\frac{g(x, \theta)}{h(x)}=\frac{f(x ; \theta)\pi(\theta)}{\int f(x ; \theta)\pi(\theta)d\theta}$$

이며, 이를 θ의 **사후분포**(posterior distribution)라고 한다.

손실함수가 제곱오차일 때 θ에 대한 베이즈 추정량은 사후분포의 평균이다. 이의 증명은 다음과 같다.

$$\begin{aligned}r(\pi, t)&=\int R(\theta, t)\pi(\theta)dt\\&=\int[\int L(\theta, t)f(x ; \theta)dx]\pi(\theta)d\theta\\&=\int[\int(\theta-t)^2 g(x ; \theta)d\theta]dx\\&=\int h(x)[\int(\theta-t)^2 g(\theta|x)d\theta]dx\\&=\int h(x)(E[\theta-t]^2)dx\end{aligned}$$

즉, 손실함수 $r(\pi, t)$가 최소가 되는 것은 $E[\theta-t]^2$이 최소일 때이며, $E[\theta-t]^2$을 최소로 하는 t는 $E[\theta]$이다. 따라서 $r(\pi, t)$를 최소로 하는 t는 사후분포 $g(\theta|x)$의 평균이다. 이들을 요약하면 다음의 정리를 얻는다.

정리 4-8 손실함수가 제곱오차일 때 θ에 대한 베이즈 추정량은 θ의 사후분포의 평균 $E[\theta|x]$이다.

[예 4-40] X의 밀도함수가

$$f(x ; \mu)=\frac{1}{\sqrt{2\pi}}\exp\left[-\frac{1}{2}(x-\mu)^2\right]$$

이고 μ의 사전분포가 다음과 같다.

$$\pi(\mu)=\frac{1}{\sqrt{2\pi}}\exp\left[-\frac{1}{2}(\mu-\mu_0)^2\right]$$

이 경우 사후분포 $g(\mu|x)$와 베이즈 추정량을 구해 보자.

$$\begin{aligned} g(x,\ \mu)&=f(x\ ;\ \mu)\pi(\mu) \\ &=\frac{1}{2\pi}\exp\left\{-\frac{1}{2}\left[(x-\mu)^2+(\mu-\mu_0)^2\right]\right\} \end{aligned}$$

이고 지수부분을 정리하면 다음과 같다.

$$\begin{aligned} &-\frac{1}{2}\left[(x-\mu)^2+(\mu-\mu_0)^2\right] \\ &=-\frac{1}{2}\left[2\left(\mu-\frac{x+\mu_0}{2}\right)^2+\frac{1}{2}(x-\mu_0)^2\right] \end{aligned}$$

그러나

$$\frac{1}{\sqrt{2\pi}b}\int_{-\infty}^{\infty}\exp\left[-\frac{1}{2}\left(\frac{t-a}{b}\right)^2\right]dt=1$$

이므로

$$\int\exp\left\{-\frac{1}{2}\left[2\left(\mu-\frac{x+\mu_0}{2}\right)^2\right]\right\}d\mu=\frac{\sqrt{2\pi}}{\sqrt{2}}=\sqrt{\pi}$$

임을 이용하면 x의 주변분포는 다음과 같다.

$$\begin{aligned} h(x)&=\int g(x,\ \mu)d\mu \\ &=\frac{1}{2\pi}\int\exp\left\{-\frac{1}{2}\left[2\left(\mu-\frac{x+\mu_0}{2}\right)^2+\frac{1}{2}(x-\mu_0)^2\right]\right\}d\mu \\ &=\frac{1}{2\pi}\exp\left\{-\frac{1}{2}\frac{(x-\mu_0)^2}{2}\right\}\int\exp\left\{-\frac{1}{2}\left[2\left(\mu-\frac{x+\mu_0}{2}\right)^2\right]\right\}d\mu \\ &=\frac{1}{\sqrt{2\pi}\sqrt{2}}\exp\left[-\frac{1}{4}(x-\mu_0)^2\right] \end{aligned}$$

따라서 사후분포는 다음과 같다.

$$\begin{aligned} g(\mu|x)&=\frac{g(x,\ \mu)}{h(x)} \\ &=\frac{1}{\sqrt{2\pi}\left(\frac{1}{\sqrt{2}}\right)}\exp\left\{-\frac{1}{2}\cdot 2\left(\mu-\frac{x+\mu_0}{2}\right)^2\right\} \end{aligned}$$

손실함수가 제곱오차이면 μ의 베이즈 추정량은 다음과 같다.

$$E[\mu|x]=\frac{x+\mu_0}{2}$$

만약 n개의 관측값을 추출하여 μ의 추정량으로 $\bar{X}$를 이용하고 μ의 사전분포의 평균을 μ_0라고 하면 베이즈 추정량은 $\dfrac{n\bar{X}+\mu_0}{n+1}$이다.

이 예제의 경우 X와 μ의 분산이 모두 1이었다. 만약 각각의 분산이 σ^2과 τ^2이라면 베이즈 추정량은 다음과 같다.

$$E[\mu|x]=\frac{x\tau^2+\mu_0\sigma^2}{\sigma^2+\tau^2}$$

이를 다시 표현하면 다음과 같다.

$$E[\mu|x]=\left(\frac{\tau^2}{\sigma^2+\tau^2}\right)x+\left(\frac{\sigma^2}{\sigma^2+\tau^2}\right)\mu_0$$

즉 베이즈 추정량은 데이터로부터 획득된 정보와 사전정보의 가중평균이다. 따라서 베이즈 추정량은 μ의 최대가능도추정량 x와 사전분포의 평균 μ_0의 가중평균이며 가중값은 x와 μ_0의 정밀도(precision), 즉 분산의 역수의 비율로 표시되어진다.

4-5-3 켤레분포족

일반적으로 베이즈방법의 핵심이 되는 사후분포를 구하는 과정은 상당히 복잡한 계산과정을 거치게 되므로, 이러한 문제점을 극복하기 위한 방법으로 켤레분포족이라는 개념을 이용하게 된다. X의 밀도함수가 $f(x\,;\,\theta)$일 때 θ의 사전분포 $\pi(\theta)$와 θ의 사후분포 $g(\theta\,;\,x)$가 동일한 분포족에 속하는 경우가 발생하게 되는데, 이 때 그 분포족을 **켤레분포족**(family of conjugate distributions)이라고 부른다. 여기서 켤레분포족은 랜덤표본 X의 분포형태, 즉 가능도비에 따라 결정된다.

일반적으로 사전지식의 형태는 개인마다 상당한 차이가 있고 다양하다. 따라서 이런 사전지식을 켤레분포족에 반영하기 위하여는 켤레분포족에 속하는 분포들이 다양한 형태를 갖는 것이 바람직하다. 그러나 개인의 사전지식을 반영할 수 있는 사전분포가 켤레분포족에 속하는 분포형태 중에 존재하지 않을 때 우리는 켤레분포족의 이점을 이용할 수 없게 된다.

예를 들어 확률표본 X가 이항분포일 때 이에 대응되는 켤레분포족은 베타분포족(family of beta distribution)인데 그 이유는 다음과 같다.

X의 확률밀도함수, 즉 가능도는 다음과 같다.

$$f(x\,;\theta)=\binom{n}{x}\theta^{x}(1-\theta)^{n-x},\quad x=0, 1, \cdots, n$$

θ의 사전분포가 모수가 α와 β인 베타분포를 따른다고 가정하면 θ의 사전분포의 확률밀도함수는 다음과 같다.

$$\pi(\theta)=\frac{\Gamma(\alpha+\beta)}{\Gamma(\alpha)\Gamma(\beta)}\theta^{\alpha-1}(1-\theta)^{\beta-1},\quad 0<\theta<1$$

X와 θ의 결합밀도함수 $g(x, \theta)=\pi(\theta)f(x|\theta)$이므로 X의 주변밀도함수는 다음과 같다.

$$\begin{aligned}h(x)&=\int_0^1\pi(\theta)f(x|\theta)d\theta\\&=\binom{n}{x}\frac{\Gamma(\alpha+\beta)}{\Gamma(\alpha)\Gamma(\beta)}\int_0^1\theta^{x+\alpha-1}(1-\theta)^{n-x+\beta-1}d\theta\\&=\binom{n}{x}\frac{\Gamma(\alpha+\beta)\Gamma(\alpha+x)\Gamma(n+\beta-x)}{\Gamma(\alpha)\Gamma(\beta)\Gamma(n+\alpha+\beta)},\quad x=0, 1, 2, \cdots, n\end{aligned}$$

따라서 θ의 사후확률밀도함수는 다음과 같다.

$$\begin{aligned}g(\theta|x)&=\frac{g(x, \theta)}{h(x)}\\&=\frac{\Gamma(n+\alpha+\beta)}{\Gamma(\alpha+x)\Gamma(n+\beta-x)}\theta^{\alpha+x-1}(1-\theta)^{\beta+n-x-1},\quad 0<\theta<1\end{aligned}$$

즉, θ의 사후분포는 모수가 $\alpha+x$와 $\beta+n-x$인 베타분포를 따르며 이는 사전분포와 동일한 분포형태이다. 즉 이항분포를 따르는 확률변수 X에 대해 베타분포는 켤레분포족이다.

여기서 사후분포의 평균, $E[\theta|x]=\dfrac{\alpha+x}{\alpha+\beta+n}$는 [정리 4-8]에 의하여 θ의

〈표 4.1〉 켤레분포족

가 능 도	사전분포	사후분포
$\theta^{\Sigma x_i}(1-\theta)^{n-\Sigma x_i}$ (이항분포 혹은 음이항분포)	$\theta^{\alpha-1}(1-\theta)^{\beta-1}$ (베타분포)	$\theta^{\alpha+\Sigma x_i-1}(1-\theta)^{\beta+n-1-\Sigma x_i}$ (베타분포)
$\exp\left[-\frac{n}{2\sigma^2}(\theta-\bar{x})^2\right]$ (정규분포)	$N(\nu,\ \tau^2)$	$N\left(\frac{\bar{x}n\tau^2+\nu\sigma^2}{n\tau^2+\sigma^2},\ \frac{\sigma^2\tau^2}{n\tau^2+\sigma^2}\right)$
$e^{-n\theta}\theta^{\Sigma x_i}$ (포아송분포)	$\theta^{\gamma-1}e^{-\lambda\theta}$ (감마분포)	$\theta^{\gamma+\Sigma x_i-1}e^{-\theta(\lambda+n)}$ (감마분포)
$\theta^n e^{-\theta\Sigma x_i}$ (지수분포)	$\theta^{\gamma-1}e^{-\lambda\theta}$ (감마분포)	$\theta^{\alpha+n-1}e^{-\theta(\lambda+\Sigma x_i)}$ (감마분포)

베이즈 추정량이다. 이 경우 베이즈 추정량 $E[\theta|x]$는 사전분포의 평균 $\dfrac{\alpha}{\alpha+\beta}$와 랜덤표본 X를 이용한 θ의 최대가능도추정량 $\dfrac{x}{n}$의 가중평균값으로 다음과 같이 표현될 수 있다.

$$E[\theta|x]=\left(\frac{n}{\alpha+\beta+n}\right)\frac{x}{n}+\left(\frac{\alpha+\beta}{\alpha+\beta+n}\right)\frac{\alpha}{\alpha+\beta}$$

또한 [예 4-40]을 살펴보면, 랜덤표본 X가 평균이 μ인 정규분포를 따를 때 μ의 사전분포로 정규분포를 가정하면 사후분포 $g(\mu|x)$도 역시 정규분포를 따른다는 것을 보여 준다. 따라서 이 경우에 있어 정규분포를 따르는 랜덤표본 X의 켤레분포족은 정규분포인 것을 알 수 있다.

랜덤표본 $(X_1,\ \cdots,\ X_n)$에 대하여 일반적으로 알려져 있는 켤레분포족들의 예는 〈표 4.1〉에 주어져 있다(표에 주어진 확률밀도함수에서 상수항은 생략하였음).

연 습 문 제

4. 5. 1. [예 4-37]에서 추정량 $\left(\dfrac{n}{n+1}\right)\bar{X}$의 위험함수와 $\bar{X}$의 위험함수를 비교해 보아라.

4. 5. 2. θ와 t가 구간 (0, 1)의 값을 취한다고 하자. 확률변수 Z가 모수 $n=2$, $p=\theta$인 이항분포에 따른다고 한다. 손실함수가 제곱오차이고 θ의 추정량으로 $T_1=\frac{Z}{2}$, $T_2=\frac{Z+1}{4}$을 고려할 때

(a) T_1과 T_2의 위험함수를 구하고, 이를 비교하라.

(b) θ의 사전분포로 구간 (0, 1)에서 균등분포를 가정할 때, T_1과 T_2의 기대위험을 구하고 이를 비교하라.

4. 5. 3. $X_1, \cdots, X_n$이 $f(x\,;\theta)=\theta x^{\theta-1}$, $\theta<x<1$, $(\theta>0)$로부터의 랜덤표본이고 θ의 사전확률분포는 모수가 (r, λ)인 감마분포일 때 θ의 사후확률분포를 구하고, 손실함수가 제곱오차일 때 θ의 베이즈 추정량을 구하여라.

4. 5. 4. X가 $f(x\,;\theta)=\frac{2x}{\theta^2}$, $0<x<\theta$, $(\theta>0)$의 확률밀도함수를 갖고 θ의 사전확률분포는 구간 (0, 1)에서 균등분포라고 한다. 손실함수가 $l(t, \theta)=\theta^2(t-\theta)^2$일 때 θ의 베이즈 추정량을 구하여라.

4. 5. 5. 새로운 상표의 치약의 구매자 선호도 $\theta(0<\theta<1)$를 조사하기 위하여 임의로 추출된 5명의 구매자를 조사하였더니 그 중 1명이 이 새로운 상표의 치약을 사겠다는 조사 결과를 얻었다. 과거의 경험으로부터 이 치약의 선호도는 다음의 사전분포를 따른다고 한다.

$$\pi(\theta)=\begin{cases} 2(1-\theta), & 0<\theta<1 \\ 0, & \text{그 외의 값} \end{cases}$$

θ의 사후확률분포를 구하고, 손실함수가 제곱오차일 때 θ의 베이즈 추정량을 구하여라.

4. 5. 6. 연습문제 4.5.5에서 사전분포로 $\alpha=2$, $\beta=3$인 베타분포를 가정하였을 때

(a) θ의 사후확률분포를 구하고, 손실함수가 제곱오차일 때 θ의 베이즈 추정량을 구하여라.

(b) 베이즈 추정량을 사전분포의 평균과 표본에서 얻어진 θ의 최대가능도추정량의 가중평균으로 표시하고 그 의미를 설명하여라.

4. 5. 7. $X_1, \cdots, X_n$이 모수가 θ인 포아송분포로부터의 랜덤표본이고 θ의 사전확률분포는 모수가 (r, λ)인 감마분포일 때,

(a) θ의 사후확률분포를 구하여라.

(b) 손실함수가 제곱오차일 때 θ의 베이즈 추정량을 구하고 이를 사전분포의 평균과 표본에서 얻어진 θ의 최대가능도추정량의 가중평균으로 표시

하여라.

4. 5. 8. 고속도로의 일정구간에서 일주일 동안 발생하는 교통사고 건수는 모수가 θ인 포아송분포에 따른다고 한다. 이 구간을 3주일 동안 조사한 결과 10건의 교통사고가 있었다고 한다. θ의 사전분포는 평균이 4이고 분산이 $\frac{2}{3}$인 감마분포를 따른다고 할 때, θ의 사후확률분포를 구하고, 제곱오차 손실함수에 대한 θ의 베이즈 추정량을 구하여라.

4. 5. 9. $\overline{X}$는 정규분포 $N(\theta, \sigma^2)$에서 추출된 랜덤표본 $(X_1, \cdots, X_n)$에서 얻어진 표본평균이고 σ^2은 알려진 상수라고 하자. θ의 사전확률분포를 $N(\nu, \tau^2)$이라고 할 때

(a) θ의 사후확률분포가 $N\left(\dfrac{\bar{x}n\tau^2+\nu\sigma^2}{n\tau^2+\sigma^2}, \dfrac{\sigma^2\tau^2}{n\tau^2+\sigma^2}\right)$인 것을 보여라.

(b) 손실함수가 $L(t, \theta)=|t-\theta|$일 때 베이즈 추정량을 구하여라.

4. 5. 10. 어느 대학교 신입생의 키는 $N(\theta, \sigma^2)$에 따르고, 여기서 $\sigma^2=4$라고 알려져 있다. 신입생의 평균 키 θ를 추정하기 위하여 5명을 랜덤하게 추출하여 키를 조사하였더니 170, 172, 168, 165, 175(cm)이었다. 과거 자료에 의하면 θ의 사전확률분포는 $N(168, 0.4)$라고 한다.

(a) θ의 사후확률분포를 구하여라.

(b) 손실함수가 제곱오차일 때 θ의 베이즈 추정량을 구하고 그 의미를 설명하라.

제 5 장

가설검정

통계학에서 가장 흔히 다루는 주제는 미지의 모수에 대한 통계적 추론문제이며, 추론문제는 모수에 대한 추정과 모수값에 대한 가설검정으로 크게 나눌 수 있다. 제 4 장에서는 모수의 추정문제를 다루었으며, 이 장에서는 가설검정의 원리와 여러 가지 방법들을 다루기로 한다.

1절에서는 한 예제를 통하여 가설검정의 원리를 설명하고 가설검정에서 사용되는 주요 개념 및 용어들을 소개한다. 2절에서는 가설검정의 주요 이론인 네이만-피어슨 정리를 소개하고 이를 이용한 균일최강력검정과 가능도비검정 및 그의 응용문제들을 다루기로 한다.

5-1 가설검정의 기본 개념

이 절에서는 가설검정의 기본 개념들인 오류의 종류, 유의수준과 p-값, 검정통계량과 기각역, 검정력함수 등을 다루고, 제4장에서 다룬 신뢰구간과 가설검정의 관계를 살펴보기로 한다.

5-1-1 가설검정의 원리

통계적 추정이나 통계적 가설검정은 항상 관측된 자료(표본)로부터 정보를 얻고, 이들 정보를 기초로 미지의 모수에 대한 결정(판단)을 내리게 된다. 이와 같은 통계적 결정에는 항상 오류의 가능성이 있으며, 특히 가설검정에서는 오류의 가능성을 미리 정해진 수준(level)에서 관리할 수 있는 것이 특징이다.

이제 한 예를 통하여 가설검정의 원리를 살펴보기로 한다.

[예 5-1] 어느 회사에서 생산하고 있는 전구의 수명은 정규분포에 따른다고 가정할 수 있으며, 평균이 1,500시간, 표준편차 100시간이 되도록 품질관리를 하고 있다. 즉, 전구의 수명을 확률변수 X로 나타내면 X는 정규분포 $N(1{,}500, 100^2)$를 따른다고 할 수 있다. 이제 이 회사의 연구팀에서는 원가와 표준편차가 기존의 제품과 같으면서도 평균수명이 더 긴 새 제품을 개발했다고 주장한다. 이를 확인하기 위하여 25개의 제품을 시험생산하여 평균수명을 측정한 결과 $\bar{x}=1{,}550$을 얻었다. 이 결과로부터 새로 개발된 전구의 평균수명이 기존의 전구의 평균수명보다 길어졌다고 확신할 수 있겠는가?

이 질문에 대한 답을 얻기 위해 다음과 같은 가설검정을 시행할 수 있다. 먼저 기존의 전구의 평균수명은 $\theta=1{,}500$(시간)이며, 새로 개발된 제품의 평균수명은 1,500(시간) 이상이라고 주장하고 있으므로 이를 확인하기 위하여 다음과 같은 가설을 세운다.

$$H_0 : \theta = 1{,}500$$
$$H_1 : \theta > 1{,}500$$

여기서 H_0를 **귀무가설**(歸無假設, null hypothesis)이라 하며, H_1을 **대립가설**(對立假說, alternative hypothesis)이라 한다. 또한, 귀무가설이나 대립가설 중에서 하나를 채택하고 나머지를 기각시키는 결정을 내리는 과정을 **가설검정**(hypothesis testing)이라 한다.

가설검정에서는 흔히 대립가설 H_1에 관심이 있으며, 많은 경우에 대립가설이 참인 것을 입증하기를 원한다. 따라서 관측된 자료로부터 대립가설이 참이라는 확실한 근거가 있을 경우에만 귀무가설 H_0를 기각하고 대립가설 H_1을 채택하게 된다. 귀무가설에서 "null"의 의미는 대립가설의 주장을 무효화하는(nullify) 가설이란 뜻으로 이해할 수 있다.

이제 검정의 기준을 생각해 보자. 정규분포에서 추정량 $\bar{X}$는 평균 θ의 최소분산불편 추정량이다. 따라서 $\bar{X}$의 값이 어느 일정한 값보다 클 때에만 대립가설 H_1을 채택하는 결정을 내리는 것은 매우 타당한 것으로 생각된다. 그러면 H_0를 기각시키고 H_1을 채택하는 기준은 어떻게 정할 것인가? 이를 위해 $\bar{X}$를 표준화시킨 Z-통계량을 생각해 보자. $\bar{X}$의 표준오차는 $\dfrac{\sigma}{\sqrt{n}}=\dfrac{100}{\sqrt{25}}=20$이고 H_0 하에서 $\theta=1{,}500$이므로

$$Z=\frac{\bar{X}-\theta}{\sigma/\sqrt{n}}=\frac{\bar{X}-\theta}{20}$$

은 H_0하에서 표준정규분포를 따른다. 이제 $\bar{X}$의 값이 충분히 커서 Z-통계량의 값이

$$Z=\frac{\bar{X}-1{,}500}{20}\geq z_{0.05}=1.645$$

일 때 귀무가설 H_0를 기각하고 대립가설 H_1을 채택한다고 하자. 위의 부등식을 $\bar{X}$로 나타내면 다음과 같다.

$$\bar{X}\geq 1{,}500+(1.645)(20)$$

즉, $\bar{X}$의 값이 귀무가설에서 주장한 $\theta=1{,}500$보다 크되, $\bar{X}$의 표준오차인 20의 1.645배 이상 크면 $\bar{X}$의 값이 너무 크므로 귀무가설 $H_0:\theta=1{,}500$을 기각하고 대립가설 $H_1:\theta>1{,}500$을 채택하는 결정을 내린다.

이와 같은 기준으로 가설검정을 시행할 때, Z-통계량과 같이 검정의 기준을 결정하는 통계량을 **검정통계량**(test statistic)이라 하며, $Z\geq 1.645$와 같이 귀무가설이 기각되는 검정통계량의 관측값의 영역을 **기각역**(critical region)이라

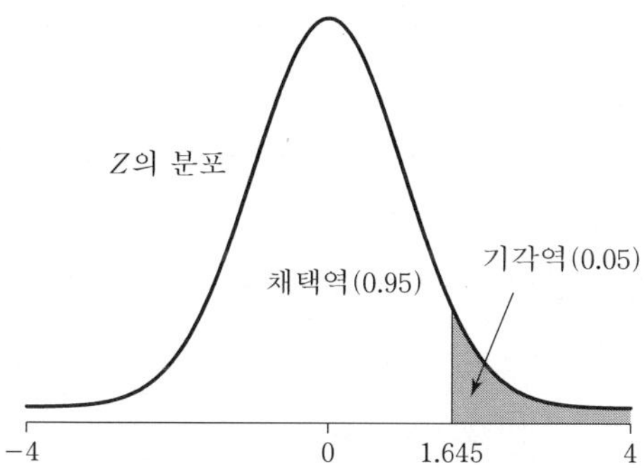

[그림 5.1] 기 각 역

하고, 나머지 영역을 **채택역**(acceptance region)이라 한다. 이 문제에서 기각역을 그림으로 나타내면 [그림 5.1]과 같다.

가설검정에서는 기각역이 주어지면 검정법이 정의된 것과 같다. 따라서 기각역의 의미에 대하여 좀더 자세히 살펴보자.

귀무가설 H_0가 참일 때 앞에서 만든 검정통계량 Z는 표준정규분포를 따르므로, 귀무가설이 참일 때

$$P[Z \geq 1.645 | H_0 \text{가 참}] = 0.05$$

가 된다. 즉, 귀무가설 H_0가 참인 경우에 우연히도 $\overline{X}$의 값이 커져서 Z-통계량의 값이 1.645보다 크게 되어 참인 H_0를 기각시킬 확률이 0.05(또는 5%)가 된다.

이와 같이 귀무가설 H_0가 참일 때 이를 기각하고 대립가설 H_1을 채택하는 오류를 범할 확률의 허용한계를 **유의수준**(significance level)이라 하며, 흔히 α로 나타낸다. 기각역이 $Z \geq 1.645$로 정의된 검정은 유의수준 5%에서 시행하는 검정이 된다.

가설검정에서는 두 가지 오류가 있다. 즉, 귀무가설 H_0가 참일 때 대립가설 H_1을 채택하는 오류를 **제1종의 오류**(type Ⅰ error)라고 하며, 대립가설 H_1이 참일 때 귀무가설 H_0를 채택하는 오류를 **제2종의 오류**(type Ⅱ error)라고 한다. 따라서 유의수준은 제1종의 오류를 범할 확률이 된다.

가설검정에서 제1종의 오류는 유의수준 α에 의해서 관리된다. 그러나

제 2 종의 오류는 유의수준이 주어진 경우에 표본크기에 의해서만 관리되는 특징이 있다.

흔히 사용되는 유의수준은 1%(0.01), 5%(0.05), 10%(0.10)이며 특히 5%가 많이 사용된다.

다시 주어진 문제로 돌아가 보자. 25개의 표본에서 $\bar{x}=1,550$이 관측되었으므로 검정통계량의 값은

$$Z=\frac{\bar{X}-1,500}{20}=\frac{1,550-1,500}{20}=2.5\geq 1.645$$

가 된다. 즉 통계량의 값은 2.5로서 기각역 속에 떨어지며, 따라서 귀무가설 H_0를 기각하고 대립가설 H_1을 채택한다.

표준정규분포표에 의하면 $P[Z\geq 2.5]=0.006$이다. 따라서 유의수준 0.6%에서 검정을 해도 귀무가설 H_0를 기각하며, 유의수준이 0.6% 미만이면 H_0를 기각할 수 없다. 이와 같이 검정통계량의 관측값에 대하여 귀무가설 H_0를 기각시킬 수 있는 최소의 유의수준을 **p-값**(p-value) 또는 **유의확률**(significance probability)이라 한다. 주어진 문제에서 p-값은 0.006(또는 0.6%)이다.

가설검정에서 유의수준보다는 p-값의 개념이 좀더 많은 정보를 제공해준다. [예 5-1]의 경우 유의수준 5%에서 검정할 때, $\bar{x}=1,550$이 관측될 경우와 $\bar{x}=1,600$이 관측될 경우에 모두 H_0를 기각하고 H_1을 채택하지만, H_1이 참이라는 입증 정도는 다르다. 즉, $\bar{x}$의 값이 커질수록 p-값은 작아지며 H_1이 참이라는 확신은 커진다. 일반적으로 p-값이 작을수록 대립가설 H_1이 참이라는 확신은 커진다고 할 수 있다.

이와 같이 p-값은 대립가설의 채택에 대한 확신의 정도를 나타내고 있으므로 대부분의 통계 패키지에서는 검정 결과에 p-값을 출력시키고 있다.

5-1-2 가설검정의 기초 이론

앞절의 [예 5-1]에서 설명한 여러 가지 통계용어들을 정리하고, 가설검정에 필요한 기초 개념을 좀더 살펴보기로 한다.

가설검정에서는 우선 검정하고자 하는 가설이 있고, 이 가설의 선택을

결정하는 검정통계량이 있으며, 검정통계량을 이용하여 기각역을 정의함으로써 검정법이 정의된다. 이들 용어를 요약하면 다음과 같다.

정의 5-1 가설과 검정법

(1) 대립가설: 표본으로부터 입증하고자 하는 가설로서, 흔히 H_1으로 나타낸다.

(2) 귀무가설: 대립가설이 참이라는 확실한 근거가 없을 때 받아들이는 가설로서, 흔히 H_0로 나타낸다.

(3) 검정통계량: 검정의 기준을 결정하는 통계량이다.

(4) 기각역: 귀무가설 H_0를 기각시키는 검정통계량의 관측값의 영역을 기각역이라 하며, 기각역에 의해 검정법이 정의된다.

가설은 모수의 범위를 나타내는 방법에 따라 단순가설과 복합가설로 나타낸다. 즉, $H: \theta=\theta_0$와 같이 모수값이 한 점으로 표시된 가설을 **단순가설**(simple hypothesis)이라 하며, $H: \theta>\theta_0$와 같이 모수값이 범위로 표시되는 가설을 **복합가설**(composite hypothesis)이라 한다. 귀무가설을 흔히 단순가설로 나타내고 대립가설은 복합가설로 나타낸다.

랜덤표본에 기초하여 가설검정을 시행할 경우에 항상 두 가지 종류의 오류가 있음을 앞에서 언급하였다. 이들을 요약하면 다음과 같다.

정의 5-2 오류의 종류

검정결과 \ 실제현상	H_0 참	H_1 참
H_0 채택	(옳은 결정)	제 2 종의 오류
H_1 채택	제 1 종의 오류	(옳은 결정)

가설검정에서 제 1 종의 오류는 유의수준에 의해 관리되며, 유의수준이 정해져야 이에 대한 기각역이 결정될 수 있다. 따라서 유의수준의 개념은 검정이론에서 가장 중요한 기초 개념이 된다. 5-1-1에서 다룬 전구의 수명문제에서는 귀무가설이 $H_0: \theta=1{,}500$으로 단순가설로 주어진 때문에 유의수준은

제 1 종의 오류를 범할 확률로 설명될 수 있었다. 그러나 $H_0 : \theta \le 1{,}500$과 같이 복합가설로 주어진 경우에는 θ값에 따라 제 1 종의 오류를 범할 확률이 다르며, H_0하에서 θ의 경계값인 $\theta = 1{,}500$에서 제 1 종의 오류를 범할 확률이 최대가 된다. 따라서 유의수준은 다음과 같이 정의될 수 있다.

정의 5-3 유의수준은 다음과 같이 두 가지 방법으로 정의될 수 있다.

(1) 귀무가설 H_0가 참일 때 H_0를 기각하고 대립가설을 채택하는 오류를 범할 확률의 최대허용한계를 **유의수준**이라 한다.

(2) 제 1 종의 오류를 범할 최대허용확률을 **유의수준**이라 한다.

검정통계량의 분포가 연속형일 경우에는 [그림 5.1]에서 보인 바와 같이 기각역의 크기와 유의수준은 일치한다. 또한 유의수준으로 흔히 사용되는 값은 5%, 1% 등이다. 이와 같이 작은 유의수준을 사용하기 때문에 귀무가설이 참일 때 기각역의 크기는 작고, 채택역의 크기는 크다. 따라서 대립가설이 채택된다는 것은 그만큼 대립가설이 참이라는 확실한 근거가 표본에 있다는 뜻이 된다. 즉, 대립가설이 채택될 때에만 '대립가설이 참'이라는 확실한 근거가 있다는 뜻이며, 귀무가설이 채택될 때에는 아무런 확신도 할 수 없게 된다. 따라서 학자들에 따라서는 "귀무가설을 채택한다"는 표현을 사용하지 말고 "귀무가설을 기각하지 못한다"는 표현을 사용하도록 권하고 있다. 그러나 우리는 '채택'의 의미를 이해하고 귀무가설이나 대립가설 모두에 사용하기로 한다.

실제 검정문제에서 유의수준보다 더 많은 정보를 제공해 주는 개념으로서 p-값에 대하여 설명하였다. 이를 요약하면 다음과 같다.

정의 5-4 검정통계량의 관측값에 대하여 귀무가설 H_0를 기각할 수 있는 최소의 유의수준을 **p-값** 또는 **유의확률**이라 한다.

가설검정을 시행할 때는 유의수준을 미리 정하고 귀무가설의 채택 여부를 결정하는 방법과, 관측값과 검정통계량의 분포로부터 p-값을 계산하여 나타내는 방법이 있다. p-값의 정의에 의해서 p-값보다 큰 유의수준을 사용하면 귀무가설이 기각된다.

[예 5-2] 확률변수 X는 분산이 4인 정규분포 $N(\theta, 4)$를 따른다고 한다. 한편 평균은 0 아니면 1인 것이 알려져 있다. 이제 평균에 대한 가설

$$H_0 : \theta=0 \qquad H_1 : \theta=1$$

을 검정하기 위하여 $n=25$개의 랜덤표본을 추출하고 관측값에서 $\bar{x}=0.6$을 얻었을 때 p-값을 구해 보자.

[예 5-1]에서와 마찬가지로 검정통계량으로 Z-통계량인

$$Z=\frac{\bar{X}-0}{\sqrt{4/25}}=\frac{\bar{X}}{0.4}$$

을 사용할 수 있으며, $\bar{x}=0.6$이므로 검정통계량의 값은

$$Z=\frac{\bar{X}}{0.4}=1.5$$

이다. 한편 H_0가 참일 때 $Z=\bar{X}/0.4$는 표준정규분포를 따르므로 p-값은

$$p\text{-값}=P[Z\geq 1.5]=1-0.9332=0.0668$$

이 된다.

이제 유의수준 $\alpha=0.025$에서 검정할 때 기각역과 제 2 종의 오류를 범할 확률을 구해 보자. 정규분포표에서 $P[Z\geq 1.96]=0.025$이므로, 기각역은

$$\frac{\bar{X}}{0.4}\geq 1.96 \ (\text{즉, } \bar{X}\geq 0.784)$$

인 영역이다. 또한 $H_1 : \mu=1$이 참일 때는 $(\bar{X}-1)/0.4$가 표준정규분포를 따르므로 제 2 종의 오류를 범할 확률 β는 다음과 같다.

$$\begin{aligned}\beta&=P\left[\frac{\bar{X}}{0.4}<1.96\right]=P\left[\frac{\bar{X}-1}{0.4}<1.96-\frac{1}{0.4}\right]\\&=P[Z<-0.54]\\&=0.2946\end{aligned}$$

H_0하에서는 $Z=\bar{X}/0.4$가 표준정규분포를 따르며, H_1하에서는 $Z=(\bar{X}-1)/0.4$가 표준정규분포를 따른다. 유의수준 2.5%에서 기각역은 $Z=\bar{X}/0.4>1.96$ (즉, $\bar{X}>0.784$)이므로, 제 1 종의 오류를 범할 확률 α와 제 2 종의 오류를 범할 확률 β를 그림으로 나타내면 [그림 5.2]와 같다.

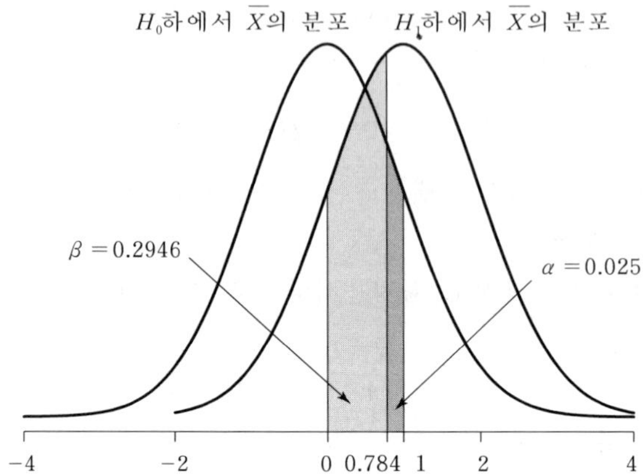

[그림 5.2] 오류의 크기

귀무가설과 대립가설이 모두 단순가설로 주어진 경우에는 제 2 종의 오류를 범할 확률을 구할 수 있다. 그러나 대립가설이 복합가설로 주어진 경우에는 대립가설의 범위에서 지정된 하나의 모수값에 대해서만 구할 수 있다. 따라서 제 1 종의 오류와 제 2 종의 오류에 대한 확률을 모수 θ의 함수로 나타낼 수 있다면, 이 함수는 그 검정법의 특징을 설명하는 함수가 될 것이다. 이러한 개념을 나타내는 함수가 검정력함수이며 다음과 같이 정의된다.

정의 5-5 검정력함수와 검정력

(1) 검정법에서 귀무가설 H_0를 기각시킬 확률을 모수 θ의 함수로 나타낸 것을 **검정력함수**(power function)라고 하며, 이를 수식으로 나타내면 다음과 같다.

$$\pi(\theta)=P[H_0\text{를 기각}\mid\theta]$$

(2) 대립가설 H_1에 속하는 특정 θ에 대한 검정력함수의 값을 **검정력**(power)이라 한다.

[예 5-3] [예 5-2]에서 다룬 단순가설의 검정문제를 다음과 같은 복합가설의 검정문제로 바꾸어 보자.

$$H_0:\theta=0,\qquad H_1:\theta>0$$

$X\sim N(\theta, 4)$이고 $n=25$인 표본을 사용할 때, H_0하에서 $Z=\overline{X}/0.4$는 표준정규

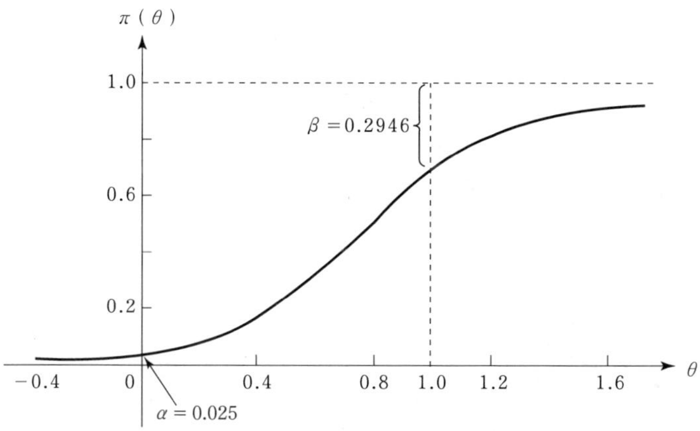

[그림 5.3] 검정력곡선

분포를 따르며, 주어진 θ값에서 $\pi(\theta)$의 값을 다음과 같이 구할 수 있다.

$$\begin{aligned}\pi(\theta) &= P\left[\frac{\bar{X}}{0.4} \geq 1.96 | \theta\right] \\ &= P\left[\frac{\bar{X}-\theta}{0.4} \geq 1.96 - \frac{\theta}{0.4} | \theta\right] \\ &= P\left[Z \geq 1.96 - \frac{\theta}{0.4}\right] \\ &= 1 - \Phi\left(1.96 - \frac{\theta}{0.4}\right)\end{aligned}$$

따라서 여러 θ값에 대한 $\pi(\theta)$의 값을 구하면 다음과 같다.

θ	−0.4	0	0.4	0.8	1.0	1.2	1.6
$\pi(\theta)$	0.0015	0.025	0.1685	0.5160	0.7054	0.8508	0.9793

이 $\pi(\theta)$값들을 부드러운 곡선으로 연결한 검정력함수의 그래프가 [그림 5.3]과 같다.

H_0의 영역에 있는 θ에 대하여, '제 1 종 오류의 확률'은 $\pi(\theta)$이며 $\pi(\theta)$의 최대값이 유의수준이다. H_1의 영역에 있는 θ에 대하여 '제 2 종 오류의 확률'은 $1-\pi(\theta)$로 나타낼 수 있다. 제 2 종 오류의 확률은 흔히 $\beta(\theta)$로 나타낸다. 이들을 요약하면 다음과 같다.

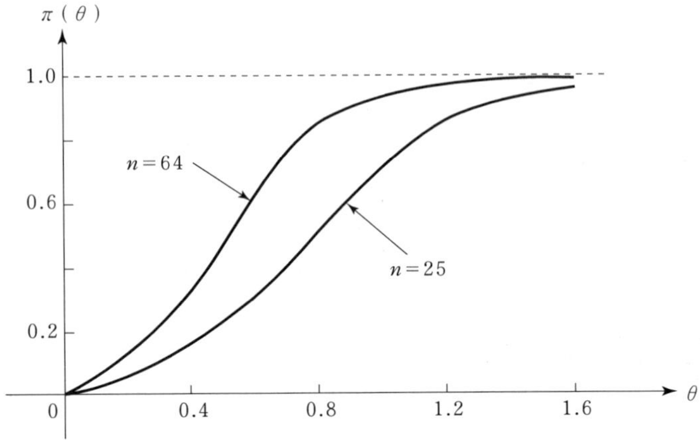

[그림 5.4] 표본크기와 검정력곡선

> 검정력함수를 $\pi(\theta)$라고 할 때
> (1) 유의수준: $\alpha = \sup_{\theta \in H_0} \pi(\theta)$
> (2) $\theta_1 \in H_1$에서 제 2 종 오류의 확률: $\beta(\theta_1) = 1 - \pi(\theta_1)$

같은 검정통계량을 사용할 경우에 표본크기가 증가하면 검정력은 증가한다. 예를 들어 [예 5-3]에서 표본크기가 25인 경우와 64인 경우에 검정력함수의 모양은 [그림 5.4]와 같다.

대립가설 $H_1 : \theta > 0.5$와 같이 모수의 영역이 한쪽으로만 주어지는 검정을 **단측검정**(one-sided test)이라 하며, 양쪽에 주어지는 검정을 **양측검정**(two-sided test)이라 한다. 다음 예에서는 양측검정의 검정력함수의 모양을 알아보자.

[예 5-4] 확률변수 X가 $N(\theta, 4)$를 따를 때, $\alpha = 0.05$에서

$$H_0 : \theta = 0, \qquad H_1 : \theta \neq 0$$

을 검정하기 위하여 $n=25$개의 표본을 사용할 때 기각역과 검정력함수를 구해보자.

[예 5-3]과 마찬가지로 $Z = \bar{X}/0.4$를 검정통계량으로 사용할 수 있으며, $\bar{X}$ 즉 Z의 값이 너무 크거나 너무 작으면 H_0를 기각한다. 또한, 귀무가설이 참일

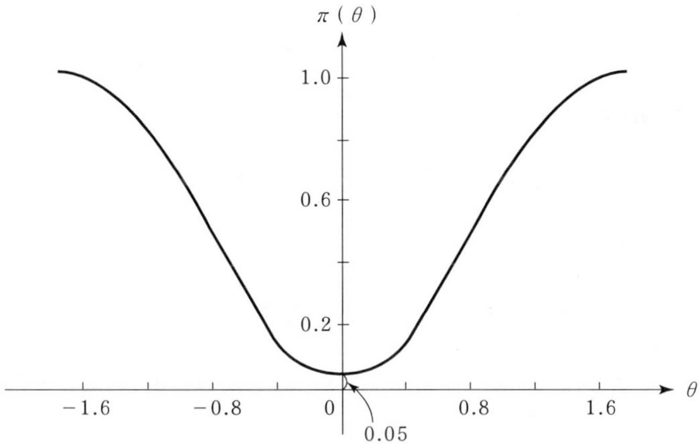

[그림 5.5] 양측검정의 검정력곡선

때 $P(|\overline{X}/0.4|\geq 1.96)=0.05$ 이므로 크기 0.05 인 기각역은 $\{|\overline{X}/0.4|\geq 1.96\}$ 인 영역이다. 따라서 검정력함수는 다음과 같다.

$$\begin{aligned}\pi(\theta)&=P\left[\left|\frac{\overline{X}}{0.4}\right|\geq 1.96\middle|\theta\right]\\&=1-P\left[-1.96-\frac{\theta}{0.4}\leq\frac{\overline{X}-\theta}{0.4}\leq 1.96-\frac{\theta}{0.4}\middle|\theta\right]\\&=1-\Phi\left(1.96-\frac{\theta}{0.4}\right)+\Phi\left(-1.96-\frac{\theta}{0.4}\right)\end{aligned}$$

따라서 검정력곡선은 [그림 5.5]와 같다.

두 검정법의 비교는 검정력에 의해 결정된다. 즉, 같은 유의수준과 같은 표본크기에서 검정력이 큰 검정법이 더 좋은 검정법이 된다. 그러면 주어진 문제에서 가장 좋은 검정법은 어떻게 찾을 수 있겠는가? 이에 대한 설명은 5-2 절에서 여러 가지 검정법을 다루면서 설명하기로 한다.

5-1-3 확률화검정

검정통계량이 연속형인 경우에는 검정력함수도 연속이어서 유의수준과 기각역의 크기가 일치함을 앞에서 언급하였다. 그러나 검정통계량이 이산형인 경우에는 5%, 1% 등의 흔히 사용되는 유의수준과 같은 크기를 갖는 기각역을 구할 수 없다.

예를 들어, 한 면으로 치우친 동전에 대하여 θ를 앞면이 나올 확률이라 할 때 유의수준 $\alpha=0.05$에서 가설

$$H_0 : \theta=0.5, \qquad H_1 : \theta<0.5$$

를 검정한다고 하자. 검정통계량을

$$T=\text{동전을 15번 던질 때 앞면이 나오는 횟수}$$

로 정의하면 $T\sim B(15,\ \theta)$이다. 따라서 귀무가설 H_0가 참일 때 이항분포표로부터 다음을 얻을 수 있다.

$$P[T\leq 3|\theta=0.5]=0.0176$$
$$P[T\leq 4|\theta=0.5]=0.0592$$
$$P[T\leq 5|\theta=0.5]=0.1509$$

따라서 유의수준 $\alpha=0.05$와 같은 크기를 갖는 기각역이 없다. 예를 들어 기각역을 $\{T\leq 3\}$으로 하면 실제 제1종 오류의 확률은 0.0176이 되어 허용된 오류의 확률을 충분히 사용치 못하며 따라서 검정력이 떨어지는 결과를 초래한다. 물론 $\{T\leq 4\}$를 기각역으로 사용하면 제1종 오류의 확률이 0.0592가 되어 허용된 오류의 확률을 초과하게 된다.

이 문제를 다음과 같이 해결해 보자. 즉, $T\leq 3$이면 항상 H_0를 기각하고, $T\geq 5$이면 H_0를 채택하며, $T=4$인 경우에는 기각역의 크기가 0.05가 되도록 일정한 확률로 H_0를 기각하는 것이다. 이 확률을 ϕ라고 하면 다음 등식이 성립한다.

$$\begin{aligned}0.05&=1\times P[T\leq 3|\theta=0.5]+\phi\times P[T=4|\theta=0.5]\\&=0.0176+(0.0592-0.0176)\phi\end{aligned}$$

따라서 ϕ는 다음과 같다.

$$\phi=\frac{0.05-0.0176}{0.0592-0.0176}=0.7788$$

이와 같이 $T=4$가 관측되면 0.7788의 확률로 H_0를 기각하면 기각역의 크기는 0.05가 된다. 확률에 의해 H_0를 기각하는 한 가지 방법은 4자리 난수를 택

하여 이 수가 7788보다 작으면 H_0를 기각하고 아니면 H_0를 채택하면 된다.

이제 $\phi(t)$를 관측값 $T=t$에서 H_0를 기각시킬 확률을 나타내는 함수라고 하면 위의 검정법은 다음과 같이 정의될 수 있다.

$$\phi(t)=\begin{cases} 1, & t<4 \\ 0.7788, & t=4 \\ 0, & t>4 \end{cases}$$

일반적으로 관측값 $\boldsymbol{x}=(x_1, \cdots, x_n)$에 대하여

$$\phi(\boldsymbol{x})=P[\boldsymbol{X}=\boldsymbol{x} \text{ 일 때 } H_0\text{를 기각}]$$

로 정의된 함수 ϕ를 **검정함수**(test function) 또는 **기각함수**(critical function)라고 하며, 검정함수에 의해 정의된 검정법을 **확률화검정**(randomized test)이라 한다.

검정함수가 0 또는 1의 값만 갖는 검정법을 **비확률화검정**(nonrandomized test)라고 부른다. 즉, 관측값의 기각역을 C라고 할 때 비확률화검정은 다음과 같이 정의된다.

$$\phi(\boldsymbol{x})=\begin{cases} 1, & \boldsymbol{x}\in C \\ 0, & \boldsymbol{x}\notin C \end{cases}$$

[예 5-5] 확률변수 X를 '어떤 사건의 1분 동안 발생 횟수'라고 정의할 때 X는 모수 λ인 포아송분포를 따른다고 한다. 가설

$$H_0 : \lambda=0.1, \qquad H_1 : \lambda=0.2$$

를 $\alpha=0.05$에서 검정하기 위하여, 10개의 표본 $x_1, \cdots, x_{10}$을 관측하고 $T=\sum X_i$를 검정통계량으로 사용하려고 한다. H_1이 참일 때 T값은 커질 것이 기대되므로, 기각역의 형태를 $\{T\geq k\}$로 할 수 있다. H_0하에서 T는 $\lambda=1.0$인 포아송분포를 따르며 포아송분포표에서 다음을 얻을 수 있다.

k	1	2	3	4
$P_0\{T\geq k\}$	0.632	0.264	0.08	0.019

여기서 P_0는 귀무가설 H_0하에서의 확률을 뜻한다. 이제 $k=3$일 때 기각확률을 ϕ라고 하면 다음 등식이 성립한다.

$$\begin{aligned} 0.05 &= 1\times P[T>3]+\phi\times P[T=3] \\ &= 0.019+(0.08-0.019)\phi \end{aligned}$$

따라서 $\phi=0.508$이며, T를 이용한 검정법은 다음과 같이 정의된다.

$$\phi(t)=\begin{cases} 1, & t>3 \\ 0.508, & t=3 \\ 0, & t<3 \end{cases}$$

확률화검정은 기각역의 크기가 유의수준과 일치하도록 하는 검정법으로서 이론적으로는 매우 중요한 기법이다. 그러나 실제 문제의 해결과정에서 관측값이 경계값과 일치할 경우에 별도의 확률시행에 의해 H_0의 기각 여부를 결정하는 것은 매우 번거로울 뿐만 아니라, 실험자에 따라 다른 결론이 나올 수 있다. 따라서 실제 문제에서는 주어진 유의수준 α에 따라 H_0의 기각 여부를 결정하는 것보다 p-값을 구하여 판단하는 방법이 선호된다.

5-1-4 가설검정과 신뢰구간의 관계

$\theta=\theta_0$에 대한 가설검정은 θ에 대한 신뢰구간을 이용하여 수행할 수 있다. 즉 θ_0가 θ의 신뢰구간에 속해 있지 않을 때 가설을 기각하면 된다. 이때 유의수준은 '1－신뢰계수'이다. 따라서 θ에 대한 95% 신뢰구간은 5%의 유의수준으로 $\theta=\theta_0$을 검정하는 것과 대조적인 관계가 있다.

[예 5-6] $X_1, \cdots, X_n$이 $N(\mu, 1)$로부터 추출된 랜덤표본이면 $100(1-\alpha)\%$의 신뢰구간은 다음과 같다.

$$\left[\bar{X}-\frac{z_{\alpha/2}}{\sqrt{n}},\ \bar{X}+\frac{z_{\alpha/2}}{\sqrt{n}}\right]$$

그러나 유의수준 α에서 $H_0: \mu=\mu_0$, $H_1: \mu\neq\mu_0$를 검정하고자 하면 기각역을 $\{|\bar{X}-\mu_0|>k\}$ 형식으로 나타낼 때 다음이 성립한다.

$$\alpha=P\left[\,|\bar{X}-\mu_0|>\frac{z_{\alpha/2}}{\sqrt{n}}\,|\,\mu=\mu_0\right]$$

이를 정리하면 다음이 성립한다.

$$1-\alpha=P\left[\bar{X}-\frac{z_{\alpha/2}}{\sqrt{n}}\le\mu_0\le\bar{X}+\frac{z_{\alpha/2}}{\sqrt{n}}\,\middle|\,\mu=\mu_0\right]$$

따라서 μ_0를 포함하는 구간은 신뢰구간과 일치하는 것을 알 수 있다.

모수 θ에 대한 $100(1-\alpha)\%$ 신뢰구간이 $[T_L, T_U]$일 때, 유의수준 α에서 $H_0: \theta=\theta_0$, $H_1: \theta\neq\theta_0$에 대한 기각역은 다음을 만족한다.

$$\theta_0\notin[T_L, T_U]$$

또한 $H_1: \theta>\theta_0$이거나 $H_1: \theta<\theta_0$와 같은 경우는 단측신뢰구간과 대응하여 생각한다. $H_1: \theta>\theta_0$인 경우 단측신뢰구간은 $[-\infty, T_U]$이고 $H_1: \theta<\theta_0$인 경우 단측신뢰구간은 $[T_L, +\infty]$이다.

연 습 문 제

5. 1. 1. 확률변수 X는 분산이 1인 정규분포 $N(\theta, 1)$를 따른다고 한다. 평균에 대한 단순가설

$$H_0: \theta=0, \qquad H_1: \theta=1$$

을 검정하기 위하여 $n=16$개의 확률표본에 기초한 검정통계량 $Z=\frac{\bar{X}-0}{\sqrt{1/16}}=4\bar{X}$를 사용할 때 다음 물음에 답하여라.

(a) $\alpha=0.05$에서 기각역을 $\bar{X}$로 나타내어라.

(b) $\alpha=0.05$에서 검정할 때 제2종 오류의 크기를 구하여라.

(c) $\bar{x}=0.7$을 얻었다면 p-값은 얼마인가?

5. 1. 2. 꼬마전구의 수명 X는 분산이 5^2인 정규분포 $N(\theta, 5^2)$를 따른다고 한다. 평균에 대한 가설

$$H_0: \theta=100, \qquad H_1: \theta>100$$

을 검정하기 위하여 $n=16$개의 표본을 사용하려고 한다. 다음 물음에 답하여라.

(a) 검정통계량과 $\alpha=0.025$에서 기각역을 구하여라.

(b) $\theta=105$에서 제2종 오류의 크기를 구하여라.

(c) $\bar{x}=103$을 얻었다면 p-값은 얼마인가?

5.1.3. 확률변수 X는 분산이 3^2인 정규분포 $N(\theta, 3^2)$를 따른다고 한다. 평균에 대한 가설

$$H_0 : \theta=10, \qquad H_1 : \theta>10$$

을 검정하기 위하여, 유의수준 $\alpha=0.05$에서 $n=9$개의 표본을 사용하여 Z-통계량을 이용한 검정을 하려고 한다. 다음 물음에 답하여라.

(a) 기각역을 구하여라.

(b) 검정력함수 $\pi(\theta)$를 구하여라.

(c) $\theta=9\sim14$ 사이의 정수에서 $\pi(\theta)$값을 구하고 이들을 이용하여 $\pi(\theta)$의 그래프를 그려라.

5.1.4. 연습문제 5.1.2에서 다음 물음에 답하여라.

(a) 검정력함수 $\pi(\theta)$를 구하여라.

(b) $\theta=99\sim105$ 사이의 정수에서 $\pi(\theta)$값을 구하고 이들을 이용하여 $\pi(\theta)$의 그래프를 그려라.

5.1.5. $H_0 : p=\frac{1}{2}$, $H_1 : p>\frac{1}{2}$에서 H_0을 $\alpha=0.05$로 기각하였다면 $\alpha=0.01$로 할 때에도 기각해야 하는가? 역으로 $\alpha=0.01$로 H_0을 기각하였다면 $\alpha=0.05$로 할 때에도 기각하는 결과가 나타나는가?

5.1.6. $H_0 : p=\frac{1}{2}$, $H_1 : p>\frac{1}{2}$에서 $\alpha=0.05$로 할 때 실험결과 H_0을 기각하였다. 또 같은 조건하에서 $H_0 : p=\frac{1}{2}$, $H_1 : p\neq\frac{1}{2}$이라면 어떤 결론을 얻게 되는가? 또 역으로 $H_0 : p=\frac{1}{2}$, $H_1 : p\neq\frac{1}{2}$에서 기각하였다면 $H_0 : p=\frac{1}{2}$, $H_1 : p>\frac{1}{2}$에서도 기각하게 되는가?

5.1.7. 어떤 제약회사에서 새로운 수면제를 개발했다. 이들의 주장에 의하면 불면증으로 고생하는 사람 중 최소 80%가 이 약으로 해결된다고 한다. 그러나 이 약을 복용한 몇 사람들의 의견은 이 광고가 너무 지나친 선전이라고 하였다. 따라서 본격적인 실험을 통해 이를 검정해 보고자 한다. p를 약으로 효과를 보는 비율이라고 할 때 이 문제에 대한 가설은

$$H_0 : p=0.8, \quad H_1 : p<0.8$$

을 이용하는 것이 타당한 것을 설명하여라.

이 문제를 위해 20명을 조사한 결과, 효과를 본 사람이 X명이었다고 하자. 기각역을

$$X \leq 12$$

라고 하였을 때 다음 물음에 답하여라.

(a) α를 구하여라.

(b) $p=0.4, 0.5, 0.6$일 때 β를 구하여라.

5. 1. 8. 연습문제 5.1.7에서 $\alpha=0.05$로 할 때 기각역을 구하고 다음 물음에 답하여라.

(a) $p=0.4, 0.5, 0.6$일 때 β를 구하여라.

(b) 표본결과 $X=10$명이 나타났다면 p-값은 얼마인가? 또 $X=8$이라면?

5. 1. 9. 모수가 p인 베르누이분포에서

$$H_0 : p=\frac{1}{2}, \qquad H_1 : p<\frac{1}{2}$$

을 검정하려고 한다. 검정통계량은

$X=10$회의 관측값 중에서 성공횟수

로 정의하고 기각역을 다음과 같이 정의할 때, 검정력함수를 구하고, 분포표를 이용하여 그래프를 그려 비교하여라.

(a) $\{X \leq 1\}$

(b) $\{X \leq 2\}$

5. 1. 10. 연습문제 5.1.9와 같은 문제에서 양측검정

$$H_0 : p=\frac{1}{2}, \qquad H_1 : p\neq\frac{1}{2}$$

을 검정하려고 한다. 기각역이 다음과 같이 정의될 때 검정력함수를 구하고, 분포표를 이용하여 그래프를 그려 비교하여라.

(a) $\{X=0$ 또는 $X=10\}$

(b) $\{X \leq 1$ 또는 $X \geq 9\}$

5. 1. 11. 동전을 한 번 던지는 시행에서 앞면이 나올 확률 θ에 대하여

$$H_0 : \theta=0.5, \qquad H_1 : \theta>0.5$$

을 검정하려고 한다. 검정통계량을

$T=15$번 던져서 앞면이 나오는 횟수

라고 정의할 때, 유의수준 $\alpha=0.05$에서 검정력함수를 구하여라.

5. 1. 12. 연습문제 5.1.11에서 $\alpha=0.10$으로 할 때 검정력함수를 구하여라.

5-2 가설검정의 이론

이 절에서는 가설검정을 위한 여러 가지 검정법에 대하여 설명하기로 한다. 5-1-2에서도 언급한 바와 같이 가설검정에서는 기각역을 정해 줌으로써 검정법이 정의된다. 즉, 최적인 검정법은 최적인 기각역을 찾는 문제와 같다고 할 수 있다.

네이만과 피어슨은 단순가설인 경우에 최적인 검정법을 제시하였으며, 1항에서 이 내용을 다룬다.

경우에 따라 네이만-피어슨 정리에 의한 최적검정법은 복합가설인 경우에도 성립하며 이러한 내용이 2항에서 설명된다. 3항에서는 일반적인 경우에 적용시킬 수 있는 가능도비검정법에 대해 설명하고 4항에서는 모집단이 정규분포인 경우 모수들에 대한 검정법을 설명한다.

5-2-1 네이만-피어슨 정리

좋은 가설검정법이라면 이 검정으로 인한 오류가 될 수 있는 한 작아야 한다. 그러나 오류는 두 종류가 있으며, 주어진 한 검정법에서 이 두 종류의 오류를 동시에 줄이는 방법은 표본크기를 늘리는 방법 외에는 없다. 따라서 제 1 종 오류의 크기는 같으면서도 제 2 종 오류의 크기가 최소가 되는 검정법을 찾는 문제에 관심이 있다. 단순가설의 경우 제 1 종 오류의 크기 α가 정해진 상태에서 제 2 종 오류의 크기를 최소로 하는 검정법은 다음과 같이 정의된다.

정의 5-6 θ에 대한 가설 $H_0 : \theta=\theta_0$, $H_1 : \theta=\theta_1$에 대해 기각역 C가 다음과 같은 조건을 만족하면 이를 **크기 α의 최량기각역**(best critical region of size α)이라고 하며 이 기각역에 의해 정의되는 검정을 **크기 α의 최강력검정**(most powerful test)이라고 부른다.

(1) $\pi_C(\theta_0)=\alpha$

(2) $\pi_{C'}(\theta_0)\le\alpha$인 어떤 다른 기각역 C'에 대해서도 $\pi_C(\theta_1)\ge\pi_{C'}(\theta_1)$이 성립한다.

여기서 $\pi_C(\theta)$의 첨자 C는 검정력함수 $\pi(\theta)$가 이 첨자에 해당하는 기각역으로 정의되었다는 뜻을 나타낸다.

[예 5-7] 성공률 p인 베르누이시행에서 단순가설

$$H_0 : p=\frac{1}{2}, \qquad H_1 : p=\frac{3}{4}$$

을 검정하는 문제를 생각해 보자. 검정통계량을

$$X=\text{'5번의 베르누이시행에서 성공횟수'}$$

로 정의하면 X는 이항분포 $B(5, p)$에 따른다. 따라서 $p=\frac{1}{2}$일 때와 $p=\frac{3}{4}$일 때 X의 확률분포는 다음과 같다.

x	0	1	2	3	4	5
$p=\frac{1}{2}$	$\frac{1}{32}$	$\frac{5}{32}$	$\frac{10}{32}$	$\frac{10}{32}$	$\frac{5}{32}$	$\frac{1}{32}$
$p=\frac{3}{4}$	$\frac{1}{1024}$	$\frac{15}{1024}$	$\frac{90}{1024}$	$\frac{270}{1024}$	$\frac{405}{1024}$	$\frac{243}{1024}$

이제 두 기각역을

$$C_0=\{X=0\}$$
$$C_5=\{X=5\}$$

와 같이 정의하면 각각에 해당하는 α는 다음과 같다.

$$\pi_{C_0}\left(\frac{1}{2}\right)=P\left[X\in C_0|p=\frac{1}{2}\right]=P\left[X=0|p=\frac{1}{2}\right]=\frac{1}{32}$$

$$\pi_{C_5}\left(\frac{1}{2}\right)=P\left[X\in C_5|p=\frac{1}{2}\right]=P\left[X=5|p=\frac{1}{2}\right]=\frac{1}{32}$$

따라서 두 기각역은 동일한 α를 갖는다. 그러나

$$\pi_{C_0}\left(\frac{3}{4}\right)=P\left[X\in C_0|p=\frac{3}{4}\right]=P\left[X=0|p=\frac{3}{4}\right]=\frac{1}{1024}$$

$$\pi_{C_5}\left(\frac{3}{4}\right)=P\left[X\in C_5|p=\frac{3}{4}\right]=P\left[X=5|p=\frac{3}{4}\right]=\frac{243}{1024}$$

이므로 C_5는 C_0보다 더 좋은 기각역이다. 만약 $\alpha=\frac{1}{32}$인 경우만 생각한다면 여기에 해당하는 기각역은 C_0과 C_5뿐이므로 앞의 결과에 의해 C_5가 최량기각역이 된

다. 또 크기 $\frac{6}{32}$인 기각역의 형태는 다음과 같은 네 가지가 있다.

$$\{X=0, 1\}, \quad \{X=0, 4\}, \quad \{X=1, 5\}, \quad \{X=4, 5\}$$

각 경우에 해당하는 $\pi\left(\frac{3}{4}\right)$을 구해 보면 다음과 같다.

$$\frac{1+15}{1024}, \quad \frac{1+405}{1024}, \quad \frac{15+243}{1024}, \quad \frac{405+243}{1024}$$

따라서 $\{X=4, 5\}$가 크기 $\frac{6}{32}$인 최량기각역이 된다.

정리 5-1 네이만-피어슨 보조정리(Neyman-Pearson Lemma)

$X_1, \cdots, X_n$이 밀도함수 $f(x\,;\theta)$에서 추출된 랜덤표본이고 θ는 θ_0와 θ_1의 두 값 중 하나를 택한다고 하자. $L(\theta)$는 가능도함수로서

$$L(\theta)=L(\theta\,;x_1, \cdots, x_n)=f(x_1\,;\theta)\cdots f(x_n\,;\theta)$$

를 나타내고, k는 양의 상수라고 하자. 그러면 단순가설

$$H_0 : \theta=\theta_0, \qquad H_1 : \theta=\theta_1$$

을 검정하기 위한 **크기 α의 최량기각역** C는 다음을 만족하는 점$(x_1, \cdots, x_n)$의 집합으로 이루어진다.

(1) $P[(X_1, \cdots, X_n)\in C\,|\,H_0]=\alpha$

(2) $(x_1, \cdots, x_n)\in C$인 경우 $\lambda=\dfrac{L(\theta_0)}{L(\theta_1)}\le k$

(3) $(x_1, \cdots, x_n)\notin C$인 경우 $\lambda=\dfrac{L(\theta_0)}{L(\theta_1)}\ge k$

[증명] 부록 A.3 참고

$X_1, \cdots, X_n$이 $f(x;\theta)$에서의 랜덤표본일 때, 관측값 $x_1, \cdots, x_n$에 대한 가능도함수는 모수 θ만의 함수이므로 흔히 $L(\theta)$로 나타낸다. 즉, $L(\theta)$는

$$L(\theta)=L(\theta;x_1, \cdots, x_n)=f(x_1;\theta)\cdots f(x_n;\theta)$$

임을 뜻한다. 네이만-피어슨 보조정리에서 정의된

$$\lambda=\frac{L(\theta_0)}{L(\theta_1)}=\frac{L(\theta_0;x_1,\cdots,x_n)}{L(\theta_1;x_1,\cdots,x_n)}$$

은 H_0하에서 가능도함수와 H_1하에서의 가능도함수의 비율로서 이를 **가능도비**(likelihood ratio)라고 한다. 네이만-피어슨 보조정리에 의하면, 단순가설의 검정에서

$$\lambda=\frac{L(\theta_0)}{L(\theta_1)}\leq k$$

를 만족하는 모든 점 $(x_1,\cdots,x_n)$의 집합으로 이루어진 기각역 C는 **최량기각역**이고, 이 C로 정의된 검정은 **최강력검정**이 된다.

[예 5-8] X는 평균이 μ인 지수분포에서 추출된 크기 1인 관측값일 때 $\alpha=0.1$에서 다음의 단순가설에 대한 최량기각역을 구해 보자.

$$H_0:\mu=1,\qquad H_1:\mu=2$$

$L(\mu)=\dfrac{1}{\mu}e^{-\frac{x}{\mu}}$이므로

$$\begin{aligned}\lambda&=\frac{L(\mu_0)}{L(\mu_1)}=\frac{L(1)}{L(2)}\\&=2e^{\frac{x}{2}-x}=2e^{-\frac{x}{2}}\end{aligned}$$

네이만-피어슨 보조정리에 의하면 "적절한" 상수 k에 대해

$$2e^{-\frac{x}{2}}\leq k$$

를 만족하는 x의 집합이 최량기각역이라고 하였으며 이는 다음과 같다.

$$\{x\geq k'\},\quad k'=-2\ln\left(\frac{k}{2}\right)$$

유의수준이 0.1이라고 하였으므로 k'은 다음을 만족한다.

$$0.1=P[X\geq k'\mid\mu=1]=\int_{k'}^{\infty}e^{-x}dx=e^{-k'}$$

따라서 $k'=2.3$이고 최량기각역은 다음과 같다.

$$\{X\geq 2.3\}$$

여기에 대응하는 제 2 종의 오류 β는 다음과 같다.

$$\beta = 1 - P[X \geq 2.3 \mid \mu = 2]$$
$$= \int_0^{2.3} \frac{1}{2} e^{-\frac{x}{2}} dx = 0.68$$

[예 5-9] $X_1, \cdots, X_n$은 분산이 1인 정규분포 $N(\mu, 1)$에서 추출된 랜덤표본일 때, 가설

$$H_0 : \mu = \mu_0, \qquad H_1 : \mu = \mu_1 \quad (\mu_1 > \mu_0)$$

를 검정하기 위한 최량기각역을 구해 보자.

$$\lambda = \frac{L(\mu_0)}{L(\mu_1)} = \exp\left[\frac{1}{2}\Sigma(x_i - \mu_1)^2 - \frac{1}{2}\Sigma(x_i - \mu_0)^2\right]$$

따라서 $\lambda \leq k$를 만족하는 것은

$$\frac{1}{2}\Sigma(x_i - \mu_1)^2 - \frac{1}{2}\Sigma(x_i - \mu_0)^2 \leq \ln k$$

를 만족하는 것과 같으며, 또한 적절한 상수 k'에 대하여

$$(\mu_0 - \mu_1)\bar{x} \leq k'$$

과 같다. 여기서 $\mu_0 - \mu_1 < 0$이므로 최량기각역의 형태는 다음과 같다.

$$\bar{X} \geq c$$

[예 5-10] X_1, X_2, X_3는 모수 p인 베르누이분포 $B(1, p)$에서 추출된 크기 3인 랜덤표본일 때 $\alpha = 0.05$에서 다음의 단순가설에 대한 최강력검정법을 구해 보자.

$$H_0 : p = \frac{1}{3}, \qquad H_1 : p = \frac{2}{3}$$

가능도함수는

$$L(p) = p^{(x_1 + x_2 + x_3)}(1 - p)^{3 - (x_1 + x_2 + x_3)}$$

이므로 가능도비가 다음과 같다.

$$\lambda = \frac{L\left(\frac{1}{3}\right)}{L\left(\frac{2}{3}\right)} = \frac{\left(\frac{1}{3}\right)^{(x_1 + x_2 + x_3)}\left(1 - \frac{1}{3}\right)^{3 - (x_1 + x_2 + x_3)}}{\left(\frac{2}{3}\right)^{(x_1 + x_2 + x_3)}\left(1 - \frac{2}{3}\right)^{3 - (x_1 + x_2 + x_3)}} = \frac{8}{4^{(x_1 + x_2 + x_3)}}$$

$T = X_1 + X_2 + X_3$로 정의하면 $T \sim B(3, p)$이며, $\{\lambda \leq k\}$인 영역은 "적절한" 상수 k'에 대하여 다음과 같이 나타낼 수 있다.

$$T \geq k', \qquad k' > 0$$

한편 H_0 하에서 T 의 밀도함수는

$$f(t\,;\,p) = \binom{3}{t}\left(\frac{1}{3}\right)^t\left(\frac{2}{3}\right)^{3-t}$$

이므로 다음을 얻을 수 있다.

k'	0	1	2	3
$P_0[T \geq k']$	1	$\frac{19}{27}$	$\frac{7}{27}$	$\frac{1}{27}$

주어진 유의수준 $\alpha = 0.05$ 에 해당하는 k' 이 없으므로 확률화검정을 구해 보자. 즉

$$\begin{aligned} 0.05 &= 1 \times P_0[T > 2] + \phi \times P_0[T = 2] \\ &= \frac{1}{27} + \phi \times \left(\frac{7}{27} - \frac{1}{27}\right) \end{aligned}$$

에서 $\phi = 0.058$ 이다. 따라서 크기 0.05 인 최강력검정법은 다음의 검정력함수로 정의된다.

$$\phi(t) = \begin{cases} 1, & t > 2 \\ 0.058, & t = 2 \\ 0, & t < 2 \end{cases}$$

이 검정에서 β 는 다음과 같다.

$$\begin{aligned} \beta &= 1 - \left(P\left[X \geq 3 \mid p = \frac{2}{3}\right] + 0.058P\left[X = 2 \mid p = \frac{2}{3}\right]\right) \\ &= 1 - \binom{3}{3}\left(\frac{2}{3}\right)^3\left(\frac{1}{3}\right)^0 - 0.058\binom{3}{2}\left(\frac{2}{3}\right)^2\left(\frac{1}{3}\right)^1 \\ &= 0.678 \end{aligned}$$

[예 5-11]* $X_1, \cdots, X_n$ 이 평균 λ 인 포아송분포에서 추출된 랜덤표본이라고 하자. $\alpha = 0.05$ 에서 단순가설

$$H_0 : \lambda = 2, \qquad H_1 : \lambda = 5$$

를 검정하기 위한 최강력검정법을 구해 보자.

$$L(\lambda) - \prod_{i=1}^{n} \frac{e^{-\lambda}\lambda^{x_i}}{x_i!} - \frac{e^{-\lambda n}\lambda^{\Sigma x_i}}{(x_1! \cdots x_n!)}$$

이므로 적절한 상수 k에 대해 $\lambda \le k$를 만족하는 $x_1, \cdots, x_n$의 집합은

$$\lambda = \frac{L(2)}{L(5)} = \frac{2^{\Sigma x_i} e^{-2n}}{(x_1! \cdots x_n!)} \frac{(x_1! \cdots x_n!)}{5^{\Sigma x_i} e^{-5n}} \le k$$

를 만족하는 $x_1, \cdots, x_n$들의 집합이다. 이를 정리하면

$$\left(\frac{2}{5}\right)^{\Sigma x_i} e^{3n} \le k$$

$\ln\left(\frac{2}{5}\right) < 0$이므로 적절한 상수 k'에 대해 최량기각역은 다음을 만족하는 관측값들의 집합이다.

$$\{\sum X_i \ge k'\}$$

따라서 $n=4$일 때 $\alpha=0.05$에 대한 최량기각역은 다음을 만족한다.

$$0.05 = P[\sum X_i \ge k' \mid \lambda = 2]$$

그러나 $T = \sum_{i=1}^{4} X_i$는 평균이 4λ인 포아송분포를 따르므로, H_0하에서 포아송분포표로부터 다음을 얻을 수 있다.

k'	12	13	14
$P_0[T \ge k']$	0.112	0.064	0.034

확률화검정을 이용하기 위해 다음을 만족하는 ϕ를 구한다.

$$\begin{aligned} 0.05 &= P_0[T \ge 14] + \phi P_0[T = 13] \\ &= 0.034 + \phi \times (0.064 - 0.034) \end{aligned}$$

$\phi = 0.533$이며 따라서 크기 0.05인 최강력검정의 검정함수는 다음과 같다.

$$\phi(t) = \begin{cases} 1, & t > 13 \\ 0.533, & t = 13 \\ 0, & t < 13 \end{cases}$$

이제 이 확률화검정의 β를 구해 보자. H_1하에서 T는 $\lambda=20$인 포아송분포에 따르므로

$$\beta = 1 - (P[T \ge 14 \mid \lambda = 20] + 0.533 P[T = 13 \mid \lambda = 20])$$

이 성립한다. 그러나 $\lambda=20$에 대한 분포표가 마련되어 있지 않으므로 정규근사를 이용해 보자. 즉

$$Z = \frac{T-20}{\sqrt{20}} \dot{\sim} N(0, 1)$$

임을 이용하면, 연속성 수정을 통해 다음을 얻는다.

$$\beta \simeq 1-P\left[Z \geq \frac{14-20-0.5}{\sqrt{20}}\right]-0.533P\left[\frac{13-20-0.5}{\sqrt{20}} \leq Z \leq \frac{13-20+0.5}{\sqrt{20}}\right]$$

$$=\Phi\left(\frac{-6.5}{\sqrt{20}}\right)-0.533\left(\Phi\left(\frac{-6.5}{\sqrt{20}}\right)-\Phi\left(\frac{-7.5}{\sqrt{20}}\right)\right)=0.0591$$

5-2-2 균일최강력검정

네이만-피어슨의 보조정리는 단순가설에서 최강력검정을 구하는 방법을 제공하고 있다. 복합가설의 경우에도 모집단의 분포에 따라 이 정리를 적용할 수 있다. [예 5-8]에서 지수분포의 평균 μ에 대한 가설 $H_0 : \mu=1$, $H_1 : \mu=2$를 검정할 때 유의수준 $\alpha=0.1$에 대한 최량기각역은 $\{X \geq 2.3\}$이라고 하였다. 가설이 $H_0 : \mu=1$, $H_1 : \mu=3$과 같이 바뀌었다면 기각역이 어떻게 변화하는지 살펴보자.

$$\lambda=\frac{L(\mu_0)}{L(\mu_1)}=\frac{L(1)}{L(3)}=3e^{-\frac{2}{3}x}$$

이므로 "적절한" 상수 k에 대해 $\lambda \leq k$를 만족하는 X점의 집합이 최량기각역이다. 이를 정리하면 "적절한" 상수 k'에 대해

$$\{X \geq k'\}$$

이 성립한다. 그러나 이 기각역의 형태는 $H_1 : \mu=2$인 경우와 동일하다. 실제 $\{X \geq k'\}$ 형태의 기각역은

$$H_0 : \mu=1, \quad H_1 : \mu>1$$

인 가설에 대해 균일하게 최강력검정을 제공한다.

일반적으로 H_0가 단순가설이고 H_1은 복합가설인 경우를 생각해 보자. 예를 들어

$$H_0 : \theta=\theta_0, \qquad H_1 : \theta>\theta_0$$

을 검정할 때, 한 검정법이 θ_0보다 큰 임의의 모수 θ_1에 대하여 단순가설

$$H_0 : \theta=\theta_0, \qquad H_1 : \theta=\theta_1 \qquad (\theta_1>\theta_0)$$

을 검정하기 위한 크기 α의 최강력검정이 되면, 이 검정법을 **크기 $\boldsymbol{\alpha}$의 균일최강력검정**(uniformly most powerful test-UMP검정)이라 하고, 대응되는 기각역을 **크기 $\boldsymbol{\alpha}$의 균일최량기각역**이라 한다.

[예 5-12] [예 5-11]에서 대립가설이 복합가설인 경우를 생각해 보자. 즉, 랜덤표본 $X_1, \cdots, X_n$에 기초하여 $\alpha=0.05$에서 가설

$$H_0 : \lambda=2, \qquad H_1 : \lambda>2$$

를 검정하기 위한 균일최강력검정을 구해 보자.

$\lambda>2$인 임의의 λ_1에 대하여 가능도비는 다음과 같다.

$$\begin{aligned} \Lambda &= \frac{L(2)}{L(\lambda_1)} = \frac{2^{\Sigma x_i} e^{-2n}}{x_1! \cdots x_n!} \times \frac{x_1! \cdots x_n!}{\lambda_1{}^{\Sigma x_i} e^{-\lambda_1 n}} \\ &= \left(\frac{2}{\lambda_1}\right)^{\Sigma x_i} e^{-(2-\lambda_1)n} \end{aligned}$$

따라서 가능도비 Λ에 대하여 $\Lambda \leq k$를 만족하는 것은 적절한 상수 k'에 대하여

$$\Sigma X_i \geq k'$$

를 만족시키는 것과 동치가 된다. 이 결과는 [예 5-11]과 동일하며, 따라서 $\alpha=0.05$에서의 균일최강력검정은 [예 5-11]의 결과와 동일하게 정의된다.

이제 H_0와 H_1이 모두 복합가설인

$$H_0 : \theta\leq\theta_0, \qquad H_1 : \theta>\theta_0$$

를 검정하는 문제를 생각해 보자. 이 경우에 검정크기는 유의수준과 마찬가지로

$$\alpha = \sup_{\theta \in H_0} \pi(\theta)$$

로 정의된다. 따라서 H_0하에서 검정력함수 $\pi(\theta)$의 상한이 경계값인 θ_0에서 일어날 경우에는 H_0가 단순가설이고 H_1이 복합가설인 경우와 마찬가지로 생각할 수 있다. 그러나 이러한 성질을 갖기 위해서는 가능도함수가 단조가능도비(monotone likelihood ratio)와 같은 특수한 성질을 갖는 경우에 가능하므로 추가조건이 없이 일반화시키기는 어렵다.

따라서 복합가설을 포함한 일반적인 경우에는 가설을 모수공간으로 표현하고 검정함수를 이용하는 것이 편리하다. 즉, Ω를 전체 모수공간이라 하고 ω는 Ω의 부분집합이라 하자. 일반적인 경우에 균일최강력검정은 다음과 같이 정의할 수 있다.

> **정의 5-7** 가설 $H_0 : \theta \in \omega$, $H_1 : \theta \in \Omega \backslash \omega$에 대하여 검정함수 ϕ^*로 정의된 검정법은 다음의 조건을 만족할 때 **균일최강력검정**(UMP검정)이라 한다.
>
> 임의의 검정법 ϕ에 대하여
>
> (1) $\alpha_\phi = \sup_{H_0} \pi_\phi(\theta) \le \sup_{H_0} \pi_{\phi^*}(\theta) = \alpha_{\phi^*}$이 성립하면
>
> (2) H_1하에서 $\pi_{\phi^*}(\theta) \ge \pi_\phi(\theta)$
>
> 여기서 $\pi_\phi(\theta)$는 검정법 ϕ에 대한 검정력함수를 뜻한다.

이와 같이 정의된 균일최강력검정의 뜻은 분명하다. 즉, ϕ^*의 검정크기 α_{ϕ^*}를 넘지 않는 검정크기를 갖는 모든 검정법 ϕ에 대하여, H_1하에서는 ϕ^*의 검정력이 ϕ의 검정력보다 커야만 균일하게 모든 $\theta \in H_1$에 대하여 최강력검정이 된다는 뜻이다.

[예 5-13] $X_1, \cdots, X_n$은 분산이 1인 정규분포 $N(\mu, 1)$에서 추출된 랜덤표본일 때, 가설

$$H_0 : \mu \le \mu_0, \qquad H_1 : \mu > \mu_0$$

를 검정하기 위한 균일최량기각역을 구해 보자. H_0하에서 임의의 μ_1과 H_1하에서 임의의 μ_2는

$$\mu_1 \le \mu_0 < \mu_2$$

를 만족하며, 이 μ_1과 μ_2에 대한 가능도비는 다음과 같다.

$$\lambda = \frac{L(\mu_1)}{L(\mu_2)} = \exp\left[\frac{1}{2}\Sigma(x_i - \mu_2)^2 - \frac{1}{2}\Sigma(x_i - \mu_1)^2\right]$$

따라서 $\lambda \le k$를 만족하는 것은

$$\frac{1}{2}\Sigma(x_i - \mu_2)^2 - \frac{1}{2}\Sigma(x_i - \mu_1)^2 \le \ln k$$

를 만족하는 것과 같으며, 또한 적절한 상수 k'에 대하여

$$(\mu_1-\mu_2)\bar{x}\le k'$$

과 같다. 여기서 $\mu_1-\mu_2<0$이므로 최량기각역의 형태는

$$\bar{X}\ge c$$

가 된다. 한편 μ가 참값일 때 $\sqrt{n}(\bar{X}-\mu)\sim N(0, 1)$이므로 H_0하에서 $P[\sqrt{n}(\bar{X}-\mu)\ge\sqrt{n}(c-\mu)]$의 최대값은 $\mu=\mu_0$일 때이다. 또한 $\mu=\mu_0$일 때 $P[\sqrt{n}(\bar{X}-\mu_0)\ge z_\alpha]=\alpha$이므로 크기 α의 균일최량기각역은 다음과 같다.

$$\bar{X}\ge\mu_0+\frac{1}{\sqrt{n}}z_\alpha$$

[예 5-14] $X_1, \cdots, X_n$은 평균이 0인 정규분포 $N(0, \sigma^2)$에서 추출된 랜덤표본일 때, 가설

$$H_0 : \sigma^2\le\sigma_0^2, \qquad H_1 : \sigma^2>\sigma_0^2$$

을 검정하기 위한 균일최량기각역을 구해 보자. H_0하에서 임의의 σ_1^2과 H_1하에서 임의의 σ_2^2은

$$\sigma_1^2\le\sigma_0^2<\sigma_2^2$$

을 만족하며, 이 σ_1^2과 σ_2^2에 대한 가능도비는 다음과 같다.

$$\lambda=\frac{L(\sigma_1^2)}{L(\sigma_2^2)}=\left(\frac{\sigma_2}{\sigma_1}\right)^{\frac{n}{2}}\exp\left[\left(\frac{\sigma_1^2-\sigma_2^2}{2\sigma_1^2\sigma_2^2}\right)\sum x_i^2\right]$$

따라서 $\lambda\le k$에 대응되는 최량기각역의 형태는

$$\sum X_i^2\ge c$$

가 된다. 한편 $\sum X_i^2/\sigma^2\sim\chi_n^2$이므로 제 1 종 오류의 최대값은 σ_0^2에서 일어나고, 크기 α의 균일최량기각역은 다음과 같다.

$$\sum X_i^2\ge\sigma_0^2\chi^2_{\alpha, n}$$

균일최강력검정 또는 UMP검정이 항상 존재하는 것은 아니다. 일반적으로 대립가설이 단측검정의 형식으로 주어지면 균일최강력검정이 존재하는 경우가 많지만, 양측검정에서는 존재하지 않는 경우가 많다. 다음 예에서는 균일최강력검정이 존재하지 않는 경우를 다루기로 한다.

[예 5-15] $X_1, \cdots, X_n$은 분산이 1인 정규분포 $N(\mu, 1)$에서 추출된 랜덤표본일 때, 양쪽가설

$$H_0 : \mu = \mu_0, \qquad H_1 : \mu \neq \mu_0$$

를 검정하는 문제를 생각해 보자. H_1하에서 임의의 μ_1에 대한 가능도비는 다음과 같다.

$$\lambda = \frac{L(\mu_0)}{L(\mu_1)} = \exp\left[\frac{1}{2}\Sigma(x_i - \mu_1)^2 - \frac{1}{2}\Sigma(x_i - \mu_0)^2\right]$$

즉, $\lambda \le k$에 대응되는 최량기각역의 형태는

$$(\mu_0 - \mu_1)\bar{X} \le k'$$

이 된다. 따라서 $\mu_1 < \mu_0$일 때 최량기각역은

$$\bar{X} \le c$$

의 형태가 되며, $\mu_1 > \mu_0$일 때 최량기각역은

$$\bar{X} \ge c$$

의 형태가 된다. 즉, H_1하에서는 $\mu_1 < \mu_0$일 때의 기각역 형태와 $\mu_1 > \mu_0$일 때의 기각역 형태가 다르므로, H_1의 모든 μ에 대하여 균일하게 최강력한 균일최강력검정은 존재하지 않는다.

5-2-3 가능도비검정

네이만-피어슨 정리는 단순가설검정에서 가장 효율적인 검정법을 제공해 주고 있으며, 경우에 따라서는 이 이론에 의해 구해진 기각역은 복합가설에서도 균일최량기각역이기 때문에 가설검정에서 유용하게 이용되고 있다. 그러나 실제문제에서 대부분의 경우 네이만-피어슨 보조정리는 문제를 해결해 주지 못한다. 이에 반해 **일반화가능도비**(generalized likelihood ratio, GLR)는 일반적으로 널리 적용될 수 있는 개념이다. GLR이 검정에서 유용하게 이용되는 것은 마치 가능도함수가 추정에서 유용하게 이용되는 것과 같다. 물론 GLR은 네이만-피어슨 정리가 갖고 있는 최적의 성격을 갖고 있지는 않지만, 이 방법은 직관적으로 명확하고 또 적용이 용이하기 때문에 널리 이용되고 있다.

최대가능도추정법의 원리에 의하면 표본이 θ에 대해 갖고 있는 모든 정보는 가능도함수 $L(\theta)$에 포함되어 있으며, 따라서 $L(\theta)$를 최대로 하는 θ가 표본의 정보를 가장 잘 표현하는 θ의 추정량이라고 하였다. 이러한 논리를 검정에 그대로 적용하여 표본 $(X_1, \cdots, X_n)$이 H_0와 H_1 중 어떤 것을 더 잘 설명하는가를 결정하면 된다. 이제 표본 $(X_1, \cdots, X_n)$이 H_0에서 정의된 모수보다 H_1에서 정의된 모수를 더 잘 설명한다면 H_0를 기각해야 한다. 이를 수학적으로 표현한다면 θ_0과 θ_1이 각각 H_0와 H_1에서 정의된 θ라고 할 때 표본 $(X_1, \cdots, X_n)$이

$$L(\theta_0) \leq L(\theta_1)$$

을 만족한다면 H_0보다는 H_1의 가능성이 더 큼을 나타낸다. 그러나 복합가설인 경우 θ_0와 θ_1이 여러 값을 갖게 되며, 따라서 가능도비 λ를

$$\lambda = \frac{\sup_{H0} L(\theta)}{\sup_{H1} L(\theta)}$$

와 같이 정의하면 적절한 상수 $k>0$에 대해 $\lambda \leq k$를 만족할 때 H_0를 기각하는 것이 타당하다고 할 수 있다. 그러나 경우에 따라 $\sup_{H1} L(\theta)$를 구하는 과정이 복잡하고 대신

$$\sup_{H0+H1} L(\theta)$$

을 구하는 것이 편리할 때가 많다.

정의 5-8 $X_1, \cdots, X_n$이 $f(x-\theta)$에서 추출된 랜덤표본이고 $L(\theta)$는 가능도함수일 때, 가설

$$H_0 : \theta \in \omega, \qquad H_1 : \theta \in \Omega \backslash \omega$$

를 검정하는 문제에서

$$\lambda = \frac{\sup_{H0} L(\theta)}{\sup_{H0+H1} L(\theta)}$$

를 **일반화가능도비**(generalized likelihood ratio, GLR) 또는 간단히 **가능도**

비(LR)라고 하며, 어떤 상수 $k>0$에 대하여 기각역이

$$\lambda \le k$$

로 정의된 검정법을 **일반화가능도비검정**(GLR검정) 또는 간단히 **가능도비검정**(LR검정)이라 한다. 여기서 k는 H_0하에서 $P_0[\lambda \le k]=\alpha$가 되도록 결정된다.

귀무가설의 모수공간 ω와 전체 모수공간 Ω에서 $L(\theta)$의 최대값에 대한 표현으로 흔히 $L(\hat{\omega})$과 $L(\hat{\Omega})$을 사용하기도 한다. 이와 같은 기호를 사용할 때 가능도비는

$$\lambda = \frac{L(\hat{\omega})}{L(\hat{\Omega})}$$

으로 나타낼 수 있다. 또한 $L(\hat{\omega})$과 $L(\hat{\Omega})$은 각각 모수공간 ω와 Ω에서 MLE를 구하여 대입한 가능도함수들이다.

[예 5-16] $X_1, \cdots, X_n$이 $N(\mu, 1)$에서 추출된 랜덤표본일 때, 양측가설

$$H_0 : \mu=1, \qquad H_1 : \mu \ne 1$$

을 검정하는 LR검정법을 구해 보자. μ의 MLE는 $\bar{X}$이므로

$$\lambda = \frac{L(1)}{L(\bar{x})} = \frac{\exp\left[-\frac{1}{2}\Sigma(x_i-1)^2\right]}{\exp\left[-\frac{1}{2}\Sigma(x_i-\bar{x})^2\right]}$$
$$= \exp\left[-\frac{n}{2}(\bar{x}-1)^2\right]$$

따라서 $\lambda \le k$를 만족하는 관측값의 집합은 적절한 k'에 대해 다음과 같다.

$$\left\{(\bar{x}-1)^2 \ge -\frac{2}{n}\ln k\right\} \Rightarrow \{\sqrt{n}|\bar{x}-1| \ge k'\}$$

$X \sim N(\mu, 1)$일 때 $\sqrt{n}(\bar{X}-\mu) \sim N(0, 1)$이므로

$$\alpha = P[\sqrt{n}|\bar{X}-1| \ge k' | \mu=1]$$
$$= P[|Z| \ge z_{\alpha/2}]$$

따라서 유의수준 α에서 LR검정의 기각역은 다음과 같다.

$$\{\sqrt{n}|\overline{X}-1| \geq z_{\alpha/2}\} \text{ 또는 } \{|\overline{X}-1| \geq \frac{z_{\alpha/2}}{\sqrt{n}}\}$$

[예 5-17] $X_1, \cdots, X_n$은 $B(1, p)$에서 추출된 랜덤표본이다. 이를 이용하여

$$H_0 : p=\frac{1}{2}, \quad H_1 : p\neq\frac{1}{2}$$

을 검정하기 위한 LR검정법을 구해 보자. p의 MLE는 $\overline{X}$이므로

$$\lambda=\frac{L\left(\frac{1}{2}\right)}{L(\bar{x})}=\frac{\left(\frac{1}{2}\right)^n}{(\bar{x})^{n\bar{x}}(1-\bar{x})^{n-n\bar{x}}}$$

따라서 $\lambda\leq k$를 만족하는 $\bar{x}$의 집합은 다음과 같다.

$$\left\{\left(\frac{1}{2}\right)^n(\bar{x})^{-n\bar{x}}(1-\bar{x})^{n\bar{x}-n}\leq k\right\}$$

$$\Rightarrow \{(\bar{x})^{\bar{x}}(1-\bar{x})^{1-\bar{x}}\geq k'\}, \quad k' \text{은 적절한 상수}$$

이 부등식과 동치이면서 실제 사용 가능한 형태를 만들기 위해 함수 $y=(\bar{x})^{\bar{x}}(1-\bar{x})^{1-\bar{x}}$를 살펴보자. 이 함수를 미분해 보면 $\bar{x}=\frac{1}{2}$에서 최소값을 가지며, [그림 5.6]과 같은 대칭인 함수이다. 따라서 LR 검정의 기각역은 다음과 같은 형태이다.

$$|\overline{X}-\frac{1}{2}| \geq c$$

이 검정법은 직관적으로 매우 타당하다. 즉, p의 추정량이 $\frac{1}{2}$보다 너무 크거나 너무 작으면 H_0를 기각하는 결정을 내리게 된다.

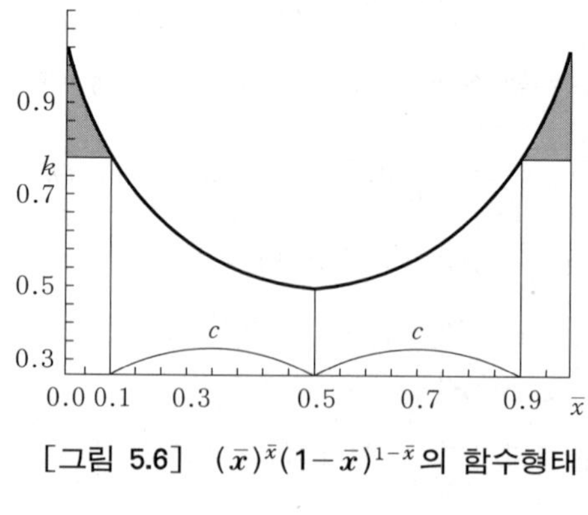

[그림 5.6] $(\bar{x})^{\bar{x}}(1-\bar{x})^{1-\bar{x}}$의 함수형태

상수 c를 구하려면 $n\bar{X} \sim B\left(n, \frac{1}{2}\right)$임을 이용하여 이항분포표에서 찾을 수 있으나, α가 미리 정해진 상태에서는 일반적으로 확률화검정으로만 크기 α의 검정법이 정의된다. 따라서 n이 충분히 클 때에는 다음과 같은 정규근사에 의한 검정도 가능하다. 즉, $H_0 : p=\frac{1}{2}$ 하에서

$$\bar{X}-\frac{1}{2} \dot{\sim} N\left(0, \frac{1}{4n}\right)$$

이므로 다음이 성립한다.

$$Z=2\sqrt{n}\left(\bar{X}-\frac{1}{2}\right) \dot{\sim} N(0, 1)$$

따라서 유의수준 α에 해당하는 근사기각역은 다음과 같다.

$$|\bar{X}-\frac{1}{2}| \geq \frac{1}{2\sqrt{n}} z_{\alpha/2}$$

5-2-4* 정규분포의 모수에 관한 검정

우리는 앞에서 정규분포의 모수 μ와 σ^2에 대한 몇 가지 검정을 살펴보았다. 여기서는 다음의 4가지 경우에 대해 LR 검정법을 살펴보기로 한다.

1) $X_1, \cdots, X_n$이 $N(\mu, \sigma^2)$에서 추출된 랜덤표본이고 σ^2을 모를 때

$$H_0 : \mu=\mu_0, \quad H_1 : \mu \neq \mu_0$$

2) 1)과 같은 모형이고 μ를 모를 때

$$H_0 : \sigma^2=\sigma_0^2, \quad H_1 : \sigma^2 \neq \sigma_0^2$$

3) $X_1, \cdots, X_m$이 $N(\mu_1, \sigma_1^2)$이고 $Y_1, \cdots, Y_n$이 $N(\mu_2, \sigma_2^2)$이며 σ_1^2, σ_2^2을 모를 때

$$H_0 : \mu_1=\mu_2, \quad H_1 : \mu_1 \neq \mu_2$$

4) 3)과 같은 모형이고 μ_1, μ_2를 모를 때

$$H_0 : \sigma_1^2=\sigma_2^2, \quad H_1 : \sigma_1^2 \neq \sigma_2^2$$

경우 1 : $H_0 : \mu=\mu_0, \quad H_1 : \mu \neq \mu_0$

μ와 σ^2의 MLE는 각각 다음과 같다.

$$\hat{\mu}=\bar{X}, \qquad \hat{\sigma}^2=\frac{1}{n}\Sigma(X_i-\bar{X})^2$$

또한

$$L(\mu,\ \sigma^2)=\left(\frac{1}{\sqrt{2\pi}\sigma}\right)^n\exp\left[-\frac{1}{2}\sum_{i=1}^{n}\left(\frac{x_i-\mu}{\sigma}\right)^2\right]$$

이므로 $L(\mu_0,\ \hat{\sigma}^2)$과 $L(\hat{\mu},\ \hat{\sigma}^2)$은 각각 다음과 같다.

$$L(\mu_0,\ \hat{\sigma}^2)=\left(\frac{ne^{-1}}{2\pi\sum_{i=1}^{n}(x_i-\mu_0)^2}\right)^{\frac{n}{2}}$$

$$L(\hat{\mu},\ \hat{\sigma}^2)=\left(\frac{ne^{-1}}{2\pi\sum_{i=1}^{n}(x_i-\bar{x})^2}\right)^{\frac{n}{2}}$$

따라서 가능도비 λ는 다음과 같다.

$$\lambda=\frac{L(\mu_0,\ \hat{\sigma}^2)}{L(\hat{\mu},\ \hat{\sigma}^2)}=\left[\frac{\sum_{i=1}^{n}(x_i-\bar{x})^2}{\sum_{i=1}^{n}(x_i-\mu_0)^2}\right]^{\frac{n}{2}}, \quad 0<\lambda\leq 1$$

이제

$$\sum_{i=1}^{n}(x_i-\mu_0)^2=\sum_{i=1}^{n}(x_i-\bar{x})^2+n(\bar{x}-\mu_0)^2$$

을 이용하면 다음과 같이 나타낼 수 있다.

$$\lambda=\left[1+\frac{n(\bar{x}-\mu_0)^2}{\sum_{i=1}^{n}(x_i-\bar{x})^2}\right]^{-\frac{n}{2}}$$

가능도비검정의 기각역은 $\lambda\leq k$ 형태이므로 $k'=\sqrt{(n-1)(k^{-2/n}-1)}$ 일 때, 기각역의 형태는 다음과 같다.

$$|T|=\left|\frac{\sqrt{n}(\bar{X}-\mu_0)}{S}\right|\geq k',$$

여기서 S는 다음과 같이 정의된다.

$$S^2 = \frac{1}{(n-1)} \Sigma(X_i - \bar{X})^2$$

한편, T는 H_0하에서 자유도 $n-1$인 t-분포를 따르므로, 유의수준 α에서 $k' = t_{\alpha/2, n-1}$로 놓으면 된다.

이상을 요약하면 다음과 같다.

> $X_1, \cdots, X_n$은 분산 σ^2이 알려져 있지 않은 정규분포 $N(\mu, \sigma^2)$에서 추출된 랜덤표본일 때, 유의수준 α에서 가설
>
> $$H_0 : \mu = \mu_0, \quad H_1 : \mu \neq \mu_0$$
>
> 를 검정하기 위한 LR검정의 기각역은 다음과 같다.
>
> $$\left| \frac{\sqrt{n}(\bar{X} - \mu_0)}{S} \right| \geq t_{\frac{\alpha}{2}, n-1}, \quad S^2 = \frac{1}{(n-1)} \Sigma(X_i - \bar{X})^2$$

경우 2 : $H_0 : \sigma^2 = \sigma_0^2, \quad H_1 : \sigma^2 \neq \sigma_0^2$

이 경우에도 경우 1과 마찬가지로 μ와 σ^2의 MLE가 $\hat{\mu}, \hat{\sigma}^2$이므로 다음이 성립한다.

$$\lambda = \frac{L(\hat{\mu}, \sigma_0^2)}{L(\hat{\mu}, \hat{\sigma}^2)} = \left(\frac{\hat{\sigma}^2}{\sigma_0^2}\right)^{\frac{n}{2}} \exp\left[-\frac{n}{2}\left(\frac{\hat{\sigma}^2}{\sigma_0^2} - 1\right)\right]$$

λ는 $\frac{\hat{\sigma}^2}{\sigma_0^2}$의 함수이며 $\frac{\hat{\sigma}^2}{\sigma_0^2} = 1$ 일 때 최대값을 갖고 변화형태는 [그림 5.7]과 같다. 가능도비검정의 기각역인 $\lambda \leq k$에 대응되는 기각역은 다음과 같다.

$$\frac{\hat{\sigma}^2}{\sigma_0^2} \geq a \text{ 또는 } \frac{\hat{\sigma}^2}{\sigma_0^2} \leq b$$

문제에서 유의수준을 α라고 하였으므로 a와 b는 다음을 만족해야 한다.

$$P\left[\frac{\hat{\sigma}^2}{\sigma_0^2} \geq a \text{ 또는 } \frac{\hat{\sigma}^2}{\sigma_0^2} \leq b \,\middle|\, \sigma^2 = \sigma_0^2\right] = \alpha$$

그러나 이 관계식을 만족하는 a와 b는 유일하지 않으며, 그 중에서 $\lambda \leq k$와 일치하는 a, b를 구하기는 어렵다. 따라서 실제 문제에서는 양쪽 끝부분에 $\frac{\alpha}{2}$의 확률을 분배하는 a와 b값을 이용한다. 즉, $\sigma^2 = \sigma_0^2$ 일 때

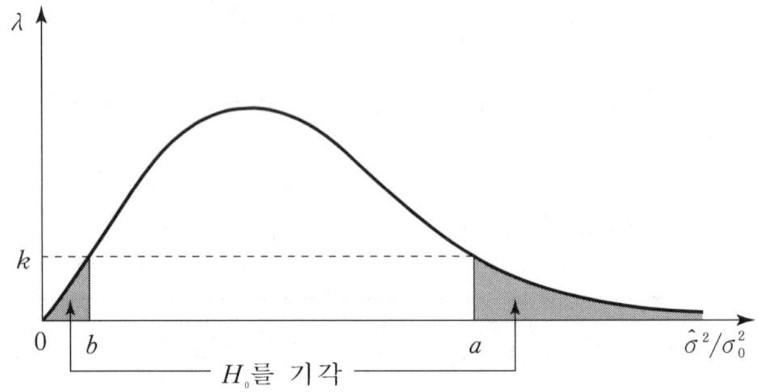

[그림 5.7] 가능도비 λ에 따른 $H_0: \sigma^2=\sigma_0^2$, $H_1: \sigma^2 \neq \sigma_0^2$의 기각역

$$\frac{n\hat{\sigma}^2}{\sigma_0{}^2}=\frac{\sum(X_i-\overline{X})^2}{\sigma_0{}^2} \sim \chi^2_{(n-1)}$$

임을 이용하여, a와 b는 다음과 같이 구한다.

$$\frac{\alpha}{2}=P[\frac{\hat{\sigma}^2}{\sigma_0{}^2} \geq a | H_0]=P\left[\frac{\sum(X_i-\overline{X})^2}{\sigma_0{}^2} \geq \chi^2_{\frac{\alpha}{2}, n-1}\right]$$

$$\frac{\alpha}{2}=P[\frac{\hat{\sigma}^2}{\sigma_0{}^2} \leq b | H_0]=P\left[\frac{\sum(X_i-\overline{X})^2}{\sigma_0{}^2} \leq \chi^2_{1-\frac{\alpha}{2}, n-1}\right]$$

이렇게 구한 기각역

$$\frac{\sum(X_i-\overline{X})^2}{\sigma_0{}^2} \geq \chi^2_{\frac{\alpha}{2}, n-1} \quad \text{또는} \quad \frac{\sum(X_i-\overline{X})^2}{\sigma_0{}^2} \leq \chi^2_{1-\frac{\alpha}{2}, n-1}$$

은 정확한 LR 검정이 아니고 유사한 LR 검정이라고 할 수 있다.

$X_1, \cdots, X_n$이 $N(\mu, \sigma^2)$에서 추출된 랜덤표본일 때, 가설

$$H_0: \sigma^2=\sigma_0{}^2, \ H_1: \sigma^2 \neq \sigma_0{}^2$$

에 대한 유의수준 α에서 유사 LR검정의 기각역은 다음과 같다.

$$\frac{\sum(X_i-\overline{X})^2}{\sigma_0{}^2} \geq \chi^2_{\frac{\alpha}{2}, n-1} \quad \text{또는} \quad \frac{\sum(X_i-\overline{X})^2}{\sigma_0{}^2} \leq \chi^2_{1-\frac{\alpha}{2}, n-1}$$

또한, $H_0: \sigma^2 \leq \sigma_0{}^2$, $H_1: \sigma^2 > \sigma_0{}^2$에 대한 유의수준 α에서 LR검정의 기각

역은 다음과 같다.

$$\frac{\sum(X_i-\bar{X})^2}{\sigma_0^2} \geq \chi^2_{\alpha,\, n-1}$$

경우 3 : $H_0 : \mu_1=\mu_2$, $H_1 : \mu_1 \neq \mu_2$

먼저 σ_1^2과 σ_2^2을 모두 아는 경우를 생각해 보자. 그러면 미지의 모수는 μ_1과 μ_2뿐이므로 가능도함수는 이 두 모수의 함수이다.

$$L(\mu_1,\ \mu_2)=\prod_{i=1}^{m}\frac{1}{\sqrt{2\pi}\sigma_1}\exp\left[-\frac{1}{2\sigma_1^2}(x_i-\mu_1)^2\right]\times$$
$$\prod_{j=1}^{n}\frac{1}{\sqrt{2\pi}\sigma_2}\exp\left[-\frac{1}{2\sigma_2^2}(y_j-\mu_2)^2\right]$$

정의로부터 가능도비 λ는 다음과 같다.

$$\lambda=\frac{\sup_{H0} L(\mu_1,\ \mu_2)}{\sup_{H0+H1} L(\mu_1,\ \mu_2)}=\frac{\sup_{\mu} L(\mu,\ \mu)}{\sup_{\mu_1,\ \mu_2} L(\mu_1,\ \mu_2)}$$

여기서 μ는 $H_0 : \mu_1=\mu_2$에서 정의된 $\mu_1=\mu_2$의 공통값이다. 따라서

$$\lambda=\frac{\sup_{\mu}\exp\left[-\frac{1}{2\sigma_1^2}\sum_{i=1}^{m}(x_i-\mu)^2-\frac{1}{2\sigma_2^2}\sum_{j=1}^{n}(y_j-\mu)^2\right]}{\sup_{\mu_1,\mu_2}\exp\left[-\frac{1}{2\sigma_1^2}\sum_{i=1}^{m}(x_i-\mu_1)^2-\frac{1}{2\sigma_2^2}\sum_{j=1}^{n}(y_j-\mu_2)^2\right]}$$

분자를 최대로 하는 μ값은 지수 안을 μ에 대해 편미분하여 0으로 놓음으로써 구해진다. 이를 정리하면

$$\frac{1}{\sigma_1^2}\sum_{i=1}^{m}(x_i-\mu)+\frac{1}{\sigma_2^2}\sum_{j=1}^{n}(y_j-\mu)=0$$

이를 풀면

$$\hat{\mu}=\frac{\frac{m}{\sigma_1^2}\bar{x}+\frac{n}{\sigma_2^2}\bar{y}}{\frac{m}{\sigma_1^2}+\frac{n}{\sigma_2^2}}, \quad \bar{x}=\frac{1}{m}\sum x_i, \quad \bar{y}=\frac{1}{n}\sum y_i$$

분모를 최대로 하는 μ_1, μ_2값도 분모의 지수부분을 μ_1과 μ_2에 대해 편미분

하여 0으로 놓음으로써 구해지며, 이들은 각각 다음과 같다.

$$\hat{\mu}_1 = \bar{x}, \quad \hat{\mu}_2 = \bar{y}$$

이들을 λ에 대입하고 정리하면 다음과 같다.

$$\begin{aligned}-2\ln\lambda &= \frac{1}{{\sigma_1}^2}\left[\sum_i (x_i - \hat{\mu})^2 - \sum_i (x_i - \bar{x})^2\right] + \frac{1}{{\sigma_2}^2}\left[\sum_j (y_j - \hat{\mu})^2 - \sum_j (y_j - \bar{y})^2\right] \\ &= \frac{m}{{\sigma_1}^2}(\hat{\mu} - \bar{x})^2 + \frac{n}{{\sigma_2}^2}(\hat{\mu} - \bar{y})^2\end{aligned}$$

그러나

$$\hat{\mu} - \bar{x} = \frac{\frac{m}{{\sigma_1}^2}\bar{x} + \frac{n}{{\sigma_2}^2}\bar{y}}{\frac{m}{{\sigma_1}^2} + \frac{n}{{\sigma_2}^2}} - \frac{\left(\frac{m}{{\sigma_1}^2} + \frac{n}{{\sigma_2}^2}\right)\bar{x}}{\frac{m}{{\sigma_1}^2} + \frac{n}{{\sigma_2}^2}} = \frac{\frac{n}{{\sigma_2}^2}(\bar{y} - \bar{x})}{\frac{m}{{\sigma_1}^2} + \frac{n}{{\sigma_2}^2}}$$

이고 마찬가지로

$$\hat{\mu} - \bar{y} = \frac{\frac{m}{{\sigma_1}^2}(\bar{x} - \bar{y})}{\frac{m}{{\sigma_1}^2} + \frac{n}{{\sigma_2}^2}}$$

이므로 이들을 이용하면 다음과 같은 결과를 얻는다.

$$-2\ln\lambda = \frac{\frac{m}{{\sigma_1}^2}\frac{n}{{\sigma_2}^2}(\bar{x} - \bar{y})^2}{\frac{m}{{\sigma_1}^2} + \frac{n}{{\sigma_2}^2}}$$

가능도비검정의 기각역은 $\lambda \le k$ 형태이고 위의 식에서 $\bar{x}$, $\bar{y}$만 제외하고는 모두 알고 있는 상수이므로 기각역의 형태는 다음과 같다.

$$\{(\bar{x} - \bar{y})^2 \ge k'\} \text{ 또는 } \{|\bar{x} - \bar{y}| \ge c\}$$

문제에서 $\bar{X} \sim N\left(\mu_1, \frac{{\sigma_1}^2}{m}\right)$, $\bar{Y} \sim N\left(\mu_2, \frac{{\sigma_2}^2}{n}\right)$이고 $\bar{X}$와 $\bar{Y}$는 독립이므로

$$\bar{X} - \bar{Y} \sim N\left(\mu_1 - \mu_2, \frac{{\sigma_1}^2}{m} + \frac{{\sigma_2}^2}{n}\right)$$

$H_0 : \mu_1 = \mu_2$ 하에서는

$$\bar{X} - \bar{Y} \sim N\left(0,\ \frac{\sigma_1^2}{m} + \frac{\sigma_2^2}{n}\right)$$

이므로 $\bar{X} - \bar{Y}$ 를 표준화하면 다음이 성립한다.

$$\frac{\bar{X} - \bar{Y}}{\sqrt{\dfrac{\sigma_1^2}{m} + \dfrac{\sigma_2^2}{n}}} \sim N(0, 1)$$

따라서 유의수준 α 에서 LR 기각역은 다음과 같다.

$$|\bar{X} - \bar{Y}| \geq z_{\frac{\alpha}{2}} \sqrt{\frac{\sigma_1^2}{m} + \frac{\sigma_2^2}{n}}$$

이 결과는 $H_0 : \mu_1 = \mu_2$ 를 검정하기 위해 μ_1 과 μ_2 의 추정량(실제 이 추정량은 최소분산 불편추정량이다)인 $\bar{X}$ 와 $\bar{Y}$ 를 이용하고 그들의 차이가 크면 기각하고 그렇지 않으면 기각하지 못한다는 직관적인 판단과 일치한다. σ_1^2 과 σ_2^2 을 모르는 경우 $\sigma_1^2 = \sigma_2^2$ 인 가정이 성립하지 않으면 두 모평균의 검정에 관한 문제는 "베렌스-피셔(Behrens-Fisher) 문제"라고 하여 매우 까다롭다. 그러나 두 집단의 분산이 동일하다면(homo-geneity of variance) 약간 복잡한 계산을 거쳐서 다음의 결과를 얻을 수 있다.

두 집단의 분산이 같다면 두 집단의 합동표본분산을

$$S_p^2 = \frac{\sum_{i=1}^{m} (X_i - \bar{X})^2 + \sum_{j=1}^{n} (Y_j - \bar{Y})^2}{m + n - 2}$$

과 같이 구하고

$$\frac{(\bar{X} - \bar{Y}) - (\mu_1 - \mu_2)}{\sqrt{S_p^2\left(\dfrac{1}{m} + \dfrac{1}{n}\right)}} \sim t_{m+n-2}$$

을 이용하면 문제를 해결할 수 있다.

$X_1, \cdots, X_m \sim N(\mu_1, \sigma_1^2)$, $Y_1, \cdots, Y_n \sim N(\mu_2, \sigma_2^2)$이고 이 관측값들이 상호독립이면, 가설

$$H_0 : \mu_1 = \mu_2 , \qquad H_1 : \mu_1 \neq \mu_2$$

에 대한 유의수준 α에서 LR 검정의 기각역은 다음과 같다.

(1) σ_1^2과 σ_2^2을 알 때

$$|\bar{X} - \bar{Y}| \geq z_{\frac{\alpha}{2}} \sqrt{\frac{\sigma_1^2}{m} + \frac{\sigma_2^2}{n}}$$

(2) σ_1^2과 σ_2^2을 모르고 $\sigma_1^2 = \sigma_2^2$일 때

$$\left| \frac{\bar{X} - \bar{Y}}{S_p \sqrt{\frac{1}{m} + \frac{1}{n}}} \right| \geq t_{\frac{\alpha}{2}, m+n-2}$$

(2)에서 만약 가설이 단측검정으로

$$H_0 : \mu_1 \leq \mu_2, \qquad H_1 : \mu_1 > \mu_2$$

로 주어지면 기각역은 다음과 같다.

$$\frac{\bar{X} - \bar{Y}}{S_p \sqrt{\frac{1}{m} + \frac{1}{n}}} \geq t_{\alpha, m+n-2}$$

경우 4 : $\quad H_0 : \sigma_1^2 = \sigma_2^2, \quad H_1 : \sigma_1^2 \neq \sigma_2^2$

이 경우에도 앞에서 유도한 과정들과 비슷한 방법을 적용시키면 된다. 여기서는 결과만 제시한다.

$X_1, \cdots, X_m \sim N(\mu_1, \sigma_1^2)$이고 $Y_1, \cdots, Y_n \sim N(\mu_2, \sigma_2^2)$이며, 이 관측값들이 상호독립일 때, 가설

$$H_0 : \sigma_1^2 = \sigma_2^2, \ H_1 : \sigma_1^2 \neq \sigma_2^2$$

에 대한 유의수준 α에서 유사 LR 검정의 기각역은 다음과 같다.

$$\frac{S_2^2}{S_1^2} \leq F_{1-\frac{\alpha}{2}, n-1, m-1} \quad \text{또는} \quad \frac{S_2^2}{S_1^2} \geq F_{\frac{\alpha}{2}, n-1, m-1}$$

여기서 $S_1^2 = \frac{1}{m-1} \Sigma (X_i - \bar{X})^2$, $S_2^2 = \frac{1}{n-1} \Sigma (Y_j - \bar{Y})^2$이다.

5-2-5* 평균벡터에 관한 추론

일변량 정규분포의 평균에 관한 추론법들은 대부분 다변량 정규분포의 평균벡터에 관한 추론법으로 확장될 수 있다. 일변량 정규분포에서 평균 μ의 최적인 추정량은 표본평균 $\bar{X}$이며, μ의 신뢰구간이나 검정문제는 $\bar{X}$의 분포가 정규분포를 따르므로 $\bar{X}$를 표본표준편차로 표준화시킨 통계량이 자유도 $n-1$인 t-분포를 따름을 이용한다. 예를 들어 가설 $H_0: \mu=\mu_0$, $H_1: \mu\neq\mu_0$의 검정에서 가능도비검정은 통계량

$$T=\frac{\sqrt{n}(\bar{X}-\mu_0)}{s}, \quad \text{다만} \quad s^2=\frac{1}{(n-1)}\sum_{i=1}^{n}(X_i-\bar{X})^2$$

이 H_0하에서 자유도 $n-1$인 t-분포에 따름을 이용한다.

이와 같은 이론들은 대부분 다변량인 경우로 일반화될 수 있으며, 여기서는 유도과정이나 증명은 생략하고 결과와 이용법만 소개하기로 한다.

$\boldsymbol{X}_1, \boldsymbol{X}_2, \cdots, \boldsymbol{X}_n$이 다변량 정규분포 $N_p(\boldsymbol{\mu}, \Sigma)$에서의 랜덤표본일 때 평균 $\boldsymbol{\mu}$와 공분산 Σ의 MLE는 다음과 같다.

$$\hat{\boldsymbol{\mu}}=\bar{\boldsymbol{X}}=\frac{1}{n}\sum_{i=1}^{n}\boldsymbol{X}_i=\begin{bmatrix}\bar{X}_1\\ \bar{X}_2\\ \vdots\\ \bar{X}_p\end{bmatrix}, \qquad \bar{X}_i=\frac{1}{n}\sum_{j=1}^{n}X_{ij}$$

$$\hat{\Sigma}=\frac{1}{n}\sum_{i=1}^{n}(\boldsymbol{X}_i-\bar{\boldsymbol{X}})(\boldsymbol{X}_i-\bar{\boldsymbol{X}})'$$

특히 Σ의 불편추정량은 $n\hat{\Sigma}/(n-1)$로서 S로 나타낸다. 즉, Σ의 불편추정량은 **표본공분산행렬**(sample covariance matrix)로서 다음과 같다.

$$S=\frac{1}{n-1}\sum_{i=1}^{n}(\boldsymbol{X}_i-\bar{\boldsymbol{X}})(\boldsymbol{X}_i-\bar{\boldsymbol{X}})'=\begin{bmatrix}s_1^2 & s_{12} & \cdots & s_{1p}\\ s_{21} & s_2^2 & \cdots & s_{2p}\\ \vdots & \vdots & \ddots & \vdots\\ s_{p1} & s_{p2} & \cdots & s_p^2\end{bmatrix}$$

여기서 $i=1, \cdots, p$, $j=1, \cdots, p$에 대하여

$$s_i^2 = \frac{1}{n-1}\sum_{k=1}^{n}(X_{ik}-\overline{X}_i)^2$$

$$s_{ij} = \frac{1}{n-1}\sum_{k=1}^{n}(X_{ik}-\overline{X}_i)(X_{jk}-\overline{X}_j)$$

이제 일변량 t-통계량을 다변량으로 확장해 보자. 앞에서 언급한 바와 같이 가설 $H_0 : \mu=\mu_0$, $H_1 : \mu\neq\mu_0$의 검정은

$$T = \frac{\sqrt{n}(\overline{X}-\mu_0)}{s} \sim t_{n-1}$$

임을 이용하여 $|T| \geq t_{\frac{\alpha}{2}, n-1}$ 일 때 H_0를 기각한다. 이제 T통계량을 제곱한 형태는

$$T^2 = \frac{n(\overline{X}-\mu_0)^2}{s^2} = n(\overline{X}-\mu_0)(s^2)^{-1}(\overline{X}-\mu_0)$$

로 나타낼 수 있으며, T^2은 $\overline{X}$와 μ_0 사이의 거리의 제곱을 $\overline{X}$의 추정된 분산인 s^2/n에 대한 상대적 크기로 나타낸 것이다.

이와 같은 개념을 다변량에 적용하여, 통계량

$$T^2 = n(\overline{\boldsymbol{X}}-\boldsymbol{\mu}_0)'S^{-1}(\overline{\boldsymbol{X}}-\boldsymbol{\mu}_0)$$

를 **호텔링의 $\boldsymbol{T^2}$통계량**(Hotelling's T^2 statistic)이라고 부른다. 또한, $H_0 : \boldsymbol{\mu}=\boldsymbol{\mu}_0$하에서

$$F = \frac{n-p}{(n-1)p}T^2$$

는 자유도 p, $n-p$인 F-분포를 따름을 이용하여 평균벡터에 대한 가설검정을 시행할 수 있다.

이들을 요약하면 다음과 같다.

정리 5-2 호텔링의 $\boldsymbol{T^2}$검정

$\boldsymbol{X}_1, \cdots, \boldsymbol{X}_n$이 다변량 정규분포에서의 랜덤표본일 때

$$\overline{\boldsymbol{X}} = \frac{1}{n}\sum_{i=1}^{n}\boldsymbol{X}_i, \quad S = \frac{1}{n-1}\sum_{i=1}^{n}(\boldsymbol{X}_i-\overline{\boldsymbol{X}})(\boldsymbol{X}_i-\overline{\boldsymbol{X}})'$$

으로 나타내면, $H_0 : \boldsymbol{\mu}=\boldsymbol{\mu}_0$ 하에서

$$T^2=n(\overline{\boldsymbol{X}}-\boldsymbol{\mu}_0)'S^{-1}(\overline{\boldsymbol{X}}-\boldsymbol{\mu}_0)$$

는 **호텔링의 $\boldsymbol{T}^2$ 통계량**으로서

$$F=\frac{n-p}{(n-1)p}T^2 \sim F_{(p,\,n-p)}$$

이다. 따라서 대립가설 $H_1 : \boldsymbol{\mu}\neq\boldsymbol{\mu}_0$ 에 대한 기각역은 다음과 같다.

$$T^2 \geq \frac{(n-1)p}{n-p}F_{\alpha,\,p,\,n-p}$$

[예 5-18] 다음은 11명 심장병 경험이 있는 환자에 대하여 확장혈압 (X_1)과 수축혈압(X_2)을 측정한 자료이다. 이들의 평균혈압이 정상인의 평균혈압인 (80, 120)과 심각하게 다른지 검정해 보자.

번 호	1	2	3	4	5	6	7	8	9	10	11
X_1	84	76	108	90	93	77	96	102	90	94	91
X_2	141	131	154	136	133	120	142	148	143	132	138

주어진 자료에서 다음 결과를 얻는다.

$$\bar{x}_1=91,\quad \sum(x_{1k}-\bar{x}_1)^2=920$$
$$\bar{x}_2=138,\quad \sum(x_{2k}-\bar{x}_2)^2=844$$
$$\sum(x_{1k}-\bar{x}_1)(x_{2k}-\bar{x}_2)=707$$

$$S=\begin{bmatrix}92.0 & 70.7\\ 70.7 & 84.4\end{bmatrix}\qquad S^{-1}=\begin{bmatrix}0.0305 & -0.0256\\ -0.0256 & 0.0333\end{bmatrix}$$

$$\begin{aligned}T^2&=n(\overline{\boldsymbol{X}}-\boldsymbol{\mu}_0)'S^{-1}(\overline{\boldsymbol{X}}-\boldsymbol{\mu}_0)\\ &=11[11\ \ 18]\begin{bmatrix}0.0305 & -0.0256\\ -0.0256 & 0.0333\end{bmatrix}\begin{bmatrix}11\\ 18\end{bmatrix}\\ &=47.8\end{aligned}$$

따라서

$$F=\frac{n-p}{(n-1)p}T^2=21.5$$

한편 $F_{0.01,2,9}=8.02$ 이므로 p-값은 1% 이하이다. 즉, 이들의 평균혈압은 정상인의 평균혈압과 심각하게 다르다고 결론을 내린다.

이제 두 평균벡터의 동일성에 대한 검정문제를 생각해 보자. 먼저 일변량에서 t-검정을 설명하고 이들을 다변량으로 확장하기로 한다.

두 정규모집단이 공통분산 σ^2을 가질 때, 평균에 대한 가설 $H_0 : \mu_1 = \mu_2$, $H_1 : \mu_1 \neq \mu_2$를 검정하기 위하여 $\bar{X}_1 - \bar{X}_2$의 분포를 이용한다. 즉,

$$T = \frac{\bar{X}_1 - \bar{X}_2}{\sqrt{s_p^2\left(\frac{1}{n_1} + \frac{1}{n_2}\right)}}, \text{ 다만 } s_p^2 = \frac{\sum_{j=1}^{n_1}(X_{1j} - \bar{X}_1)^2 + \sum_{j=1}^{n_2}(X_{2j} - \bar{X}_2)^2}{n_1 + n_2 - 2}$$

은 자유도 $n_1 + n_2 - 2$인 t-분포를 따름을 이용한다.

이제 두 다변량 정규분포가 같은 공분산행렬 Σ를 갖는다는 가정하에 두 평균벡터의 동일성 검정문제를 생각해 보자.

$\boldsymbol{X}_{11}, \boldsymbol{X}_{12}, \cdots, \boldsymbol{X}_{1n_1}$은 $N_p(\boldsymbol{\mu}_1, \Sigma)$에서의 랜덤표본이며,

$$\bar{\boldsymbol{X}}_1 = \frac{1}{n_1}\sum_{j=1}^{n_1}\boldsymbol{X}_{1j}, \quad S_1 = \frac{1}{n_1 - 1}\sum_{j=1}^{n_1}(\boldsymbol{X}_{1j} - \bar{\boldsymbol{X}}_1)(\boldsymbol{X}_{1j} - \bar{\boldsymbol{X}}_1)'$$

이라 하자. 또한 $\boldsymbol{X}_{21}, \boldsymbol{X}_{22}, \cdots, \boldsymbol{X}_{2n_2}$는 $N_p(\boldsymbol{\mu}_2, \Sigma)$에서의 랜덤표본이며

$$\bar{\boldsymbol{X}}_2 = \frac{1}{n_2}\sum_{j=1}^{n_2}\boldsymbol{X}_{2j}, \quad S_2 = \frac{1}{n_2 - 1}\sum_{j=1}^{n_2}(\boldsymbol{X}_{2j} - \bar{\boldsymbol{X}}_2)(\boldsymbol{X}_{2j} - \bar{\boldsymbol{X}}_2)'$$

이라 하자. 공통분산 Σ에 대한 합동추정량은

$$\begin{aligned} S_p &= \frac{(n_1 - 1)S_1 + (n_2 - 1)S_2}{n_1 + n_2 - 2} \\ &= \frac{\sum_{j=1}^{n_1}(\boldsymbol{X}_{1j} - \bar{\boldsymbol{X}}_1)(\boldsymbol{X}_{1j} - \bar{\boldsymbol{X}}_1)' + \sum_{j=1}^{n_2}(\boldsymbol{X}_{2j} - \bar{\boldsymbol{X}}_2)(\boldsymbol{X}_{2j} - \bar{\boldsymbol{X}}_2)'}{n_1 + n_2 - 2} \end{aligned}$$

으로 정의된다. 이들을 이용하여 귀무가설 $H_0 : \boldsymbol{\mu}_1 = \boldsymbol{\mu}_2$를 검정하기 위한 **호텔링의 $\boldsymbol{T^2}$ 통계량**은 다음과 같다.

$$T^2 = \frac{n_1 n_2}{n_1 + n_2}(\bar{\boldsymbol{X}}_1 - \bar{\boldsymbol{X}}_2)' S_p^{-1}(\bar{\boldsymbol{X}}_1 - \bar{\boldsymbol{X}}_2)$$

이표본 호텔링의 T^2 통계량의 분포는 일표본의 경우와 비슷하다. 즉, 귀무가설 $H_0 : \boldsymbol{\mu}_1 = \boldsymbol{\mu}_2$하에서

$$F=\frac{n_1+n_2-p-1}{(n_1+n_2-2)p}T^2$$

는 자유도 p, n_1+n_2-p-1인 F-분포를 따름을 이용하여 두 평균벡터의 동일성에 대한 검정을 시행할 수 있다.

이들을 요약하면 다음과 같다.

정리 5-3 이표본 호텔링의 T^2검정

$\boldsymbol{X}_{11}, \boldsymbol{X}_{12}, \cdots, \boldsymbol{X}_{1n_1}$은 $N_p(\boldsymbol{\mu}_1, \Sigma)$에서의 랜덤표본이고, $\boldsymbol{X}_{21}, \boldsymbol{X}_{22}, \cdots, \boldsymbol{X}_{2n_2}$는 $N_p(\boldsymbol{\mu}_2, \Sigma)$에서의 랜덤표본일 때

$$\overline{\boldsymbol{X}}_1=\frac{1}{n_1}\sum_{j=1}^{n_1}\boldsymbol{X}_{1j}, \quad \overline{\boldsymbol{X}}_2=\frac{1}{n_2}\sum_{j=1}^{n_2}\boldsymbol{X}_{2j}$$

$$S_p=\frac{1}{n_1+n_2-2}\left[\sum_{j=1}^{n_1}(\boldsymbol{X}_{1j}-\overline{\boldsymbol{X}}_1)(\boldsymbol{X}_{1j}-\overline{\boldsymbol{X}}_1)'+\sum_{j=1}^{n_2}(\boldsymbol{X}_{2j}-\overline{\boldsymbol{X}}_2)(\boldsymbol{X}_{2j}-\overline{\boldsymbol{X}}_2)'\right]$$

으로 나타내면, 이표본 호텔링의 T^2통계량은 다음과 같다.

$$T^2=\frac{n_1n_2}{n_1+n_2-2}(\overline{\boldsymbol{X}}_1-\overline{\boldsymbol{X}}_2)'S_p^{-1}(\overline{\boldsymbol{X}}_1-\overline{\boldsymbol{X}}_2)$$

또한

$$F=\frac{n_1+n_2-p-1}{(n_1+n_2-2)p}T^2 \sim F_{(p,\, n_1+n_2-p-1)}$$

임을 이용하면, 가설 $H_0: \boldsymbol{\mu}_1=\boldsymbol{\mu}_2$, $H_1: \boldsymbol{\mu}_1\neq\boldsymbol{\mu}_2$에 대한 기각역은 다음과 같다.

$$T^2\geq\frac{(n_1+n_2-2)p}{n_1+n_2-p-1}F_{\alpha,\, p,\, n_1+n_2-p-1}$$

[예 5-19] 다음은 심장병 경험이 있으면서 특별치료를 받은 11명의 환자에 대하여 확장혈압(x_1)과 수축혈압(x_2)을 측정한 자료이다. 이들의 평균혈압이 [예 5-18]에서 주어진 자료의 평균혈압과 다르다고 할 수 있는지 검정해 보자.

번호	1	2	3	4	5	6	7	8	9	10	11
x_1	84	84	85	75	90	80	70	74	90	85	85
x_2	125	141	125	120	130	130	112	118	125	130	141

주어진 위의 자료에서 다음 결과를 얻는다.

$$\bar{x}_1=82, \quad \sum(x_{1k}-\bar{x}_1)^2=424$$
$$\bar{x}_2=127, \quad \sum(x_{2k}-\bar{x}_2)^2=786$$
$$\sum(x_{1k}-\bar{x}_1)(x_{2k}-\bar{x}_2)=372$$

이제 [예 5-18]의 자료를 $\overline{\boldsymbol{X}}_1$으로 나타내고 [예 5-19]의 자료를 $\overline{\boldsymbol{X}}_2$로 나타내면 다음의 결과들을 얻는다.

$$S_p=\frac{1}{20}\left\{\begin{bmatrix}920 & 707\\707 & 844\end{bmatrix}+\begin{bmatrix}424 & 372\\372 & 786\end{bmatrix}\right\}$$
$$=\begin{bmatrix}67.20 & 53.95\\53.95 & 81.50\end{bmatrix}$$
$$S_p^{-1}=\begin{bmatrix}0.0318 & -0.0210\\-0.0210 & 0.0262\end{bmatrix}$$
$$T^2=\frac{n_1n_2}{n_1+n_2-2}(\overline{\boldsymbol{X}}_1-\overline{\boldsymbol{X}}_2)'S_p^{-1}(\overline{\boldsymbol{X}}_1-\overline{\boldsymbol{X}}_2)$$
$$=\frac{121}{20}[9 \quad 11]\begin{bmatrix}0.0318 & -0.0210\\-0.0210 & 0.0262\end{bmatrix}\begin{bmatrix}9\\11\end{bmatrix}$$
$$=\frac{121}{20}(1.5784)=9.550$$
$$F=\frac{19}{40}(9.550)=4.54$$

한편 $F_{0.05,2,19}=3.52$, $F_{0.01,2,19}=5.93$이므로 p-값은 5%와 1% 사이에 있다. 즉, 유의수준 5%에서 두 모평균은 다르다고 결론을 내린다.

연 습 문 제

5. 2. 1. $X_1, \cdots, X_n$은 $B(1, p)$에서 추출된 랜덤표본이다. 이를 기초로 단순가설

$$H_0: p=\frac{1}{2}, \qquad H_1: p=\frac{3}{4}$$

을 검정하려고 한다. 다음 물음에 답하여라.

(a) 최강력검정의 기각역 형태를 구하여라.

(b) $\alpha=0.05$에서 $n=10$일 때 최강력검정을 구하여라.

5. 2. 2. $X_1, \cdots, X_n$은 평균이 λ인 포아송분포에서 추출된 랜덤표본이다. 이를 기

초로 단순가설

$$H_0 : \lambda=1, \qquad H_1 : \lambda=3$$

을 검정하려고 한다. 다음 물음에 답하여라.

(a) 최강력검정의 기각역 형태를 구하여라.

(b) $\alpha=0.1$에서 $n=10$일 때 최강력검정을 구하여라.

5. 2. 3. $X_1, \cdots, X_n$이 $N(\mu, 1)$에서 추출된 랜덤표본이다.

(a) 가설 $H_0 : \mu=0,\ H_1 : \mu=1$에 대한 크기 $\alpha=0.05$의 최량기각역을 구하여라.

(b) 가설이 $H_0 : \mu=0,\ H_1 : \mu=2$로 바뀐다면 $\alpha=0.05$의 최량기각역은 어떻게 변화하는가?

(c) 위의 각 경우에 $\beta=0.1$ 이하가 되기 위한 최소의 표본크기를 구하여라.

5. 2. 4. $X_1, \cdots, X_n$이 $N(0, \sigma^2)$에서 추출된 랜덤표본이다.

(a) 가설 $H_0 : \sigma=1,\ H_1 : \sigma=2$에 대한 크기 $\alpha=0.05$의 최량기각역을 구하여라.

(b) $H_0 : \sigma=1,\ H_1 : \sigma=3$에 대한 크기 $\alpha=0.05$의 최량기각역을 구하여라.

(c) 위의 각 경우 $\beta=0.1$ 이하가 되기 위한 최소의 표본크기를 구하여라.

5. 2. 5. X는 $f(x;\theta)=\theta x^{\theta-1},\ 0<x<1\ (\theta>0)$에서 추출된 한 개의 관측값이다. $\alpha=0.05$에서 가설

$$H_0 : \theta=1, \qquad H_1 : \theta>1$$

을 검정하기 위한 UMP검정을 구하여라.

5. 2. 6. X는 지수분포 $f(x;\theta)=\frac{1}{\theta}e^{-x/\theta},\ x>0\ (\theta>0)$에서 추출된 한 개의 관측값이다. $\alpha=0.05$에서 가설

$$H_0 : \theta=2, \qquad H_1 : \theta>2$$

를 검정하기 위한 UMP검정을 구하여라.

5. 2. 7. $X_1, \cdots, X_n$은 균등분포 $U[0, \theta]$에서 추출된 랜덤표본일 때,

(a) $H_0 : \theta=\theta_0,\ H_1 : \theta=\theta_1\ (\theta_0<\theta_1)$을 검정하기 위한 크기 α의 최량기각역을 구하여라.

(b) (a)에서 구한 검정은 $H_0 : \theta=\theta_0,\ H_1 : \theta<\theta_0$에 대해서도 UMP검정인가?

5. 2. 8. $X_1, \cdots, X_n$은 밀도함수가 다음과 같은 감마분포에서의 랜덤표본이다.

$$f(x\,;\,\theta)=\begin{cases}\dfrac{1}{2\theta^3}x^2e^{-x/\theta}, & x>0\\ 0, & x\le 0\end{cases}$$

(a) $H_0: \theta=\theta_0$, $H_1: \theta=\theta_1$ $(\theta_1>\theta_0)$을 검정하기 위한 최량기각역의 형태를 구하여라.

(b) (a)에서 구한 검정은 $H_0: \theta=\theta_0$, $H_1: \theta>\theta_0$에 대해서도 UMP검정인가?

5. 2. 9. $X_1, \cdots, X_n$은 분산이 3^2인 정규분포 $N(\mu, 3^2)$에서 추출된 랜덤표본이다. 유의수준 5%에서 가설

$$H_0: \mu=\mu_0, \qquad H_1: \mu<\mu_0$$

를 검정하기 위한 UMP검정을 구하여라.

5. 2. 10. $X_1, \cdots, X_n$은 평균이 100인 정규분포 $N(100, \sigma^2)$에서 추출된 랜덤표본이다. 유의수준 5%에서 가설

$$H_0: \sigma^2=\sigma_0^2, \qquad H_1: \sigma^2<\sigma_0^2$$

을 검정하기 위한 UMP검정을 구하라.

5. 2. 11. $X_1, \cdots, X_n$은 지수분포 $f(x;\theta)=\dfrac{1}{\theta}e^{-\frac{x}{\theta}}$, $x>0$에서 추출된 랜덤표본이다. 가설

$$H_0: \theta=\theta_0, \qquad H_1: \theta\neq\theta_0$$

를 검정하기 위한 LR검정의 기각역 형태를 구하여라.

5. 2. 12. $X_1, \cdots, X_n$은 포아송분포 $f(x;\theta)=\dfrac{\theta^x e^{-\theta}}{x!}$, $x=0, 1, 2, \cdots$에서 추출된 랜덤표본이다. 가설

$$H_0: \theta=\theta_0, \qquad H_1: \theta\neq\theta_0$$

를 검정하기 위한 LR검정의 기각역 형태를 구하여라.

5. 2. 13. "100g"으로 표시된 커피용기의 실제 내용물의 무게는 $N(\mu, \sigma^2)$을 따른다고 한다. 가설

$$H_0: \mu\ge 100, \quad H_1: \mu<100$$

을 검정하기 위해 $n=10$인 랜덤표본을 조사해 본 결과 $\bar{x}=99.3$을 얻었다. 다음 물음에 답하라.

(a) $\sigma^2=1.5$인 경우 H_0를 기각하는가$(\alpha=0.05)$?

(b) σ^2을 모르고 표본으로부터 구한 결과 $s^2=1.5$이었다면 H_0를 기각하는가

($\alpha=0.05$)?

5.2.14. 두 종류의 자동차 브레이크 제동능력을 비교하기 위해 각각 64대의 표본조사를 실시했다. 시속 60km에서 급제동시켜서 정거할 때까지 지나간 거리의 평균과 분산을 측정한 결과가 다음과 같다(단위: m).

	A형	B형
평 균	118	109
분 산	102	87

이 자료에 의하면 두 종류의 자동차의 제동거리가 다르다고 할 수 있는가?

5.2.15. $N(\mu_1, \sigma_1^2)$과 $N(\mu_2, \sigma_2^2)$으로부터 각각 다음과 같은 10개의 관측값을 얻었다.

$N(\mu_1, \sigma_1^2)$	10.7	10.7	10.4	10.9	10.5	10.3	9.6	11.1	11.2	10.4
$N(\mu_2, \sigma_2^2)$	9.6	10.4	9.7	10.3	9.2	9.3	9.9	9.5	9.0	10.9

이 자료로부터

$$H_0: \sigma_1^2=\sigma_2^2, \qquad H_1: \sigma_1^2\neq\sigma_2^2$$

을 $\alpha=0.05$에서 검정하여라.

5.2.16. $\sum_{i=1}^{7} X_i=5.23$, $\sum_{i=1}^{7} X_i^2=3.9089$, $\sum_{i=1}^{5} Y_i=3.64$, $\sum_{i=1}^{5} Y_i^2=2.6501$이 각각 $N(\mu_1, \sigma_1^2)$, $N(\mu_2, \sigma_2^2)$으로부터 추출된 랜덤표본에서 계산된 결과라고 하자. 이를 이용하여

(a) $H_0: \sigma_1^2=\sigma_2^2$, $H_1: \sigma_1^2\neq\sigma_2^2$을 검정하여라.

(b) $H_0: \sigma_1^2=\sigma_2^2$, $H_1: \sigma_1^2>\sigma_2^2$을 검정하여라.

5.2.17. $X_1, \cdots, X_n$이 평균 θ_1을 갖는 포아송분포로부터 추출되었고 $Y_1, \cdots, Y_n$이 평균 θ_2를 갖는 포아송분포로부터 추출되었다고 하자. 또 각 관측값은 상호독립적이다.

$$H_0: \theta_1=\theta_2, \qquad H_1: \theta_1\neq\theta_2$$

를 검정하기 위한 LR은 다음과 같이 나타나는 것을 보여라.

$$\lambda=\frac{e^{-2n\theta}\hat{\theta}^{2n\theta}}{e^{-n(\theta_1+\theta_2)}\hat{\theta}_1^{n\theta_1}\hat{\theta}_2^{n\theta_2}}$$

여기서 $\hat{\theta}=\frac{1}{2}(\bar{X}+\bar{Y})$, $\hat{\theta}_1=\bar{X}$, $\hat{\theta}_2=\bar{Y}$이다.

$n=100$ 개의 관측값을 조사한 결과 $\bar{x}=20$, $\bar{y}=22$ 가 나타났다면 H_0 을 기각할 수 있는가?(힌트: 이 문제에서 $-2\ln\lambda$ 는 자유도 1인 카이제곱분포에 접근하는 것을 이용한다)

5. 2. 18. 이산형 확률변수 X 가 4개의 가능한 값 $\{x_1, x_2, x_3, x_4\}$ 중에서 하나를 택한다. X 의 분포는 모수 θ 에 따라 변하며 θ 는 θ_1, θ_2, θ_3 중에서 하나를 택한다. X 의 분포는 다음과 같다.

	x_1	x_2	x_3	x_4
θ_1	0.2	0.3	0.1	0.4
θ_2	0.5	0.1	0.2	0.2
θ_3	0.3	0	0.4	0.3

$$H_0 : \theta=\theta_1, \quad H_1 : \theta=\theta_2 \text{ 또는 } \theta_3$$

을 검정하기 위한 LR검정법을 제시하여라(힌트: 표에 주어진 값은 $f(x\,;\theta)$로서 이를 가능도함수 $L(\theta)$로 생각한다).

5. 2. 19. 다음 관측값에 대하여 아래 문제에 답하여라.

x_1	7	13	11	13
x_2	17	24	24	15

(a) $H_0 : \boldsymbol{\mu}'=[12, 16]$을 검정하기 위한 T^2 통계량의 값을 구하여라.

(b) 유의수준 5%에서 (a)의 검정을 시행하여라.

5. 2. 20. 다음 관측값에 대하여 아래 문제에 답하여라.

x_1	6	10	8	5	11
x_2	9	6	3	5	7

(a) $H_0 : \boldsymbol{\mu}'=[9, 5]$을 검정하기 위한 T^2 통계량의 값을 구하여라.

(b) 유의수준 5%에서 (a)의 검정을 시행하여라.

5. 2. 21. 20명의 건강한 남자에게 나오는 땀의 성분을 분석하여

$$x_1=\text{땀의 비율} \quad x_2=\text{나트륨함량} \quad x_3=\text{칼륨함량}$$

을 측정하였다. 다음은 이들 자료를 컴퓨터 처리하여 얻은 결과들이다. 아래 물음에 답하여라.

$$\bar{x}=\begin{bmatrix} 4.6 \\ 45.4 \\ 10.1 \end{bmatrix} \quad S^{-1}=\begin{bmatrix} 0.59 & -0.02 & 0.26 \\ -0.02 & 0.03 & -0.01 \\ 0.26 & -0.01 & 0.40 \end{bmatrix}$$

(a) $H_0 : \boldsymbol{\mu}'=[4, 50, 10]$을 검정하기 위한 T^2통계량의 값을 구하여라.

(b) 유의수준 10%에서 (a)의 검정을 시행하여라.

5. 2. 22. 어느 회사에서는 40세 이상의 간부사원 가운데 15명을 랜덤하게 추출하여 확장혈압과 수축혈압을 측정하고, 이들 자료를 컴퓨터 처리하여 다음의 결과를 얻었다. 아래 물음에 답하여라.

$$\bar{\boldsymbol{x}}_1=\begin{bmatrix} 85 \\ 128 \end{bmatrix}, \quad S_1=\begin{bmatrix} 280 & 325 \\ 325 & 440 \end{bmatrix}$$

(a) $H_0 : \boldsymbol{\mu}'=[80, 120]$을 검정하기 위한 T^2통계량의 값을 구하여라.

(b) 유의수준 5%에서 (a)의 검정을 시행하여라.

5. 2. 23. 두 종류의 세수비누에 대하여

$$x_1=\text{거품} \qquad x_2=\text{부드러움}$$

을 측정하여 품질을 비교하려고 한다. 두 제품에서 각각 20개씩 검사하여 다음 자료를 얻었다. 두 제품의 품질이 같다고 할 수 있는가? 호텔링의 T^2검정을 시행하여라.

$$\bar{\boldsymbol{x}}_1=\begin{bmatrix} 7.2 \\ 4.3 \end{bmatrix}, \quad S_1=\begin{bmatrix} 2 & 1 \\ 1 & 6 \end{bmatrix}$$

$$\bar{\boldsymbol{x}}_2=\begin{bmatrix} 8.4 \\ 3.6 \end{bmatrix}, \quad S_2=\begin{bmatrix} 2 & 1 \\ 1 & 4 \end{bmatrix}$$

5. 2. 24. 연습문제 5.2.22에서는 40세 이상의 사원에 대한 혈압자료이다. 그 회사에서는 30세 이하의 평사원 가운데 15명을 랜덤하게 추출하여 같은 혈압을 측정하여 다음 자료를 얻었다. 두 그룹의 혈압은 같다고 할 수 있는가? 호텔링의 T^2검정을 시행하여라.

$$\bar{\boldsymbol{x}}_2=\begin{bmatrix} 81 \\ 122 \end{bmatrix}, \quad S_2=\begin{bmatrix} 240 & 315 \\ 315 & 400 \end{bmatrix}$$

제 6 장

비모수적 방법

지금까지의 통계적 추론에서는 모집단의 분포에 대하여 특정 분포를 가정하고, 가정된 분포에서 최적인 추정이나 검정법을 다루었다. 예를 들어 모집단에 대하여 정규분포 $N(\mu,\ \sigma^2)$을 가정하고 모수인 μ 또는 σ^2에 대한 추론문제를 다루었다. 이와 같은 방법을 **모수적 방법**(parametric method)이라 한다.

그러나 정규분포는 이론적인 분포이며, 실제 문제에서 어느 자료가 정확히 정규분포에서 관측된 경우는 없다. 따라서 모집단의 실제 분포가 정규분포에서 멀어지거나 데이터 가운데 이상점(outlier)이 있는 경우에는 정규성을 가정하고 개발된 이론들은 오류의 가능성이 커진다. 예를 들어 가설검정에서 검정력이 심각하게 떨어질 수 있다.

이와 같이 모집단의 분포에 대하여 특정 모수형 분포를 가정하는 것이 무리일 때는 이에 대한 가정을 약화시키는 것이 오히려 효율을 높일 수도 있다. 모집단의 분포에 대하여 모수형의 가정을 하지 않고 다만 연속성과 대칭성 등의 일반적인 가정하에 통계적 추론을 다루는 방법을 **비모수적 방법**(nonparametric method)이라 한다.

자료들이 범주형으로 관측된 경우도 모집단에 대하여 모수형 분포를 가정하는 것은 아니므로 이 장에서는 범주형 자료의 분석도 함께 다루기로 한다.

6-1 범주형 자료와 카이제곱검정

앞에서는 데이터가 연속형일 때 모집단의 평균과 분산 등에 관한 내용에 대한 검정을 중심으로 다루었다. 그러나 데이터가 연속형이 아닌 범주형에서 추출되는 경우가 많으며, 여기서는 이러한 경우 여러 가지 형태의 검정법에 대해 살펴보기로 한다. 이를 위해 먼저 범주형 자료의 확률모형의 근간이 되는 다항분포를 알아보고, 데이터가 주어진 가정에 적합한 확률모형을 따르는가를 검정하는 적합도검정에 대해서도 알아본다. 또한 분류변수가 2개 이상인 경우에는 분류변수들 사이의 연관성을 조사하는 방법과, 특히 분류변수가 2개만 있는 경우에 두 변수의 독립성 검정이나 한 변수의 각 수준에서 다른 변수의 확률모형이 동질적인지를 검정하는 방법에 대해 살펴보기로 한다.

6-1-1 다항분포와 카이제곱근사

다항분포는 범주형 자료의 확률모형을 나타내는 예로서 이 모형을 이용하여 카이제곱검정의 통계량을 만들 수 있다. 다항분포는 이항분포를 확장시킨 것이다. 이항분포의 경우 성공 또는 실패와 같이 베르누이 시행 결과가 두 가지 중의 하나인 경우 성공이 나타나는 횟수에 대한 확률분포였다. 다항분포는 시행 결과가 k개 중의 하나인 **다항시행**(multinomial trial)에 대한 확률분포이다. 이미 앞에서 설명이 되었지만, 다항분포에 대한 정의와 분포의 성질을 다시 정리해 보기로 한다.

한 번의 다항시행에서 나타나는 결과는 k개의 상호배반인 범주 중의 하나에 속하며, 각 범주에 속할 확률은 $p_1, \cdots, p_k$ $(p_1+\cdots+p_k=1)$이라 하자. 이런 다항시행을 n회 반복할 경우에 범주 i에 속하는 횟수를 X_i로 정의하면, $X_1, \cdots, X_k$는 **다항분포**(multinomial distribution)를 따른다고 하며, 결합밀도함수는 다음과 같다.

$$f(x_1, \cdots, x_k)=\frac{n!}{x_1!\cdots x_k!}p_1^{x_1}\cdots p_k^{x_k},\ x_1+\cdots+x_k=n,\ p_1+\cdots+p_k=1$$

여기서 $x_1+\cdots+x_k=n$이므로 $x_k=n-(x_1+\cdots+x_{k-1})$의 관계가 있다. 따라서 k개의 범주가 있는 다항분포에서 변수는 $k-1$개만 있는 셈이다. 다항분포는 k개의 확률변수가 서로 연관성이 있는 다변량분포이다. 각 X_i는 모수가 (n, p_i)인 이항분포를 따른다. 따라서 X_i의 평균과 분산은 각각 np_i, $np_i(1-p_i)$이다. 또한 X_i와 X_j의 공분산은 $\text{Cov}[X_i, X_j]=-np_ip_j(i\neq j)$이다. 범주형 자료의 분석에 사용되는 다항분포의 중요한 성질로서

$$\sum_{i=1}^{k}\frac{(X_i-np_i)^2}{np_i}$$

은 근사적으로 자유도 $k-1$인 카이제곱(χ^2)분포를 따른다는 사실을 많이 이용한다. 이에 대한 일반적인 증명은 복잡하므로 $k=2$인 경우에 대해서만 알아보자.

$X_1\sim B(n, p_1)$이라고 하면 중심극한정리로부터 n이 클 때 다음이 성립한다.

$$X=\frac{X_1-np_1}{\sqrt{np_1(1-p_1)}}\ \dot{\sim}\ N(0, 1)$$

$X_1+X_2=n$, $p_1+p_2=1$이라면 다음 관계식이 성립한다.

$$\begin{aligned}X^2&=\frac{(X_1-np_1)^2}{np_1(1-p_1)}=\frac{(X_1-np_1)^2}{np_1}+\frac{(X_1-np_1)^2}{n(1-p_1)}\\&=\frac{(X_1-np_1)^2}{np_1}+\frac{[(n-X_2)-n(1-p_2)]^2}{np_2}\\&=\frac{(X_1-np_1)^2}{np_1}+\frac{(X_2-np_2)^2}{np_2}=\sum_{i=1}^{2}\frac{(X_i-np_i)^2}{np_i}\end{aligned}$$

가정에서 $X_1\sim B(n, p_1)$, $X_2=n-X_1$이라고 하였으므로

$$E[X_1]=np_1,\quad E[X_2]=np_2$$

이 성립하고, 따라서 X^2은 다음과 같이 표현된다.

$$X^2=\sum_{i=1}^{2}\frac{(X_i-E[X_i])^2}{E[X_i]}$$

한편, X는 근사적으로 $N(0, 1)$에 따르므로 X^2은 자유도 $k-1=1$인 카이제곱분포를 따른다.

일반적으로 다음과 같은 정리가 성립한다.

> 정리 6-1 실험 결과가 k개의 상호배반적인 범주에 속한다고 하자. 이러한 실험을 n회 반복 시행하였을 때 $n_1, \cdots, n_k$를 각 범주에 속하는 관측빈도라 하고 $e_1, \cdots, e_k$를 해당 범주에 속하는 관측빈도의 기대값, 즉 $E[n_i]=e_i$라고 하면 n이 커질 때 통계량
>
> $$\chi^2=\sum_{i=1}^{k}\frac{(n_i-e_i)^2}{e_i}$$
>
> 은 자유도 $k-1$인 카이제곱분포에 접근해 간다.

[정리 6-1]에서 기호 n_i는 **관측빈도**(observed frequency)를 뜻하며, e_i는 **기대빈도**(expected frequency)를 뜻한다. 실용적으로 카이제곱 근사를 사용할 수 있기 위해서는 $np_i \geq 5$ $(i=1, \cdots, k)$이어야 안전한 것으로 알려졌다. 그러나 실제로 여러 개의 범주가 있는 경우에 한두 개의 범주에서 기대도수가 5 이하가 될 때에도 근사식이 나쁘지는 않다는 연구 결과가 발표되기도 했으며, 학자들에 따라서는 1 이하인 경우에만 심각한 오류가 발생할 수 있다고 판단하기도 한다.

6-1-2 적합도검정

실험 결과가 k개의 상호배반적인 범주 $A_1, \cdots, A_k$에 속한다고 하자. 실험 결과가 i번째 범주에 속할 확률 $p_i=P[A_i]$가 미리 주어진 값 π_i와 같은지 검정하고자 한다면 귀무가설은 다음과 같다.

$$H_0: p_i=\pi_i, \quad i=1, \cdots, k$$

이 가설을 검정하기 위해 n개의 관측값을 택한 결과 i번째 범주에 X_i개가 나타났다고 하자. H_0가 사실이라면 $E[X_i]=n\pi_i$이므로 [정리 6-1]에 의해

$$\chi^2=\sum_{i=1}^{k}\frac{(X_i-n\pi_i)^2}{n\pi_i}$$

은 n이 클 때 자유도 $k-1$인 카이제곱분포에 근사될 것이다. 따라서 유의수준 α에서 χ^2의 값이 $\chi^2_{\alpha,k-1}$보다 크게 되면 H_0를 기각한다. 이와 같은 검정을 **적합도검정**(goodness of fit test)이라 한다.

[예 6-1] 멘델(Mendel)의 법칙에 의하면 어떤 종류의 완두콩을 색깔과 모양에 따라 노랗고 둥근형, 노랗고 뾰족한 형, 초록색에 둥근형, 초록색에 뾰족한 형의 네 가지로 구분할 때 각 종류에 속할 비율이 9 : 3 : 3 : 1이 된다. 완두콩 100개를 조사한 결과, 각 형태에 속하는 수가 54, 20, 16, 10으로 나타났다고 하면 이 결과는 멘델의 법칙에 따른다고 할 수 있는가를 검정해 보자.

문제의 뜻에 의하면 네 종류의 완두콩이 나올 확률에 대한 귀무가설은

$$H_0 : p_1=\frac{9}{16},\ p_2=\frac{3}{16},\ p_3=\frac{3}{16},\ p_4=\frac{1}{16}$$

이다. 따라서 H_0하에서 기대빈도는 다음과 같다.

$$e_1=100\times\frac{9}{16}=56.25,\quad e_2=100\times\frac{3}{16}=18.75,$$

$$e_3=100\times\frac{3}{16}=18.75,\ e_4=100\times\frac{1}{16}=6.25$$

검정통계량의 값은

$$\begin{aligned}\chi^2&=\frac{(54-56.25)^2}{56.25}+\frac{(20-18.75)^2}{18.75}+\frac{(16-18.75)^2}{18.75}+\frac{(10-6.25)^2}{6.25}\\&=0.09+0.08+0.40+2.25\\&=2.82<\chi^2_{0.05,3}=6.815\end{aligned}$$

따라서 H_0를 기각할 수 없으며, 이 완두콩도 멘델의 법칙에 따라 생산된다고 할 수 있다.

앞에서 다룬 적합도검정의 문제는 귀무가설에서 하나의 관측값이 i번째 범주에 속할 확률 p_i를 π_i로 가정하였기 때문에 표본크기가 n일 때 i번째 범주에 속하는 관측값의 기대도수 e_i는 귀무가설하에서 $n\pi_i$로 결정되었다.

그러나 많은 경우 각 범주에 속하는 확률(또는 기대값)이 알려져 있지 않은 모수의 함수로 표현된다.

예를 들어 어떤 대학에 다니는 남학생의 키가 정규분포를 따르는가를 조사하는 문제를 생각해 보자. 이 문제의 경우 단지 "정규분포를 따르는가"라는 가정만 세웠을 뿐 정규분포가 갖는 두 개의 모수, 평균(μ)과 분산(σ^2)에 대해서는 언급하지를 않았다. 그러나 이러한 경우에도 표본으로부터 μ와 σ^2을 추정할 수 있다면 이를 이용하여도 큰 무리가 없는 것으로 알려져 있다. 물론 이러한 경우 표본으로부터 미지의 모수를 추정함으로 인해 가설검정을 위한 정보의 손실을 가져왔으며, 이는 자유도에 반영된다. 다음 정리는 이들을 요약한 것이다.

정리 6-2 각 범주에 속할 확률(또는 기대값)이 미지의 모수에 의해 결정될 때 모수는 최대가능도추정량으로 대치하고 이를 이용하여 각 범주에 속할 확률을 구한다. 이렇게 해서 만들어진 통계량

$$\chi^2=\sum_{i=1}^{k}\frac{(n_i-e_i)^2}{e_i}$$

은 점근적으로 자유도가 (범주의 수−추정하는 모수의 개수−1)인 카이제곱분포에 접근한다.

[예 6-2] 50일 동안 어떤 교차로에서 일일당 발생한 교통사고 건수를 조사한 결과가 다음과 같다.

사고수/일	도 수
0	32
1	12
2	6
3 이상	0

이 자료로부터 매일 발생하는 교통사고 건수 X가 포아송분포를 따르는가를 검정해 보자($\alpha=0.05$). 귀무가설은 다음과 같다.

$$H_0 : p_x = \frac{\lambda^x e^{-\lambda}}{x!}, \quad x=0, 1, 2, \cdots$$

이제 첫번째 범주를 $X=0$ 인 경우, 두 번째 범주를 $X=1$ 인 경우, 세 번째 범주를 $X=2$ 인 경우, 그리고 네 번째 범주를 $X \geq 3$ 인 경우라 하고, e_i 를 50일 가운데 i 번째 범주에 속하는 날 수라고 하면 이는 i 번째 범주의 기대도수이고 귀무가설은 다음과 같다.

$$H_0 : e_1=50p_0,\ e_2=50p_1,\ e_3=50p_2,\ e_4=50(1-p_0-p_1-p_2)$$

p_x 의 값을 구하기 위해 λ 대신 MLE $\bar{X}$ 를 이용한다. 데이터로부터

$$\bar{x} = \frac{0\times32+1\times12+2\times6}{50} = 0.48$$

따라서 H_0 하에서 기대도수는 다음과 같이 추정된다.

$$\hat{e}_1 = 50\times0.619 = 30.95$$
$$\hat{e}_2 = 50\times0.297 = 14.85$$
$$\hat{e}_3 = 50\times0.071 = 3.55$$
$$\hat{e}_4 = 50\times0.013 = 0.65$$

또 연구 결과에 의하면 각 범주에 속하는 도수의 기대값이 최소한 1 이상이 되어야 검정통계량 χ^2 이 접근적인 카이제곱분포를 따른다는 것이 알려져 있다.* 앞의 결과에 의하면 e_4 에서 기대도수는 0.65로 1보다 작았다. 이 경우 보통 옆의 범주와 합하여 새로운 범주를 만든다. 범주 3과 범주 4를 합하여 새로운 범주를 만들면 다음과 같은 표를 얻는다.

사고수/일	도 수	기대도수
0	32	30.95
1	12	14.85
2 이상	6	4.20

따라서 검정통계량의 값은 다음과 같다.

$$\chi^2 = \frac{(32-30.95)^2}{30.95} + \frac{(12-14.85)^2}{14.85} + \frac{(6-4.20)^2}{4.20} = 1.354$$

수표로부터 $\chi^2_{0.05,1}=3.841$ 이고 1.354는 이 값보다 작으므로 매일 발생하는 교통사고 건수는 포아송분포를 따른다는 가정을 기각할 수가 없다.

* Snedecor and Cochran (1967), *Statistical Methods*, 6판, p. 235.

[예 6-3] 어떤 대학의 남학생 키가 정규분포에 따르는가를 조사하기 위해 84명을 조사한 결과가 다음과 같이 나타났다.

키 cm	도 수
155～158	1
159～162	4
163～166	10
167～170	33
171～174	24
175～178	9
179～182	3
	84

여기서 X를 남학생의 키라고 하면 귀무가설은 다음과 같다.

$$H_0 : X \sim N(\mu, \sigma^2)$$

이 문제의 경우 전체 84명의 조사자료가 7개의 범주로 나누어져 있다. 따라서 e_i를 전체 84명 중 i번째 범주에 속하는 사람의 기대도수라고 하면 다음이 성립한다.

$$\begin{aligned} e_1 &= 84P[155 \le X \le 158] \\ &\vdots \\ e_7 &= 84P[179 \le X \le 182] \end{aligned}$$

각 구간에 속하는 확률을 구하기 위해 μ와 σ^2의 MLE를 구하면 다음과 같다.

$$\begin{aligned} \hat{\mu} &= (1 \times 156.5 + 4 \times 160.5 + \cdots + 3 \times 180.5)/84 \\ &= 169.93 \\ \hat{\sigma}^2 &= [1 \times (156.5 - 169.93)^2 + 4 \times (160.5 - 169.93)^2 \\ &\quad + \cdots + 3 \times (180.5 - 169.93)^2]/84 \\ &= 21.2 = (4.6)^2 \end{aligned}$$

따라서 X를 남학생의 키를 나타내는 확률변수라고 하면, 귀무가설은 다음과 같다.

$$H_0 : X \sim N(169.93,\ 4.6^2)$$

예를 들어 X가 "167～170cm"의 구간에 속할 확률을 연속수정과 표준화를 통하여 계산하면 다음과 같다.

$$P[167<X<170] \approx P[166.5<X<170.5]$$
$$=P\left[\frac{166.5-169.93}{4.6} \leq Z \leq \frac{170.5-169.93}{4.6}\right]=\Phi(0.12)-\Phi(-0.75)$$
$$=0.5478-0.2266=0.321$$

따라서 84명 중에서 키가 "167~170cm"에 속할 학생수의 기대도수는 84×0.32=26.9가 된다. 다른 구간에 대해서도 이와 같이 계산하면 다음과 같은 결과를 얻는다.

구 간	도수	확률	기대도수
155~158	1	0.01	0.8
159~162	4	0.05	4.2
163~166	10	0.17	14.3
167~170	33	0.32	26.9
171~174	24	0.29	24.4
175~178	9	0.13	10.9
179~182	3	0.03	2.5
	84	1.00	84.0

이 표에서 "155~158cm"구간에 속하는 기대도수는 1보다 작게 나타났다. [예 6-2]에서 지적한 바와 같이 이러한 구간은 옆의 다른 구간과 합해서 새로운 구간을 만드는 것이 타당하므로 이 구간은 "159~162cm"구간과 합하여 "155~162"구간으로 한다("162cm 이하" 구간으로 하는 것이 더 적합한 표현이다). 이렇게 하여 만든 새로운 표는 다음과 같았다.

키	도수	확률	기대도수
162 이하	5	0.05	5.0
163~166	10	0.17	14.3
167~170	33	0.32	26.9
171~173	24	0.29	24.4
174~177	9	0.13	10.9
178 이상	3	0.03	2.5
	84	1.00	84.0

여기서 χ^2통계량을 구해 보면 다음과 같다.

$$\chi^2=\frac{(5-5.0)^2}{5.0}+\cdots+\frac{(3-2.5)^2}{2.5}=3.1$$

이 표는 범주의 수가 6개이고 자료로부터 두 개의 모수 $(\hat{\mu}, \hat{\sigma}^2)$를 추정했으므로 정규분포의 가정이 성립하면 χ^2의 점근분포는 자유도가 $6-2-1=3$인 카이제곱분포에 접근한다. 유의수준을 0.05로 하면 수표로부터 $\chi^2_{0.05,3}=7.82$이고 앞에서 구한 χ^2의 값은 3.1이므로 이 자료에 의하면 이 학교 남학생의 키가 정규분포를 따른다는 가정은 기각할 수가 없다.

6-1-3 이차원 분할표

앞에서 다룬 적합도검정에서는 분류의 요인이 1개이었다. 예를 들어 완두콩의 종류가 4가지로 분류되고, 일일당 사고 건수가 3종류로 분류되며, 남학생의 키가 6개의 범주로 분류되었다.

이제 분류의 요인이 2개가 있는 경우를 생각해 보자. 예를 들어 학력과 회사에 대한 만족도 사이에 연관성이 있는지를 검증하기 위하여 학력을 (고졸 이하, 대졸 이하, 대학원 이상)으로 나누고, 생활의 만족도를 (만족, 보통, 불만)으로 나누어 9개의 각 경우에 대한 관측도수를 얻는다면 2차원 분할표의 자료에 대한 분석을 하게 된다.

이제, 두 분류변수 가운데 한 변수를 A라 하고 다른 변수를 B라고 하자. 또한 A는 r개의 범주로 나누어지고 B는 c개의 범주로 나누어진다고 하자. 전체 n회의 독립적인 실험을 반복한 결과 A의 i번째 범주와 B의 j번째 범주에 속하는 시행횟수가 $n_{ij}(i=1, \cdots, r, j=1, \cdots, c)$라 하고

$$n_{i\cdot}=\sum_{j=1}^{c} n_{ij} \quad n_{\cdot j}=\sum_{i=1}^{r} n_{ij} \quad \sum_{i=1}^{r} n_{i\cdot}=\sum_{j=1}^{c} n_{\cdot j}=n$$

이라 하면 실험결과는 다음과 같은 2차원 표로 표현될 수 있다.

$r \times c$ 분할표

요인 A \ 요인 B	B_1	B_2	$\cdots$	B_c	합
A_1	n_{11}	n_{12}	$\cdots$	n_{1c}	$n_{1\cdot}$
A_2	n_{21}	n_{22}	$\cdots$	n_{2c}	$n_{2\cdot}$
$\vdots$	$\vdots$	$\vdots$	$\cdots$	$\vdots$	$\vdots$
A_r	n_{r1}	n_{r2}	$\cdots$	n_{rc}	$n_{r\cdot}$
합	$n_{\cdot 1}$	$n_{\cdot 2}$	$\cdots$	$n_{\cdot c}$	n

이와 같이 표현되는 2차원 표를 **$r\times c$ 분할표**(contingency table)라고 부른다. 분할표에서 특히 관심이 있는 것은 두 변수가 서로 연관이 되어 있는가를 조사하는 것이다.

$r\times c$ 분할표의 첫번째 문제는 두 변수간의 **독립성검정**(independence test)이다. p_{ij}를 한 관측값이 범주 (A_i, B_j)에 속할 확률이라 하자. 또 $p_{i\cdot}$을 한 관측값이 요인 A의 i번째 범주에 속할 주변확률이라 하고 $p_{\cdot j}$를 요인 B의 j번째 범주에 속할 주변확률이라고 하면, 두 요인 A와 B가 독립일 필요충분조건은 모든 (i, j)쌍에 대해 $p_{ij}=p_{i\cdot}p_{\cdot j}$가 성립하는 것이다. 따라서 $r\times c$ 분할표에서 독립성검정을 위한 귀무가설은 다음과 같다.

$$H_0 : p_{ij}=p_{i\cdot}p_{\cdot j}\,,\quad i=1, \cdots, r,\ j=1, \cdots, c$$

따라서 H_0하에서는 기대도수 e_{ij}가 $np_{ij}=np_{i\cdot}p_{\cdot j}$이다. 즉 $r\times c$ 분할표에서 독립성검정을 위한 가설은 다음과 같다.

$$H_0 : e_{ij}=np_{i\cdot}p_{\cdot j}\,,\quad i=1, \cdots, r,\ j=1, \cdots, c$$

또한 $p_{i\cdot}$와 $p_{\cdot j}$의 MLE는 각각 $\dfrac{n_{i\cdot}}{n}$, $\dfrac{n_{\cdot j}}{n}$이므로 카이제곱통계량은 다음과 같다.

$$\chi^2=\sum_{i=1}^{r}\sum_{j=1}^{c}\frac{\left(n_{ij}-\dfrac{n_{i\cdot}n_{\cdot j}}{n}\right)^2}{\dfrac{n_{i\cdot}n_{\cdot j}}{n}}$$

[정리 6-2]에 의해 χ^2은 점근적으로 카이제곱에 접근한다. 또한 추정된 모수의 개수는 $\sum_{i=1}^{r}\hat{p}_{i\cdot}=1$, $\sum_{j=1}^{c}\hat{p}_{\cdot j}=1$이므로 $\hat{p}_{i\cdot}$가 $(r-1)$개, $\hat{p}_{\cdot j}$가 $(c-1)$개이다. 이상을 종합하면 다음과 같은 정리가 성립한다.

정리 6-3 기호들이 앞에서 설명된 것과 같을 때 $r\times c$ 분할표에서 주어지는 통계량

$$\chi^2=\sum_{i=1}^{r}\sum_{j=1}^{c}\frac{(n_{ij}-\hat{e}_{ij})^2}{\hat{e}_{ij}},\quad \hat{e}_{ij}=\frac{n_{i\cdot}n_{\cdot j}}{n}$$

은 행과 열이 독립일 때 점근적으로 자유도가 $(r-1)(c-1)$인 카이제곱분

포에 접근해 간다. 따라서 유의수준 α에서 독립성의 귀무가설 H_0는

$$\chi^2 > \chi^2_{\alpha,(r-1)(c-1)}$$

일 때 기각된다.

[예 6-4] 어느 회사에서는 학력과 회사에 대한 만족도 사이에 연관성이 있는지를 알아보기 위해 회사원 300명을 랜덤하게 추출하여 조사한 결과 다음의 자료를 얻었다. 두 변수에 연관성이 있다고 할 수 있겠는가 알아보자.

학 력	만족도		
	만족	보통	불만
고졸 이하	40	32	10
대졸 이하	92	50	28
대학원 이상	16	20	12

귀무가설을 'H_0 : 학력과 만족도는 서로 독립이다'로 놓고, H_0하에서 각 범주에 대한 기대도수를 구하면 다음과 같다.

	만족	보통	불만	계
고 졸	40.45	27.88	13.67	82
대 졸	83.87	57.80	28.33	170
대학원졸	23.68	16.32	8.00	48
계	148	102	50	300

위의 표에서 기대빈도는 다음과 같이 계산한다.

$$e_{11}=\frac{148\times 82}{300}=40.45 \quad e_{12}=\frac{102\times 82}{300}=27.88 \quad \cdots \quad e_{33}=\frac{50\times 48}{300}=8.00$$

검정통계량의 값은 다음과 같다.

$$X^2=\frac{(40-40.45)^2}{40.45}+\frac{(32-27.88)^2}{27.88}+\cdots+\frac{(12-8)^2}{8}$$
$$=15.604>\chi^2_{0.05,4}=9.488$$

따라서 유의수준 5%에서 독립이 아니라고 판단한다.

독립성검정 문제와 비슷한 개념으로 **동질성검정**(homogeneity test)이 있다. 이 문제는 $r\times c$ 분할표에서 $A_1, \cdots, A_r$은 요인 A의 부차모집단(subpopulation)으로 간주하고, 각 부차모집단에서 B의 범주인 $(B_1, \cdots, B_c)$가 동질적인 확률모형으로 일어나는가를 검증할 때 나타나는 모형이다. 실험에서는 r개의 비슷한 실험 $A_1, \cdots, A_r$을 시행할 때 이들이 동질적인 실험의 형태로 나타나는가를 알아보기 위해 반응 B의 각 수준에 대한 도수를 관측하여 동질성 여부를 검증할 때 동질성검정을 시행한다.

동질성검정과 독립성검정의 차이는 A의 각 부차모집단인 $A_1, \cdots, A_r$에서의 표본크기인 $n_{1\cdot}, \cdots, n_{r\cdot}$가 미리 정해지는 것이다. 따라서 A_i에서 B의 각 범주에 대한 관측도수인 $(n_{i1}, \cdots, n_{ic})$는 전체 실험횟수가 $n_{i\cdot}$인 다항분포에 따른다.

독립성검정과 같은 기호를 사용할 때 동질성검정의 귀무가설은 다음과 같다.

$$H_0 : (p_{11}, \cdots, p_{1c}) = \cdots = (p_{r1}, \cdots, p_{rc}) = (p_1, \cdots, p_c)$$

여기서 $(p_1, \cdots, p_c)$는 $(B_1, \cdots, B_c)$의 확률을 나타내며, $p_1 + \cdots + p_c = 1$이다.

귀무가설 H_0하에서 p_j는

$$\hat{p}_j = \frac{n_{\cdot j}}{n}, \quad j = 1, \cdots, c$$

로 추정할 수 있으며, 따라서 (A_i, B_j)칸에 대한 기대도수는

$$\hat{e}_{ij} = n_{i\cdot} \times \hat{p}_j = \frac{n_{i\cdot} \times n_{\cdot j}}{n}, \quad i = 1, \cdots, r, \quad j = 1, \cdots, c$$

로 추정한다. 따라서 기대도수는 독립성검정에서와 같으며 검정통계량도 같은 모양이 된다. 자유도는 다음과 같이 계산한다.

$i = 1, \cdots, r$의 각각에 대하여

$$\sum_{j=1}^{c} \frac{(n_{ij} - e_{ij})^2}{e_{ij}}$$

는 자유도 $(c-1)$인 카이제곱분포로 근사되며, $i = 1, \cdots, r$에 대하여 서로 독립이므로

$$\sum_{i=1}^{r} \sum_{j=1}^{c} \frac{(n_{ij} - e_{ij})^2}{e_{ij}}$$

는 자유도 $r(c-1)$인 카이제곱분포에 근사된다. 한편 기대도수를 추정하기 위하여 $\hat{p}_1, \cdots, \hat{p}_{c-1}$ ($\hat{p}_c=1-\hat{p}_1- \cdots -\hat{p}_{c-1}$)의 $(c-1)$개의 모수가 추정되므로 총자유도는 다음과 같다.

$$r(c-1)-(c-1)=(r-1)(c-1)$$

따라서 검정통계량의 형태와 자유도가 독립성검정과 일치하며, 실제로 검정 결과는 어느 검정을 시행하거나 동일한 결과를 얻는다.

[예 6-5] 어느 정당에서는 지역에 따라 A, B, C 세 후보에 대한 지지도가 다른지를 알아보기 위해 각 도시에서 200명씩 조사한 결과 다음의 자료를 얻었다. 지역에 따라 지지도가 다른지를 통계적으로 검정해 보자.

	후보			
	A	B	C	계
서울	73	71	56	200
부산	102	55	43	200
대구	73	66	61	200
광주	62	98	40	200

지역에 따라 지지도의 비율이 같다는 귀무가설하에서 각 칸에 대한 기대도수는 다음과 같다.

	A	B	C	계
서울	77.5	72.5	50	200
부산	77.5	72.5	50	200
대구	77.5	72.5	50	200
광주	77.5	72.5	50	200
계	310	290	200	800

검정통계량의 값은 다음과 같다.

$$X^2=\frac{(73-77.5)^2}{77.5}+\frac{(71-72.5)^2}{72.5}+ \cdots +\frac{(40-50)^2}{50}$$
$$=31.3>\chi^2_{0.01,6}=16.81$$

따라서 p-값은 1%보다 작으며, 지역에 따라 지지도가 다르다고 결론을 내린다.

연 습 문 제

6. 1. 1. 3개의 문이 있는 조그만 방에 쥐를 한 마리씩 풀어 놓고, 쥐가 어떤 문으로 들어가는가를 조사한 결과 다음과 같은 표를 얻었다.

문	1	2	3	합
도수	23	36	31	90

이 결과를 이용하여 쥐가 3개의 문 중에서 어떤 하나의 문을 다른 문보다 특히 좋아하지 않는다는 가설을 검정하라. 즉 p_i, $i=1, 2, 3$을 쥐가 i번째문을 좋아할 확률이라고 할 때

$$H_0 : p_1 = p_2 = p_3 = \frac{1}{3}$$

을 검정하여라($\alpha=0.05$).

6. 1. 2. 주사위를 600번 던진 결과가 다음과 같다.

앞면	1	2	3	4	5	6	합
도수	89	113	98	104	79	117	600

이 주사위가 정상적인 주사위인지 조사하여라($\alpha=0.05$).

6. 1. 3. 어떤 공장에서 기능공의 실수로 인해 발생하는 사고횟수를 얼마 동안 조사해 본 결과 다음과 같은 결과를 얻었다.

사고횟수/한 기능공	0	1	2	3	4	5	6	7	8
도 수	296	74	26	8	4	4	1	0	1

이 자료가 포아송분포로 설명될 수 있는지 $\alpha=0.05$로 검정하여라.

6. 1. 4. 다음은 어떤 보잉 720제트여객기를 운행하기 시작한 이후 이 여객기에 설치되어 있는 에어컨디션 장치가 고장나는 시간간격을 기록한 것이다(단위: 시간).

50 44 102 72 22 39 3 15 197 188 79 88
46 5 5 36 22 139 210 97 30 23 13 14

이 자료로부터 에어컨디션 장치가 고장나는 시간간격이 지수분포를 따르는가를 검정하여라.

6. 1. 5. 다음은 자동차 사고가 일어났을 때 승용차의 크기에 따라 치명상을 입히는 정도에 차이가 있는가를 조사한 자료이다.

차 종	대 형	중 형	소 형
치명적 사고	67	26	16
비치명적 사고	128	63	46

이 자료에 의하면 차의 크기에 따라 사고의 치명 정도가 차이가 있다고 할 수 있는가?

6. 1. 6. 다음은 프로야구팀 가운데 4개 팀에 대하여 2사 후 출루형태를 비교하기 위하여 1년간 자료를 모은 것이다. 네 팀의 출루형태에서 안타, 4구, 실책의 비율이 같다고 할 수 있는가?

	안타	4구	실책
해태	186	81	16
삼성	218	159	20
OB	226	136	22
롯데	221	127	16

6. 1. 7. 비타민 C가 감기예방에 효과가 있는지 알아보기 위해 200명의 지원자를 랜덤하게 두 그룹으로 나누어 100명에게는 위약을 투여하고, 100명에게는 매일 1g의 비타민 C를 투여하였다. 한 겨울이 지난 후에 감기에 걸렸던 사람의 수를 조사한 결과가 다음과 같았다. 비타민 C가 감기예방에 효과가 있다고 할 수 있는가?

	감기 걸림	감기 안걸림	계
위약	40	60	100
비타민 C	20	80	100

6. 1. 8. (a) 어느 대학에서는 재학생의 전공에 따라 흡연율이 다른지를 알아보기 위해 인문계열과 자연계열 각각에서 100명씩 조사한 결과 다음의 자료를 얻었다. 전공에 따라 흡연율이 다르다고 할 수 있는가?

	인문	자연
흡연	50	70
비흡연	50	30
계	100	100

(b) (a)에서의 자료를 남녀별로 나눈 결과 다음과 같았다. 전공에 따라 흡연율이 다르다고 할 수 있는가? (a)의 결과와는 어떻게 다른가? (이와 같이 전체 범주와 각 범주의 부범주(subcategory)에서 속성에 대한 비율이 다른 현상을 심슨의 파라독스(Simpson's paradox)라고 한다.)

남 :

	인문	자연
흡연	30	65
비흡연	10	15
계	40	80

여 :

	인문	자연
흡연	20	5
비흡연	40	15
계	60	20

6-2 일표본 위치문제

비모수적 방법에서 일표본 문제는 모수적 방법에서 한 모평균에 관한 추론에 대응되는 개념이다. 이 책에서는 비모수적 검정법만 다룰 예정이므로 대응되는 모수적 검정법을 복습해 보자.

$X_1, \cdots, X_n$이 정규분포 $N(\mu, \sigma^2)$에서 추출된 랜덤표본이며 σ^2을 모를 때, 가설

$$H_0 : \mu = \mu_0, \quad H_1 : \mu > \mu_0$$

을 검정하기 위한 LR검정으로 t-검정법이 유도되었다. 즉, 검정통계량은

$$T = \frac{\sqrt{n}(\overline{X} - \mu_0)}{S}$$

이며, 유의수준 α에서 기각역은 $T > t_{\alpha, n-1}$로 주어진다.

이와 같은 모수적 방법에 대하여 비모수적 추론에서는 중심위치를 나타내는 모수로서 평균보다는 중앙값을 더 많이 사용한다. 그 이유는 중앙값은 평균보다도 훨씬 넓은 범위의 분포에서 정의되고 이상점에 민감하지 않기 때문이다. 예를 들어 코쉬분포에서는 평균이 존재하지 않지만 중앙값은 존재한다. 확률변수 X의 분포의 중앙값은 $P[X < \theta] \leq \frac{1}{2}$이고 $P[X \leq \theta] \geq \frac{1}{2}$이 되는 θ로서, 특히 X의 분포가 연속일 때에는

$$P[X>\theta]=P[X<\theta]=\frac{1}{2}$$

이 되는 값이다. 또한, 분포함수가 대칭이고 평균이 존재할 때에는 평균과 중앙값은 같다.

일표본 위치문제란 중앙값 θ에 대한 검정 또는 추정문제를 뜻한다. 이 절에서는 중앙값 θ에 대한 비모수적 검정법을 생각하기로 한다. 비모수적 검정법에서 많이 사용되는 기법은 관측값의 **부호**(sign)와 **순위**(rank)를 이용하여 검정통계량을 만드는 것이다. 이제 부호와 순위를 이용하여 검정통계량을 만드는 개념에 대하여 생각해 보자.

$X_1, \cdots, X_n$이 연속형분포 $F(x-\theta)$에서의 랜덤표본이라 하자. 이 때에 θ는 **위치모수**(location parameter)이며, 모집단의 중앙값이라고 하자. 위치모수 θ에 대한 귀무가설과 대립가설이 각각

$$H_0 : \theta=\theta_0, \quad H_1 : \theta>\theta_0$$

로 주어질 때, 대립가설 H_1하에서는 각 관측값들이 θ_0보다 클려고 하는 경향이 있고, 따라서 $X_i-\theta_0$의 부호는 +가 되려는 경향이 있게 된다. 따라서 $X_1-\theta_0, \cdots, X_n-\theta_0$ 가운데 부호가 + 인 것의 개수로서 검정통계량을 만들 수 있다.

$X_i-\theta_0$의 부호뿐만 아니라 상대적인 크기도 고려할 수 있다. 즉, $H_1 : \theta>\theta_0$이 참일 때에는 X_i들이 θ_0보다 클려고 하는 경향이 있으므로, $|X_i-\theta_0|$의 값들은 $X_i-\theta_0$의 부호가 + 인 경우에 − 인 경우보다 클 것을 기대할 수 있다. 따라서 $X_i-\theta_0$의 부호가 + 인 경우와 − 인 경우에 모두 $|X_i-\theta_0|$의 순위를 고려해서 검정통계량을 만들 수 있다.

다음의 두 절에서는 $X_i-\theta_0$의 부호와 $|X_i-\theta_0|$의 순위를 사용하여 만든 검정통계량과 검정법에 대하여 알아보자.

6-2-1 부호검정

$X_1, \cdots, X_n$은 분포함수 $F(x-\theta)$에서 추출된 랜덤표본이라 하자. 여기서 분포함수 F는 연속이며 θ는 중앙값이라고 가정한다. 이제 θ에 대한 가설

$$H_0: \theta=\theta_0, \quad H_1: \theta>\theta_0 \quad (\text{또는 } \theta<\theta_0,\ \theta\neq\theta_0)$$

을 검정하는 문제를 생각해 보자.

각 $X_i-\theta_0$의 부호를 나타내는 **지시함수**(indicator function) S_i를 다음과 같이 정의한다.

$$S_i=\begin{cases} 1, & X_i-\theta_0>0 \\ 0, & X_i-\theta_0\leq 0 \end{cases}$$

H_0가 사실일 때 $S_1, \cdots, S_n$은 서로 독립이며 각 S_i는 성공률 $\frac{1}{2}$인 베르누이 확률변수가 된다. 따라서

$$B=\sum_{i=1}^{n} S_i$$

로 정의할 때, B는 H_0하에서 이항분포 $B(n, \frac{1}{2})$을 따른다. 또한 대립가설 $H_1: \theta>\theta_0$이 사실일 때에는 $P[S_i=1]>\frac{1}{2}$ 이므로 B의 값은 커지려는 경향이 있게 된다. 따라서, B는 검정통계량으로 사용할 수 있으며 이를 요약하면 다음과 같다.

> **정의 6-1** $X_1, \cdots, X_n$이 중앙값이 θ인 연속형분포에서 추출된 랜덤표본일 때, 가설
>
> $$H_0: \theta=\theta_0, \quad H_1: \theta>\theta_0 \ (\text{또는 } \theta<\theta_0,\ \theta\neq\theta_0)$$
>
> 에 대한 **부호검정통계량**(sign test statistic)은 다음과 같이 정의된다.
>
> $$B=\sum_{i=1}^{n} S_i, \qquad \text{여기서 } S_i=\begin{cases} 1, & X_i-\theta_0>0 \\ 0, & X_i-\theta_0\leq 0 \end{cases}$$

통계량 B에 기초한 검정을 **부호검정**(sign test)이라 하며, $H_0: \theta=\theta_0$을 검정하기 위한 기각역은 다음과 같다.

① $H_1: \theta>\theta_0$일 때, $B\geq b_{\alpha, n}$

② $H_1: \theta<\theta_0$일 때, $B<b_{1-\alpha, n}$

③ $H_1: \theta\neq\theta_0$일 때, $B\geq b_{\frac{\alpha}{2}, n}$ 또는 $B<b_{1-\frac{\alpha}{2}, n}$

여기서 $b_{\alpha,n}$은 $P[B \geq b_{\alpha,n} | H_0] = \alpha$를 만족하는 값이다.

데이터 가운데 θ_0와 같은 관측값이 있는 경우에는 그 관측값을 표본에서 제외시키고, n의 크기도 그 개수만큼 줄인 후에 부호검정을 실시한다.

부호검정에서 검정통계량 B의 분포에 대하여 다시 생각해 보자. H_0가 사실일 때, 모집단의 분포함수 F가 연속이면 B는 이항분포 $B(n, \frac{1}{2})$를 따른다. 즉, H_0하에서 B의 분포는 F에 무관하며 따라서 기각역도 F에 무관하게 결정된다. 이와 같이 귀무가설하에서 검정통계량의 분포가 모집단분포와 무관한 검정법을 **분포무관**(distribution-free)검정법이라 한다.

부호검정에서 기각값인 $b_{\alpha,n}$은 $B \sim B(n, \frac{1}{2})$임을 이용하여 부록의 이항분포누적확률표에서 찾을 수 있다. 그러나 표는 $n \leq 20$인 경우만 수록되어 있으므로 n이 더 클 때에는 이항분포의 정규근사 또는 포아송근사에 의하여 검정을 시행할 수 있다. 여기서는 정규근사에 의한 검정법을 생각해 보자.

H_0하에서 B의 기대값과 분산은 각각

$$E_0[B] = \frac{n}{2}, \quad V_0[B] = \frac{n}{4}$$

이므로, 표본크기 n이 충분히 클 때

$$Z_B = \frac{B - n/2}{\sqrt{n/4}} \doteq N(0, 1)$$

이다. 따라서 Z_B에 기초하여 귀무가설 $H_0 : \theta = \theta_0$을 검정하기 위한 정규근사 기각역은 다음과 같다.

① $H_1 : \theta > \theta_0$일 때, $Z_B \geq z_\alpha$

② $H_1 : \theta < \theta_0$일 때, $Z_B \leq -z_\alpha$

③ $H_1 : \theta \neq \theta_0$일 때, $Z_B \geq z_{\frac{\alpha}{2}}$ 또는 $Z_B \leq -z_{\frac{\alpha}{2}}$

[예 6-6] 다음은 새로운 제조공법에 의해 만든 도자기 제품의 내구력 시험검사 결과이다.

20, 42, 18, 21, 22, 35, 19, 18, 16, 20, 21, 32, 22, 20, 25

새로운 공법은 과거의 공법보다 제조단가가 싸기 때문에 과거 공법보다 내구력이 떨어지지 않으면 새 공법을 채택하려고 한다. 과거 공법의 내구력의 중앙값은 25이었다고 한다. 새 공법을 채택할 것인지의 여부를 알아보자.

중앙값이 25보다 심각하게 작지 않으면 새 공법을 채택할 예정이므로 문제에 알맞는 가설은 다음과 같다.

$$H_0 : \theta = 25\,, \quad H_1 : \theta < 25$$

주어진 데이터에서 $\theta_0 = 25$와 같은 관측값을 제외하면 $n = 14$이며 $\theta_0 = 25$보다 큰 관측값의 개수는 3이다. 한편, 이항분포표에서 $p = 0.5$일 때

$$P[B \leq 3] = 0.0287$$

이므로 p-값은 0.0287이다. 따라서 유의수준을 5%로 하면 H_0를 기각시키고, 새 공법을 채택하는 것이 좋지 않다는 결론을 내린다.

참고로 정규근사에 의한 p-값을 구해 보자.

$$E_0[B] = \frac{n}{2} = 7, \quad V_0[B] = \frac{n}{4} = 3.5$$

이므로

$$Z_B = \frac{B - n/2}{\sqrt{n/4}} = \frac{3-7}{\sqrt{3.5}} = -2.14$$

이다. 따라서 정규분포표로부터 p-값은 다음과 같다.

$$\begin{aligned} p\text{-값} &= P[Z \leq -2.14] \\ &= 1 - P[Z \leq 2.14] = 1 - 0.9828 = 0.0162 \end{aligned}$$

같은 문제에 대하여 모수적 방법인 t-검정을 시행해 보자. 자료로부터 $\bar{x} = 23.4$, $S^2 = 52.83$이므로 t-통계량의 값은 다음과 같다.

$$T = \frac{\sqrt{n}(\bar{X} - \mu_0)}{\sqrt{S^2}} = \frac{\sqrt{15}\,(23.4 - 25)}{\sqrt{52.83}} = -0.853$$

한편 $t_{0.10,\,14} = 1.345$이므로 유의수준 10%에서도 H_0를 기각시키지 못한다.

6-2-2 윌콕슨 부호순위검정

부호검정에서는 θ_0보다 큰 관측값의 개수만 사용하여 검정통계량을 만들었다. 따라서 정보의 손실이 많은 단점이 있다. 이제 $X_i - \theta_0$의 부호뿐만 아니라 상대적인 크기도 고려한 검정법을 생각해 보자.

(a) $H_0 : \theta=\theta_0$를 나타내는 경우 (b) $H_1 : \theta>\theta_0$를 나타내는 경우

[그림 6.1] $B=3$으로서 중앙값이 다르게 보이는 경우

예를 들어 [그림 6.1]에서 (a)와 (b)는 모두 $n=5$개의 데이터에서 θ_0보다 큰 관측값의 개수가 3인 경우이지만, (a)보다는 (b)의 경우에 모집단의 중앙값이 θ_0보다 클 가능성이 높음을 나타내고 있다. 이 때에는 $X_i-\theta_0$의 부호가 + 인 것과 − 인 것의 상대적인 크기를 이용하여 검정통계량을 만듦으로써 (a)와 (b)의 차이를 구별할 수 있는 검정법을 만들 수 있다.

이와 같이 $X_i-\theta_0$의 부호와 순위를 사용한 검정법으로서 **윌콕슨 부호순위검정**(Wilcoxon signed rank test)이 있으며, 검정통계량은 다음과 같이 정의된다. 부호순위검정에서는 모집단의 분포함수 F에 대하여 연속성과 함께 대칭성의 조건이 필요하다.

정의 6-2 $X_1, \cdots, X_n$이 θ에 관하여 대칭인 연속형분포에서 추출된 랜덤표본일 때, 가설

$$H_0 : \theta=\theta_0, \quad H_1 : \theta>\theta_0 \ (\text{또는 } \theta<\theta_0,\ \theta\neq\theta_0)$$

을 검정하기 위한 **윌콕슨 부호순위통계량**은 다음과 같이 정의된다.

$$W^+=\sum_{i=1}^{n} S_i R_i^+$$

여기서 S_i와 R_i^+는 다음과 같이 정의된다.

$$S_i=\begin{cases} 1, & X_i-\theta_0>0 \\ 0, & X_i-\theta_0<0 \end{cases}$$

$$R_i^+=\{|X_1-\theta_0|, \cdots, |X_n-\theta_0|\}\text{에서 } |X_i-\theta_0|\text{의 순위}$$

특히, R_i^+를 $X_i-\theta_0$의 **절대순위**(absolute rank)라고 하며 $S_iR_i^+$를 **부호순위**(signed rank)라고 부른다.

윌콕슨 부호순위통계량의 의미에 대하여 좀더 생각해 보자. $|X_i-\theta_0|$의 순위를 부여한다는 것은 관측값을 θ_0를 대칭으로 접어서 차례로 순위를 부여

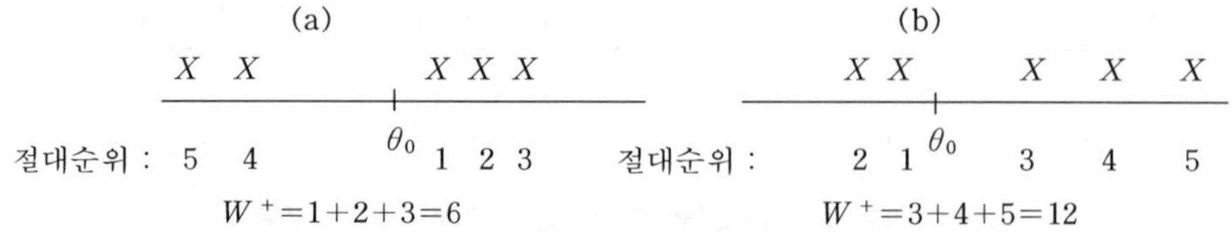

[그림 6.2] [그림 6.1]에 대한 W^+값

함을 뜻하며, S_i는 X_i가 θ_0보다 클 때에만 1이므로 $S_iR_i^+$의 합은 θ_0보다 큰 X_i에 대응되는 절대순위를 합한다는 뜻이다. [그림 6.1]에서 (a)와 (b)의 경우에 대한 W^+의 값을 구하면 [그림 6.2]와 같다. [그림 6.2]에서 보는 바와 같이 W^+의 값이 클수록 $\theta>\theta_0$임을 시사하는 관측값이 된다.

대립가설 $H_1:\theta>\theta_0$ (또는 $\theta<\theta_0$)에 대한 부호순위검정의 기각역은 $W^+\geq c$ (또는 $W^+\leq c$)의 꼴이 된다. 이제, W^+에 기초한 검정법의 기각역을 구하기 위하여 H_0하에서 W^+의 분포를 알아보자. 다음의 정리는 W^+의 분포의 성질을 설명하는 데 유용한 정리이다.

정리 6-4 $V_1, \cdots, V_n$은 서로 독립이고

$$P[V_i=i]=P[V_i=0]=\frac{1}{2},\quad i=1,\ \cdots,\ n$$

인 확률변수라고 하고, $V^+=\sum V_i$라고 하자. 그러면 H_0하에서 W^+와 V^+는 같은 분포를 따른다.

[증명] $S_{(i)},\ i=1,\ \cdots,\ n$을 다음과 같이 정의하자.

$$S_{(i)}=\begin{cases}1, & \text{절대순위가 } i\text{인 } |X_j-\theta_0|\text{에 대응되는 } X_j\text{가 } \theta_0\text{보다 클 때}\\ 0, & \text{아닐 때}\end{cases}$$

그러면 $X_1, \cdots, X_n$은 서로 독립이므로 $S_{(1)}, \cdots, S_{(n)}$도 서로 독립이며,

$$W^+=\sum S_iR_i^+=\sum S_{(R_i^+)}R_i^+=\sum S_{(i)}i$$

로 쓸 수 있다. 위에서 마지막 등식은 $R_1^+, \cdots, R_n^+$가 $1, \cdots, n$의 한 순열이므로 성립한다. 한편, F가 연속이고 θ_0에 관하여 대칭이므로 $|X_i-\theta_0|$의 크기와 $X_i-\theta_0$의 부호와는 서로 독립이다. 따라서 $X_1-\theta_0, \cdots, X_n-\theta_0$의 절대순위인

$R_1^+, \cdots, R_n^+$와 부호를 나타내는 확률변수 $S_1, \cdots, S_n$은 서로 독립이고*

$$P[S_{(i)}=1]=P[S_{(i)}=0]=\frac{1}{2}$$

이 성립한다. 따라서

$$P[iS_{(i)}=i]=\frac{1}{2}=P[V_i=i]$$

$$P[iS_{(i)}=0]=\frac{1}{2}=P[V_i=0]$$

즉, $W^+=\sum iS_{(i)}$와 $V^+=\sum V_i$는 같은 분포를 따른다.

[정리 6-4]로부터 W^+의 기대값과 분산을 쉽게 구할 수 있다. 또한, H_0 하에서 W^+는 점근적으로 정규분포를 따른다.

정리 6-5 H_0하에서 다음이 성립한다.

(1) $E_0[W^+]=\dfrac{n(n+1)}{4}$, $V_0[W^+]=\dfrac{n(n+1)(2n+1)}{24}$

(2) n이 충분히 클 때,

$$Z_{W^+}=\frac{W^+-E_0[W^+]}{\sqrt{V_0[W^+]}} \doteq N(0, 1)$$

[증명] (1) $W^+=\sum S_iR_i^+$와 $V^+=\sum V_i$는 같은 분포를 따르므로, H_0하에서

$$E_0[W^+]=E_0[V^+]=\sum E_0[V_i]=\sum iP[V_i=i]$$
$$=\sum i\left(\frac{1}{2}\right)=\frac{n(n+1)}{4}$$
$$V_0[W^+]=V_0[V^+]=\sum V_0[V_i]=\sum\{E[V_i^2]-E^2[V_i]\}$$
$$=\sum\left\{i^2\left(\frac{1}{2}\right)-\left(\frac{i}{2}\right)^2\right\}$$
$$=\frac{1}{4}\sum i^2=\frac{n(n+1)(2n+1)}{24}$$

(2) W^+의 점근정규성의 증명은 이 책의 범위를 벗어나므로, 증명을 생략한다.

* 절대순위와 부호의 독립성에 대한 엄격한 증명은 이 책의 범위를 벗어나므로 직관적인 판단에 의존하기로 한다.

[정리 6-4]에 의하면 H_0하에서 $W^+ = \sum S_i R_i^+$와 $V^+ = \sum V_i$는 같은 분포를 따르며 V^+의 분포는 모집단분포 F와 무관하다. 따라서 W^+에 기초한 윌콕슨 부호순위검정은 분포무관 검정법임을 알 수 있다.

이제 H_0하에서 W^+의 분포를 알아보자. 모든 X_i들이 θ_0보다 작으면 $W^+ = 0$이고, 모두 θ_0보다 크면 $W^+ = \frac{n(n+1)}{2}$이다. [정리 6-4]의 증명과정에서 보인 바와 같이 W^+는

$$W^+ = \sum S_i R_i^+ = \sum i S_{(i)}$$

로 쓸 수 있으며, 따라서 H_0하에 W^+의 분포는 $S_{(i)}$의 분포에 의해 결정된다. 한편 $S_{(i)}$들은 서로 독립이고 $P[S_{(i)}=1] = P[S_{(i)}=0] = \frac{1}{2}$이므로, 0과 1로만 이루어진 n-벡터 $(s_1, \cdots, s_n)$에 대하여 다음의 등식이 성립한다.

$$P[S_{(1)} = s_1, \cdots, S_{(n)} = s_n] = \frac{1}{2^n}$$

따라서 다음의 정리가 성립한다.

정리 6-6 H_0하에서 W^+의 분포는 다음과 같다.

$$P[W^+ = k] = \frac{c(k)}{2^n}, \quad k = 0, 1, \cdots, \frac{n(n+1)}{2}$$

여기서 $c(k)$ = '합이 k가 되는 $\{1, \cdots, n\}$의 부분집합의 개수'이다.

[예 6-7] $n=3$일 때 W^+의 분포를 구해 보자. $\{1, 2, 3\}$의 부분집합의 개수는 $2^n = 8$개이며, 이들 각각에 대한 W^+의 값은 다음과 같다.

$\{1, 2, 3\}$의 부분집합	W^+값	확률
ϕ	0	$\frac{1}{8}$
$\{1\}$	1	$\frac{1}{8}$
$\{2\}$	2	$\frac{1}{8}$
$\{3\}$	3	$\frac{1}{8}$

{1, 2}	3	$\frac{1}{8}$
{1, 3}	4	$\frac{1}{8}$
{2, 3}	5	$\frac{1}{8}$
{1, 2, 3}	6	$\frac{1}{8}$

따라서 $n=3$일 때 W^+의 분포는 다음과 같다.

k	0	1	2	3	4	5	6
$P[W^+=k]$	$\frac{1}{8}$	$\frac{1}{8}$	$\frac{1}{8}$	$\frac{2}{8}$	$\frac{1}{8}$	$\frac{1}{8}$	$\frac{1}{8}$

[성리 6-6]에 의하여 W^+의 분포를 구할 수 있으며, 부록 B. 9*에는 $3 \le n \le 15$에 대하여 $P[W^+ \le c]$의 값이 수록되어 있다. W^+의 분포는 $\frac{n(n+1)}{4}$에 대하여 대칭이므로, 등식

$$P[W^+ \le c] = P\left[W^+ \ge \frac{n(n+1)}{2} - c\right]$$

에 의하여 오른쪽 꼬리의 확률을 구할 수 있다.

F가 연속일 때 관측값에 동점이 발생할 확률은 0이다. 그러나 실제 데이터를 얻을 때에는 반올림하여 얻으므로 동점이 발생한다. 이와 같은 동점의 처리는 다음과 같이 한다.

① θ_0와 같은 관측값이 있을 때에는 그 관측값을 표본에서 제외시키고 표본의 크기를 그 개수만큼 줄인다.

② $|X_i - \theta_0|$에 동점이 있을 때에는 평균순위를 사용하여 R_i^+의 값을 구한다. 다만, 이 때에는 W^+의 분포가 근사적으로만 성립함에 유의해야 한다.

[예 6-8] A자동차 회사에서는 자사 제품인 X자동차에 대하여 시내에서 1ℓ당 주행거리가 12km라고 주장한다. 소비자보호협회에서는 이를 확인하기 위하여 이 자동차의 소유자 10명을 랜덤하게 추출하여 조사한 결과 다음과 같다.

9.7 10.5 11.3 11.8 12.5 10.9 12.4 10.7 11.3 12.1

이 자료를 기초로 A회사의 주장이 사실이 아니라는 근거가 있는지를 검정

* 박영사 홈페이지 참조.

〈표 6.1〉 W^+값 계산표

$X_i-\theta_0$	S_i	R_i^+	$S_iR_i^+$
0.1	1	1	1
−0.2	0	2	0
0.4	1	3	3
0.5	1	4	4
−0.7	0	5.5	0
−0.7	0	5.5	0
−1.1	0	6	0
−1.3	0	7	0
−1.5	0	8	0
−2.3	0	9	0
		계	8

으로 확인해 보자. 이 문제에 대한 가설은 다음과 같다.

$$H_0 : \theta=12, \quad H_1 : \theta<12$$

W^+의 값을 계산하기 위하여 $X_i-\theta_0$의 값을 절대값 크기순으로 나열하고 $S_iR_i^+$를 구한 계산표는 〈표 6.1〉과 같다.

위의 계산표로부터 $W^+=8$이며, W^+ 분포표에서 p-값을 구하면 다음과 같다.

$$p\text{-값}=P[W^+\le 8]=0.024$$

따라서 유의수준 5%에서 H_0를 기각하고, 자동차의 평균주행거리는 12km/ℓ가 안 된다는 결론을 내린다.

참고로 정규근사에 의한 p-값을 구해 보자. W^+의 기대값, 분산 및 Z_{W^+}의 값은 다음과 같다.

$$E_0[W^+]=\frac{n(n+1)}{4}=\frac{10(10+1)}{4}=27.5$$

$$V_0[W^+]=\frac{n(n+1)(2n+1)}{24}=\frac{10(10+1)(2\cdot 10+1)}{24}=96.25$$

$$Z_{W^+}=\frac{W^+-27.5}{\sqrt{96.25}}=-1.99$$

따라서 정규근사에 의한 p-값은 다음과 같다.

$$p\text{-값}=P[Z\le -1.99]=1-P[Z\le 1.99]=1-0.9763=0.0233$$

같은 문제에 대하여 모수적 방법인 t-검정을 시행해 보자. 자료로부터 $\bar{x}=11.32$, $S^2=0.8062$이므로 t-통계량의 값은 다음과 같다.

$$T=\frac{\sqrt{n}(\bar{X}-\mu_0)}{\sqrt{S^2}}=\frac{\sqrt{10}\,(11.32-12)}{\sqrt{0.8062}}=-2.395$$

한편 $t_{0.025,\,9}=2.262$이므로 p-값은 2.5%보다 약간 작을 것으로 추정된다.

6-2-3 효율의 비교

한 모수에 대한 추정법이나 검정법은 여러 가지 방법이 있다. 예를 들어 평균 μ를 추정하기 위하여 표본평균을 사용할 수도 있고 표본중앙값을 사용할 수도 있다. 또한 μ에 대한 검정을 시행하기 위하여 t-검정을 사용할 수도 있고 부호검정이나 윌콕슨 부호순위검정을 사용할 수도 있다. 이와 같은 여러 추정법이나 검정법의 효율을 비교하는 한 방법으로 **점근상대효율**(asymptotic relative efficiency, ARE)이 있으며, 이 절에서는 이에 대한 개념을 소개하기로 한다.

점근상대효율은 점추정, 구간추정, 검정에서 모두 사용되는 개념으로서, 여기서는 점추정과 검정에 대한 상대효율을 알아보자. 모수 θ의 추정량인 $\hat{\theta}$가 얼마나 좋은 추정량인가 하는 것은 흔히 $E[(\hat{\theta}-\theta)^2]$의 크기로 나타낸다. 따라서 $\hat{\theta}$이 θ의 불편추정량일 때에는 $\hat{\theta}$의 분산 $V[\hat{\theta}]$의 크기로 추정량의 효율을 나타낸다. 즉, 분산이 작을수록 좋은 추정량이 된다. 이와 같은 개념을 확장하여 두 추정량의 상대적인 효율을 생각할 수 있다.

모수 θ에 대한 두 추정량 $\hat{\theta}_1$와 $\hat{\theta}_2$는 확률적으로 θ에 수렴하는 일치추정량이라 하고, 표본크기가 n일 때의 분산을 각각 $V[\hat{\theta}_{1n}]$, $V[\hat{\theta}_{2n}]$이라 하자. 그러면 $\boldsymbol{\hat{\theta}_1}$의 $\boldsymbol{\hat{\theta}_2}$에 대한 **점근상대효율**은 다음과 같이 정의된다.

$$\text{ARE}(\hat{\theta}_1,\ \hat{\theta}_2)=\lim_{n\to\infty}\frac{V[\hat{\theta}_{2n}]}{V[\hat{\theta}_{1n}]}$$

즉, $\text{ARE}(\hat{\theta}_1,\ \hat{\theta}_2)$는 점근분산의 역비로 정의된다. $\text{ARE}(\hat{\theta}_1,\ \hat{\theta}_2)$가 1보다 클 때에는 $\hat{\theta}_1$가 $\hat{\theta}_2$보다 점근적으로 더 좋은 추정량임을 뜻한다.

예를 들어, 표본중앙값 m의 표본평균 $\bar{X}$에 대한 점근상대효율 $\text{ARE}(m,\ \bar{X})$는 〈표 6.2〉와 같다.

〈표 6.2〉 표본중앙값의 표본평균에 대한 점근상대효율: ARE(m, $\bar{X}$)

분 포	ARE(m, $\bar{X}$)
균 등 분 포	$\frac{1}{3}$
정 규 분 포	$\frac{2}{\pi}$(=0.637)
이 중 지 수 분 포	2

다음에는 두 검정법의 효율을 비교하는 방법을 알아보자. 모수적 방법에서는 관측값의 분포를 알고 있다는 가정하에 균일최강력검정(UMP test)을 구하였다. 그러나, 분포에 대한 가정이 만족되지 않을 때에는 더 이상 최강력검정이 아님에 유의해야 한다. 특히, 비모수적 검정에서는 연속성과 대칭성의 조건이 만족되는 모든 분포에서 성립하는 검정법이므로, 한 검정법이 다른 검정법보다 항상 더 높은 검정력을 갖는 경우는 없으며, 따라서 두 검정법의 검정력함수를 비교하는 개념으로 상대효율을 생각하게 된다. 그러나 검정력은 모집단의 분포, 표본크기, 모수의 참값, 유의수준 등에 의해서 결정되므로 소표본에서의 비교는 의미가 없게 된다. 이에 대한 대응 방안으로 피트만(Pitman)이 두 검정법의 점근상대효율을 정의하였으며, 대략적인 개념은 다음과 같다.

유의수준 α에서 귀무가설 $H_0 : \theta=\theta_0$을 검정하기 위한 두 검정법을 S와 T라고 하자. 표본크기가 증가하면, 고정된 θ_1을 사용한 대립가설 $H_1 : \theta=\theta_1$을 검정할 때 S와 T의 검정력은 모두 1에 수렴하므로 검정력의 비교가 의미가 없다. 따라서, $\lim_{n\to\infty}\theta_i=\theta_0$을 만족하는 대립가설의 수열 $\{\theta_i\}$를 생각하고, 가설

$$H_0 : \theta=\theta_0\,, \quad H_1 : \theta=\theta_i$$

를 검정하는 문제를 생각한다. 이와 같은 가설을 검정할 때 두 통계량 S와 T에 기초한 검정법의 검정력이 같게 되도록 하는 표본크기를 각각 n_i와 n_i'이라 하자. 그러면 **S의 T에 대한 점근상대효율**은 다음과 같이 정의된다.

$$\text{ARE}(S, T)=\lim_{i\to\infty}\frac{n_i'}{n_i}$$

〈표 6.3〉 비모수검정의 t-검정에 대한 점근상대효율

분 포	ARE(B, t)	ARE(W^+, t)
균 등 분 포	$\frac{1}{3}$	1.0
정 규 분 포	$\frac{2}{\pi}$(=0.637)	$\frac{3}{\pi}$(=0.955)
이 중 지 수 분 포	2	1.5

즉, ARE(S, T)는 같은 검정력을 얻기 위한 표본크기의 역수의 극한값으로 정의되며, 이를 **피트만 상대효율**(Pitman relative efficiency)이라고도 한다.

앞에서 다룬 부호검정 B와 부호순위검정 W^+의 t-검정에 대한 점근상대효율은 〈표 6.3〉과 같다.

t-검정은 모집단의 분포에 대하여 정규성을 가정했을 때 최강력검정법이 되지만 모집단의 분포가 두터운 꼬리를 갖는 경우에는 효율이 비모수적 방법보다 떨어진다. 부호검정은 표본중앙값의 ARE와 같은 효율을 가지며, $\frac{1}{3} \le$ ARE(B, t)$\le \infty$의 부등식이 성립함이 알려져 있다. 윌콕슨 부호순위검정법에 대하여는 0.864$\le$ARE(W^+, t)$\le \infty$의 부등식이 성립함이 알려져 있다. 즉, W^+의 t에 대한 ARE는 0.864 이상이며, 두터운 꼬리를 갖는 분포에서는 ∞까지 커질 수 있다. 또한 정규분포에서도 ART(W^+, t)=0.955로서 상당히 높은 효율을 유지하고 있다. 이와 같은 이유로 비모수적 검정법으로는 윌콕슨 부호순위검정법이 가장 널리 사용되고 있다.

연 습 문 제

6. 2. 1. 다음의 자료는 어떤 배터리의 수명을 나타낸 것이다(단위: 100시간).

5.0 3.9 5.2 5.5 2.8 6.1 6.4 2.6 1.7 4.3

평균수명이 370시간 이상이라고 확신하기 위하여 가설 $H_0 : \theta = 3.7$, $H_1 : \theta > 3.7$을 검정하려고 한다. t-검정, 부호검정 및 윌콕슨 부호순위검정을 시행하여라.

6. 2. 2. 다음은 어느 무역회사에서 외국과의 전화통화시간(단위: 분)을 측정한 것이다.

2.1	8.0	3.1	4.0	8.5	1.1	6.7	1.8
8.3	4.9	0.3	6.9	1.3	9.9	4.3	2.2

평균통화시간이 3분 이상이라고 할 수 있는지 검정하려고 한다. t-검정, 부호검정 및 윌콕슨 부호순위검정을 시행하여라.

6. 2. 3. 다음의 16개의 관측값은 중앙값 θ를 갖는 연속분포에서 뽑혔다.

176.9	158.3	152.1	158.8	172.4	169.8	159.7	162.7
156.6	174.5	188.4	165.2	147.8	177.8	160.1	160.8

가설 $H_0: \theta=160$, $H_1: \theta>160$을 검정하려고 한다. t-검정, 부호검정, 윌콕슨 부호순위검정을 시행하여라.

6. 2. 4. 어떤 지역(A)에서는 약물중독환자에 대한 연구 결과 평균 IQ가 107이라고 한다. 다른 지역(B)에서도 평균 IQ가 같은가를 조사하기 위하여 15명에 대한 IQ 측정 결과가 다음과 같다.

99	100	90	94	135	108	107	110
119	104	127	109	117	105	125	

두 지역의 약물중독환자의 평균 IQ가 같다고 할 수 있는지 t-검정, 부호검정, 윌콕슨 부호순위검정을 시행하여라.

6-3 이표본 위치문제

모수적 방법에서 이표본 위치문제는 두 모평균의 비교에 해당된다. 예를 들어 $X_1, \cdots, X_m$은 $N(\mu_1, \sigma^2)$에서 랜덤표본이고, $Y_1, \cdots, Y_n$은 $N(\mu_2, \sigma^2)$에서 랜덤표본일 때, 가설

$$H_0: \mu_1=\mu_2, \quad H_1: \mu_1<\mu_2$$

를 검정하기 위한 t-검정의 검정통계량은

$$T=\frac{\overline{Y}-\overline{X}}{S_p\sqrt{\frac{1}{m}+\frac{1}{n}}}, \qquad \text{다만 } S_p^2=\frac{\sum_{i=1}^{m}(X_i-\overline{X})^2+\sum_{i=1}^{n}(Y_i-\overline{Y})^2}{m+n-2}$$

이며, 기각역은 $T \geq t_{\alpha,\, m+n-2}$로 주어진다.

이에 대응되는 대표적인 비모수적 방법은 윌콕슨 순위합검정이다. 윌콕슨 순위합검정을 소개하기 전에 비모수적 방법에서 이표본 위치문제의 모형설정에 대하여 알아보자.

$X_1, \cdots, X_m$은 연속형분포 $F(x)$에서 추출된 랜덤표본이고, $Y_1, \cdots, Y_n$은 연속형분포 $G(x)$에서 추출된 랜덤표본이라 하자. 또한 X와 Y는 서로 독립이라 하자. 이제 X모집단과 Y모집단이 같은 분포를 따르는가를 검정하는 문제를 생각해 보자.

두 모집단이 같은 분포를 따른다는 가설은

$$H_0: \text{모든 } x\text{에 대하여 } F(x)=G(x)$$

로 주어지며, 이에 대하여 두 모집단이 같은 분포를 따르지 않는다는 일반대립가설은 다음과 같다.

$$H_1: \text{적어도 한 } x\text{에서 } F(x) \neq G(x)$$

이와 같은 일반대립가설에서는 H_1을 만족하는 분포함수의 범위가 너무 넓은 문제점이 있다. 즉, H_1을 만족하는 범위가 넓을수록 특정 모형(예를 들어 정규분포)에서 두 평균의 동일성을 나타내는 가설 $H_0: \mu_1=\mu_2$을 검정하는 검정법에 비하여 효율이 심각하게 떨어지는 단점이 있다. 따라서 이와 같은 일반대립가설에 관한 문제는 6-4절에서 다루기로 하고, 이 절에서는 $G(x)$를 $F(x-\Delta)$의 꼴로 나타낼 수 있는 경우만 다루기로 한다. 이와 같이 $G(x)=F(x-\Delta)$로 표시되는 모형에서 Δ를 **이동모수**(shift parameter)라고 하며, 이동모수 Δ에 관한 추론문제를 **이표본 위치문제**라고 한다. 이표본 위치문제에서는 두 분포의 모양은 같으며 다만 중심위치만 다른 모형을 나타낸다.

이표본 위치문제의 모형을 다시 정리하면 다음과 같다. $X_1, \cdots, X_m$과 $Y_1, \cdots, Y_n$은 각각 연속형분포 $F(x)$와 $F(x-\Delta)$에서 추출된 서로 독립인 랜덤표본이라 하자. 이동모수 Δ에 대한 가설은 다음과 같다.

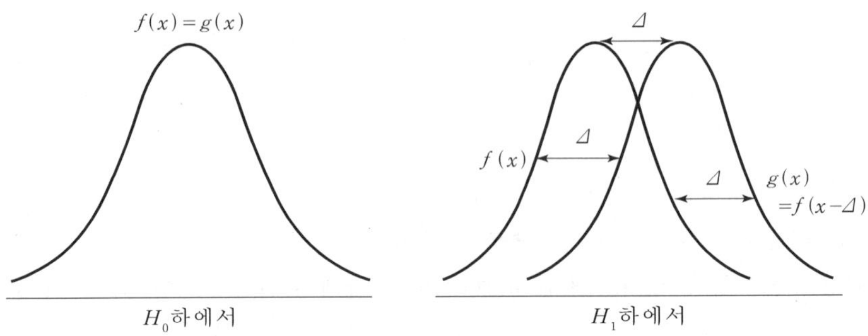

[그림 6.3] H_0와 H_1하에서 두 분포의 모양

$$H_0: \Delta=0, \quad H_1: \Delta>0 \text{ (또는 } \Delta<0, \ \Delta\neq 0)$$

대립가설 $H_1: \Delta>0$하에서 Y모집단은 X모집단을 Δ만큼 평행이동한 형태이므로, 이와 같은 모형을 그림으로 표시하면 [그림 6.3]과 같다.

대립가설 $H_1: \Delta>0$하에서는 Y관측값들이 X관측값들보다 클려고 하는 경향이 있다. 따라서 m개의 X와 n개의 Y를 섞은 **혼합표본**(combined sample)을 만들고, 이 혼합표본을 크기순으로 나열하면 Y표본은 X표본보다 오른쪽에 놓이는 경향이 있을 것이다. 따라서 혼합표본에서 중앙값보다 큰 Y표본의 개수로서 검정통계량을 만들 수도 있고, 혼합표본에서 Y표본의 순위의 합으로 검정통계량을 만들 수도 있다. 이와 같은 비모수적 검정법에 대하여 알아보자.

6-3-1 윌콕슨 순위합검정

$X_1, \cdots, X_m$과 $Y_1, \cdots, Y_n$은 각각 연속형분포 $F(x)$와 $F(x-\Delta)$에서 추출된 서로 독립인 랜덤표본일 때, 가설

$$H_0: \Delta=0, \quad H_1: \Delta>0 \text{ (또는 } \Delta<0, \ \Delta\neq 0)$$

을 검정하는 이표본 위치문제를 생각해 보자.

이표본 중앙값검정은 혼합표본 중앙값 m보다 큰 Y표본의 개수만 고려하며, 부호검정에서와 같이 효율이 떨어지는 단점이 있다. 따라서 X와 Y의 상대적인 크기를 고려하는 검정통계량을 생각해 보자.

$Y\ X\ X\ X \quad Y\ Y\ Y\ X$ (중앙: m)

(a) $H_0 : \Delta=0$을 나타내는 경우

$X\ X\ X\ Y \quad X\ Y\ Y\ Y$ (중앙: m)

(b) $H_1 : \Delta>0$을 나타내는 경우

[그림 6.4] $L=3$으로서 Δ의 값이 다르게 보이는 경우

	Y	X	X	X	Y	Y	Y	X
순 위	①	2	3	4	⑤	⑥	⑦	8

순위합 $W=1+5+6+7=19$

	X	X	X	Y	X	Y	Y	Y
순 위	1	2	3	④	5	⑥	⑦	⑧

순위합 $W=4+6+7+8=25$

[그림 6.5] [그림 6.4]에 대한 W값

예를 들어 [그림 6.4]에서 $L=$“혼합표본 중앙값보다 큰 Y표본의 개수”로 정의할 때, (a)와 (b)에서 모두 $L=3$이나 (a)보다는 (b)의 경우에 Y모집단의 중앙값이 X모집단의 중앙값보다 클 가능성이 높다. 이 때에는 X와 Y의 혼합표본에서 Y의 순위를 이용하여 검정통계량을 만듦으로써 (a)와 (b)의 차이를 구별할 수 있는 검정법을 만들 수 있다.

이와 같이 X와 Y의 혼합표본에서 Y의 순위의 합을 사용한 검정법을 **윌콕슨 순위합검정**(Wilcoxon rank sum test)이라 하며, 검정통계량은 다음과 같이 정의된다.

> **정의 6-3** $X_1, \cdots, X_m$과 $Y_1, \cdots, Y_n$은 각각 연속형분포 $F(x)$와 $F(x-\Delta)$에서 추출된 서로 독립인 랜덤표본일 때, 가설
>
> $$H_0 : \Delta=0, \quad H_1 : \Delta>0 \ (\text{또는 } \Delta<0,\ \Delta\neq0)$$
>
> 을 검정하기 위한 **윌콕슨 순위합통계량**은 다음과 같이 정의된다.
>
> $$W=\sum_{j=1}^{n} R_j$$
>
> 여기서 R_j는 X와 Y의 혼합표본에서 Y_j의 순위이다.

[그림 6.4]에서 (a)와 (b)에 대한 순위합통계량의 값을 구하면 [그림 6.5]와 같다. 그림에서 보는 바와 같이 W값이 클수록 $\Delta>0$임을 시사하는 관

측값이 된다.

일반적으로 대립가설 $H_1 : \varDelta>0$ (또는 $\varDelta<0$)에 대한 기각역은 $W \geq c$ (또는 $W \leq c$)의 형태가 된다. 이제, W에 기초한 검정법에서 기각역을 구하기 위하여 W의 분포를 알아보자.

H_0하에서 $X_1, \cdots, X_m$과 $Y_1, \cdots, Y_n$은 서로 독립이고 같은 분포를 따르는 확률변수들이다. 또한 W의 값은 m개의 X와 n개의 Y를 순서에 관계없이 일렬로 배열하는 방법에 의해 결정되며, $\binom{m+n}{n}$개의 모든 배열방법은 같은 확률로 일어난다. 따라서 W의 분포에 대하여 다음의 정리가 성립한다.

> **정리** 6-7 H_0하에서 W의 분포는 다음과 같다.
>
> $$P[W=k]=\frac{d(k)}{\binom{m+n}{n}}, \quad k=\frac{n(n+1)}{2}, \cdots, \frac{n(2m+n+1)}{2}$$
>
> 여기서 $d(k)$='합이 k가 되는 $\{1, \cdots, m+n\}$의 크기 n인 부분집합의 개수'이다.

[예 6-9] $m=3, n=2$일 때 W의 분포를 구해 보자. x와 y를 배열하는 방법은 $\binom{3+2}{2}=10$가지가 있으며, 각 배열에 대한 확률은 모두 같으므로 다음의 표를 얻을 수 있다.

배 열	W값	확률
$x\ x\ x\ y\ y$	9	$\frac{1}{10}$
$x\ x\ y\ x\ y$	8	$\frac{1}{10}$
$x\ y\ x\ x\ y$	7	$\frac{1}{10}$
$y\ x\ x\ x\ y$	6	$\frac{1}{10}$
$x\ x\ y\ y\ x$	7	$\frac{1}{10}$
$x\ y\ x\ y\ x$	6	$\frac{1}{10}$
$y\ x\ x\ y\ x$	5	$\frac{1}{10}$

$x\ y\ y\ x\ x$	5	$\frac{1}{10}$
$y\ x\ y\ x\ x$	4	$\frac{1}{10}$
$y\ y\ x\ x\ x$	3	$\frac{1}{10}$

따라서 W의 분포는 다음과 같다.

k	3	4	5	6	7	8	9
$P[W=k]$	$\frac{1}{10}$	$\frac{1}{10}$	$\frac{2}{10}$	$\frac{2}{10}$	$\frac{2}{10}$	$\frac{1}{10}$	$\frac{1}{10}$

[정리 6-7]로부터, H_0하에서 W의 분포는 F에 무관함을 알 수 있다. 따라서 윌콕슨 순위합검정은 분포무관 검정법이 된다. 부록 B.10에는 $3 \le n \le m \le 10$에 대한 $P[W \le c]$의 값이 수록되어 있다. $m < n$일 때에는 X와 Y의 역할을 바꾸어 생각하면 된다.

F가 연속일 때 관측값들에 동점이 발생할 확률은 0이나, 반올림하여 얻은 데이터에 동점이 있을 때에는 평균순위를 사용한다. 다만, 이 때에는 W의 분포가 근사적으로만 성립함에 유의해야 한다.

H_0하에서 W는 점근적으로 정규분포를 따르며, 다음의 정리가 성립한다. 증명은 생략하기로 한다.

정리 6-8 H_0하에서 다음이 성립한다.

(1) $E_0[W]=\dfrac{n(m+n+1)}{2}$, $V_0[W]=\dfrac{mn(m+n+1)}{12}$

(2) m과 n이 모두 충분히 클 때,

$$Z_W=\frac{W-E_0[W]}{\sqrt{V_0[W]}} \;\dot\sim\; N(0,1)$$

H_0하에서 W의 분포는 $\dfrac{n(m+n+1)}{2}$에 대하여 대칭이므로, 등식

$$P[W \le c]=P[W \ge n(m+n+1)-c]$$

에 의하여 오른쪽 꼬리의 확률을 구할 수 있다.

[예 6-10] 실어증 증세에 대한 두 언어요법 (A, B)의 효과를 비교하기 위하여 10명의 환자를 랜덤하게 두 그룹으로 나누어 언어요법을 실시한 후, 100문항에 대한 질문을 하고 그 중에 올바른 답의 비율을 정리한 결과가 다음과 같다. 두 언어요법 사이에 차이가 있는지 알아보자.

A	73	42	90	58	62
B	50	23	68	40	45

점수의 차를 Δ라고 할 때, 문제에 알맞는 가설은 다음과 같다.

$$H_0: \Delta=0, \quad H_1: \Delta\neq 0$$

〈표 6.4〉 W값 계산표

혼합표본	23	40	42	45	50	58	62	68	73	90
순　위	1	2	3	4	5	6	7	8	9	10

$$W=1+2+4+5+8=20$$

X와 Y를 각각 크기순으로 나열하고 W값을 계산한 계산표는 〈표 6.4〉와 같다. W의 관측값이 20이므로 p-값은 다음과 같다.

$$p\text{-값}=2\times P[W\leq 20]=2\times 0.075=0.15$$

즉, H_0를 기각할 수 없으며, 두 요법간에 심각한 차이가 있다는 근거는 없다.

참고로 같은 문제에 대하여 모수적 방법인 t-검정을 시행해 보자. 검정하고자 하는 가설은

$$H_0: \mu_1=\mu_2, \quad H_1: \mu_1\neq\mu_2$$

이며, 자료로부터 $\bar{x}=65$, $\bar{y}=45.2$, $S_p^2=292.35$이므로 t-통계량의 값은 다음과 같다.

$$T=\frac{\overline{Y}-\overline{X}}{S_p\sqrt{\dfrac{1}{m}+\dfrac{1}{n}}}=\frac{45.2-65}{\sqrt{292.35\left(\dfrac{1}{5}+\dfrac{1}{5}\right)}}=-1.831$$

한편 유의수준 10%에서 기각역은 $|T|\geq t_{0.05,\,8}=1.860$이므로 양측검정에서 유의확률이 10% 이상임을 알 수 있다.

만과 위트니가 제안한 **만-위트니 U-통계량**(Mann-Whitney U-statistic)은 다음과 같이 정의된다.

$$U=\sum_{i=1}^{m}\sum_{j=1}^{n}S_{ij}, \quad \text{여기서 } S_{ij}=\begin{cases}1, & X_i<Y_j \text{ 일 때}\\ 0, & \text{아닐 때}\end{cases}$$

이 U-통계량은 각 Y_j보다 작은 X_i들의 개수를 모두 합한 값을 나타낸다. 혼합표본에서 동점이 없을 때, 윌콕슨 순위합통계량 W와 만-위트니 U-통계량 사이에는 다음의 관계식이 성립한다.

$$W=U+\frac{n(n+1)}{2}$$

예를 들어 $m=3$, $n=2$일 때 크기순으로 배열한 관측값이 다음과 같다고 하자.

$$x \quad y \quad x \quad x \quad y$$

이 배열에서 첫번째 y보다 작은 x는 1개, 두 번째 y보다 작은 x는 3개이므로 $U=1+3=4$이며, 혼합표본에서 y의 순위는 2와 5이므로 $W=2+5=7$이다. 일반적으로 m개의 x와 n개의 y를 크기순으로 나열할 때, 모든 y가 x보다 작으면 $U=0, W=\frac{n(n+1)}{2}$이다. 또한 x와 y의 순서를 하나씩 바꾸면 U값과 W값은 동시에 1씩 증가한다. 따라서 위의 관계식 $W=U+\frac{n(n+1)}{2}$이 성립함을 알 수 있다.

이와 같이 U와 W 사이에 일차식의 관계가 성립하므로 W와 U는 동일한 검정법이 된다. 즉, W에 의해 기각된 것은 U에 의해서도 기각되고, 그 역도 성립한다.

6-3-2 대응비교

두 위치모수의 차인 Δ에 관한 추론을 위해 앞절에서는 서로 독립인 두 표본을 이용하는 비모수적 방법을 다루었다. 그러나 실험대상이 지나치게 이질적이거나 실험대상의 선정이 관측값에 큰 영향을 줄 때에는 동질적인 실험단위끼리 묶어서 쌍으로 관측값을 얻는 것이 더욱 효과적인 경우가 많다. 예를 들어, 두 식이요법 A와 B의 효과를 비교하고자 할 때에는 건강상태가 비슷한 사람끼리 대응되는 쌍을 만들어 랜덤하게 A와 B를 적용시키고, (A, B)에 대한 관측값 (X, Y)를 얻는 것이 A와 B의 차이를 알아낼 수 있는 효과적인 실험이 된다. 이와 같이 쌍으로 얻어진 관측값을 이용한 추론을 대응비교(paired comparison)라고 하며, 대응비교에 의한 모형과 추론법은 다음과 같다.

$(X_1, Y_1), \cdots, (X_n, \cdots, Y_n)$을 연속인 이변량분포에서 추출된 랜덤표본이라 하고,

$$Z_i=Y_i-X_i\,, \quad i=1, \cdots, n$$

으로 정의하자. 그러면 $Z_1, \cdots, Z_n$은 연속형분포에서의 랜덤표본과 같다. 이제 Z분포의 중앙값을 θ라고 하고 Z의 분포는 θ에 관하여 대칭이라고 하자. θ에 관한 검정문제는 X와 Y의 위치모수의 차에 관한 검정문제와 같다.* 즉, Z의 분포에 대하여 연속성과 대칭성을 가정하면 6-2절에서 다룬 부호검정과 윌콕슨 부호순위검정을 적용할 수 있다.

모수적 방법에서도 대응비교를 시행할 수 있다. $X\sim N(\mu_1, \sigma_1^2)$, $Y\sim N(\mu_2, \sigma_2^2)$일 때, $Z=Y-X$는 평균이 $\mu=\mu_2-\mu_1$인 정규분포를 따른다. 따라서 가설

$$H_0: \mu_1=\mu_2, \quad H_1: \mu_1<\mu_2$$

에 대응되는 가설은

$$H_0: \mu=0, \quad H_1: \mu>0$$

이며, $Z_1, \cdots, Z_n$에 기초한 t-검정을 시행할 수 있다. 즉, $Z_1, \cdots, Z_n$의 표본평균과 표본분산을 각각 $\overline{Z}$, S_Z^2이라 하면, 검정통계량은

$$T=\frac{\sqrt{n}\overline{Z}}{S_Z}$$

이며, 기각역은 $T\geq t_{\alpha,\, n-1}$이다. 이때에 $Z=Y-X$의 분산은

---

* Z의 중앙값 θ가 X와 Y의 중앙값의 차와 언제나 일치하는 것은 아니다. 평균에 대해서는 $E[Z]=E[X-Y]=E[X]-E[Y]$가 언제나 성립한다.

$$V[Z]=V[Y-X]=V[Y]+V[X]-2\,\mathrm{Cov}[X,\ Y]$$

이므로, Cov$[X,\ Y]$의 값이 양수로 클수록 Z의 분산은 감소한다. 따라서 대응비교가 독립비교보다 더 효과적인 것은 자유도가 반으로 감소하는 것에 비하여 분산의 감소가 상대적으로 더 클 때이다.

[예 6-11] 아스피린이 지혈을 억제하는 효과가 있다는 주장이 있다. 따라서, 아스피린을 복용했을 경우에 출혈시간이 증가하는지를 확인하기 위하여 10마리의 실험용 쥐를 대상으로 실험을 하였다. 먼저 아스피린을 복용하기 전에 출혈시간 (X)을 관측하고, 같은 쥐들에 아스피린을 복용시킨 2시간 후에 같은 실험을 하여 출혈시간(Y)을 관측하였다. 관측값은 〈표 6.5〉와 같다. 이들로부터 아스피린이 지혈을 억제하는 효과가 있다는 주장을 받아들일 수 있는지 알아보자.

아스피린이 지혈억제 효과가 있다는 것은 출혈시간이 길다는 것을 의미하므로 문제에 맞는 가설은 다음과 같다.

$$H_0 : \theta=0\ ,\quad H_1 : \theta>0$$

〈표 6.5〉에서 $Z_i=Y_i-X_i$의 값과 $S_iR_i^+$의 값을 구하여 계산한 결과에 의하면 $W^+=50$이며 $\dfrac{n(n+1)}{2}-50=5$이므로 수표 B.9에 의해 p-값은 다음과 같다.

$$p\text{-값}=P[W^+\geq 50]=P[W^+\leq 5]=0.010$$

즉, 아스피린이 지혈억제 효과가 있음을 나타내는 데이터이다.

〈표 6.5〉 출혈시간 및 W^+값 계산표

번호(i)	X_i	Y_i	$Z_i=Y_i-X_i$	$S_iR_i^+$
1	164	187	23	2
2	256	215	−41	1
3	385	421	36	3
4	207	360	153	10
5	305	358	53	5
6	310	396	86	8
7	112	193	81	7
8	418	405	−7	1
9	208	327	119	9
10	84	152	68	6
				$W^+=52$

참고로 같은 문제에 대하여 모수적 방법인 t-검정을 시행해 보자. 검정하려는 가설은

$$H_0:\mu=0,\quad H_1:\mu>0(\text{다만, } \mu=\mu_2-\mu_1)$$

이다. 관측값으로부터 $\bar{z}=49.3$, $S_Z=65.26$이므로 검정통계량의 값은 다음과 같다.

$$T=\frac{\sqrt{n}\bar{Z}}{S_Z}=\frac{\sqrt{10}(49.3)}{65.26}=2.389$$

한편, t-분포표로부터 $t_{0.025,\,9}=2.262$이므로 유의확률은 2.5%보다 작을 것으로 추정된다.

연 습 문 제

6. 3. 1. X, Y 두 모집단을 비교하기 위하여 다음의 자료를 얻었다.

x	18	16	21	18	14	19
y	14	12	17	15		

두 집단이 동일한 분포를 따르는가를 알고 싶다. 다음 물음에 답하여라.

(a) 윌콕슨 순위합검정을 시행하여라.

(b) t-검정을 위한 기본가정을 제시하고 t-검정을 시행하여라.

(c) 위의 검정결과들을 비교하여라.

6. 3. 2. 전구제조방법이 두 가지가 있다. 각 방법으로 만든 전구를 10개씩 택해 수명검사를 한 것이 다음과 같다(단위: 100시간).

x	5.6	4.6	6.8	4.9	6.1	5.3	4.5	5.8	5.4	4.7
y	7.2	8.1	5.1	7.3	6.9	7.8	5.9	6.7	6.5	7.1

$H_0:\theta_X=\theta_Y$, $H_1:\theta_X<\theta_Y$에 대해 다음 물음에 답하라.

(a) 윌콕슨 순위합검정을 시행하여라.

(b) 위의 검정을 정규근사에 의해 실시하고 결과를 비교하여라.

6. 3. 3. 다음은 어떤 학급의 학생들 중에서 교양수학과 교양영어를 동시에 수강한 학생들의 성적을 기록한 것이다. 이 자료로부터 영어와 수학점수에 차이가 있는지 윌콕슨 순위합검정을 시행하여라. 그리고 검정을 위한 모든 가정을

열거하여라.

학생	1	2	3	4	5	6	7	8	9	10
영어	66	68	72	70	67	75	71	73	74	81
수학	69	67	68	73	70	71	74	68	68	85

6. 3. 4. A회사 제품의 골프공과 B회사 제품의 골프공의 히트거리가 다른가를 검정하기 위해 17명의 골퍼들로 하여금 두 회사제품을 쳐보도록 하였다. 실험을 정확하게 하기 위해 8명은 A회사제품을 먼저 치고 9명은 B회사제품을 먼저 쳤다. 그 결과가 다음에 나타나 있다. 두 회사제품의 히트거리에 차이가 있는가를 부호검정, 윌콕슨 부호순위검정에 의해 대응비교하여라. 또 이 데이터가 정규분포로부터 뽑혔다고 가정하고 대응 t-검정을 실시하여라. 그리고 검정결과를 비교하여라.

골퍼	A	B
1	265	252
2	272	276
3	246	243
4	260	246
5	274	275
6	263	246
7	255	244
8	258	245
9	276	259
10	274	260
11	274	267
12	269	267
13	244	251
14	212	222
15	236	235
16	254	255
17	224	231

6. 3. 5. $X_1, \cdots, X_n$이 연속형분포에서의 랜덤표본일 때, 순위 R_i는

$$R_i = \{X_1, \cdots, X_n\}\text{에서 } X_i\text{의 순위}$$

로 정의된다. 그러면 순위 벡터인 $\boldsymbol{R}=(R_1, \cdots, R_n)$은 $\boldsymbol{R}=\{\boldsymbol{r} : \boldsymbol{r}\text{은 } (1, \cdots, n)\text{의 한 순열}\}$ 위에서 균등분포를 따르는 것이 알려져 있다. 이를 이용하여

다음 등식을 증명하여라.

(a) $P[R_i=r]=\dfrac{1}{n},\quad r=1,\ \cdots,\ n$

(b) $P[R_i=r,\ R_j=s]=\dfrac{1}{n(n-1)},\quad r\neq s=1,\ \cdots,\ n$

6. 3. 6. 연습문제 6. 3. 5 에서 다음을 증명하여라.

(a) $E[R_i]=\dfrac{n+1}{2},\quad i=1,\ \cdots,\ n$

(b) $V[R_i]=\dfrac{(n+1)(n-1)}{12},\quad i=1,\ \cdots,\ n$

(c) $\mathrm{Cov}[R_i,\ R_j]=-\dfrac{n+1}{12},\quad i\neq j$

6. 3. 7. 연습문제 6. 3. 6 의 결과를 이용하여 [정리 6-8]의 (1)을 증명하여라.

6-4 일반대립가설의 검정문제

지금까지는 한 위치모수 또는 두 위치모수의 차에 관한 검정문제를 다루었다. 예를 들어 이표본 위치문제에서는 X의 분포함수 $F(x)$와 Y의 분포함수 $G(x)$ 사이에 $G(x)=F(x-\Delta)$의 관계가 있음을 가정하고, Δ에 관한 검정문제를 다루었다. 즉, X와 Y의 분포는 위치를 제외하고는 같다는 가정하에 여러 가지 검정법을 생각한 것이다. 이에 대하여, F와 G의 분포의 모양이 같다는 가정을 할 수 없을 때에는 다음과 같은 일반대립가설을 검정하는 것이 바람직하다. 즉,

$$H_0 : \text{모든 } x\text{에 대하여 } F(x)=G(x)$$
$$H_1 : \text{적어도 한 } x\text{에서 } F(x)\neq G(x)$$

일반대립가설의 검정문제는 흔히 적합도검정문제로 표현된다. 예를 들어, 일표본 문제로서 $H_0 : F(x)=F_0(x)$를 검정하거나 이표본 문제로서 $H_0 : F(x)=G(x)$를 검정하기 위하여 적합도검정법을 적용할 수 있다. 따라서, 이러한 검정문제에는 6-1 절에서 다룬 카이제곱통계량을 이용한 적합도검정도

가능하다. 그러나 이 절에서는 콜모고로프-스미르노프 검정법에 대하여만 다루기로 한다.

모집단의 분포함수 $F(x)$를 추정하기 위한 추정량으로 정의 3-8 에서 정의한 표본분포함수를 기술하면 다음과 같다.

> 정의 6-4 $X_1, \cdots, X_n$을 분포함수 $F(x)$에서 추출된 랜덤표본이라 할 때, **표본분포함수**(sample distribution function) 또는 **경험적 분포함수**(empirical distribution function)는 다음과 같이 정의된다.
>
> $$F_n(x)=\frac{1}{n}\ \{x\text{를 넘지 않는 관측값의 개수}\}$$

표본분포함수 $F_n(x)$의 모양은 각 관측값 x_i에서 $\frac{1}{n}$씩 증가하는 계단함수(step function) 형태이다.

콜모고로프-스미르노프 검정은 표본분포함수 $F_n(x)$와 가정된 분포함수 $F_0(x)$의 차를 이용하거나 또는 두 표본분포함수 $F_n(x)$와 $G_n(x)$의 차가 얼마나 큰가를 이용한 검정법이다.

6-4-1 콜모고로프 적합도검정

$X_1, \cdots, X_n$이 분포함수 $F(x)$에서의 랜덤표본일 때, $F(x)$가 어떤 특정 분포 $F_0(x)$와 동일한지를 검정하기 위한 귀무가설은

$$H_0 : \text{모든 } x\text{에 대하여 } F(x)=F_0(x)$$

로 표현할 수 있으며, 이에 대한 대립가설은 다음과 같다.

$$H_1 : F(x)\le F_0(x)\text{이고, 적어도 한 } x\text{에서 } F(x)<F_0(x)$$
$$H_1 : F(x)\ge F_0(x)\text{이고, 적어도 한 } x\text{에서 } F(x)>F_0(x)$$
$$H_1 : \text{적어도 한 } x\text{에서 } F(x)\ne F_0(x)$$

이들을 검정하기 위한 콜모고로프 검정통계량은 다음과 같다.

정의 6-5 가설 $H_0 : F(x)=F_0(x)$를 검정하기 위한 **콜모고로프 통계량**(Kolmogorov statistic)은 다음과 같이 정의된다.

(1) $D^+=\sup_x\{F_0(x)-F_n(x)\}$

(2) $D^-=\sup_x\{F_n(x)-F_0(x)\}$

(3) $D=\sup|F_n(x)-F_0(x)|=\max\{D^+, D^-\}$

콜모고로프 통계량에 기초한 검정법을 **콜모고로프 검정**이라 하고, 이를 흔히 **일표본 콜모고로프-스미르노프 검정**(one-sample Kolmogorov-Smirnov test)이라 부른다.

관측값의 순서통계량을 $X_{(1)}\leq\cdots\leq X_{(n)}$이라 하고, $X_{(0)}=-\infty$, $X_{(n+1)}=\infty$로 정의하면, D^+는 구간 $(X_{(i-1)}, X_{(i)}]$에서 단조증가함수이다. 따라서 $F_0(x)-F_n(x)$의 최대값은 $x=x_{(1)}, \cdots, x_{(n)}$ 중의 하나에서 발생하며, 동점이 없는 경우에 D^+는 다음과 같이 나타낼 수 있다.

$$
\begin{aligned}
D^+ &= \sup_{1\leq i\leq n}\{F_0(x_{(i)})-F_n(x_{(i-1)})\} \\
&= \sup_{1\leq i\leq n}\left\{F_0(x_{(i)})-\frac{i-1}{n}\right\}
\end{aligned}
$$

마찬가지로 D^-는 다음과 같이 나타낼 수 있다.

$$
D^-=\sup_{1\leq i\leq n}\left\{\frac{i}{n}-F_0(x_{(i)})\right\}
$$

한편, 확률적분변환에 의하여 $F_0(X)$는 구간 (0, 1)에서 균등분포를 따르므로 $F_0(X_{(1)}), \cdots, F_0(X_{(n)})$은 이 균등분포에서의 순서통계량과 같은 분포를 갖는다. 따라서 H_0하에서 D^+의 분포는 F와 무관하게 된다. 마찬가지로 D^-와 D도 분포무관 검정통계량이 된다.

부록 B. 11에는 D^+(또는 D^-)의 분포표가 수록되어 있으며, 표에 있는 값은 H_0하에서

$$
P[D^+\leq d(\alpha, n)]=P[D^-\leq d(\alpha, n)]=1-\alpha
$$

를 만족하는 유의수준 α에서 채택경계값 $d(\alpha, n)$을 나타낸다.

유의수준 α에서 콜모고로프 검정의 기각역은 다음과 같다.

① $H_1 : F(x) \leq F_0(x)$이고, 적어도 한 x에서 $F(x) < F_0(x)$일 때:

$$D^+ > d(\alpha, n)$$

② $H_1 : F(x) \geq F_0(x)$이고, 적어도 한 x에서 $F(x) > F_0(x)$일 때:

$$D^- > d(\alpha, n)$$

③ H_1 : 적어도 한 x에서 $F(x) \neq F_0(x)$일 때:

$$D > d\left(\frac{\alpha}{2}, n\right)$$

($d(\alpha, n)$은 채택경계값이므로 기각역이 절대부등식이 된다.)

[예 6-12] 다음 10개의 관측값은 정규분포 $N(32, 3.24)$에서 추출된 데이터라고 할 수 있는지를 검정하고 싶다.

31.0 31.4 33.3 33.4 33.5 33.7 34.4 34.9 36.2 37.0

$F_0(x)$는 $N(32, 3.24)$가 되며, 문제의 내용으로 보아 양쪽검정을 시행해야 한다. 〈표 6.6〉은 콜모고로프 통계량의 값을 계산하기 위한 계산표이다. 표에서

$$D = \max\{D^+, D^-\} = 0.564$$

이며 부록 B.11에서 $d(0.005, 10) = 0.489 < 0.564$이므로 p-값은 0.01보다 작다. 즉, H_0를 기각하고, 이 데이터는 정규분포 $N(32, 3.24)$를 따르지 않는다고 결론을 내린다.

〈표 6.6〉 콜모고로프 통계량값 계산표

i	$X_{(i)}$	$Y_i = \frac{X_{(i)} - 32}{1.8}$	$F_0(X_{(i)}) = \Phi(Y_{(i)})$	$\frac{i}{n} - F_0(X_{(i)})$	$F_0(X_{(i)}) - \frac{i-1}{n}$
1	31.0	−0.56	0.291	−0.191	0.291
2	31.4	−0.33	0.371	−0.171	0.271
3	33.3	0.72	0.764	−0.464	0.564
4	33.4	0.78	0.782	−0.382	0.482
5	33.5	0.83	0.797	−0.297	0.397
6	33.7	0.94	0.826	−0.226	0.326
7	34.4	1.33	0.908	−0.208	0.308
8	34.9	1.61	0.946	−0.146	0.246
9	36.2	2.33	0.990	−0.090	0.190
10	37.0	2.78	0.997	0.003	0.097
				$D^- = 0.003$	$D^+ = 0.564$

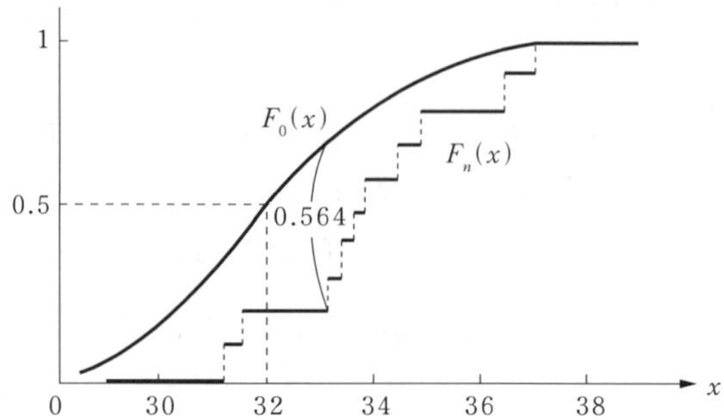

[그림 6.6] [예 6-12]에서 $F_0(x)$와 $F_n(x)$

6-4-2 스미르노프 검정

콜모고로프 검정이 한 분포함수의 적합도검정이라면, **스미르노프 검정**(Smirnov test)은 두 분포함수가 동일하다고 할 수 있는지를 검정하는 검정법으로서 흔히 **이표본 콜모고로프-스미르노프 검정**(two-sample Kolmogorov-Smirnov test)이라 부른다.

$X_1, \cdots, X_m$이 분포함수 $F(x)$에서 추출된 랜덤표본이고, $Y_1, \cdots, Y_n$이 $G(x)$에서 추출된 랜덤표본일 때 두 분포의 동일성을 검정하기 위한 가설은 다음과 같다.

H_0 : 모든 x에 대하여 $F(x)=G(x)$

H_1 : $F(x)\le G(x)$이고, 적어도 한 x에서 $F(x)<G(x)$

H_1 : $F(x)\ge G(x)$이고, 적어도 한 x에서 $F(x)>G(x)$

H_1 : 적어도 한 x에서 $F(x)\ne G(x)$

이를 검정하기 위한 통계량은 다음과 같이 정의된다.

정의 6-6 귀무가설 $H_0 : F(x)=G(x)$를 검정하기 위한 **스미르노프 통계량**(Smirnov statistic)은 다음과 같이 정의된다.

(1) $D_1^+=\sup_x \{G_n(x)-F_m(x)\}$

(2) $D_1^-=\sup_x \{F_m(x)-G_n(x)\}$

(3) $D_1 = \sup_x |F_m(x) - G_n(x)| = \max\{D_1^+, D_1^-\}$

콜모고로프 통계량 D와 마찬가지로 스미르노프 통계량 D_1에 기초한 검정법도 분포무관 검정법이 된다. D_1^+(또는 D_1^-)의 분포가 부록 B. 12에 수록되어 있으며, 표에 있는 값은 H_0하에서

$$P[D_1^+ \le d_1(\alpha, n)] = P[D_1^- \le d_1(\alpha, n)] = 1 - \alpha$$

를 만족하는 유의수준 α에서의 채택경계값 $d_1(\alpha, n)$을 나타낸다.

유의수준 α에서 스미르노프 검정의 기각역은 다음과 같다.

① $H_1 : F(x) \le G(x)$이고, 적어도 한 x에서 $F(x) < G(x)$일 때:

$$D_1^+ > d_1(\alpha, n)$$

② $H_1 : F(x) \ge G(x)$이고, 적어도 한 x에서 $F(x) > G(x)$일 때:

$$D_1^- > d_1(\alpha, n)$$

③ H_1 : 적어도 한 x에서 $F(x) \ne G(x)$일 때:

$$D_1 > d_1\left(\frac{\alpha}{2}, n\right)$$

($d_1(\alpha, n)$은 채택경계값이므로 기각역이 절대부등식이 된다.)

X와 Y의 혼합표본의 순서통계량을 $Z_{(1)} \le \cdots \le Z_{(m+n)}$이라 하면, $|G_n(x) - F_m(x)|$의 최대값은 $x = z_{(1)}, \cdots, z_{(m+n)}$ 중의 하나에서 발생한다. 따라서 D_1^+(또는 D_1^-)의 값을 계산할 때는 $G_n(z_{(i)}) - F_m(z_{(i)})$의 값을 구하여 최대값을 취하면 된다.

[예 6-13] 다음의 관측값으로부터 Y가 X보다 확률적으로 크다고 할 수 있는지를 검정하여 보자.

X의 관측값:	0.6	0.8	0.9	1.2	1.4
Y의 관측값:	1.1	1.3	1.8	2.4	2.9

검정하고자 하는 가설은 다음과 같다.

H_0 : 모든 x에 대하여 $F(x)=G(x)$

H_1 : $F(x)\geq G(x)$이고, 적어도 한 x에서 $F(x)>G(x)$

스미르노프 통계량의 값을 구하기 위한 계산표는 〈표 6.7〉과 같다. 표에서 $D_1^-=\frac{3}{5}$이므로 수표 B. 12에서

$$P\left[D_1^-\leq\frac{3}{5}\right]=0.95$$

이므로 p-값은 0.05보다 작다.

〈표 6.7〉 스미르노프 통계량값 계산표

$Z_{(i)}$: $X_{(i)}$	$Z_{(i)}$: $Y_{(j)}$	$F_m(Z_{(i)})-G_n(Z_{(i)})$
0.6		$\frac{1}{5}-0=\frac{1}{5}$
0.8		$\frac{2}{5}-0=\frac{2}{5}$
0.9		$\frac{3}{5}-0=\frac{3}{5}$
	1.1	$\frac{3}{5}-\frac{1}{5}=\frac{2}{5}$
1.2		$\frac{4}{5}-\frac{1}{5}=\frac{3}{5}$
	1.3	$\frac{4}{5}-\frac{2}{5}=\frac{2}{5}$
1.4		$1-\frac{2}{5}=\frac{3}{5}$
	1.8	$1-\frac{3}{5}=\frac{2}{5}$
	2.4	$1-\frac{4}{5}=\frac{1}{5}$
	2.9	$1-1=0$
		$D_1^-=\frac{3}{5}$

연 습 문 제

6. 4. 1. 다음에 주어진 데이터는 10개의 4자리 난수들이다. 이 데이터가 $U(0, 1)$에서 발생된 것인지 검정하라(편의상 소수점은 생략하였음).

3407 5044 0045 7536 7653

6157 6593 3187 4780 9414

6. 4. 2. 의학적 연구에 의하면 건강한 성인 남자는 혈액의 血小板수가 mm^3당 평균 235,000개이고, 표준편차는 44,600인 정규분포를 따른다고 한다. 다음은 25명의 폐렴환자에 대해 조사한 데이터이다(단위: 1,000). 이 표본이 정상적인 사람들의 분포에서 추출되었다고 할 수 있는지 콜모고로프-스미르노프 검정을 시행하라($\alpha=0.01$).

173 189 196 207 215 237 275 282 293 300

305 316 346 382 395 399 401 437 480 504

524 634 682 882 999

6. 4. 3. 다음은 $F(x)$와 $G(x)$에서 관측한 데이터이다.

$F(x)$	0.6	0.8	0.8	1.2	1.4
$G(x)$	1.3	1.3	1.8	2.4	2.9

가설

H_0 : 모든 x에서 $F(x)=G(x)$

H_1 : $F(x)\geq G(x)$이고, 적어도 한 x에서 $F(x)>G(x)$

를 검정하려고 한다. 콜모고로프-스미르노프 검정을 시행하여라.

6. 4. 4. 다음은 A도시 학생 5명과 B도시 학생 8명을 랜덤하게 추출하여 교양시험을 치룬 결과이다.

A	82	74	87	86	75			
B	88	77	91	88	94	93	83	93

두 지역 학생의 성적의 분포가 같다고 할 수 있는지 콜모고로프-스미르노프 검정을 시행하여라.

6-5 연관성 검정

이변량 정규확률변수 (X, Y)에서는 '$\rho=0$'와 'X와 Y는 독립이다'라는 두 명제가 동치이다. 따라서 연관성 검정문제는 상관계수에 대한 가설 '$H_0: \rho=0$'를 검정하는 것이 보통이다. 즉, 7-2-3에서 다루게 될 표본상관계수 r은 $H_0: \rho=0$하에서

$$T=\frac{r\sqrt{n-2}}{\sqrt{1-r^2}} \sim t_{(n-2)}$$

임을 이용하여 X와 Y의 독립성을 검정할 수 있다.

비모수적 방법에서는 정규성을 가정하지 않으므로 독립성 검정 대신에 두 변수 사이의 연관성을 검정하는 것이 보통이다.

이 절에서는 **연관성 검정**을 위한 비모수적 방법을 생각해 보자. 비모수적 방법으로 많이 사용되는 검정법은 스피어만의 순위상관계수와 켄달의 타우를 이용한 방법이 있으며, 다음의 두 소절에서는 이들에 대하여 알아보기로 한다.

6-5-1 스피어만의 순위상관계수

$(X_1, Y_1), \cdots, (X_n, Y_n)$을 이변량분포에서 추출된 랜덤표본이라 할 때, 기초통계에서 다룬 피어슨의 표본상관계수 r은 다음과 같다.

$$r=\frac{\sum(X_i-\bar{X})(Y_i-\bar{Y})}{\sqrt{\sum(X_i-\bar{X})^2\sum(Y_i-\bar{Y})^2}}$$

이제, X와 Y의 순위를 각각

$$R_i=\{X_1, \cdots, X_n\}\text{에서 } X_i\text{의 순위}$$
$$S_i=\{Y_1, \cdots, Y_n\}\text{에서 } Y_i\text{의 순위}$$

로 정의하고, r의 정의에서 X_i, Y_i 대신에 각각의 순위인 R_i, S_i를 대입한 통계량을 X와 Y의 상관계수를 나타내는 측도로 사용할 수 있다. 즉, 통계량

$$r_S=\frac{\sum_{i=1}^{n}(R_i-\bar{R})(S_i-\bar{S})}{\sqrt{\sum_{i=1}^{n}(R_i-\bar{R})^2\sum_{i=1}^{n}(S_i-\bar{S})^2}}$$

을 스피어만의 순위상관계수(Spearman rank correlation coefficient)라고 한다. r_S의 표현에서 순위들은 $(1, \cdots, n)$의 한 순열로 결정되고, $\bar{R}=\bar{S}=\frac{(n+1)}{2}$ 이므로 다음과 같이 간편하게 계산할 수 있다.

$$r_S=1-\frac{6}{n(n^2-1)}\sum_{i=1}^{n}(R_i-S_i)^2$$

X와 Y가 독립일 때에는 R_i와 S_i는 서로 독립이고, $(R_1, \cdots, R_n)$과 $(S_1, \cdots, S_n)$은 모두 $(1, \cdots, n)$의 모든 순열들을 같은 확률로 취하는 확률변수들이므로 r_S의 분포는 F에 무관하다.

따라서 r_S의 분포를 구할 수 있으며, 부록 B.13에는

$$P[r_S \geq r_S(\alpha, n) \mid H_0]=\alpha$$

를 만족하는 기각값 $r_S(\alpha, n)$이 수록되어 있다.

n이 클 때에는 다음의 정리를 이용하여 정규근사에 의한 검정을 할 수 있다. 증명은 이 책의 범위를 벗어나므로 생략하고 결과만 이용하기로 한다.

> 정리 6-9 X와 Y가 서로 독립일 때, 스피어만의 순위상관계수 r_S에 대하여 다음이 성립한다.
>
> (1) $E[r_S]=0,\quad V[r_S]=\frac{1}{n-1}$
>
> (2) n이 충분히 클 때, $\sqrt{n-1}\,r_S \;\dot{\sim}\; N(0, 1)$

실제 데이터에 동점이 있을 때에는 평균순위를 사용하며, 이 때에는 r_S의 분포가 근사적으로만 성립한다.

[예 6-14] 어느 통조림 생산공정에서는 통조림의 질을 나타내는 변수를 만들고, 평가점수와 소비자의 선호도 사이의 관계를 조사하려고 한다. 이 공정에서

9가지 제조방법에 대하여 다음의 자료를 얻었다. 평가점수(X)와 소비자의 선호도(Y) 사이의 연관성을 조사하기 위하여 스피어만의 순위상관계수를 구하고, X와 Y는 양의 연관성이 있는지를 검정하여 보자.

번호	1	2	3	4	5	6	7	8	9
X	44.4	45.9	41.9	53.3	44.7	44.1	50.7	45.2	60.1
Y	2.6	3.1	2.5	5.0	3.6	4.0	5.2	2.8	3.8

스피어만의 순위상관계수를 구하기 위한 계산표는 〈표 6.8〉과 같다. 계산표로부터 스피어만의 순위상관계수는 다음과 같다.

$$r_S = 1 - \frac{6}{n(n^2-1)} \Sigma (R_i - S_i)^2$$

$$= 1 - \frac{6}{9(9^2-1)}(48) = 0.60$$

X와 Y 사이에 양의 연관성이 있는지를 검정하기 위하여 가설

$$H_0 : \rho = 0, \quad H_1 : \rho > 0$$

을 검정하면 된다. $r_S = 0.60$이므로, p-값은 다음과 같다.

$$p\text{-값} = P[r_S \geq 0.60] < P[r_S \geq 0.5833] = 0.05$$

〈표 6.8〉 스피어만의 순위상관계수 계산표

X_i	Y_i	R_i	S_i	$(R_i - S_i)^2$
41.9	2.5	1	1	0
44.1	4.0	2	7	25
44.4	2.6	3	2	1
44.7	3.6	4	5	1
45.2	2.8	5	3	4
45.9	3.1	6	4	4
50.7	5.2	7	9	4
53.3	5.0	8	8	0
60.1	3.8	9	6	9
			계	48

6-5-2 켄달의 타우

이변량 정규분포에서 상관관계를 나타내는 측도로서 상관계수 ρ를 사용하였다. 그러나 비모수적 방법에서는 ρ의 의미가 약해지며, 상관관계를 나타내는 비모수적 측도를 생각할 수 있다. 한 예로서 켄달(Kendall)은 다음과 같은 측도를 생각했다.

랜덤표본 $(X_1, Y_1), \cdots, (X_n, Y_n)$에서 i, j번째 쌍에 대하여

$X_i - X_j$와 $Y_i - Y_j$의 부호가 같으면 **부합**(concordant)
$X_i - X_j$와 $Y_i - Y_j$의 부호가 다르면 **비부합**(discordant)

이라고 하며, 부합성과 비부합성의 확률을 각각

$$\pi_c = P[(X_i - X_j)(Y_i - Y_j) > 0]$$
$$\pi_d = P[(X_i - X_j)(Y_i - Y_j) < 0]$$

이라 하자. 이들을 이용하여 연관성의 측도인 **켄달의 타우**(Kendall's tau)는 다음과 같이 정의된다.

$$\tau = \pi_c - \pi_d$$

이와 같이 정의된 τ와 ρ 사이에는 $\tau = \frac{2}{\pi} \arcsin \rho$의 관계가 있음이 알려져 있다.

이제 $H_0 : \tau = 0$을 검정하기 위한 통계량을 생각해 보자. 랜덤표본 $(X_1, Y_1), \cdots, (X_n, Y_n)$에 대하여

P = 부합인 쌍의 개수
Q = 비부합인 쌍의 개수

로 정의하면, **켄달통계량**(Kendall statistic)은 다음과 같이 정의된다.

$$K = P - Q = \sum_{i<j}\sum \text{sgn}\,(X_i - X_j)\ \text{sgn}\,(Y_i - Y_j)$$

여기서, $\text{sgn}\,(t)$는 $t>0$, $t=0$, $t<0$일 때 각각 1, 0, -1로 정의된다.

켄달통계량 K는 $H_0 : \tau = 0$하에서 F에 무관한 분포를 가지며, 따라서 K에 기초한 켄달검정은 분포무관 검정법이다. 또한 K의 분포표도 미련되이

있으므로 소표본에서 정확한 검정을 시행할 수 있다. 그러나 표가 방대하여 이 책에는 수록치 않고, 다만 다음과 같은 정규근사를 사용한 검정만 이용하기로 한다.

정리 6-10 $H_0 : \tau=0$하에서, 켄달통계량 K에 대하여 다음이 성립한다.

(1) $E[K]=0, \quad V[K]=\dfrac{n(n-1)(2n+5)}{18}$

(2) n이 충분히 클 때, $Z_K=\dfrac{K}{\sqrt{n(n-1)(2n+5)/18}} \doteqdot N(0, 1)$

[예 6-15] 12쌍의 쌍동이 형제에게 공격성의 정도를 측정하는 심리검사를 실시한 결과가 다음과 같다. 형과 동생 사이에 유사성이 있는지 알아보기 위하여, 켄달통계량의 값을 구하고, 켄달검정을 시행하여 보자.

켄달통계량의 계산표는 〈표 6.9〉와 같다.

〈표 6.9〉 켄달통계량의 계산표

번 호	1	2	3	4	5	6	7	8	9	10	11	12
형(X)	86	71	77	68	91	72	77	91	70	71	88	87
동생(Y)	88	77	76	64	96	72	65	90	65	80	81	72

i	X_i	Y_i	아래쪽으로 부합인 쌍의 개수	아래쪽으로 비부합인 쌍의 개수
1	68	64	11	0
2	70	65	9	0
3	71	77	4	4
4	71	80	4	4
5	72	72	5	1
6	77	65	5	0
7	77	76	4	1
8	86	88	2	2
9	87	72	3	0
10	88	81	2	0
11	91	90	0	0
12	91	96	0	0
			$P=49$	$Q=12$

계산표에서 $K=P-Q=49-12=37$ 이므로 표준화된 K 의 값은 다음과 같다.

$$Z_K=\frac{37}{\sqrt{12(12-1)(2\cdot 12+5)/18}}=2.54$$

따라서, 가설

$$H_0: \tau=0, \qquad H_1: \tau\neq 0$$

을 검정할 때, 정규근사에 의한 p-값은 다음과 같다.

$$\begin{aligned} p\text{-값} &= P[|Z_K|\geq 2.54] \\ &= 2P[Z_K\geq 2.54]=2(1-0.9945)=0.011 \end{aligned}$$

연 습 문 제

6. 5. 1. 어느 회사의 사내 미인대회에서 8명의 후보가 나왔으며, 2명의 심사위원이 각각 8명의 후보에 대하여 순위를 부여하여 다음의 자료를 얻었다. 두 심판의 등급은 양의 연관성을 갖는다고 할 수 있는지를 스피어만의 순위상관계수와 켄달통계량을 이용하여 검정하여라.

후 보	1	2	3	4	5	6	7	8
심사위원 A	2	1	3	5	4	8	7	6
심사위원 B	1	2	4	5	7	6	8	3

6. 5. 2. 어느 볼링클럽에서 부부의 볼링점수 사이의 연관성을 조사하기 위하여, 10명의 부부들이 시합을 한 결과의 점수가 다음과 같다. 부부의 볼링점수 사이에 음의 연관성이 있는지 스피어만의 순위상관계수와 켄달통계량을 이용하여 검정하여라.

라 인	1	2	3	4	5	6	7	8	9	10
남편점수	147	158	131	142	183	151	196	129	155	158
부인점수	122	128	125	123	115	120	108	143	124	123

제 7 장

분산분석과 회귀분석

앞의 두 장에서는 한 개의 모수 및 두 개의 모수에 대한 추정과 검정의 문제를 다루었다. 이를 기초로 하여, 이 장에서는 좀더 복잡한 통계적 모형에 대한 추론방법을 다루기로 한다.

두 평균의 비교문제를 확장하여 k개의 평균을 비교하는 문제를 생각해 보자. k개의 평균을 비교하기 위해서는 각 모집단에서 추출된 표본에서 표본평균을 구하고 이들을 비교하는 방법을 생각할 수 있다. 이와 같이 k개의 표본평균을 비교하는 방법으로서 **분산분석**(analysis of variance, ANOVA)이라는 분석방법을 사용한다. 일반적으로, 실험을 실시하는 데 최소의 비용으로 최대로 정밀한 정보를 얻기 위한 계획을 세우는 방법을 연구하는 분야를 **실험계획법**(experimental design)이라 하며, 이 분야에서는 흔히 분산분석의 기법을 사용한다. 따라서, 분산분석법에서 소개되는 통계적 모형은 실험계획법에서 가장 간단한 모형으로 이해할 수도 있다.

이 장에서 다루는 또 하나의 통계적 모형은 회귀분석(regression analysis)이다. 이는 변수들 간의 함수적인 관련성을 규명하기 위하여 통계적 모형을 가정하고, 관측값으로부터 모형에서 사용된 모수에 대한 추정 및 검정을 하거나 추정된 모형을 이용하여 예측을 하는 분야이다.

7-1 분산분석

분산분석의 모형이나 실험계획법에서 사용하는 용어에 대하여 간단히 알아보자. 어떤 실험에서 관측값에 영향을 주는 속성을 **인자**(factor)라 하고, 인자의 여러 가지 조건을 **인자수준**(factor level) 또는 간단히 **수준**(level)이라 한다. 예를 들어 인장강도가 반응온도에 따라 어떻게 변하는가를 실험하고자 할 때에 온도는 인자가 되며 100°, 120°, 150°에서 실험을 한다면 이 값들은 인자수준이 된다. 인자의 각 수준이나 또는 여러 인자가 있을 때 각 인자의 수준의 조합을 **처리**(treatment)라고 한다.

일원배치법(one-way ANOVA)은 한 인자가 여러 수준에서 관측값에 미치는 영향을 조사하는 분산분석법이며, **이원배치법**(two-way ANOVA)은 두 인자의 각 수준에서 관측값에 미치는 영향을 조사하는 분산분석법이다.

7-1-1 일원배치법

5-2-4에서는 두 정규모집단의 평균이 같다고 할 수 있는지를 검정하는 문제를 다루었다. 이에 대한 확장으로서 k개의 모집단의 평균이 모두 같다고 할 수 있는지를 검정하는 문제를 생각해 보자. 예를 들어 k개의 기계에서 생산되는 철선의 인장강도가 모두 같은가를 검정하는 문제, k종류의 두통약의 약효를 비교하는 문제, k종류의 식이요법의 효과를 검정하는 문제 등은 모두 k개의 평균을 비교하는 문제로 설명할 수 있다. 이 때에 기계, 두통약, 식이요법 등이 인자이며, 인자의 각 수준은 처리에 해당된다. 일원배치법에 대한 자료구조는 〈표 7.1〉과 같다.

〈표 7.1〉에서 각 처리의 표본평균과 총평균은 다음과 같이 정의된다.

$$\bar{X}_{i\cdot}=\frac{1}{n_i}\sum_{j=1}^{n_i}X_{ij}, \quad i=1, \cdots, k$$

$$\bar{X}_{\cdot\cdot}=\frac{1}{N}\sum_{i=1}^{k}\sum_{j=1}^{n_i}X_{ij}, \quad N=\sum n_i$$

일원배치법에서 관측값을 모형으로 나타내면 다음과 같다.

〈표 7.1〉 일원배치법의 자료구조

	처	리			
	1	2	$\cdots$	k	
	X_{11}	X_{21}	$\cdots$	X_{k1}	
	X_{12}	X_{22}	$\cdots$	X_{k2}	
	$\vdots$	$\vdots$		$\vdots$	
	X_{1n_1}	X_{2n_2}	$\cdots$	X_{kn_k}	
표본크기	n_1	n_2	$\cdots$	n_k	계 $N=\sum n_i$
표본평균	$\bar{X}_{1\cdot}$	$\bar{X}_{2\cdot}$	$\cdots$	$\bar{X}_{k\cdot}$	총평균 $\bar{X}_{\cdot\cdot}$

$$X_{ij}=\mu+\alpha_i+\varepsilon_{ij}\,,\ j=1,\ \cdots,\ n_i\,;\ i=1,\ \cdots,\ k$$

여기서, μ는 총평균이고 α_i는 i번째 **처리효과**(treatment effect)로서 $\sum n_i\alpha_i=0$을 만족한다. ε_{ij}는 오차항으로서 서로 독립이고 $N(0,\sigma^2)$을 따르는 확률변수라고 가정한다.

i번째 처리를 i번째 모집단으로 간주할 경우에 i번째 모집단의 평균은 다음과 같다.

$$\mu_i=E[X_{ij}]=\mu+\alpha_i\,,\quad i=1,\cdots,k$$

즉, $X_{i1},\cdots,X_{in_i}$는 평균 μ_i, 분산 σ^2인 정규분포 $N(\mu_i,\sigma^2)$에서 추출된 랜덤표본과 같다.

처리효과 α_i에 대하여 $\sum n_i\alpha_i=0$을 가정하면 $\mu_1=\cdots=\mu_k=\mu$와 $\alpha_1=\cdots=\alpha_k=0$은 같은 표현이 된다. 따라서 k개의 모평균이 같다는 가설과 k개의 처리효과가 모두 0이라는 가설은 같으며, 우리가 관심이 있는 가설은 다음과 같이 나타낼 수 있다.

$H_0:\mu_1=\cdots=\mu_k=\mu$ (또는 $H_0:\alpha_1=\cdots=\alpha_k=0$)
$H_1:\mu_i$들이 모두 같지는 않다 (또는 $H_1:\alpha_i$들이 모두 0은 아니다)

이와 같은 가설을 검정하기 위한 LR검정법을 유도해 보자. 자세한 유도과정은 연습문제로 넘기고, 여기서는 간략하게 유도과정을 보이겠다.

$i=1,\cdots,k$의 각각에 대하여 $X_{ij}\sim N(\mu_i,\sigma^2)$, $j=1,\cdots,n_i$이며, 모든 X_{ij}는 서로 독립이므로 H_0+H_1하에서 가능도함수는 다음과 같다.

$$L(\mu_1, \cdots, \mu_k, \sigma^2)=\left(\frac{1}{2\pi\sigma^2}\right)^{\frac{N}{2}}\exp\left\{-\frac{1}{2\sigma^2}\sum_i\sum_j(x_{ij}-\mu_i)^2\right\}$$

가능도함수를 최대로 하는 μ_i와 σ^2의 값은 각각 다음과 같다.

$$\hat{\mu}_i=\bar{x}_{i\cdot}, \ i=1, \cdots, k \ ; \quad \hat{\sigma}^2=\frac{1}{N}\sum_i\sum_j(x_{ij}-\bar{x}_{i\cdot})^2 \tag{7.1}$$

따라서,

$$\max_{H_0+H_1} L(\mu_1, \cdots, \mu_k, \sigma^2)=\left\{\frac{2\pi}{N}\sum_i\sum_j(x_{ij}-\bar{x}_{i\cdot})^2\right\}^{-\frac{N}{2}} e^{-\frac{N}{2}}$$

한편, H_0하에서 가능도함수는 다음과 같다.

$$L(\mu, \sigma^2)=\left(\frac{1}{2\pi\sigma^2}\right)^{\frac{N}{2}}\exp\left\{-\frac{1}{2\sigma^2}\sum_i\sum_j(x_{ij}-\mu)^2\right\}$$

이 가능도함수를 최대로 하는 μ와 σ^2의 값은 다음과 같다.

$$\hat{\mu}=\bar{x}_{\cdot\cdot} \ ; \quad \hat{\sigma}^2=\frac{1}{N}\sum_i\sum_j(x_{ij}-\bar{x}_{\cdot\cdot})^2 \tag{7.2}$$

따라서,

$$\max_{H_0} L(\mu, \sigma^2)=\left\{\frac{2\pi}{N}\sum_i\sum_j(x_{ij}-\bar{x}_{\cdot\cdot})^2\right\}^{-\frac{N}{2}} e^{-\frac{N}{2}}$$

따라서 가능도비 λ는 다음과 같다.

$$\lambda=\frac{\max\limits_{H_0} L(\mu, \sigma^2)}{\max\limits_{H_0+H_1} L(\mu_1, \cdots, \mu_k, \sigma^2)}=\left\{\frac{\sum_i\sum_j(x_{ij}-\bar{x}_{i\cdot})^2}{\sum_i\sum_j(x_{ij}-\bar{x}_{\cdot\cdot})^2}\right\}^{\frac{N}{2}}$$

한편, 윗식의 괄호 속의 분모는

$$\begin{aligned}\sum_i\sum_j(x_{ij}-\bar{x}_{\cdot\cdot})^2&=\sum_i\sum_j(x_{ij}-\bar{x}_{i\cdot}+\bar{x}_{i\cdot}-\bar{x}_{\cdot\cdot})^2\\&=\sum_i\sum_j(x_{ij}-\bar{x}_{i\cdot})^2+\sum_i n_i(\bar{x}_{i\cdot}-\bar{x}_{\cdot\cdot})^2\end{aligned} \tag{7.3}$$

이므로 $\lambda^{\frac{2}{N}}$은 다음과 같다.

$$\lambda^{\frac{2}{N}}=\frac{\sum_i\sum_j(x_{ij}-\bar{x}_{i.})^2}{\sum_i\sum_j(x_{ij}-\bar{x}_{i.})^2+\sum_i n_i(\bar{x}_{i.}-\bar{x}_{..})^2}$$

$$=\frac{1}{1+\sum_i n_i(\bar{x}_{i.}-\bar{x}_{..})^2/\sum_i\sum_j(x_{ij}-\bar{x}_{i.})^2}$$

따라서 $\lambda\leq k$는 다음과 같이 나타낼 수 있다.

$$F=\frac{\sum_i n_i(\bar{x}_{i.}-\bar{x}_{..})^2/(k-1)}{\sum_i\sum_j(x_{ij}-\bar{x}_{i.})^2/(N-k)}\geq k'$$

여기서 $k'=\dfrac{(k^{-\frac{2}{N}}-1)(N-k)}{(k-1)}$이다. 한편, 유의수준 α에서 k'값을 알아보기 위하여 F통계량의 분포를 알아보자. 구체적인 증명은 이 책의 범위를 벗어나므로, 여기서는 대략적인 흐름만 설명하기로 한다. H_0하에서

$$\frac{\sum_i\sum_j(X_{ij}-\overline{X}_{..})^2}{\sigma^2}\sim\chi^2_{(N-1)}$$

$$\frac{\sum_i\sum_j(X_{ij}-\overline{X}_{i.})^2}{\sigma^2}\sim\chi^2_{(N-k)}$$

가 성립하므로, 식 (7.3)에서 다음이 성립함을 증명 없이 받아들이기로 한다.

$$\frac{\sum n_i(\overline{X}_{i.}-\overline{X}_{..})^2}{\sigma^2}\sim\chi^2_{(k-1)}$$

한편, $\sum\sum(X_{ij}-\overline{X}_{i.})^2$과 $\sum n_i(\overline{X}_{i.}-\overline{X}_{..})^2$은 서로 독립임을 증명할 수 있으며, 이로부터 F통계량은 자유도 $(k-1,\ N-k)$인 F-분포를 따름을 알 수 있다. 따라서 다음의 정리가 성립한다.

정리 7-1 일원배치모형

$$X_{ij}=\mu_i+\varepsilon_{ij},\quad i=1,\ \cdots,\ k,\quad j=1,\ \cdots,\ n_i$$

에서 ε_{ij}는 서로 독립인 $N(0,\sigma^2)$ 확률변수일 때, 가설

$$H_0: \mu_1=\cdots=\mu_k,\quad H_1: \mu_i\text{들이 모두 같지는 않다}$$

를 검정하기 위한 유의수준 α의 LR검정 기각역은 다음과 같다.

$$F = \frac{\sum_i n_i(\bar{X}_{i\cdot} - \bar{X}_{\cdot\cdot})^2/(k-1)}{\sum_i \sum_j (X_{ij} - \bar{X}_{i\cdot})^2/(N-k)} \geq F_{\alpha, k-1, N-k}$$

일원배치모형에서 제곱합에 대하여 흔히 다음과 같은 기호와 용어를 사용한다.

$SST = \sum_i \sum_j (X_{ij} - \bar{X}_{\cdot\cdot})^2$: **전체제곱합**(total sum of squares)

$SSA = \sum_i n_i (\bar{X}_{i\cdot} - \bar{X}_{\cdot\cdot})^2$: **처리제곱합**(treatment sum of squares)

$SSE = \sum_i \sum_j (X_{ij} - \bar{X}_{i\cdot})^2$: **잔차제곱합**(residual sum of squares)

흔히 SSA를 **급간제곱합**(between sum of squares), SSE를 **급내제곱합**(within sum of squares)이라고도 한다. 식 (7.3)으로부터 제곱합들 사이에는 다음의 관계식이 성립한다.

$$SST = SSA + SSE$$

제곱합을 자유도로 나눈 것을 **평균제곱**(mean square)이라고 부른다. 따라서 일원배치모형에서 처리와 잔차에 대한 평균제곱은 각각 다음과 같다.

$$MSA = \frac{SSA}{k-1}, \quad MSE = \frac{SSE}{N-k}$$

평균제곱의 기호를 사용하여 LR 검정통계량을 나타내면 $F = \frac{MSA}{MSE}$로 표현된다. 이와 같은 결과를 표로 간단히 요약한 것을 **분산분석표**(ANOVA table)라고 하며, 일원배치모형의 분산분석표는 〈표 7.2〉와 같다.

〈표 7.2〉 일원배치 분산분석표

요 인	제곱합	자유도	평균제곱	F-값
처 리	$SSA = \sum n_i (\bar{X}_{i\cdot} - \bar{X}_{\cdot\cdot})^2$	$k-1$	$MSA = \frac{SSA}{k-1}$	$F = \frac{MSA}{MSE}$
잔 차	$SSE = \sum\sum (X_{ij} - \bar{X}_{i\cdot})^2$	$N-k$	$MSE = \frac{SSE}{N-k}$	
계	$SST = \sum\sum (X_{ij} - \bar{X}_{\cdot\cdot})^2$	$N-1$		

[예 7-1] 다음은 A, B, C 세 종류의 건전지의 수명(단위: 시간)을 나타낸 자료이다. 세 종류의 건전지의 수명이 모두 같다고 할 수 있는지 검정해 보자.

	A	B	C	
	40	60	60	
	30	40	50	
	50	55	70	
	50	65	65	
	30		75	
			40	
표본크기	5	4	6	
평 균	40	55	60	총평균 52

표에서 $n_1=5$, $n_2=4$, $n_3=6$ 이고, 각 처리의 평균과 총평균은 다음과 같다.

$$\bar{x}_{1\cdot}=\frac{200}{5}=40,\ \bar{x}_{2\cdot}=\frac{220}{4}=55,\ \bar{x}_{3\cdot}=\frac{360}{6}=60,$$

$$\bar{x}_{\cdot\cdot}=\frac{200+220+360}{15}=52$$

제곱합은 다음과 같다.

$$SSA=5(40-52)^2+4(55-52)^2+6(60-52)^2=1140$$
$$SST=(40-52)^2+(30-52)^2+\cdots+(40-52)^2=2740$$
$$SSE=SST-SSA=2740-1140=1600$$

따라서 분산분석표는 〈표 7.3〉과 같다.

〈표 7.3〉 [예 7-1]의 분산분석표

요 인	제곱합	자유도	평균제곱	F-비
처 리	1140	2	570	$\frac{570}{133.3}=4.28$
잔 차	1600	12	133.3	
계	2740	14		

분산분석표에서 F-비는 $F=4.28$ 이며, F-분포표에서 $F_{0.05,2,12}=3.89$ 이다. $F=4.28>3.89$ 이므로 유의수준 5%에서 귀무가설 $H_0: \mu_1=\mu_2=\mu_3$ 을 기각한다. 즉, 건전지의 종류에 따라 수명이 다르다는 근거가 있다.

7-1-2 다중비교

k개의 모평균이 모두 같다는 귀무가설 $H_0 : \mu_1 = \cdots = \mu_k$가 기각되었을 때, 어느 평균들이 서로 심각하게 다른지를 알고 싶은 경우가 있다. 예를 들어 [예 7-1]에서 H_0가 기각되어 A, B, C 세 종류의 건전지의 수명이 같지는 않다는 결론을 얻었을 때, 어느 건전지의 수명이 심각하게 다른지를 알고 싶을 때가 있다 예를 들어 A, B, C가 모두 서로 심각하게 다른지, 또는 A와 B가, 또는 A와 C가, 또는 B와 C가 서로 심각하게 다른지를 알고 싶다고 하자. 이와 같이 여러 처리효과를 동시에 다루는 방법을 연구하는 분야가 다중비교(multiple comparison)이다.

다중비교에서는 관리하고자 하는 오류가 무엇이냐에 따라 비교방법이 다르며, 따라서 여러 가지 다중비교법에서 관리하는 오류가 무엇인가에 대한 사전 지식을 갖고 방법을 선택해야 한다.

여기서는 일원배치법의 모형에서 튜키의 방법과 피셔의 방법을 위주로 다중비교의 기본 개념과 방법을 간단히 살펴보기로 한다.

검정문제에서는 참인 귀무가설 H_0를 기각시키는 오류를 제 1 종의 오류라고 하며, 유의수준 α에서 검정한다는 것은 제 1 종의 오류를 범할 확률을 α 이내로 관리한다는 뜻이다.

다중비교에서 관리하는 오류율(誤謬率)은 여러 가지 있으며, 그 중에서 실험별 오류율과 비교별 오류율을 많이 사용한다.

예를 들어 3개의 처리가 있을 때 귀무가설은 다음과 같다.

$$H_0 : \mu_1 = \mu_2 = \mu_3$$

이 가설을 유의수준 α에서 검정할 때 귀무가설 H_0를 채택하는 것은 다음 세 가설을 모두 채택하는 것과 같다.

$$\begin{aligned} H_0(1,\ 2) &: \mu_1 = \mu_2 \\ H_0(1,\ 3) &: \mu_1 = \mu_3 \\ H_0(2,\ 3) &: \mu_2 = \mu_3 \end{aligned} \tag{7.8}$$

따라서 다음이 성립한다.

$$
\begin{aligned}
1-\alpha &= P[H_0\text{을 채택} \mid H_0] \\
&= P[H_0(1,2)\text{채택},\ H_0(1,3)\text{채택},\ H_0(2,3)\ \text{채택} \mid H_0] \qquad (7.9) \\
&= P[H_0(1,2)\text{채택} \mid H_0] \times P[H_0(1,3)\text{채택} \mid H_0] \times P[H_0(2,3)\ \text{채택} \mid H_0] \qquad (7.10) \\
&= (1-\alpha^*)^3 \qquad (7.11)
\end{aligned}
$$

여기서 α^*는 식 (7.8)의 세 가설검정 각각에 대한 유의수준이고(동일하다고 가정), 식 (7.10)이 성립하기 위해서는 세 개의 가설검정이 독립적이라는 가정이 필요하다.

이제 $\alpha=0.05$라고 하면 $\alpha^*=0.017$이 된다. 즉, 다중비교를 위해 식 (7.8)에 주어진 각각의 가설을 검정하려면 각 검정에 대한 유의수준을 매우 줄여야 한다. 일반적으로 k개의 처리가 있을 때 다음이 성립한다.

$$1-\alpha=(1-\alpha^*)^{k(k-1)/2}$$

이상과 같은 방법에 의해 다중비교를 하면 매우 보수적인 결과를 나타낸다. 즉, 아주 많은 차이가 있지 않으면 두 처리간의 평균에 차이가 있다고 판단하기 어렵다. 다중비교를 위한 방법들은 대부분 이와 같이 보수적이기 때문에 α를 보통 0.05 대신 0.1 또는 이보다 더 큰 값을 사용한다.

다중비교를 위해서는 매우 많은 방법들이 있다. 여기서는 대표적인 두 가지 방법을 소개한다. 또한 각 처리에서의 반복수가 같은 일원배치모형만 생각하기로 한다. 즉, $i=1, \cdots, k$의 각각에 대하여

$$X_{ij} \sim N(\mu_i,\ \sigma^2),\ \ j=1, \cdots, n\ (\sigma^2: \text{미지의 공통분산})$$

인 모형을 생각하자. 각 모집단의 평균인 μ_i와 공통분산 σ^2의 추정량은 다음과 같다.

$$\hat{\mu}_i=\bar{X}_{i\cdot}=\frac{1}{n}\sum_{j=1}^{n} X_{ij},\ \ i=1, \cdots, k$$

$$SSE=\sum_{i=1}^{k}\sum_{j=1}^{n}(X_{ij}-\bar{X}_{i\cdot})$$

$$\hat{\sigma}^2=MSE=\frac{SSE}{k(n-1)}$$

각 표본평균과 SSE에 대하여는 다음과 같은 분포가 성립한다.

$$\bar{X}_{i}.\sim N\left(\mu_i,\ \frac{\sigma^2}{n}\right),\ i=1,\ \cdots,\ k$$

$$\frac{SSE}{\sigma^2}=\frac{\sum_i\sum_j(\bar{X}_{ij}-\bar{X}_{i}.)^2}{\sigma^2}\sim\chi^2_{(k(n-1))}$$

튜키방법의 특징은 스튜던트화 범위의 분포를 구하고, 이를 이용하여 처리의 차이에 대한 유의성을 검정하는 것이다. 이제 튜키의 방법을 설명하기 위하여 스튜던트화 범위의 분포를 생각해 보자.

μ_i와 μ_j를 비교하기 위하여 $\bar{X}_{i}.$와 $\bar{X}_{j}.$를 비교하는 것이 바람직하다. 이를 위해 $H_0 : \mu_1=\cdots=\mu_k$하에서

$$P_0\left\{\frac{|\bar{X}_{i}.-\bar{X}_{j}.|}{\sqrt{MSE/n}}\le c,\ 1\le i<j\le k\right\}=1-\alpha$$

가 되는 c를 찾아야 한다. 한편 다음 관계를 살펴보자.

$$\frac{|\bar{X}_{i}.-\bar{X}_{j}.|}{\sqrt{MSE/n}}\le c,\ 1\le i<j\le k \Leftrightarrow \frac{\left|\dfrac{\bar{X}_{i}.}{\sigma/\sqrt{n}}-\dfrac{\bar{X}_{j}.}{\sigma/\sqrt{n}}\right|}{\sqrt{\dfrac{SSE}{\sigma^2}/k(n-1)}}\le c,\ 1\le i<j\le k$$

윗식에서

$$Z_i=\frac{\bar{X}_{i}.}{\sigma/\sqrt{n}},\ i=1,\ \cdots,\ k$$

로 놓으면, 윗식은 다음과 같이 쓸 수 있다.

$$T=\frac{\max_i Z_i-\min_i Z_i}{\sqrt{\chi_\nu{}^2/\nu}}\le c$$

여기서

$$\chi_\nu{}^2=\frac{SSE}{\sigma^2}$$

으로서 자유도 $\nu=k(n-1)$인 카이제곱분포를 따르는 확률변수이다. 즉,

$$P_0(T\le c)=1-\alpha$$

가 되도록 c를 찾으면 된다.

위에서 T-통계량을 **스튜던트화 범위**(Studentized range)라고 부르며, 튜키는 T-통계량의 분포를 구하여 수표를 만들었다. 부록의 수표 B.8는 스튜던트화 범위의 상위 $100\cdot\alpha$ 백분위수인 $q(k, \nu, \alpha)$의 값을 수록한 것이다. 즉, $q(k, \nu, \alpha)$는 다음을 만족한다.

$$P_0(T \le q(k, \nu, \alpha)) = 1-\alpha, \ \nu = k(n-1)$$

튜키의 다중비교방법은 흔히 **정직유의차**(Honestly Significant Difference; HSD) 방법이라 한다. 각 표본평균의 차이를 정직유의차 HSD와 비교하기 위하여, 정직유의차를

$$HSD = q(k, \nu, \alpha)\sqrt{MSE/n}$$

으로 정의한다. 여기서 $\nu = k(n-1)$이며, q값은 표로 마련되어 있다. HSD를 이용한 다중비교법은 다음과 같다.

$$|\bar{X}_{i\cdot} - \bar{X}_{j\cdot}| \ge HSD \text{ 이면 } \mu_i \ne \mu_j \text{ 라고 판정}$$

튜키의 방법은 검정력이 떨어지는 특징이 있다. 따라서 오류율 α를 5% 또는 10% 이상으로 사용할 것을 추천한다.

피셔의 **최소유의차**(Least Significant Difference; LSD)방법은 두 단계로 나누어 검정한다. 먼저 귀무가설 $H_0 : \mu_1 = \cdots = \mu_k$을 일반대립가설에 대하여 검정하기 위하여 유의수준 α에서 F-검정을 실시하고, F-검정의 결과 귀무가설이 기각되면 각 쌍별(pairwise)로 유의수준 α에서 t-검정을 실시하여 다중비교를 실시하는 방법이다. 각 쌍별비교에서는 유의수준 α의 t-검정을 실시하므로 비교별 오류율을 관리하는 방법이다.

각 (i, j) 쌍에 대하여

$$T = \frac{\bar{X}_{i\cdot} - \bar{X}_{j\cdot}}{\sqrt{2MSE/n}}$$

은 자유도 $k(n-1)$인 t-분포에 따름을 이용하여, 최소유의차를

$$LSD = t_{\frac{\alpha}{2}, k(n-1)}\sqrt{2MSE/n}$$

으로 정의하고, 다음과 같이 다중비교를 시행한다.

$$|\overline{X}_{i\cdot}-\overline{X}_{j\cdot}| \geq LSD \text{이면 } \mu_i \neq \mu_j \text{ 라고 판정}$$

최소유의차방법은 각 쌍별비교에서 같은 유의수준 α를 사용하므로, 예를 들어 실험별 오류율을 10%로 관리하려면

$$1-(1-\alpha)^{k(k-1)/2}=0.10$$

이 되도록 α를 구하여 t-검정을 실시할 수 있다.

다중비교의 결과를 그림으로 나타내면 결과가 일목요연하게 정리될 수 있다. 예를 들어 네 개의 처리를 비교할 때, 처리평균의 크기순으로 A, B, C, D라고 하자. 이들을 그림으로 나타낼 때는 처리효과의 차이가 유의하지 않은 처리들을 밑줄로 연결하여 나타낸다. 예를 들어 다음의 그림에서 밑줄로 연결된 A와 B, B와 C는 차이가 없다는 뜻이다. 따라서 A와 C, A와 D, B와 D, C와 D는 모두 처리효과에 차이가 있음을 의미한다.

$$A \qquad B \qquad C \qquad D$$

연 습 문 제

7. 1. 1. 다음은 A, B, C 세 진통제의 효과를 비교하기 위하여 증세가 비슷한 환자 12명을 랜덤하게 세 그룹으로 나누고, 진통지속시간을 측정한 자료이다. 진통제에 따라 진통효과가 다르다고 할 수 있는지를 검정하여라.

A	B	C
2.1	2.9	3.5
1.2	5.1	1.2
1.6	3.6	2.1
1.9	3.2	2.8

7. 1. 2. 다음은 A, B, C, D 네 기계에서 생산된 어떤 금속가공품의 인장강도를 측정한 데이터이다. 이를 기초로, 기계의 종류에 따라 인장강도에 차이가 있는지를 검정하여라.

A	B	C	D
49	49	44	58
42	44	57	54
47	50	34	64
76	58	48	60
69	70	50	53
58			64
			52
			42

7. 1. 3. 다음 물음에 답하여라.

(a) 식 (7.1)의 MLE를 유도하여라.

(b) 식 (7.2)의 MLE를 유도하여라.

7. 1. 4. 일원배치모형에서 다음 등식이 성립함을 증명하여라.

$$E[MSE]=\sigma^2+\frac{1}{k-1}\Sigma n_i \alpha_i{}^2$$

7. 1. 5. 연습문제 7.1.1 의 자료에 대하여 다음 다중비교를 실시하여라.

(a) 튜키의 방법

(b) 피셔의 방법

7. 1. 6. A, B, C 세 회사 제품의 전구의 수명을 조사하기 위하여 각 회사 제품에서 5개씩 랜덤하게 뽑아 수명을 측정한 결과 다음의 자료를 얻었다. 세 제품의 평균수명은 같다고 할 수 있는가? F-검정을 시행하고, 다음 다중비교를 실시하여라.

(a) 튜키의 방법

(b) 피셔의 방법

A	B	C
13	15	15
14	14	18
16	20	21
13	19	20
9	17	16

7. 1. 7. 쇼크가 문제 풀이에 미치는 영향을 조사하기 위하여 실험집단을 4그룹으로 나누어 실험하였다. 그룹 1은 쇼크를 주지 않았고, 그룹 2, 3, 4는 쇼크의 정

도를 '약', '중', '강'으로 하여 문제 풀이에 소요된 시간을 측정하였다. 쇼크의 정도에 따라 시간이 다르다고 할 수 있는가? F-검정을 시행하고, 다음 다중비교를 실시하여라.

(a) 튜키의 방법

(b) 피셔의 방법

그		룹	
1	2	3	4
8	6	15	14
9	5	12	18
7	7	13	17
12	8	16	19
4	9	14	17

7. 1. 8. 4종류의 타이어에 대한 제동거리를 비교하기 위해, 일정한 속도로 진행하다가 브레이크를 밟은 후의 제동거리를 측정하여 다음 자료를 얻었다. 타이어의 종류에 따라 제동거리가 다르다고 할 수 있는가? F-검정을 시행하고, 다음 다중비교를 실시하여라.

(a) 튜키의 방법

(b) 피셔의 방법

A	B	C	D
151	157	135	147
143	158	146	174
159	150	142	179
152	140	129	163
156	142	139	148

7-2 회귀분석

많은 경우에 반응변수 Y는 관리가 가능한 변수 x의 함수로 표시될 수 있다. 예를 들어 플라스틱 생산공정에서 제조공정의 온도(x)에 따라 제품의 인장강도(y)가 달라질 수 있으며, 상품판매에서 광고액(x)에 따라 판매고(y)가 변하기도 하고, 어떤 화학반응에서 촉진제의 양(x)에 따라 반응량(y)

이 변하기도 한다. 이와 같은 경우에 x와 y 사이에 $y=g(x)+\varepsilon$의 관계를 가정할 수 있다. $g(x)$는 x의 영향을 나타내는 부분이고 ε은 측정이 불가능한 랜덤오차를 나타내는 확률변수이다. 예를 들어 같은 광고액을 사용해도 다른 여러 가지 요인으로 인하여 판매고는 달라질 수 있다. x와 y 사이에 이와 같은 함수관계가 가능할 때, x의 여러 수준에서 얻은 관측값 $(x_1, y_1), \cdots, (x_n, y_n)$으로부터 $g(x)$에 관한 추정과 검정의 문제를 다루는 것이 회귀분석의 주요 관심사가 된다.

회귀분석에서 사용되는 모형이 반응변수(y)와 설명변수(x)의 관계식으로만 이해되는 것은 아니다. 이제 다른 형태의 모형을 생각해 보자. 이변량 확률변수 (X, Y)에서, $X=x$에서 Y의 조건부 기대값을 $g(x)$로 표시하면, 관계식

$$g(x)=E[Y|X=x]$$

를 Y의 X에 대한 **회귀함수**(regression function)라고 한다(2-2-5 참조). 이때에도 X의 여러 값에서 Y값을 관측하여 관측값 $(x_1, y_1), \cdots, (x_n, y_n)$을 얻고, 이로부터 $g(x)$에 관한 추정과 검정의 문제를 다룰 수 있다. 예를 들어 몸무게(X)와 키(Y)의 관계나, 입학시의 수능시험성적(X)과 대학졸업성적(Y) 사이의 관계 등은 이와 같은 회귀관계로 이해할 수 있다.

7-2-1 단순회귀모형과 최소제곱법

관계식 $Y=g(x)+\varepsilon$에서 가장 간단한 함수관계의 하나는 일차함수의 관계일 것이다. 즉, x와 Y 사이에 일차함수의 관계를 가정할 때, 관측값 $(x_1, Y_1), \cdots, (x_n, Y_n)$은 관계식

$$Y_i=\alpha+\beta x_i+\varepsilon_i, \quad i=1, \cdots, n \tag{7.12}$$

으로 나타낼 수 있으며, 이를 **단순선형회귀모형**(simple linear regression model) 또는 간단히 **단순회귀모형**이라 한다. 모형 (7.12)에서 $x_1, \cdots, x_n$은 **독립변수**로서 주어진 상수이고, α와 β는 각각 절편과 직선의 기울기를 나타내는 **회귀계수**(regression coefficient)이며, $\varepsilon_1, \cdots, \varepsilon_n$은 **오차항**으로서 서로 독립이고

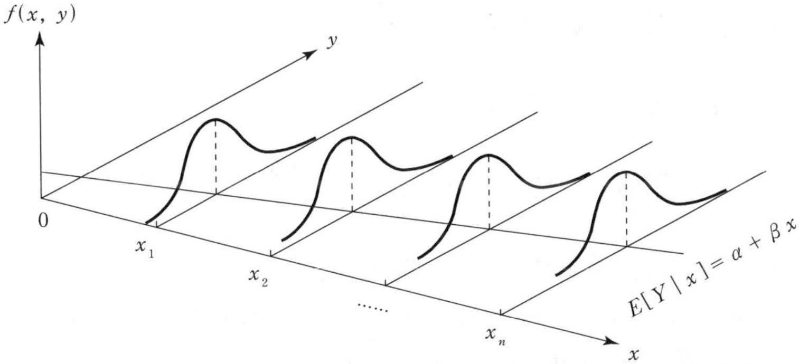

[그림 7.1] 단순회귀모형에서 $E[Y|x]=\alpha+\beta x$의 모양

평균 0, 분산 σ^2인 확률변수라고 가정한다. 따라서 **종속변수**인 $Y_1, \cdots, Y_n$은 서로 독립이며, Y_i의 평균은 $\alpha+\beta x_i$, 분산은 σ^2인 확률변수이다.

[그림 7.1]은 단순회귀모형에서 **회귀직선**(regression line) $E[Y|x]=\alpha+\beta x$의 모양을 나타낸 것이다([그림 2.10] 참조). x의 여러 수준에서 조건부 기대값인 $E[Y|X=x]$는 다르지만 분포의 모양은 같으며, $g(x)=E[Y|X=x]$는 $x-y$ 평면상의 직선이다.

모형 (7.12)에서 $E[Y|X=x]=\alpha+\beta x$에 대한 추론을 하기 위해서는 회귀계수인 α, β를 추정하는 것이 일차적인 목표가 된다. 회귀계수를 추정하기 위하여 가장 많이 사용하는 방법은 **최소제곱법**(least squares method)이며, 다음과 같이 정의된다.

정의 7-1 단순회귀모형 $Y_i=\alpha+\beta x_i+\varepsilon_i,\ i=1, \cdots, n$에서, 오차항의 제곱의 합인

$$S(\alpha, \beta)=\sum_{i=1}^{n}\varepsilon_i^2=\sum_{i=1}^{n}(Y_i-\alpha-\beta x_i)^2 \tag{7.13}$$

이 최소가 되도록 α와 β를 추정하는 방법을 **최소제곱법**이라 하며, 최소제곱법에 의한 추정량을 **최소제곱추정량**(least squares estimator)이라 한다.

이제 α와 β의 최소제곱추정량을 구하여 보자. 계산을 간편하게 하기 위하여 다음과 같은 기호를 사용하기로 한다.

$$S_{xx}=\sum(x_i-\bar{x})^2=\sum x_i^2-\frac{(\sum x_i)^2}{n}$$

$$S_{yy}=\sum(y_i-\bar{y})^2=\sum y_i^2-\frac{(\sum y_i)^2}{n}$$

$$S_{xy}=\sum(x_i-\bar{x})(y_i-\bar{y})=\sum x_i y_i-\frac{(\sum x_i)(\sum y_i)}{n}$$

윗식에서 끝의 식들은 간편계산법에 해당된다.

식 (7.13)에서 $S(\alpha, \beta)$는 α와 β에 관하여 각각 이차함수이므로, $S(\alpha, \beta)$를 α와 β에 관하여 편미분한 식을 0으로 놓고 풀면 된다. 즉,

$$\frac{\partial}{\partial\alpha}S(\alpha, \beta)=-2\sum(y_i-\alpha-\beta x_i)=0$$

$$\frac{\partial}{\partial\beta}S(\alpha, \beta)=-2\sum x_i(y_i-\alpha-\beta x_i)=0$$

을 정리하면 다음과 같은 **정규방정식**(normal equation)을 얻는다.

$$\begin{cases} n\alpha+\beta\sum x_i=\sum y_i \\ \alpha\sum x_i+\beta\sum x_i^2=\sum x_i y_i \end{cases}$$

이 정규방정식을 풀면 다음과 같은 최소제곱추정량을 얻을 수 있다.

$$\hat{\beta}=\frac{\sum(x_i-\bar{x})(Y_i-\bar{Y})}{\sum(x_i-\bar{x})^2}=\frac{S_{xy}}{S_{xx}}$$

$$\hat{\alpha}=\bar{Y}-\hat{\beta}\bar{x}$$

최소제곱추정량을 이용하여 $E(Y)=\alpha+\beta x$를

$$\hat{Y}=\hat{\alpha}+\hat{\beta}x$$

로 추정하며, 이를 **표본회귀직선**(sample regression line) 또는 **최소제곱회귀직선**이라 한다.

이들을 요약하면 다음과 같다.

정리 7-2 단순회귀모형 $Y_i=\alpha+\beta x_i+\varepsilon_i$, $i=1, \cdots, n$에서, α와 β의 최소제곱추정량과 최소제곱회귀직선은 다음과 같다.

$$\hat{\beta}=\frac{\sum(x_i-\bar{x})(Y_i-\bar{Y})}{\sum(x_i-\bar{x})^2}, \quad \hat{\alpha}=\bar{Y}-\hat{\beta}\bar{x}$$
$$\hat{Y}=\hat{\alpha}+\hat{\beta}x$$

단순회귀모형에서 α와 β의 최소제곱추정량에 대하여 다음과 같은 정리가 성립하며, 이를 증명 없이 기술하기로 한다.

정리 7-3 가우스-마코프(Gauss-Markov)정리

최소제곱추정량 $\hat{\alpha}$과 $\hat{\beta}$은 Y_i의 선형 결합으로 이루어진 모든 불편추정량 중에서 최소분산을 갖는다. 즉, $\hat{\alpha}$와 $\hat{\beta}$는 **최량선형불편추정량**(best linear unbiased estimator; BLUE)이다.

[예 7-2] 다음은 어느 학교에서 랜덤하게 뽑은 8명의 학생에 대한 중간고사 성적(x)과 기말고사 성적(y)이다.

x	63	65	72	73	80	85	86	93
y	68	75	70	76	81	78	89	84

〈표 7.4〉 최소제곱추정량 계산표

번호	x	y	x^2	y^2	xy
1	63	68	3969	4624	4284
2	65	75	4225	5625	4875
3	72	70	5184	5184	5040
4	78	76	5329	5776	5548
5	80	81	6400	6561	6480
6	85	78	7225	6084	6630
7	86	89	7396	7921	7654
8	93	84	8649	7056	7812
계	617	621	48377	48547	48329

중간고사 성적(X)과 기말고사 성적(Y) 사이에 $E[Y|X=x]=\alpha+\beta x$의 선형관계가 있다는 가정하에 $\hat{\alpha}$, $\hat{\beta}$ 및 최소제곱회귀직선을 구해 보자.

계산표는 〈표 7.4〉와 같다. 계산표로부터

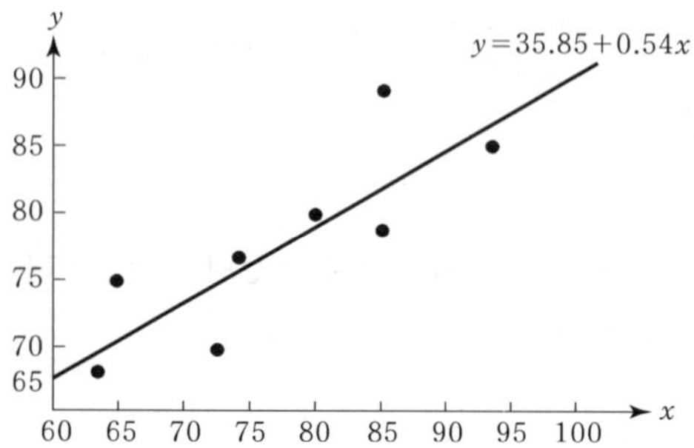

[그림 7.2] 최소제곱회귀직선

$$S_{xx}=\sum x_i^2-\frac{(\sum x_i)^2}{n}=48377-\frac{(617)^2}{8}=790.875$$

$$S_{xy}=\sum x_i y_i-\frac{(\sum x_i)(\sum y_i)}{n}=48323-\frac{(617)(621)}{8}=428.375$$

따라서, $\hat{\beta}$, $\hat{\alpha}$ 및 최소제곱회귀직선은 다음과 같다.

$$\hat{\beta}=\frac{S_{xy}}{S_{xx}}=\frac{428.375}{790.875}=0.5416$$

$$\hat{\alpha}=\bar{Y}-\hat{\beta}\bar{x}=\frac{621}{8}-(0.5416)\frac{617}{8}=35.8541$$

$$\hat{Y}=35.85+0.54x$$

참고로, 표에서 y^2의 난은 다음 절에서 σ^2을 추정하는 데 사용할 예정이며, 최소제곱회귀직선은 [그림 7.2]와 같다.

7-2-2 회귀모형과 회귀계수에 관한 추론

회귀계수인 α와 β에 관한 추론문제를 다루기 위해서는 α, β의 최소제곱추정량 $\hat{\alpha}$, $\hat{\beta}$의 성질을 알아야 한다.

앞 절에서 최소제곱추정량을 구할 때에는 오차항 ε(따라서 종속변수 Y)의 분포에 대한 가정이 없이도 가능했다. 그러나 추정량의 분포를 구하기 위하여 ε은 평균 0, 분산 σ^2인 정규분포 $N(0, \sigma^2)$을 따른다고 가정한다. 따라서 각 Y_i는 정규분포 $N(\alpha+\beta x_i, \sigma^2)$을 따른다.

먼저 $\hat{\beta}$의 분포를 구하기 위하여 $\hat{\beta}$을 다음과 같이 나타낸다.

$$\hat{\beta}=\frac{\sum(x_i-\bar{x})(Y_i-\bar{Y})}{\sum(x_i-\bar{x})^2}=\frac{\sum(x_i-\bar{x})Y_i-\sum(x_i-\bar{x})\bar{Y}}{\sum(x_i-\bar{x})^2}$$
$$=\sum\frac{x_i-\bar{x}}{\sum(x_i-\bar{x})^2}Y_i$$

즉, $\hat{\beta}$은 정규확률변수인 Y_i의 선형결합으로 표시된다. 따라서 $\hat{\beta}$도 정규분포를 따르며, 이제 $\hat{\beta}$의 기대값과 분산만 구하면 된다. 등식

$$\sum(x_i-\bar{x})(\alpha+\beta x_i)=\beta\sum(x_i-\bar{x})x_i=\beta\sum(x_i-\bar{x})^2$$

으로부터 $\hat{\beta}$의 기대값은 다음과 같다.

$$E[\hat{\beta}]=E\left[\sum\frac{x_i-\bar{x}}{\sum(x_i-\bar{x})^2}Y_i\right]=\frac{\sum(x_i-\bar{x})(\alpha+\beta x_i)}{\sum(x_i-\bar{x})^2}=\beta$$

즉, $\hat{\beta}$은 β의 불편추정량이 된다. 한편 $\hat{\beta}$의 분산은 다음과 같다.

$$V[\hat{\beta}]=V\left[\sum\frac{x_i-\bar{x}}{\sum(x_i-\bar{x})^2}Y_i\right]=\frac{\sum(x_i-\bar{x})^2\sigma^2}{[\sum(x_i-\bar{x})^2]^2}=\frac{\sigma^2}{S_{xx}}$$

다음에는 $\hat{\alpha}$의 분포를 구하여 보자. $\hat{\alpha}$는

$$\hat{\alpha}=\bar{Y}-\hat{\beta}\bar{x}$$

이며, $\bar{Y}$와 $\hat{\beta}$가 모두 정규분포에 따르므로 $\hat{\alpha}$도 정규분포를 따른다. 따라서 $\hat{\alpha}$의 기대값과 분산을 구하면 분포함수를 모두 구한 셈이다. $\hat{\alpha}$의 기대값은 다음과 같다.

$$E[\hat{\alpha}]=E[\bar{Y}-\hat{\beta}\bar{x}]=(\alpha+\beta\bar{x})-\beta\bar{x}=\alpha$$

즉, $\hat{\alpha}$도 α의 불편추정량이 된다. $\hat{\alpha}$의 분산은 다음과 같이 표현된다.

$$V[\hat{\alpha}]=V[\bar{Y}-\hat{\beta}\bar{x}]=V[\bar{Y}]+\bar{x}^2V[\hat{\beta}]-2\bar{x}\,\mathrm{Cov}\,[\bar{Y},\ \hat{\beta}]$$
$$=\frac{\sigma^2}{n}+\bar{x}^2\cdot\frac{\sigma^2}{S_{xx}}-2\bar{x}\,\mathrm{Cov}\,[\bar{Y},\ \hat{\beta}]$$

한편

$$\mathrm{Cov}\,[\bar{Y},\ \hat{\beta}]=\mathrm{Cov}\left[\sum\frac{1}{n}Y_i,\ \sum\frac{(x_i-\bar{x})}{S_{xx}}Y_i\right]$$
$$=\sum\left[\frac{1}{n}\times\frac{(x_i-\bar{x})}{S_{xx}}\right]\sigma^2=0 \qquad (7.14)$$

이므로 $V[\hat{\alpha}]$은 다음과 같다.

$$V[\hat{\alpha}]=\left(\frac{1}{n}+\frac{\bar{x}^2}{S_{xx}}\right)\sigma^2$$

이들을 요약하면 다음과 같다.

> **정리 7-4** 단순회귀모형 $Y_i=\alpha+\beta x_i,\ i=1, \cdots, n$에서 ε_i들이 서로 독립이며 $N(0, \sigma^2)$을 따르는 확률변수일 때, α와 β의 최소제곱추정량인 $\hat{\alpha}$와 $\hat{\beta}$의 분포는 다음과 같다.
>
> (1) $\hat{\beta} \sim N\left(\beta,\ \dfrac{\sigma^2}{S_{xx}}\right)$
>
> (2) $\hat{\alpha} \sim N\left(\alpha,\ \left(\dfrac{1}{n}+\dfrac{\bar{x}^2}{S_{xx}}\right)\sigma^2\right)$

α와 β에 관한 추론문제를 다룰 때에는 σ^2이 미지이므로 [정리 7-4]의 결과를 직접 이용할 수가 없다. 이제 σ^2을 추정하고 $\hat{\alpha}$와 $\hat{\beta}$의 분포를 표준화시켜 t통계량을 만드는 과정을 생각해 보자.

σ^2의 불편추정량을 구하기 위하여 다음과 같은 **잔차제곱합**(residual sum of squares)을 생각한다.

$$\begin{aligned} SSE &= \sum(Y_i-\hat{Y}_i)^2=\sum(Y_i-\hat{\alpha}-\hat{\beta}x_i)^2 \\ &= \sum[Y_i-(\bar{Y}-\hat{\beta}\bar{x})-\hat{\beta}x_i]^2 \\ &= \sum(Y_i-\bar{Y})^2-\hat{\beta}^2\sum(x_i-\bar{x})^2 \end{aligned} \tag{7.15}$$

따라서

$$E[SSE]=E[\sum(Y_i-\bar{Y})^2]-E[\hat{\beta}^2]S_{xx}$$

한편

$$\begin{aligned} E[\sum(Y_i-\bar{Y})^2] &= \sum E[(Y_i-\bar{Y})^2] \\ &= \sum\{V[Y_i-\bar{Y}]+E^2[Y_i-\bar{Y}]\} \\ &= \sum\left\{\frac{n-1}{n}\sigma^2+\beta^2(x_i-\bar{x})^2\right\} \\ &= (n-1)\sigma^2+\beta^2 S_{xx} \end{aligned}$$

$$E[\hat{\beta}^2]=V[\hat{\beta}]+E^2[\hat{\beta}]=\frac{\sigma^2}{S_{xx}}+\beta^2$$

이므로

$$\begin{aligned}E[SSE]&=(n-1)\sigma^2+\beta^2 S_{xx}-\left(\frac{\sigma^2}{S_{xx}}+\beta^2\right)S_{xx}\\&=(n-2)\sigma^2\end{aligned}$$

따라서 σ^2의 불편추정량인 **잔차평균제곱**(residual mean square)은 다음과 같다.

$$\hat{\sigma}^2=MSE=\frac{SSE}{n-2}=\frac{\sum(Y_i-\hat{\alpha}-\hat{\beta}x_i)^2}{n-2}$$

한편 $Y_1, \cdots, Y_n$은 서로 독립이고 $Y_i \sim N(\alpha+\beta x_i, \sigma^2)$이므로

$$\frac{(n-2)MSE}{\sigma^2}=\sum\left(\frac{Y_i-\hat{\alpha}-\hat{\beta}x_i}{\sigma}\right)^2 \sim \chi^2_{(n-2)}$$

임이 알려져 있다. 또한 $\hat{\sigma}^2=MSE$와 $\hat{\alpha}$, $\hat{\beta}$와는 독립임이 알려져 있다. 이를 이용하면 다음의 정리가 성립한다.

정리 7-5 [정리 7-4]의 조건하에

(1) $T=\dfrac{\hat{\beta}-\beta}{\hat{\sigma}/\sqrt{S_{xx}}} \sim t_{(n-2)}$

(2) $T=\dfrac{\hat{\alpha}-\alpha}{\hat{\sigma}\sqrt{\dfrac{1}{n}+\dfrac{\bar{x}^2}{S_{xx}}}} \sim t_{(n-2)}$

[증명] (1) [정리 7-4]에서 $\hat{\beta} \sim N\left(\beta, \dfrac{\sigma^2}{S_{xx}}\right)$이므로

$$Z=\frac{\hat{\beta}-\beta}{\sigma/\sqrt{S_{xx}}} \sim N(0, 1)$$

또한, $\chi^2=(n-2)MSE/\sigma^2 \sim \chi^2_{(n-2)}$이고 MSE는 $\hat{\beta}$와 독립이므로, t-분포의 정의로부터

$$T=\frac{Z}{\sqrt{\chi^2/(n-2)}}=\frac{\dfrac{\hat{\beta}-\beta}{\sigma/\sqrt{S_{xx}}}}{\sqrt{MSE/\sigma^2}}=\frac{\hat{\beta}-\beta}{\hat{\sigma}/\sqrt{S_{xx}}} \sim t_{(n-2)}$$

가 성립한다. 여기서 $\hat{\sigma}=\sqrt{MSE}$ 이다.

(2) (1)과 같은 방법으로 증명할 수 있다.

[정리 7-5]로부터, α와 β에 관한 신뢰구간은 다음과 같다.

① β의 $100(1-\alpha)\%$ 신뢰구간 :

$$\hat{\beta}\pm t_{\frac{\alpha}{2},n-2}\frac{\hat{\sigma}}{\sqrt{S_{xx}}}$$

② α의 $100(1-\alpha)\%$ 신뢰구간 :

$$\hat{\alpha}\pm t_{\frac{\alpha}{2},n-2}\ \hat{\sigma}\sqrt{\frac{1}{n}+\frac{\bar{x}^2}{\sqrt{S_{xx}}}}$$

$\hat{\sigma}^2=MSE$를 계산할 때에는 다음의 등식을 이용하면 편리하다. 즉, 식 (7.15)에서 $SSE=(n-2)MSE$를 다음과 같이 나타낼 수 있다.

$$\begin{aligned}SSE&=\sum(Y_i-\bar{Y})^2-\hat{\beta}^2\sum(x_i-\bar{x})^2\\&=S_{yy}-\hat{\beta}^2S_{xx}\\&=S_{yy}-\frac{S_{xy}^2}{S_{xx}}\end{aligned}$$

[예 7-3] [예 7-2]의 자료에서 α와 β의 95% 신뢰구간을 구하여 보자.

[예 7-2]의 계산결과를 이용하면 다음을 얻을 수 있다.

$$S_{yy}=\sum y_i{}^2-\frac{(\sum y_i)^2}{n}=48547-\frac{(621)^2}{8}=341.875$$

$$SSE=S_{yy}-\frac{S_{xy}^2}{S_{xx}}=341.875-\frac{(428.375)^2}{790.875}=109.847$$

$$MSE=\frac{SSE}{(n-2)}=\frac{109.847}{6}=18.308$$

$$\hat{\sigma}=\sqrt{MSE}=4.28$$

한편 $t_{0.05,6}=2.447$ 이므로 신뢰구간은 다음과 같다.

① β의 95% 신뢰구간:

$$\hat{\beta}\pm t_{\frac{\alpha}{2},n-2}\frac{\hat{\sigma}}{\sqrt{S_{xx}}}=0.5416\pm2.447\times\frac{4.28}{\sqrt{790.875}}$$

$$=0.54\pm3.72$$

② α의 95% 신뢰구간:

$$\hat{\alpha}\pm t_{\frac{\alpha}{2},n-2}\ \hat{\sigma}\sqrt{\frac{1}{n}+\frac{\bar{x}^2}{\sqrt{S_{xx}}}}$$

$$=35.8541\pm2.447\times4.28\times\sqrt{\frac{1}{8}+\frac{(77.125)^2}{790.875}}$$

$$=35.85\pm28.96$$

α와 β에 관한 검정에서는 다음의 t-검정을 사용하며, 이들은 실제로 유의수준 α에서 LR검정에 해당된다. LR검정으로서의 유도과정을 생략하고, [정리 7-5]를 이용하여 결과만 기술하기로 한다.

① 귀무가설 $H_0:\beta-\beta_0$의 검정에서

검정통계량: $T=\dfrac{\hat{\beta}-\beta_0}{\hat{\sigma}/\sqrt{S_{xx}}}$

기각역: (i) $H_1:\beta>\beta_0$일 때, $T\geq t_{\alpha,n-2}$

(ii) $H_1:\beta<\beta_0$일 때, $T\leq -t_{\alpha,n-2}$

(iii) $H_1:\beta\neq\beta_0$일 때, $|T|\geq t_{\frac{\alpha}{2},n-2}$

② 귀무가설 $H_0:\alpha=\alpha_0$의 검정에서

검정통계량: $T=\dfrac{\hat{\alpha}-\alpha_0}{\hat{\sigma}\sqrt{\dfrac{1}{n}+\dfrac{\bar{x}^2}{S_{xx}}}}$

기각역: (i) $H_1:\alpha>\alpha_0$일 때, $T\geq t_{\alpha,n-2}$

(ii) $H_1:\alpha<\alpha_0$일 때, $T\leq -t_{\alpha,n-2}$

(iii) $H_1:\alpha\neq\alpha_0$일 때, $|T|\geq t_{\frac{\alpha}{2},n-2}$

회귀모형에서 모형 자체의 유의성은 회귀계수 β의 유의성과 같은 개념으로 이해할 수 있다. 즉, 단순회귀모형에서 $\beta=0$이면 Y는 x의 선형식이 아니라 평균 α, 분산 σ^2인 확률변수임을 뜻한다. 이와 같이 Y를 x의 일차식으로 나타낼 수 있는지를 검정하는 문제를 회귀모형의 유의성 검정이라 한다. 즉, 회귀모형의 유의성 검정을 위한 가설은 다음과 같다.

$$H_0 : \beta=0, \quad H_1 : \beta\neq0$$

이제 **제곱합의 분해**를 통하여 회귀모형의 유의성을 검정하기 위한 방법을 알아보자.

관측값과 적합값의 차인 $r_i=Y_i-\hat{Y}_i$을 **잔차**(resisual)라고 하며, 적합값과 평균의 차인 $\hat{Y}_i-\overline{Y}$를 **회귀편차**라고 한다. 이제 **총편차**인 $Y_i-\overline{Y}$를 잔차와 회귀편차로 다음과 같이 분해한다.

$$(Y_i-\overline{Y})=(Y_i-\hat{Y}_i)+(\hat{Y}_i-\overline{Y})$$

윗식의 양변을 제곱하여 더하면, 우변에서 곱의 합은 0이 되므로, 다음과 같은 제곱합의 분해를 얻는다.

$$\sum_{i=1}^{n}(Y_i-\overline{Y})^2=\sum_{i=1}^{n}(Y_i-\hat{Y}_i)^2+\sum_{i=1}^{n}(\hat{Y}_i-\overline{Y})^2$$

이들에 대하여 각각 SST, SSE, SSR의 기호를 사용하여 나타내면 다음과 같은 간편 계산법을 얻을 수 있다.

총제곱합 : $SST=\sum_{i=1}^{n}(Y_i-\overline{Y})^2=S_{yy}$

회귀제곱합 : $SSR=\sum_{i=1}^{n}(\hat{Y}_i-\overline{Y})^2=\sum_{i=1}^{n}[\hat{\beta}(x_i-\bar{x})]^2=\dfrac{{S_{xy}}^2}{S_{xx}}$

잔차제곱합 : $SSE=\sum_{i=1}^{n}(Y_i-\hat{Y}_i)^2=SST-SSR$

총제곱합에서 회귀제곱합이 차지하는 비율인

$$R^2=\frac{SSR}{SST}$$

을 **결정계수**(coefficient of determination)라고 한다. 이 결정계수는 Y의 총변동 가운데 회귀모형으로 설명되는 비율로서 흔히 백분율(%)로 나타낸다.

SSE와 SSR의 자유도는 각각 $n-2$와 1이며, 제곱합을 자유도로 나눈

$$MSE=\frac{SSE}{n-2}, \quad MSR=\frac{SSR}{1}$$

을 각각 **잔차평균제곱**(mean square error)과 **회귀평균제곱**(mean square regression)이라 한다. 한편 앞에서 잔차평균제곱인 MSE는 σ^2의 불편추정량임을 보였으며, 다음이 성립함을 보였다.

$$\frac{(n-2)MSE}{\sigma^2}=\frac{SSE}{\sigma^2}\sim\chi^2_{(n-2)}$$

한편 MSR에 대하여

$$MSR=\frac{SSR}{1}=\sum_{i=1}^{n}(\hat{Y}_i-\overline{Y})^2=\sum_{i=1}^{n}[\hat{\beta}(x_i-\bar{x})]^2=\hat{\beta}^2S_{xx}$$

이 성립하며, $\hat{\beta}\sim N\left(\beta, \frac{\sigma^2}{S_{xx}}\right)$이므로 귀무가설 $H_0 : \beta=0$하에서 다음이 성립한다.

$$\frac{MSR}{\sigma^2}\sim\chi^2_{(1)}$$

따라서 $\hat{\beta}$(따라서 MSR)과 MSE는 독립임을 이용하면 귀무가설 $H_0 : \beta=0$하에서 다음이 성립한다.

$$F=\frac{MSR}{MSE}\sim F_{(1,\, n-2)}$$

이 결과를 이용하면 대립가설 $H_1 : \beta\neq0$에 대한 기각역은 다음과 같다.

$$F \ge F_{\alpha,\, 1,\, n-2}$$

이와 같은 검정과정을 요약한 **분산분석표**(analysis of variance table)는 다음과 같다.

단순회귀의 분산분석표

요 인	제곱합	자유도	평균제곱	F-값	p-값
회 귀	SSR	1	MSR	$f=MSR/MSE$	$P[F\ge f]$
잔 차	SSE	$n-2$	MSE		
계	SST	$n-1$			

[예 7-4] 토마토 재배에서 비료의 양(x)과 수확량(y) 사이의 관계를 조사하기 위하여 다음의 자료를 얻었다.

x	3	4	5	6	7
y	4.8	6.0	7.2	7.8	8.2

x와 y 사이에 선형관계가 성립한다고 가정할 수 있는지 알아보기 위하여 가설

$$H_0 : \beta=0\,,\quad H_1 : \beta\neq 0$$

을 검정하여 보자.

최소제곱추정량과 $\hat{\sigma}^2$을 구하기 위한 제곱합 계산표는 〈표 7.5〉와 같다.

〈표 7.5〉 제곱합 계산표

번호	x	y	x^2	y^2	xy
1	3	4.8	9	23.04	14.4
2	4	6.0	16	36.00	24.0
3	5	7.2	25	51.84	36.0
4	6	7.8	36	60.84	46.8
5	7	8.2	49	67.24	57.4
계	25	34.0	135	238.96	178.6

계산표로부터

$$S_{xx}=\sum x_i^2-\frac{(\sum x_i)^2}{n}=135-\frac{(25)^2}{5}=10.0$$

$$S_{yy}=\sum y_i^2-\frac{(\sum y_i)^2}{n}=238.96-\frac{(34.0)^2}{5}=7.76$$

$$S_{xy}=\sum x_i y_i-\frac{(\sum x_i)(\sum y_i)}{n}=178.6-\frac{(25)(34.0)}{5}=8.6$$

따라서 총제곱합, 회귀제곱합, 잔차제곱합은 각각 다음과 같다.

$$SST=S_{yy}=7.76$$

$$SSR=\frac{S_{xy}^2}{S_{xx}}=\frac{(8.6)^2}{10}=7.396$$

$$SSE=SST-SSR=7.76-7.396=0.364$$

따라서 분산분석표는 다음과 같다.

요 인	제곱합	자유도	평균제곱	F-값
회 귀	7.396	1	7.396	61
잔 차	0.364	3	0.1213	
계	7.76	4		

한편 F-분포표에서 $F_{0.01,\,1,\,3}=34.12$이므로 p-값은 0.01보다 작다. 따라서 x와 y 사이에 선형관계가 성립한다고 할 수 있다.

참고로 단순회귀에서는 가설 $H_0: \beta=0$, $H_1: \beta\neq 0$에 대한 검정을 t-검정으로도 시행할 수 있으며, 단순회귀에서는 t통계량에 대하여 $T^2 \sim F_{(1,\,n-2)}$가 성립하므로 두 검정 결과는 언제나 같다. 위의 예에서 t통계량의 값을 $T=7.81$이며, 사사오입에 의한 오차를 제외하면 $F=T^2$가 성립한다.

X와 Y 사이에 $Y=\alpha+\beta X+\varepsilon$의 관계가 있을 때, 조건부 기대값 $E[Y|X=x]$는

$$E[Y|X=x]=E[\alpha+\beta X|X=x]=\alpha+\beta x$$

로 표시되며, $E[Y|X=x]=\alpha+\beta x$를 회귀직선이라 불렀다. 이제, 회귀직선에 대한 신뢰구간을 구해 보자.

최소제곱추정량인 $\hat{\alpha}$, $\hat{\beta}$은 각각 α, β의 불편추정량이므로

$$\hat{Y}=\hat{\alpha}+\hat{\beta}x$$

도 $E[Y|X=x]=\alpha+\beta x$의 불편추정량이다. 또한 $\hat{\alpha}$, $\hat{\beta}$는 모두 정규분포를 따르므로 $\hat{Y}$도 정규분포를 따른다. 한편, 식 (7.14)에서 $\mathrm{Cov}[\bar{Y}, \hat{\beta}]=0$이므로 $\hat{Y}$의 분산은 다음과 같다.

$$\begin{aligned} V[\hat{Y}] &= V[\hat{\alpha}+\hat{\beta}x]=V[\bar{Y}-\hat{\beta}(x-\bar{x})] \\ &= V[\bar{Y}]+(x-\bar{x})^2V[\hat{\beta}] \\ &= \frac{\sigma^2}{n}+\frac{(x-\bar{x})^2}{S_{xx}}\sigma^2 \\ &= \sigma^2\left[\frac{1}{n}+\frac{(x-\bar{x})^2}{S_{xx}}\right] \end{aligned}$$

따라서 $\hat{Y}$의 분포는 다음과 같다.

$$\hat{Y} \sim N\left(\alpha+\beta x,\ \sigma^2\left[\frac{1}{n}+\frac{(x-\bar{x})^2}{S_{xx}}\right]\right)$$

[정리 7-5]에서와 마찬가지로 $\hat{\sigma}^2=MSE$와 $\hat{\alpha}$, $\hat{\beta}$은 독립임을 이용하여 다음의 정리가 성립한다.

> **정리 7-6** [정리 7-4]의 조건하에, $\hat{Y}=\hat{\alpha}+\hat{\beta}x$ 일 때
>
> $$T=\frac{\hat{Y}-(\alpha+\beta x)}{\hat{\sigma}\sqrt{\frac{1}{n}+\frac{(x-\bar{x})^2}{S_{xx}}}}\sim t_{(n-2)}$$

[정리 7-6]으로부터 $E[Y|X=x]=\alpha+\beta x$ 에 대한 $100(1-\alpha)\%$ 신뢰구간은 다음과 같다.

$$\hat{Y}\pm t_{\frac{\alpha}{2},n-2}\,\hat{\sigma}\sqrt{\frac{1}{n}+\frac{(x-\bar{x})^2}{S_{xx}}}$$

위의 신뢰구간은 x의 값이 변함에 따라 변하며, 모든 x에 대한 신뢰구간 전체의 영역을 **신뢰대**(confidence band)라고 한다.

[정리 7-6]에서 $\hat{Y}$의 분산은 x가 $\bar{x}$에 가까울수록 작아지고, 멀어질수록 커짐을 알 수 있다. 따라서 회귀직선 $\alpha+\beta x$에 대한 신뢰대는 $x=\bar{x}$에서 제일 좁고, x가 $\bar{x}$에서 멀어질수록 넓어지는 모양이다.

[예 7-5] [예 7-4]의 자료에서 회귀직선 $y=\alpha+\beta x$에 대한 95% 신뢰구간을 구하여 보자.

[예 7-4]에서 $\hat{\beta}=0.86$, $\hat{\sigma}^2=0.121$, $S_{xx}=10.0$을 얻었다. 또한

$$\hat{\alpha}=\bar{Y}-\hat{\beta}\bar{x}=6.8-0.86\times 5.0=2.5$$

이므로 표본회귀직선은 다음과 같다.

$$\hat{Y}=\hat{\alpha}+\hat{\beta}x=2.5+0.86x$$

또한 $t_{0.025,3}=3.182$이므로 $X=x$에서 $\alpha+\beta x$에 대한 95% 신뢰구간은 다음과 같다.

$$(2.5+0.86x)\pm 3.182\sqrt{(0.121)\left[\frac{1}{5}+\frac{(x-5.0)^2}{10.0}\right]}$$

예를 들어 $x=3, 4, 5, 6, 7$에서 95% 신뢰구간을 계산한 결과는 다음과 같다.

$x=3$에서 5.08 ± 0.856

$x=4$에서 5.94 ± 0.607

$x=5$에서 6.80 ± 0.496

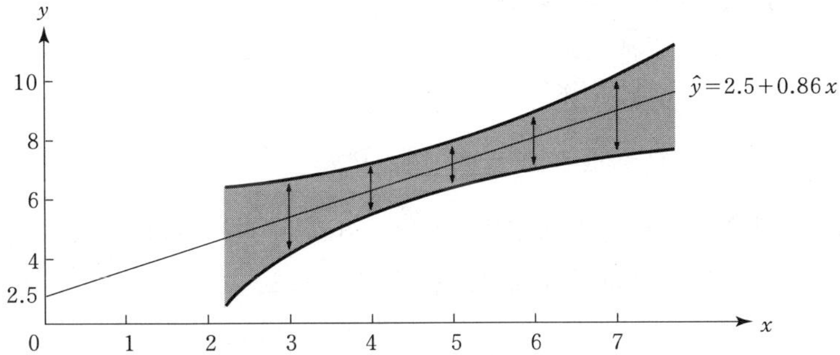

[그림 7.3] $E[Y|X=x]=\alpha+\beta x$의 95% 신뢰대

$$x=6\text{에서}\quad 7.66\pm0.607$$
$$x=7\text{에서}\quad 8.52\pm0.856$$

이들을 기초로 $E[Y|X=x]=\alpha+\beta x$의 95% 신뢰대를 그리면 [그림 7.3]과 같다.

7-2-3 상관분석

두 확률변수 X와 Y 사이의 상관계수는

$$\rho=\frac{\sigma_{XY}}{\sigma_X\sigma_Y}$$

로 정의되었다. 상관계수 ρ에 관한 추론문제를 **상관분석**(correlation analysis)이라 한다.

(X, Y)가 이변량 정규분포를 따를 때 결합밀도함수는 다음과 같다.

$$f(x, y)=\frac{1}{2\pi\sigma_X\sigma_Y\sqrt{1-\rho^2}}\exp\left\{-\frac{1}{2}\left(\frac{1}{1-\rho^2}\right)\left[\left(\frac{x-\mu_X}{\sigma_X}\right)^2 -2\rho\left(\frac{x-\mu_X}{\sigma_X}\right)\left(\frac{y-\mu_Y}{\sigma_Y}\right)+\left(\frac{y-\mu_Y}{\sigma_Y}\right)^2\right]\right\} \tag{7.16}$$

또한 $X=x$일 때 Y의 조건부 밀도함수는 다음과 같다([정리] 2-12] 참조).

$$f(y|x)=\frac{1}{\sqrt{2\pi}\sigma}\exp\left[-\frac{1}{2}\left(\frac{y-\alpha-\beta x}{\sigma}\right)^2\right] \tag{7.17}$$

여기서 모수 α, β, σ는 다음과 같다.

$$\alpha=\mu_Y-\mu_X\cdot\rho\frac{\sigma_Y}{\sigma_X}, \qquad \beta=\rho\frac{\sigma_Y}{\sigma_X} \tag{7.18}$$
$$\sigma^2=\sigma_Y{}^2(1-\rho^2)$$

즉, $X=x$일 때 Y의 조건부 분포는 $N(\alpha+\beta x,\ \sigma^2)$과 같다. 또한, 식 (7.17)에서 α, β의 MLE를 구하면 다음과 같다.

$$\hat{\alpha}=\bar{Y}-\hat{\beta}\bar{x}, \qquad \hat{\beta}=\frac{S_{xY}}{S_{xx}} \tag{7.19}$$

즉, α, β의 MLE는 앞에서 구한 최소제곱추정량과 일치한다.

식 (7.16)에서 ρ의 MLE를 구하면 다음과 같다.

$$\hat{\rho}=r=\frac{S_{XY}}{\sqrt{S_{XX}S_{YY}}}=\frac{\sum_{i=1}^{n}(X_i-\bar{X})(Y_i-\bar{Y})}{\sqrt{\sum_{i=1}^{n}(X_i-\bar{X})^2\sum_{i=1}^{n}(Y_i-\bar{Y})^2}} \tag{7.20}$$

식 (7.20)의 $r=\frac{S_{XY}}{\sqrt{S_{XX}S_{YY}}}$를 ρ의 **표본상관계수**(sample correlation coefficient) 또는 피어슨의 **표본상관계수**라고 한다.

ρ에 관한 추론인 상관분석은 표본상관계수 r에 기초를 둔다. 먼저 H_0 : $\rho=0$을 검정하는 문제를 다루기 위하여, $\rho=0$일 때 r의 분포를 알아보자.

r의 정의에서

$$r^2=\frac{S_{XY}^2}{S_{XX}S_{YY}}=\left(\frac{S_{XY}}{S_{XX}}\right)^2\frac{S_{XX}}{S_{YY}}=\hat{\beta}^2\frac{S_{XX}}{S_{YY}}$$
$$r=\hat{\beta}\left(\frac{S_{XX}}{S_{YY}}\right)^{\frac{1}{2}}$$

한편 $SSE=S_{YY}-\hat{\beta}^2S_{XX}$, $MSE=\frac{SSE}{(n-2)}$이므로 다음 등식이 성립한다.

$$T=\frac{r\sqrt{n-2}}{\sqrt{1-r^2}}=\frac{\hat{\beta}\left(\frac{S_{XX}}{S_{YY}}\right)^{\frac{1}{2}}\sqrt{n-2}}{\sqrt{1-\hat{\beta}^2\frac{S_{XX}}{S_{YY}}}}$$

$$= \frac{\hat{\beta}(S_{XX})^{\frac{1}{2}}}{\sqrt{SSE/(n-2)}} = \frac{\hat{\beta}}{\sqrt{MSE/S_{XX}}} \tag{7.21}$$

식 (7.18)에서 $\beta = \rho\frac{\sigma_Y}{\sigma_X}$ 이므로, $H_0 : \rho=0$와 $H_0 : \beta=0$는 동치인 가설임을 알 수 있다. 또한, [정리 7-5]로부터 $H_0 : \beta=0$일 때 식 (7.21)의 끝항은 $t_{(n-2)}$를 따른다. 따라서 식 (7.21)의 T 통계량도 $t_{(n-2)}$에 따른다.

$\rho \neq 0$일 때에는 r의 분포가 매우 복잡하므로 흔히 정규분포로 근사시켜 사용한다. 이와 같은 결과를 요약하면 다음과 같다.

정리 7-7 (X, Y)가 이변량 정규분포를 따를 때, 표본상관계수 r에 대하여 다음이 성립한다.

(1) $H_0 : \rho=0$하에서

$$T = \frac{r\sqrt{n-2}}{\sqrt{1-r^2}} \sim t_{(n-2)}$$

(2) n이 충분히 클 때, $H_0 : \rho=\rho_0$하에서

$$Z = \frac{1}{2}\ln\frac{1+r}{1-r} \ \dot{\sim}\ N\left(\frac{1}{2}\ln\frac{1+\rho_0}{1-\rho_0}, \frac{1}{n-3}\right)$$

귀무가설 $H_0 : \rho=\rho_0$를 검정할 때에는 [정리 7-7]의 (2)에 의하여

$$\sqrt{n-3}\left(Z - \frac{1}{2}\ln\frac{1+\rho_0}{1-\rho_0}\right) \ \dot{\sim}\ N(0, 1)$$

임을 이용한다.

[예 7-6] 어느 대학에서는 입학시험성적(X)과 졸업평균성적(Y) 사이의 상관관계를 분석하기 위하여 8명의 졸업생을 조사하였더니 다음과 같았다. 표본상관계수를 구하고, 가설 $H_0 : \rho=0$, $H_1 : \rho>0$를 검정하여라.

x	480	490	500	510	540	550	610	640
y	2.70	2.90	3.30	2.90	3.10	3.00	3.20	3.70

〈표 7.6〉은 위의 자료에 대한 제곱합의 계산표이다.

계산표로부터 제곱합은 다음과 같다.

〈표 7.6〉 제곱합의 계산표

번호	x	y	x^2	y^2	xy
1	480	2.70	230,400	7.29	1,296
2	490	2.90	240,100	8.41	1,421
3	500	3.30	250,000	10.89	1,650
4	510	2.90	260,100	8.41	1,479
5	540	3.10	291,600	9.61	1,674
6	550	3.00	302,500	9.00	1,650
7	610	3.20	372,100	10.24	1,952
8	640	3.70	409,600	13.69	2,368
계	4,320	24.80	2,356,400	77.54	13,490

$$S_{xx}=\sum x_i^2-\frac{(\sum x_i)^2}{8}=2{,}356{,}400-\frac{(4{,}320)^2}{8}=23{,}600$$

$$S_{yy}=\sum y_i^2-\frac{(\sum y_i)^2}{8}=77.54-\frac{(24.80)^2}{8}=0.66$$

$$S_{xy}=\sum x_i y_i-\frac{(\sum x_i)(\sum y_i)}{8}=13{,}490-\frac{(4{,}320)(24.80)}{8}=98$$

따라서 표본상관계수의 값은

$$r=\frac{S_{XY}}{\sqrt{S_{XX}S_{YY}}}=\frac{98}{\sqrt{23{,}600\times 0.66}}=0.785$$

T 통계량의 값은

$$T=\frac{r\sqrt{n-2}}{\sqrt{1-r^2}}=\frac{0.785\sqrt{8-2}}{\sqrt{1-(0.785)^2}}=3.10$$

따라서 가설 $H_0:\rho=0$, $H_1:\rho>0$을 검정하기 위한 p-값은 다음과 같다.

$$p\text{-값}=P[T\geq 3.10\,|\,H_0]<P[T\geq 2.447]=0.025$$

연 습 문 제

7. 2. 1. x와 y에 대한 관측값이 다음과 같다.

x	0	1	2	3	4	5
y	0.475	1.007	0.838	−0.618	1.378	0.943

선형관계 $Y_i=\alpha+\beta x_i+\varepsilon_i$를 가정하고 다음 물음에 답하여라.

(a) α, β의 최소제곱추정량을 구하여라.

(b) 표본회귀직선을 구하고, 관측값과 함께 그림으로 나타내어라.

(c) 가설 $H_0: \beta=0$, $H_1: \beta\neq 0$을 검정하여라.

(d) $E[Y|X=7]$의 95% 신뢰구간을 구하여라.

7. 2. 2. x와 y에 대한 관측값이 다음과 같다.

x	0	1	2	3	4	5	6
y	0.4	0.7	1.1	1.6	1.9	2.3	2.6

선형관계 $Y_i=\alpha+\beta x_i+\varepsilon_i$를 가정하고 다음 물음에 답하여라.

(a) 최소제곱회귀직선을 구하여라.

(b) α의 95% 신뢰구간을 구하여라.

(c) $x=0, 3, 6$에서 $E[Y|X=x]$의 95% 신뢰구간을 구하고, 신뢰대의 모양을 대강 그려 보아라.

7. 2. 3. 위스키를 숯으로 그을린 참나무 통에 넣어 보관하면 시간에 따라 화학반응을 일으키기 때문에 맛을 더 나게 해 주며 색깔이 진해진다고 한다. 또 이를 측정하는 단위로 proof가 있다. 다음에 주어진 자료는 어떤 위스키의 proof가 시간에 따라 변하는 상태를 기록한 것이다(처음에는 통 속에 있는 습기로 인해 proof가 감소한다).

연 수(x)	0	0.5	1	2	3	4	5	6	7	8
proof(y)	104.6	104.1	104.4	105.0	106.0	106.8	107.7	108.7	110.6	112.1

단순회귀모형을 가정하고 최소제곱회귀직선을 구하여라.

7. 2. 4. 다음은 25~30세의 남자 13명을 랜덤으로 택해 몸무게와 심장혈압을 측정한 데이터이다. 몸무게에 따른 혈압상태를 단순회귀모형으로 적합시키려고 한다. 최소제곱회귀직선을 구하여라.

x	64	65	81	60	85	69	76	85	80	57	61	66	67
y	130	133	150	128	151	146	150	140	148	125	133	135	150

7. 2. 5. 다음은 랜덤하게 뽑힌 10명에 대한 키(X)와 몸무게(Y)의 값이다. 표본상관계수를 구하고, $H_0: \rho=0$을 검정하여라.

x	180	177	167	170	171	163	165	164	168	185
y	79	62	62	61	66	56	52	54	58	84

7. 2. 6. 랜덤하게 관측된 5쌍의 (X, Y)의 값이 다음과 같다. 표본상관계수를 구하고, $H_0 : \rho=0.90$, $H_1 : \rho>0.90$을 검정하여라.

x	5	2	8	4	6
y	25	11	34	23	32

참 고 문 헌

통계학 기초

김우철 외(1999), 현대통계학(제 4 개정판), 영지문화사

수리통계학

Robert V. Hogg, Allen Craig and Joseph W. McKean(2004), 6th edition, *Introduction to Mathematical Statistics*, Prentice Hall

Alexander McFarlane Mood, Franklin A. Graybill and Duane C. Boes (1973), 3rd edition, *Introduction to the Theory of Statistics*, McGraw-Hill Series in Probability and Statistics.

확 률

Richard L. Scheaffer and Linda Young(2009), 3rd edition, *Introduction to Probability and Its Application*, Duxbury Press

실험계획, 회귀모형

Douglas C. Montgomery, Elizabeth A. Peck and G. Geoffrey Vining (2001), *Introduction to Linear Regression Analysis*, 3rd Edition, Wiley-Interscience

비모수

송문섭, 박창순, 이정진(2003), *S-LINK를 이용한 비모수 통계학*, 자유아카데미

다변량분석

Richard A. Johnson and Dean W. Wichern(2001), 5th Edition, *Applied Multivariate Statistical Analysis*, Prentice Hall

그리스 문자

$A\alpha$	Alpha	$N\nu$	Nu
$B\beta$	Beta	$\Xi\xi$	Xi
$\Gamma\gamma$	Gamma	Oo	Omicron
$\Delta\delta$	Delta	$\Pi\pi$	Pi
$E\varepsilon$	Epsilon	$P\rho$	Rho
$Z\zeta$	Zeta	$\Sigma\sigma$	Sigma
$H\eta$	Eta	$T\tau$	Tau
$\Theta\theta$	Theta	$\Upsilon\upsilon$	Upsilon
$I\iota$	Iota	$\Phi\varphi$	Phi
$K\kappa$	Kappa	$X\chi$	Chi
$\Lambda\lambda$	Lambda	$\Psi\psi$	Psi
$M\mu$	Mu	$\Omega\omega$	Omega

부 록

A. 1 미적분의 기본정리
A. 2 감마함수와 베타함수
A. 3 네이만-피어슨 보조정리의 증명
A. 4 중심극한정리의 증명
A. 5 t-분포와 F-분포의 유도과정
A. 6 분포표

B. 1 난수표
B. 2 이항분포 누적확률
B. 3 포아송분포 누적확률
B. 4 표준정규분포 누적확률
B. 5 카이제곱분포
B. 6 t-분포
B. 7 F-분포
B. 8 스튜던트化 범위
B. 9 윌콕슨의 부호순위통계량
B. 10 순위합통계량
B. 11 콜모고로프 적합도검정통계량
B. 12 스미르노프 검정통계량 분포표
B. 13 스피어만 순위상관계수(r_s) 분포표: $r_s(\alpha, n)$

A. 1 미적분의 기본정리

정리 1 테일러(Taylor)급수

함수 $f(x)$가 $x=a$에서 n차 미분가능하면 a의 근처에서 다음이 성립한다.

$$f(x)=f(a)+f'(a)(x-a)+\frac{f''(a)}{2!}(x-a)^2+\cdots+\frac{f^{(n)}(a)}{n!}(x-a)^n+\cdots$$

특히 $a=0$으로 하면

$$f(x)=f(0)+f'(0)x+\frac{f''(a)}{2!}x^2+\cdots+\frac{f^{(n)}(a)}{n!}x^n+\cdots$$

이 성립되며 이 경우를 **맥크로린**(Maclaurin)**급수**라고도 한다.

[예 1] $f(x)=e^x$라고 하면 어떠한 j에 대해서도 $f^{(j)}(x)=e^x$, $f^{(j)}(0)=1$이 성립한다. 따라서 다음이 성립한다.

$$e^x=1+x+\frac{x^2}{2!}+\cdots$$

마찬가지로 $f(x)=\left(1+\frac{x}{n}\right)^n$이라고 하면

$$f^{(i)}(x)=\frac{n(n-1)\cdots(n-i+1)}{n^i}\left(1+\frac{x}{n}\right)^{n-i}$$

이고 따라서 $\lim_{n\to\infty}f^{(i)}(0)=\lim_{n\to\infty}\frac{n(n-1)\cdots(n-i+1)}{n^i}=1$이므로 다음이 성립한다.

$$\lim_{n\to\infty}\left(1+\frac{x}{n}\right)^n=1+x+\frac{x^2}{2!}+\cdots=e^x$$

정리 2

$\lim_{x\to a}f(x)=L_1$, $\lim_{x\to a}g(x)=L_2$일 때 다음이 성립한다.

(1) $\lim_{x\to a}f(x)g(x)=[\lim_{x\to a}f(x)][\lim_{x\to a}g(x)]=L_1L_2$

(2) $\lim_{x\to a}=\frac{\lim_{x\to a}f(x)}{\lim_{x\to a}g(x)}=\frac{L_1}{L_2}$, $\qquad L_2\neq 0$

정리 3 로피탈(L'Hospital)의 법칙

$f(x)$와 $g(x)$가 구간 $(a, a+h)$에서 미분가능하고 이 구간에서 $g'(x) \neq 0$이라고 하자. 또 $\lim_{x \to a} f(x)=0$, $\lim_{x \to a} g(x)=0$이라고 하면

$$\lim_{x \to a+} = \frac{f(x)}{g(x)} = \lim_{x \to a+} = \frac{f'(x)}{g'(x)}$$

또 이 법칙은 $\lim_{x \to a} f(x)=\infty$이고 $\lim_{x \to a} g(x)=\infty$일 때에도 성립한다.

[예 2] $\lim_{x \to 0} \frac{\sin x}{x} = \lim_{x \to 0} \frac{\cos x}{1} = 1$

[예 3] $\lim_{x \to \infty} \frac{x^n}{e^x} = \lim_{x \to \infty} \frac{nx^{n-1}}{e^x} = \cdots = \lim_{x \to \infty} \frac{n!}{e^x} = 0$

n이 자연수가 아니더라도 $\lim_{x \to \infty} \frac{x^n}{e^x} = 0$이 된다.

기본 적분공식

1. $\int x^n dx = \frac{x^{n+1}}{n+1}, \qquad n \neq -1$
2. $\int \frac{dx}{x} = \ln|x|$
3. $\int e^x dx = e^x$
4. $\int \sin x\, dx = -\cos x$
5. $\int \cos x\, dx = \sin x$
6. $\int \sin^2 x\, dx = \tan x$
7. $\int \tan x\, dx = -\ln|\cos x|$
8. $\int \frac{dx}{a^2+x^2} = \frac{1}{a} \tan^{-1} \frac{x}{a}$
9. $\int \frac{dx}{a^2+x^2} = \frac{1}{2a} \ln \left| \frac{x-a}{x+a} \right|$

정리 4 부분적분법(integration by parts)

$f(x)$와 $g(x)$가 구간 $(a,\ b)$에서 연속이면 다음 정리가 성립한다.

$$\int_a^b f(x)g'(x)=f(b)g(b)-f(a)g(a)-\int_a^b f'(x)g(x)dx$$

[예 4] $\int_0^\pi x\cos x\,dx$

$f(x)=x,\ g'(x)=\cos x$라고 하면 $f'(x)=1,\ g(x)=\sin x$이므로

$$\int_0^\pi x\cos x\,dx=[x\sin x]_0^\pi-\int_0^\pi 1\cdot\sin x\,dx$$

$$=0-0-\int_0^\pi \sin x\,dx=[\cos x]_0^\pi=\cos\pi-\cos 0=-2$$

[예 5] $\int x^\alpha \ln x\,dx,\quad x>0,\quad \alpha\neq 1.$

$f(x)=\ln x, g'(x)=x^\alpha$라고 하면 $f'(x)=\frac{1}{x},\ g(x)=\frac{1}{\alpha+1}x^{\alpha+1}$이므로

$$\int x^\alpha \ln dx=\frac{1}{\alpha+1}x^{\alpha+1}\ln x-\frac{1}{\alpha+1}\int x^{\alpha+1}\frac{1}{x}dx$$

$$=\frac{1}{\alpha+1}x^{\alpha+1}\ln x-\frac{1}{(\alpha+1)^2}x^{\alpha+1}+c,\quad c\text{는 적절한 상수}$$

$\alpha=0$인 경우,

$$\int \ln x\,dx=x\ln x-x+c$$

$\alpha=-1$인 경우,

$f(x)=\ln x,\ g'(x)=\frac{1}{x}$로 하면 $f'(x)=\frac{1}{x},\ g(x)=\ln x$가 되고 다음이 성립한다.

$$\int \frac{1}{x}\ln x\,dx=(\ln x)^2-\int\frac{1}{x}\ln x\,dx$$

따라서 다음이 성립한다.

$$\int \frac{1}{x}\ln x\,dx=\frac{1}{2}(\ln x)^2+c,\quad c\text{는 적절한 상수}$$

정리 5 변수변환

$x=\phi(u,\ v),\ y=\psi(u,\ v)$로 주어진 $(u,\ v)$와 $(x,\ y)$의 변환이 1대 1대응이라면 다음이 성립한다.

$$\int_y\int_x f(x, y)dx\,dy=\int_v\int_u f(\phi(u, v), \psi(u, v))J\,du\,dv$$

여기서 $J=\begin{vmatrix} \dfrac{\partial x}{\partial u} & \dfrac{\partial x}{\partial v} \\ \dfrac{\partial y}{\partial u} & \dfrac{\partial y}{\partial v} \end{vmatrix}=\dfrac{\partial x}{\partial u}\dfrac{\partial y}{\partial v}-\dfrac{\partial x}{\partial v}\dfrac{\partial y}{\partial u}$

[예 6] $x=r\cos\theta$, $y=r\sin\theta$라고 하면 $\dfrac{\partial x}{\partial r}=\cos\theta$, $\dfrac{\partial x}{\partial \theta}=-r\sin\theta$, $\dfrac{\partial y}{\partial r}=\sin\theta$, $\dfrac{\partial y}{\partial \theta}=r\cos\theta$ 이므로

$$J=\frac{\partial x}{\partial r}\frac{\partial y}{\partial \theta}-\frac{\partial x}{\partial \theta}\frac{\partial y}{\partial r}=r\cos^2\theta-(-r\sin^2\theta)=r$$

또 $\{(x, y)|x\geq 0, y\geq 0\}$과 $\{(r, \theta)|r>0, 0<\theta<\frac{\pi}{2}\}$는 1 대 1 대응관계가 성립하므로($\sin\theta$와 $\cos\theta$의 값은 $0<\theta<\frac{\pi}{2}$에서 0과 1 사이의 값을 갖는 단조함수이기 때문에) 다음이 성립한다.

$$\int_0^\infty\int_0^\infty f(x, y)dx\,dy=\int_0^{\frac{\pi}{2}}\int_0^\infty rf(r\cos\theta, r\sin\theta)dr\,d\theta$$

정리 6 라이프니츠(Leibniz)의 법칙

$I(t)=\int_{g(t)}^{h(t)}f(x, t)dx$라고 하면

$$\frac{dI(t)}{dt}=\int_{g(t)}^{h(t)}\frac{\partial}{\partial t}f(x, t)dx+f(h(t), t)\cdot\frac{dh(t)}{dt}-f(g(t), t)\cdot\frac{dg(t)}{dt}$$

여기서 f, h, g는 미분가능한 함수.

[예 7] $f(x, t)$가 t를 포함하고 있지 않으면 이를 $f(x)$로 표현할 수 있고 $\dfrac{\partial f}{\partial t}=0$ 이므로

$$\frac{d}{dt}\int_{g(t)}^{h(t)}f(x)dx=f(h(t))\frac{dh(t)}{dt}-f(g(t))\frac{dg(t)}{dt}$$

또 $h(t)=t$, $g(t)=c$라고 하면 $\dfrac{d}{dt}\int_c^t f(x)dx=f(t)$가 된다.

A. 2 감마함수와 베타함수

감마함수 $\Gamma(n)$은 다음과 같이 정의된다.

$$\Gamma(n)=\int_0^\infty x^{n-1}e^{-x}dx, \quad n>0 \qquad [1]$$

여기서 $f(x)=x^n$, $g'(x)=e^{-x}$라고 하면 $f'(x)=nx^{n-1}$, $g(x)=-e^{-x}$이므로

$$\begin{aligned}\Gamma(n+1)&=[-x^n e^{-x}]_0^\infty-\int_0^\infty nx^{n-1}(-e^{-x})dx\\&=[-x^n e^{-x}]_0^\infty+r\int_0^\infty x^{n-1}e^{-x}dx\\&=[-x^n e^{-x}]_0^\infty+n\Gamma(n)\end{aligned}$$

L'Hospital의 정리에 의해 $\lim_{x\to\infty}x^n e^{-x}=0$이므로 다음이 성립한다.

$$\Gamma(n+1)=n\Gamma(n) \qquad [2]$$

$n=1$인 경우는 다음이 성립한다.

$$\Gamma(1)=\int_0^\infty e^{-x}dx=[-e^{-x}]_0^\infty=0-(-1)=1$$

베타함수는 다음과 같이 정의된다.

$$\mathbf{B}(m, n)=\int_0^1 x^{m-1}(1-x)^{n-1}dx, \quad m>0,\ x>0 \qquad [3]$$

$x=1-y$로 대치하면 다음을 알 수 있다.

$$\mathbf{B}(m, n)=\int_0^1 (1-y)^{m-1}y^{n-1}dy=\mathbf{B}(n, m) \qquad [4]$$

또 $x=\sin^2\theta$라고 하면

$$\mathbf{B}(m, n)=2\int_0^{\frac{\pi}{2}}\sin^{2m-1}\theta\cos^{2n-1}d\theta \qquad [5]$$

이를 다시 쓰면

$$\int_0^{\frac{\pi}{2}}\sin^p\theta\cos^q\theta\, d\theta=\frac{1}{2}\mathbf{B}\left(\frac{p+1}{2}, \frac{q+1}{2}\right) \qquad [6]$$

감마함수의 정의에서 $x=y^2$이라고 하면 $dx=2y\,dy$이므로

$$\Gamma(n)=\int_0^\infty e^{-y^2}y^{2n-1}dy \qquad [7]$$

따라서

$$\Gamma(m)\Gamma(n)=4\int_0^\infty\int_0^\infty e^{-(x^2+y^2)}x^{2m-1}y^{2n-1}\,dx\,dy$$

여기서

$$x=r\sin\theta, \qquad y=r\cos\theta$$

과 같이 변환하면 [예 6]에 의해 다음이 성립한다.

$$\begin{aligned}\Gamma(m)\Gamma(n)&=4\int_0^{\frac{\pi}{2}}\int_0^\infty e^{-r^2}r^{2m+2n-1}\cos^{2m-1}\theta\sin^{2n-1}\theta\,dr\,d\theta\\&=\left(2\int_0^\infty e^{-r^2}r^{2m+2n-1}-dr\right)\left(2\int_0^{\frac{\pi}{2}}\cos^{2m-1}\theta\sin^{2n-1}\theta\,d\theta\right)\end{aligned}$$

식 [5]와 식 [7]을 적용하면 다음을 알 수 있다.

$$\Gamma(m)\Gamma(n)=\Gamma(m+n)\mathbf{B}(m,n)$$

따라서 다음이 성립한다.

$$\mathbf{B}(m,n)=\frac{\Gamma(m)\Gamma(n)}{\Gamma(m+n)} \qquad [8]$$

여기서 $m=\frac{1}{2}$, $n=\frac{1}{2}$로 하면 식 [6]에 의해

$$\mathbf{B}\left(\frac{1}{2},\frac{1}{2}\right)=2\int_0^{\frac{\pi}{2}}d\theta=2\left(\frac{\pi}{2}\right)=\pi \qquad [9]$$

그러나 $\mathbf{B}\left(\frac{1}{2},\frac{1}{2}\right)=\frac{\Gamma\left(\frac{1}{2}\right)\Gamma\left(\frac{1}{2}\right)}{\Gamma(1)}$이므로

$$\Gamma\left(\frac{1}{2}\right)=\sqrt{\pi} \qquad [10]$$

A. 3 네이만-피어슨 보조정리(Neyman Pearson Lemma)의 증명

이를 증명하는 과정은 크기 α인 기각역 C 이외의 어떠한 크기 α인 다른 기각역 C^*에 대해서도 여기에 해당하는 제 2 종의 오류 β^*가 기각역 C에 해당하는 제 2 종의 오류 β보다 더 크게 나타나는 것만 증명하면 된다. 이제 편의상 [그림 부.1]과 같은 영역 C, C^*를 생각해 보자.

C와 C^*가 크기 α인 기각역이기 때문에 정의로부터 다음이 성립한다.

$$\alpha=P[(X_1, \cdots, X_n)\in C\,|\,H_0]=P[(X_1, \cdots, X_n)\in C^*\,|\,H_0]$$

그러나

$$P[(X_1, \cdots, X_n)\in C\,|\,H_0]=\int \cdots \int_C f(x_1\,;\,\theta_0)dx_1\cdots f(x_n\,;\,\theta_0)dx_n$$

$$=\int \cdots \int_C L(\theta_0)dx_1\cdots dx_n$$

이며 편의상 이 적분을 $\int_C L(\theta_0)dx$라고 표현하고, 또 $\int_{C^*} L(\theta_0)dx=P[(X_1, \cdots, X_n)\in C^*\,|\,H_0]$이라고 하면 다음이 성립한다.

$$\int_C L(\theta_0)dx=\int_{C^*} L(\theta_0)dx$$

그러나 C와 C^*의 공통부분 F를 제거하면 이 적분식은 다음과 같다([그림 부.1] 참조).

$$\int_E L(\theta_0)dx=\int_G L(\theta_0)dx$$

또한 β와 β^*를 각각 C와 C^*에 대응하는 제 2 종의 오류라고 하면 정의로부터

$$\beta=1-\int_C L(\theta_1)dx$$

$$\beta^*=1-\int_{C^*} L(\theta_1)dx$$

이며, 따라서

$$\beta^*-\beta=\int_C L(\theta_1)dx-\int_{C^*} L(\theta_1)dx$$

마찬가지로 C와 C^*의 공통부분 F를 제외하면 위의 적분은 다음과 같다.

$$\beta^*-\beta=\int_E L(\theta_1)dx-\int_G L(\theta_1)dx$$

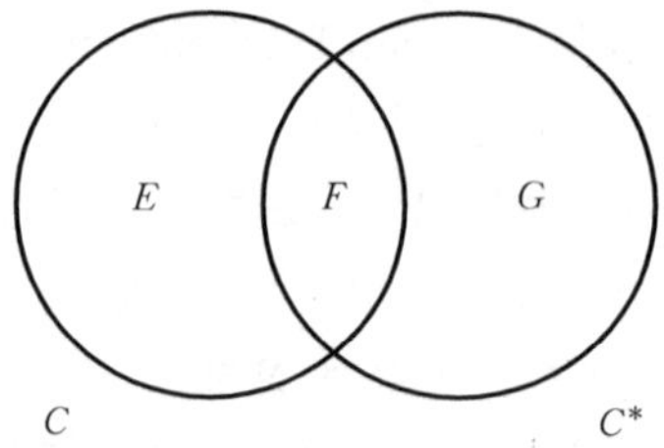

[그림 부.1] 두 개의 기각역

한편 조건 (2)에서 C에 속하는 점들에 대하여 $L(\theta_0) \le kL(\theta_1)$이므로

$$\int_E L(\theta_0)dx \le k\int_E L(\theta_1)dx$$

이고, 마찬가지로 조건 (3)으로부터 다음이 성립한다.

$$\int_G L(\theta_0)dx \ge k\int_G L(\theta_1)dx$$

이 두 관계식으로부터

$$\int_E L(\theta_0)dx - \int_G L(\theta_0)dx \le k\int_E L(\theta_1)dx + k\int_F L(\theta_1)dx - k\int_G L(\theta_1)dx - k\int_F L(\theta_1)dx$$
$$= k\int_C L(\theta_1)dx - k\int_{C^*} L(\theta_1)dx$$

가 성립하고, 앞에서 좌변은 0이라고 하였고 우변은 $k(\beta^* - \beta)$와 동일하다고 하였으므로 다음이 성립한다.

$$0 \le k(\beta^* - \beta)$$

또한 $k > 0$이라고 하였으므로 $\beta^* \ge \beta$가 성립하고, 따라서 정리가 증명된다.

A. 4 중심극한정리(Central limit theorem)의 증명

Z-통계량의 모양을 다음과 같이 변형해 보자.

$$Z=\frac{\overline{X}-\mu}{\sigma/\sqrt{n}}=\frac{1}{\sqrt{n}}\sum_{i=1}^{n}\frac{X_i-\mu}{\sigma}$$

이제

$$Y_i=\frac{X_i-\mu}{\sigma}, \qquad i=1, \cdots, n$$

이라 놓으면 Y_i도 모두 동일한 분포를 따르며 $E[Y_i]=0, V[Y_i]=1$이 된다. 이제 Y의 적률생성함수를 $M_Y(t)$라고 하면, $Z=\frac{1}{\sqrt{n}}\Sigma Y_i$이므로 다음이 성립한다.

$$M_Z(t)=E\left[M_Y\left(\frac{t}{\sqrt{n}}\right)\right]^n=(E[e^{\frac{t}{\sqrt{n}}Y}])^n$$

위 식에서 괄호 속의 $e^{\frac{t}{\sqrt{n}}Y}$를 테일러정리에 의해 진개하면 다음이 성립한다.

$$e^{\frac{t}{\sqrt{n}}Y}=1+Y\left(\frac{t}{\sqrt{n}}\right)+\frac{Y^2}{2}\left(\frac{t}{\sqrt{n}}\right)^2+\frac{Y^3}{3!}\left(\frac{t}{\sqrt{n}}\right)^3+\cdots$$

따라서 $\mu_k=E[Y^k]$로 나타내면 $E[Y]=0$, $V[Y]=1$이므로 다음 결과를 얻을 수 있다.

$$\begin{aligned}M_Z(t)&=\left[1+Y\left(\frac{t}{\sqrt{n}}\right)+\frac{Y^2}{2}\left(\frac{t}{\sqrt{n}}\right)^2+\frac{Y^3}{3!}\left(\frac{t}{\sqrt{n}}\right)^3+\cdots\right]^n\\&=\left[1+\frac{1}{n}\left(\frac{t^2}{2}+\frac{\mu_3 t^3}{3!\sqrt{n}}+\frac{\mu_4 t^4}{4!n}+\cdots\right)\right]^n\end{aligned}$$

$\lim_{n\to\infty}\left(1+\frac{u}{n}\right)^n=e^u$임을 이용하기 위하여 ( ) 속을 u로 나타내면 다음이 성립한다.

$$\lim_{n\to\infty}M_Z(t)=\lim_{n\to\infty}\left(1+\frac{u}{n}\right)^n=e^u$$

한편 $\lim_{n\to\infty}u=\frac{1}{2}t^2$이므로 다음이 성립한다.

$$\lim_{n\to\infty}M_Z(t)=e^{\frac{1}{2}t^2}$$

이 식은 바로 $N(0, 1)$의 적률생성함수이므로 정리는 증명되었다.

A. 5 t-분포와 F-분포의 유도과정

1. t-분포의 유도과정

$Z \sim N(0,\ 1)$, $U \sim \chi^2_{(n)}$을 따르고 Z와 U가 독립일 때 $W = \dfrac{\sqrt{n}Z}{\sqrt{U}}$의 분포를 구해 보자.

$Y = \sqrt{n}Z$라고 하고 $X = \sqrt{U}$라고 하자. $Z \sim N(0,\ 1)$이므로 $Y \sim N(0,\ n)$이 된다. 또 $U \sim \chi^2_{(n)}$이므로 X의 분포는 [정리 3-13]에 의해 다음과 같이 구해진다.

$$
\begin{aligned}
f_X(x) &= \left| \frac{du}{dx} \right| f_U(x^2) \\
&= \frac{1}{\Gamma\left(\frac{1}{2}\right) 2^{\frac{n}{2}-1}} x^{n-2} e^{-\frac{1}{2}x^2}, \quad x > 0
\end{aligned}
$$

Z와 U가 독립이기 때문에 Y와 X도 독립이고 따라서 다음이 성립한다.

$$
\begin{aligned}
f_{X,Y}(x,\ y) &= f_X(x) f_Y(y) = \frac{1}{\Gamma\left(\frac{1}{2}\right) 2^{\frac{n}{2}-1}} x^{n-2} e^{-\frac{1}{2}x^2} \cdot \frac{1}{\sqrt{2\pi n}} e^{-\frac{1}{2}\frac{y^2}{n}} \\
&= c x^{n-2} e^{-\frac{1}{2}\left(x^2 + \frac{y^2}{n}\right)}
\end{aligned}
$$

여기서 $x > 0$, $\quad -\infty < y < \infty$, $\quad c = \dfrac{1}{\Gamma\left(\frac{n}{2}\right) 2^{\frac{n-1}{2}} \sqrt{n\pi}}$

문제에서 $W = \dfrac{\sqrt{n}Z}{\sqrt{U}} = \dfrac{Y}{X}$이므로 [보조정리 4]로부터 W의 밀도함수는 다음과 같다.

$$
\begin{aligned}
f_W(w) &= \int_0^\infty x f_{X,Y}(x,\ wx)\, dx \\
&= \int_0^\infty c x^{n-1} e^{-\frac{1}{2}\left(x^2 + \frac{w^2 x^2}{n}\right)} dx
\end{aligned}
$$

여기서 $v = \dfrac{1}{2}x^2\left(1 + \dfrac{w^2}{n}\right)$로 치환하면 $dv = x\left(1 + \dfrac{w^2}{n}\right)dx$이고 따라서 다음이 성립한다.

$$
x = \left(\frac{2v}{1 + \frac{w^2}{n}} \right)^{\frac{1}{2}}, \qquad dv = \sqrt{2v\left(1 + \frac{w^2}{n}\right)}dx
$$

이를 $f_W(w)$의 피적분함수에 대입하여 정리하면 다음과 같은 결과를 얻는다.

$$
f_W(w) = \frac{\left(1 + \frac{w^2}{n}\right)^{\frac{1}{2}(n+1)}}{\Gamma\left(\frac{n}{2}\right)\sqrt{n\pi}} \int_0^\infty v^{\frac{1}{2}(n-1)} e^{-v} dv
$$

감마함수의 정의로부터 적분값은 $\Gamma\left(\dfrac{n+1}{2}\right)$이고 따라서 W의 밀도함수는 다음과 같다.

$$f_W(w)=\frac{\Gamma\left(\frac{n+1}{2}\right)}{\Gamma\left(\frac{n}{2}\right)\sqrt{n\pi}}\left(1+\frac{w^2}{n}\right)^{-\frac{1}{2}(n+1)}, \quad -\infty<w<\infty$$

이는 자유도 n인 t-분포의 밀도함수다.

2. $\boldsymbol{F}$-분포의 유도과정

U와 V가 독립이고 각각 자유도 m n을 따르는 카이제곱분포를 따를 때 $W=\frac{U/m}{V/n}$의 분포를 구해 보자.

$Y=\frac{U}{m}$, $X=\frac{V}{n}$이라면 Y와 X의 밀도함수는 각각 다음과 같다.

$$f_Y(y)=\left|\frac{du}{dy}\right|f_U(my)=ay^{\frac{m}{2}-1}e^{-\frac{1}{2}my}, \quad y>0$$

$$f_X(x)=\left|\frac{dv}{dx}\right|f_V(nx)=bx^{\frac{n}{2}-1}e^{-\frac{1}{2}nx}, \quad x>0$$

여기서 $a=\frac{m^{\frac{m}{2}}}{\Gamma\left(\frac{m}{2}\right)2^{\frac{m}{2}}}$, $b=\frac{n^{\frac{n}{2}}}{\Gamma\left(\frac{n}{2}\right)2^{\frac{n}{2}}}$

[정리 3-15]에 의해 W의 밀도함수는 다음과 같다.

$$\begin{aligned}f_W(w)&=\int_0^\infty xf_X(x)f_Y(wx)dx\\&=ab\int_0^\infty x^{\frac{n}{2}}e^{-\frac{1}{2}nx}(wx)^{-\frac{m}{2}-1}e^{-\frac{1}{2}mwx}dx\\&=abw^{\frac{m}{2}-1}\int_0^\infty x^{\frac{m+n}{2}-1}e^{-\frac{1}{2}x(n+mw)}dx\end{aligned}$$

$v=\frac{1}{2}x(n+mw)$로 치환하면 $dv=\frac{1}{2}(n+mw)dx$이고, 따라서 다음이 성립한다.

$$f_W(w)=\frac{abw^{\frac{m}{2}-1}2^{\frac{1}{2}(m+n)}}{(n+mw)^{\frac{1}{2}(m+n)}}\int_0^\infty v^{\frac{1}{2}(m+n)-1}e^{-v}dv$$

감마함수의 정의로부터 적분값은 $\Gamma\left(\frac{m+n}{2}\right)$이므로 W의 밀도함수는 다음과 같다.

$$f_W(w)=c\frac{w^{\frac{m}{2}-1}}{(n+mw)^{\frac{1}{2}(m+n)}}, \quad c=\frac{(m)^{\frac{m}{2}}(n)^{\frac{n}{2}}\Gamma\left(\frac{m+n}{2}\right)}{\Gamma\left(\frac{m}{2}\right)\Gamma\left(\frac{n}{2}\right)}$$

이는 자유도 (m, n)인 F-분포의 밀도함수다.

A.6 분포표 1

분포이름	밀도함수	모수공간	평균 $\mu=E[X]$	분산 $\sigma^2=E[(X-\mu)^2]$	적률생성함수 $E[e^{tX}]$
이산형균일분포 Discrete uniform	$f(x)=\frac{1}{N}$, $x=1, \cdots, N$	$N=1, 2, \cdots$	$\frac{N+1}{2}$	$\frac{N^2-1}{12}$	$\sum_{j=1}^{N}\frac{1}{N}e^{jt}$
베르누이분포 Bernoulli	$f(x)=p^x q^{1-x}$, $x=0, 1$	$0\le p\le 1$ $(q=1-p)$	p	pq	$q+pe^t$
이항분포 Binomial	$f(x)=\binom{n}{x}p^x q^{n-x}$, $x=0, 1, \cdots, n$	$0\le p\le 1$ $n=1, 2, 3, \cdots$ $(q=1-p)$	np	npq	$(q+pe^t)^n$
초기하분포 Hypergeometric	$f(x)=\frac{\binom{K}{x}\binom{M-K}{n-x}}{\binom{M}{n}}$, $x=0, 1, \cdots, n$	$M=1, 2, \cdots$ $K=0, 1, \cdots, M$ $n=1, 2, \cdots, M$	$n\frac{K}{M}$	$n\frac{K}{M}\frac{M-K}{M}\cdot\frac{M-n}{M-1}$	
포아송분포 Poisson	$f(x)=\frac{e^{-\lambda}\lambda^x}{x!}$, $x=0, 1, \cdots$	$\lambda>0$	λ	λ	$\exp[\lambda(e^t-1)]$
기하분포 Geometric	$f(x)=pq^x$, $x=0, 1, \cdots$	$0<p\le 1$ $(q=1-p)$	$\frac{q}{p}$	$\frac{q}{p^2}$	$\frac{p}{1-qe^t}$
음이항분포 Negative binomial	$f(x)=\binom{r+x-1}{x}p^r q^x$, $x=0, 1, \cdots$	$0<p\le 1$ $r>0$ $(q=1-p)$	$\frac{rq}{p}$	$\frac{rq}{p^2}$	$\left(\frac{p}{1-qe^t}\right)^r$

분포표 2

분포이름	밀 도 함 수	모수공간	평 균 $\mu=E[X]$	분 산 $\sigma^2=E[(X-\mu)^2]$	적률생성함수 $E[e^{tX}]$
균 일 분 포 Uniform or rectangular	$f(x)=\frac{1}{b-a},\quad a<x<b$	$-\infty<a<b<\infty$	$\frac{a+b}{2}$	$\frac{(b-a)^2}{12}$	$\frac{e^{bt}-e^{at}}{(b-a)t}$
정 규 분 포 Normal	$f(x)=\frac{1}{\sqrt{2\pi}\sigma}\exp\left[\frac{-(x-\mu)^2}{2\sigma^2}\right]$, $-\infty<x<\infty$	$-\infty<\mu<\infty$ $\sigma>0$	μ	σ^2	$\exp\left[\mu t+\frac{1}{2}\sigma^2 t^2\right]$
지 수 분 포 Exponential	$f(x)=\lambda e^{-\lambda x},\quad 0<x<\infty$	$\lambda>0$	$\frac{1}{\lambda}$	$\frac{1}{\lambda^2}$	$\frac{\lambda}{\lambda-t},\ t<\lambda$
감 마 분 포 Gamma	$f(x)=\frac{\lambda^r}{\Gamma(r)}x^{r-1}e^{-\lambda x},\quad 0<x<\infty$	$\lambda>0$ $r>0$	$\frac{r}{\lambda}$	$\frac{r}{\lambda^2}$	$\left(\frac{\lambda}{\lambda-t}\right)^r,\ t<\lambda$
베 타 분 포 Beta	$f(x)=\frac{1}{\mathbf{B}(a,b)}x^{a-1}(1-x)^{b-1}$, $0<x<1$	$a>0$ $b>0$	$\frac{a}{a+b}$	$\frac{ab}{(a+b+1)(a+b)^2}$	
코 쉬 분 포 Cauchy	$f(x)=\frac{1}{\pi\beta\{1+[(x-\alpha)/\beta]^2\}}$, $-\infty<x<\infty$	$-\infty<\alpha<\infty$ $\beta>0$			
대수정규분포 Lognormal	$f(x)=\frac{1}{x\sqrt{2\pi}\sigma}\exp\left[\frac{-(\ln x-\mu)^2}{2\sigma^2}\right]$, $0<x<\infty$	$-\infty<\mu<\infty$ $\sigma>0$	$\exp\left[\mu+\frac{1}{2}\sigma^2\right]$	$\exp[2\mu+2\sigma^2]$ $-\exp[2\mu+2\sigma^2]$	

이중지수분포 Double exponential	$f(x)=\frac{1}{2\beta}\exp\left(-\frac{\lvert x-\alpha\rvert}{\beta}\right)$, $-\infty<x<\infty$	$-\infty<\alpha<\infty$ $\beta>0$	α	$2\beta^2$	$\frac{e^{\alpha t}}{1-(\beta t)^2}$
와이블분포 Weibull	$f(x)=abx^{b-1}\exp[-ax^b]$, $0<x<\infty$	$a>0$ $b>0$	$a^{-\frac{1}{b}}\Gamma(1+b^{-1})$	$a^{-\frac{2}{b}}[\Gamma(1+2b^{-1})$ $-\Gamma^2(1+b^{-1})]$	$E[X^t]$ $=a^{-\frac{t}{b}}\Gamma\left(1+\frac{t}{b}\right)$
t-분 포 t distribution	$f(x)=\frac{\Gamma[(n+1)/2]}{\Gamma(n/2)}$ $\times\frac{1}{\sqrt{n\pi}}\frac{1}{(1+x^2/n)^{(n+1)/2}}$, $-\infty<x<\infty$	$n>0$	$\mu=0$, $n>1$	$\frac{n}{n-2}$, $n>2$	
F-분 포 F distribution	$f(x)=\frac{\Gamma[(m+n)/2]}{\Gamma(m/2)\Gamma(n/2)}\left(\frac{m}{n}\right)^{\frac{m}{2}}$ $\times\frac{x^{(m-2)/2}}{[1+(m/n)x]^{(m+n)/2}}$, $0<x<\infty$	$m,\ n=$ $1, 2, \cdots$	$\frac{n}{n-2}$, $n>2$	$\frac{2n^2(m+n-2)}{m(n-2)^2(n-4)}$, $n>4$	
카이제곱분포 Chi-square distribution	$f(x)=\frac{1}{\Gamma(n/2)}\left(\frac{1}{2}\right)^{\frac{n}{2}}x^{\frac{n}{2}-1}e^{-\frac{1}{2}x}$, $0<x<\infty$	$n=1, 2, \cdots$	n	$2n$	$\left(\frac{1}{1-2t}\right)^{\frac{n}{2}}$ $t<\frac{1}{2}$

B. 1 난수표

3407	1440	6960	8675	5649	5793	1514
5044	9859	4658	7779	7986	0520	6697
0045	4999	4930	7408	7551	3124	0527
7536	1448	7843	4801	3147	3071	4749
7653	4231	1233	4409	0609	6448	2900
6157	1144	4779	0951	3757	9562	2354
6593	8668	4871	0946	3155	3941	9662
3187	7434	0315	4418	1569	1101	0043
4780	1071	6814	2733	7968	8541	1003
9414	6170	2581	1398	2429	4763	9192
1948	2360	7244	9682	5418	0596	4971
1843	0914	9705	7861	6861	7865	7293
4944	8903	0460	0188	0530	7790	9118
3882	3195	8287	3298	9532	9066	8225
6596	9009	2055	4081	4842	7852	5915
4793	2503	2906	6807	2028	1075	7175
2112	0232	5334	1443	7306	6418	9639
0743	1083	8071	9779	5973	1141	4393
8856	5352	3384	8891	9189	1680	3192
8027	4975	2346	5786	0693	5615	2047
3134	1688	4071	3766	0570	2142	3492
0633	9002	1305	2256	5956	9256	8979
8771	6069	1598	4275	6017	5946	8189
2672	1304	2186	8279	2430	4896	3698
3136	1916	8886	8617	9312	5070	2720
6490	7491	6562	5355	3794	3555	7510
8628	0501	4618	3364	6709	1289	0543
9270	0504	5018	7013	4423	2147	4089
5723	3807	4997	4699	2231	3193	8130
6228	8874	7271	2621	5746	6333	0345
7645	3379	8376	3030	0351	8290	3640
6842	5836	6203	6171	2698	4086	5469
6126	7762	9337	7773	7286	4236	1788
4956	0215	3468	8038	6144	9753	3131
1327	4736	6229	8965	7215	6458	3937
9188	1516	5279	5433	2254	5768	8718
0271	9627	9442	9217	4656	7603	8826
2127	1847	1331	5122	8332	8195	3322
2102	9201	2911	7318	7670	6079	2676
1706	6011	5280	5552	5180	4630	4747
7501	7635	2301	0889	6955	8113	4364
5705	1900	7144	8707	9065	8163	9846
3234	2599	3295	9160	8441	0085	9317
5641	4935	7971	8917	1978	5649	5799
2127	1868	3664	9376	1984	6315	8396

B. 2 이항분포 누적확률 1

$$P[X \leq x] = \sum_{k=0}^{x} \binom{n}{k} p^k q^{n-k}$$

		P									
n	*x*	0.05	0.10	0.15	0.20	0.25	0.30	0.35	0.40	0.45	0.50
2	0	0.9025	0.8100	0.7225	0.6400	0.5625	0.4900	0.4225	0.3600	0.3025	0.2500
	1	0.9975	0.9900	0.9775	0.9600	0.9375	0.9100	0.8775	0.8400	0.7975	0.7500
	2	1.0000	1.0000	1.0000	1.0000	1.0000	1.0000	1.0000	1.0000	1.0000	1.0000
3	0	0.8574	0.7290	0.6141	0.5120	0.4219	0.3430	0.2746	0.2160	0.1664	0.1250
	1	0.9928	0.9720	0.9392	0.8960	0.8438	0.7840	0.7182	0.6480	0.5748	0.5000
	2	0.9999	0.9990	0.9966	0.9920	0.9844	0.9730	0.9571	0.9360	0.9089	0.8750
	3	1.0000	1.0000	1.0000	1.0000	1.0000	1.0000	1.0000	1.0000	1.0000	1.0000
4	0	0.8145	0.6561	0.5220	0.4096	0.3164	0.2401	0.1785	0.1296	0.0915	0.0625
	1	0.9860	0.9477	0.8905	0.8192	0.7383	0.6517	0.5630	0.4752	0.3910	0.3125
	2	0.9995	0.9963	0.9880	0.9728	0.9492	0.9163	0.8735	0.8208	0.7585	0.6875
	3	1.0000	0.9999	0.9995	0.9984	0.9961	0.9919	0.9850	0.9744	0.9590	0.9375
	4	1.0000	1.0000	1.0000	1.0000	1.0000	1.0000	1.0000	1.0000	1.0000	1.0000
5	0	0.7738	0.5905	0.4437	0.3277	0.2373	0.1681	0.1160	0.0778	0.0503	0.0312
	1	0.9774	0.9185	0.8352	0.7373	0.6328	0.5282	0.4284	0.3370	0.2562	0.1875
	2	0.9988	0.9914	0.9734	0.9421	0.8965	0.8369	0.7648	0.6826	0.5931	0.5000
	3	1.0000	0.9995	0.9978	0.9933	0.9844	0.9692	0.9460	0.9130	0.8688	0.8125
	4	1.0000	1.0000	0.9999	0.9997	0.9990	0.9976	0.9947	0.9898	0.9815	0.9688
	5	1.0000	1.0000	1.0000	1.0000	1.0000	1.0000	1.0000	1.0000	1.0000	1.0000
6	0	0.7351	0.5314	0.3771	0.2621	0.1780	0.1176	0.0754	0.0467	0.0277	0.0156
	1	0.9672	0.8857	0.7765	0.6553	0.5339	0.4202	0.3191	0.2333	0.1636	0.1094
	2	0.9978	0.9842	0.9527	0.9011	0.8306	0.7443	0.6471	0.5443	0.4415	0.3438
	3	0.9999	0.9987	0.9941	0.9830	0.9624	0.9295	0.8826	0.8208	0.7447	0.6562
	4	1.0000	0.9999	0.9996	0.9984	0.9954	0.9891	0.9777	0.9590	0.9308	0.8906
	5	1.0000	1.0000	1.0000	0.9999	0.9998	0.9993	0.9982	0.9959	0.9917	0.9844
	6	1.0000	1.0000	1.0000	1.0000	1.0000	1.0000	1.0000	1.0000	1.0000	1.0000

이항분포 누적확률 2

n	x	0.05	0.10	0.15	0.20	0.25	0.30	0.35	0.40	0.45	0.50
7	0	0.6983	0.4783	0.3206	0.2097	0.1335	0.0824	0.0490	0.0280	0.0152	0.0078
	1	0.9556	0.8503	0.7166	0.5767	0.4449	0.3294	0.2338	0.1586	0.1024	0.0625
	2	0.9962	0.9743	0.9262	0.8520	0.7564	0.6471	0.5323	0.4199	0.3164	0.2266
	3	0.9998	0.9973	0.9879	0.9667	0.9294	0.8740	0.8002	0.7102	0.6083	0.5000
	4	1.0000	0.9998	0.9988	0.9953	0.9871	0.9712	0.9444	0.9037	0.8471	0.7734
	5	1.0000	1.0000	0.9999	0.9996	0.9987	0.9962	0.9910	0.9812	0.9643	0.9375
	6	1.0000	1.0000	1.0000	1.0000	0.9999	0.9998	0.9994	0.9984	0.9963	0.9922
	7	1.0000	1.0000	1.0000	1.0000	1.0000	1.0000	1.0000	1.0000	1.0000	1.0000
8	0	0.6634	0.4305	0.2725	0.1678	0.1001	0.0576	0.0319	0.0168	0.0084	0.0039
	1	0.9428	0.8131	0.6572	0.5033	0.3671	0.2553	0.1691	0.1064	0.0632	0.0352
	2	0.9942	0.9619	0.8948	0.7969	0.6785	0.5518	0.4278	0.3154	0.2201	0.1445
	3	0.9996	0.9950	0.9786	0.9437	0.8862	0.8059	0.7064	0.5941	0.4770	0.3633
	4	1.0000	0.9996	0.9971	0.9896	0.9727	0.9420	0.8939	0.8263	0.7396	0.6367
	5	1.0000	1.0000	0.9998	0.9988	0.9958	0.9887	0.9747	0.9502	0.9115	0.8555
	6	1.0000	1.0000	1.0000	0.9999	0.9996	0.9987	0.9964	0.9915	0.9819	0.9648
	7	1.0000	1.0000	1.0000	1.0000	1.0000	0.9999	0.9998	0.9993	0.9983	0.9961
	8	1.0000	1.0000	1.0000	1.0000	1.0000	1.0000	1.0000	1.0000	1.0000	1.0000
9	0	0.6302	0.3874	0.2316	0.1342	0.0751	0.0404	0.0207	0.0101	0.0046	0.0020
	1	0.9288	0.7748	0.5995	0.4362	0.3003	0.1960	0.1211	0.0705	0.0385	0.0195
	2	0.9916	0.9470	0.8591	0.7382	0.6007	0.4628	0.3373	0.2318	0.1495	0.0898
	3	0.9994	0.9917	0.9661	0.9144	0.8343	0.7297	0.6089	0.4826	0.3614	0.2539
	4	1.0000	0.9991	0.9944	0.9804	0.9511	0.9012	0.8283	0.7334	0.6214	0.5000
	5	1.0000	0.9999	0.9994	0.9969	0.9900	0.9747	0.9464	0.9006	0.8342	0.7461
	6	1.0000	1.0000	1.0000	0.9997	0.9987	0.9957	0.9888	0.9750	0.9502	0.9102
	7	1.0000	1.0000	1.0000	1.0000	0.9999	0.9996	0.9986	0.9962	0.9909	0.9805
	8	1.0000	1.0000	1.0000	1.0000	1.0000	1.0000	0.9999	0.9997	0.9992	0.9980
	9	1.0000	1.0000	1.0000	1.0000	1.0000	1.0000	1.0000	1.0000	1.0000	1.0000

n	x	P									
		0.05	0.10	0.15	0.20	0.25	0.30	0.35	0.40	0.45	0.50
10	0	0.5987	0.3487	0.1969	0.1074	0.0563	0.0282	0.0135	0.0060	0.0025	0.0010
	1	0.9139	0.7361	0.5443	0.3758	0.2440	0.1493	0.0860	0.0464	0.0233	0.0107
	2	0.9885	0.9298	0.8202	0.6778	0.5256	0.3828	0.2616	0.1673	0.0996	0.0547
	3	0.9990	0.9872	0.9500	0.8791	0.7759	0.6496	0.5138	0.3823	0.2660	0.1719
	4	0.9999	0.9984	0.9901	0.9672	0.9219	0.8497	0.7515	0.6331	0.5044	0.3770
	5	1.0000	0.9999	0.9986	0.9936	0.9803	0.9527	0.9051	0.8338	0.7384	0.6230
	6	1.0000	1.0000	0.9999	0.9991	0.9965	0.9894	0.9740	0.9452	0.8980	0.8281
	7	1.0000	1.0000	1.0000	0.9999	0.9996	0.9984	0.9952	0.9877	0.9726	0.9453
	8	1.0000	1.0000	1.0000	1.0000	1.0000	0.9999	0.9995	0.9983	0.9955	0.9893
	9	1.0000	1.0000	1.0000	1.0000	1.0000	1.0000	1.0000	0.9999	0.9997	0.9990
	10	1.0000	1.0000	1.0000	1.0000	1.0000	1.0000	1.0000	1.0000	1.0000	1.0000
11	0	0.5688	0.3138	0.1673	0.0859	0.0422	0.0198	0.0088	0.0036	0.0014	0.0005
	1	0.8981	0.3974	0.4922	0.3221	0.1971	0.1130	0.0606	0.0302	0.0139	0.0059
	2	0.9848	0.9104	0.7788	0.6174	0.4552	0.3127	0.2001	0.1189	0.0652	0.0327
	3	0.9984	0.9815	0.9306	0.8389	0.7133	0.5696	0.4256	0.2963	0.1911	0.1133
	4	0.9999	0.9972	0.9841	0.9496	0.8854	0.7897	0.6683	0.5328	0.3971	0.2744
	5	1.0000	0.9997	0.9973	0.9883	0.9657	0.9218	0.8513	0.7535	0.6331	0.5000
	6	1.0000	1.0000	0.9997	0.9980	0.9924	0.9784	0.9499	0.9006	0.8262	0.7256
	7	1.0000	1.0000	1.0000	0.9998	0.9988	0.9957	0.9878	0.9707	0.9390	0.8867
	8	1.0000	1.0000	1.0000	1.0000	0.9999	0.9994	0.9980	0.9941	0.9852	0.9673
	9	1.0000	1.0000	1.0000	1.0000	1.0000	1.0000	0.9998	0.9993	0.9978	0.9941
	10	1.0000	1.0000	1.0000	1.0000	1.0000	1.0000	1.0000	1.0000	0.9998	0.9995
	11	1.0000	1.0000	1.0000	1.0000	1.0000	1.0000	1.0000	1.0000	1.0000	1.0000
12	0	0.5404	0.2824	0.1422	0.0687	0.0317	0.0138	0.0057	0.0022	0.0008	0.0002
	1	0.8816	0.6590	0.4435	0.2749	0.1584	0.0850	0.0424	0.0196	0.0083	0.0032
	2	0.9804	0.8891	0.7358	0.5583	0.3907	0.2528	0.1513	0.0834	0.0421	0.0193
	3	0.9978	0.9744	0.9078	0.7946	0.6488	0.4925	0.3467	0.2253	0.1345	0.0730
	4	0.9998	0.9957	0.9761	0.9274	0.8424	0.7237	0.5833	0.4382	0.3044	0.1938

이항분포 누적확률 3

n	x	P 0.05	0.10	0.15	0.20	0.25	0.30	0.35	0.40	0.45	0.50
	5	1.0000	0.9995	0.9954	0.9806	0.9456	0.8822	0.7873	0.5652	0.5269	0.3872
	6	1.0000	0.9999	0.9993	0.9961	0.9857	0.9614	0.9154	0.8418	0.7393	0.6128
	7	1.0000	1.0000	0.9999	0.9994	0.9972	0.9905	0.9745	0.9427	0.8883	0.8062
	8	1.0000	1.0000	1.0000	0.9999	0.9996	0.9983	0.9944	0.9847	0.9644	0.9270
	9	1.0000	1.0000	1.0000	1.0000	1.0000	0.9998	0.9992	0.9972	0.9921	0.9807
	10	1.0000	1.0000	1.0000	1.0000	1.0000	1.0000	0.9999	0.9997	0.9989	0.9968
	11	1.0000	1.0000	1.0000	1.0000	1.0000	1.0000	1.0000	1.0000	0.9999	0.9998
	12	1.0000	1.0000	1.0000	1.0000	1.0000	1.0000	1.0000	1.0000	1.0000	1.0000
13	0	0.5133	0.2542	0.1209	0.0550	0.0238	0.0097	0.0037	0.0013	0.0004	0.0001
	1	0.8646	0.6213	0.3983	0.2336	0.1267	0.0637	0.0296	0.0126	0.0049	0.0017
	2	0.9755	0.8661	0.6920	0.5017	0.3326	0.2025	0.1132	0.0579	0.0269	0.0112
	3	0.9969	0.9658	0.8820	0.7473	0.5843	0.4206	0.2783	0.1686	0.0929	0.0461
	4	0.9997	0.9935	0.9658	0.9009	0.7940	0.6543	0.5005	0.3530	0.2279	0.1334
	5	1.0000	0.9991	0.9924	0.9700	0.9198	0.8346	0.7159	0.5744	0.4268	0.2905
	6	1.0000	0.9999	0.9987	0.9930	0.9757	0.9376	0.8705	0.7712	0.6437	0.5000
	7	1.0000	1.0000	0.9998	0.9988	0.9944	0.9818	0.9538	0.9023	0.8212	0.7095
	8	1.0000	1.0000	1.0000	0.9998	0.9990	0.9960	0.9874	0.9679	0.9302	0.8666
	9	1.0000	1.0000	1.0000	1.0000	0.9999	0.9993	0.9975	0.9922	0.9797	0.9539
	10	1.0000	1.0000	1.0000	1.0000	1.0000	0.9999	0.9997	0.9987	0.9959	0.9888
	11	1.0000	1.0000	1.0000	1.0000	1.0000	1.0000	1.0000	0.9999	0.9995	0.9983
	12	1.0000	1.0000	1.0000	1.0000	1.0000	1.0000	1.0000	1.0000	1.0000	0.9999
	13	1.0000	1.0000	1.0000	1.0000	1.0000	1.0000	1.0000	1.0000	1.0000	1.0000
14	0	0.4877	0.2288	0.1028	0.0440	0.0178	0.0068	0.0024	0.0008	0.0002	0.0001
	1	0.8470	0.5846	0.3567	0.1979	0.1010	0.0475	0.0205	0.0081	0.0029	0.0009
	2	0.9699	0.8416	0.6479	0.4481	0.2811	0.1608	0.0839	0.0398	0.0170	0.0065
	3	0.9958	0.9559	0.8535	0.6982	0.5213	0.3552	0.2205	0.1243	0.0632	0.0287
	4	0.9996	0.9908	0.9533	0.8702	0.7415	0.5842	0.4227	0.2793	0.1672	0.0898

		P									
n	x	0.05	0.10	0.15	0.20	0.25	0.30	0.35	0.40	0.45	0.50
	5	1.0000	0.9985	0.9885	0.9561	0.8883	0.7805	0.6405	0.4859	0.3373	0.2120
	6	1.0000	0.9998	0.9978	0.9884	0.9617	0.9067	0.8164	0.6925	0.5461	0.3953
	7	1.0000	1.0000	0.9997	0.9976	0.9897	0.9685	0.9247	0.8499	0.7414	0.6047
	8	1.0000	1.0000	1.0000	0.9996	0.9978	0.9917	0.9757	0.9417	0.8811	0.7880
	9	1.0000	1.0000	1.0000	1.0000	0.9997	0.9983	0.9940	0.9825	0.9574	0.9102
	10	1.0000	1.0000	1.0000	1.0000	1.0000	0.9998	0.9989	0.9961	0.9886	0.9713
	11	1.0000	1.0000	1.0000	1.0000	1.0000	1.0000	0.9999	0.9994	0.9978	0.9935
	12	1.0000	1.0000	1.0000	1.0000	1.0000	1.0000	1.0000	0.9999	0.9997	0.9991
	13	1.0000	1.0000	1.0000	1.0000	1.0000	1.0000	1.0000	1.0000	1.0000	0.9999
	14	1.0000	1.0000	1.0000	1.0000	1.0000	1.0000	1.0000	1.0000	1.0000	1.0000
15	0	0.4633	0.2059	0.0874	0.0352	0.0134	0.0047	0.0016	0.0005	0.0001	0.0000
	1	0.8290	0.5490	0.3186	0.1671	0.0802	0.0353	0.0142	0.0052	0.0017	0.0005
	2	0.9638	0.8159	0.6042	0.3980	0.2361	0.1268	0.0617	0.0271	0.0107	0.0037
	3	0.9945	0.9444	0.8227	0.6482	0.4613	0.2969	0.1727	0.0905	0.0424	0.0176
	4	0.9994	0.9873	0.9383	0.8358	0.6865	0.5155	0.3519	0.2173	0.1204	0.0592
	5	0.9999	0.9978	0.9832	0.9389	0.8516	0.7216	0.5643	0.4032	0.2608	0.1509
	6	1.0000	0.9997	0.9964	0.9819	0.9434	0.8689	0.7548	0.6098	0.4522	0.3036
	7	1.0000	1.0000	0.9994	0.9958	0.9827	0.9500	0.8868	0.7869	0.6535	0.5000
	8	1.0000	1.0000	0.9999	0.9992	0.9958	0.9848	0.9578	0.9050	0.8182	0.6964
	9	1.0000	1.0000	1.0000	0.9999	0.9992	0.9963	0.9876	0.9662	0.9231	0.8491
	10	1.0000	1.0000	1.0000	1.0000	0.9999	0.9993	0.9972	0.9907	0.9745	0.9408
	11	1.0000	1.0000	1.0000	1.0000	1.0000	0.9999	0.9995	0.9981	0.9937	0.9824
	12	1.0000	1.0000	1.0000	1.0000	1.0000	1.0000	0.9999	0.9997	0.9989	0.9963
	13	1.0000	1.0000	1.0000	1.0000	1.0000	1.0000	1.0000	1.0000	0.9999	0.9995
	14	1.0000	1.0000	1.0000	1.0000	1.0000	1.0000	1.0000	1.0000	1.0000	1.0000
	15	1.0000	1.0000	1.0000	1.0000	1.0000	1.0000	1.0000	1.0000	1.0000	1.0000
16	0	0.4401	0.1853	0.0743	0.0281	0.0100	0.0033	0.0010	0.0003	0.0001	0.0000
	1	0.8108	0.5147	0.2839	0.1407	0.0635	0.0261	0.0098	0.0033	0.0010	0.0003
	2	0.9571	0.7892	0.5614	0.3518	0.1971	0.0994	0.0451	0.0183	0.0066	0.0021
	3	0.9930	0.9316	0.7899	0.5981	0.4050	0.2459	0.1339	0.0651	0.0281	0.0106

이항분포 누적확률 4

		P									
n	x	0.05	0.10	0.15	0.20	0.25	0.30	0.35	0.40	0.45	0.50
	4	0.9991	0.9830	0.9209	0.7982	0.6302	0.4499	0.2892	0.1666	0.0853	0.0384
	5	0.9999	0.9967	0.9765	0.9183	0.8103	0.6598	0.4900	0.3288	0.1976	0.1051
	6	1.0000	0.9995	0.9944	0.9733	0.9204	0.8247	0.6881	0.5272	0.3660	0.2272
	7	1.0000	0.9999	0.9989	0.9930	0.9729	0.9256	0.8406	0.7161	0.5629	0.4018
	8	1.0000	1.0000	0.9998	0.9985	0.9925	0.9743	0.9329	0.8577	0.7441	0.5982
	9	1.0000	1.0000	1.0000	0.9998	0.9984	0.9929	0.9771	0.9417	0.8759	0.7728
	10	1.0000	1.0000	1.0000	1.0000	0.9997	0.9984	0.9938	0.9809	0.9514	0.8949
	11	1.0000	1.0000	1.0000	1.0000	1.0000	0.9997	0.9987	0.9951	0.9851	0.9616
	12	1.0000	1.0000	1.0000	1.0000	1.0000	1.0000	0.9998	0.9991	0.9965	0.9894
	13	1.0000	1.0000	1.0000	1.0000	1.0000	1.0000	1.0000	0.9999	0.9994	0.9979
	14	1.0000	1.0000	1.0000	1.0000	1.0000	1.0000	1.0000	1.0000	0.9999	0.9997
	15	1.0000	1.0000	1.0000	1.0000	1.0000	1.0000	1.0000	1.0000	1.0000	1.0000
	16	1.0000	1.0000	1.0000	1.0000	1.0000	1.0000	1.0000	1.0000	1.0000	1.0000
17	0	0.4181	0.1668	0.0631	0.0225	0.0075	0.0023	0.0007	0.0002	1.0000	1.0000
	1	0.7922	0.4818	0.2525	0.1182	0.0501	0.0193	0.0067	0.0021	0.0006	0.0001
	2	0.9497	0.7618	0.5198	0.3096	0.1637	0.0774	0.0327	0.0123	0.0041	0.0012
	3	0.9912	0.9174	0.7556	0.5489	0.3530	0.2019	0.1028	0.0464	0.0184	0.0064
	4	0.9988	0.9779	0.9013	0.7582	0.5739	0.3887	0.2348	0.1260	0.0596	0.0245
	5	0.9999	0.9953	0.9681	0.8943	0.7653	0.5968	0.4197	0.2639	0.1471	0.0717
	6	1.0000	0.9992	0.9917	0.9623	0.8929	0.7752	0.6188	0.4478	0.2902	0.1662
	7	1.0000	0.9999	0.9983	0.9891	0.9598	0.8954	0.7872	0.6405	0.4743	0.3145
	8	1.0000	1.0000	0.9997	0.9974	0.9876	0.9597	0.9006	0.8011	0.6626	0.5000
	9	1.0000	1.0000	1.0000	0.9995	0.9969	0.9873	0.9617	0.9081	0.8166	0.6855
	10	1.0000	1.0000	1.0000	0.9999	0.9994	0.9968	0.9880	0.9652	0.9174	0.8338
	11	1.0000	1.0000	1.0000	1.0000	0.9999	0.9993	0.9970	0.9894	0.9699	0.9283
	12	1.0000	1.0000	1.0000	1.0000	1.0000	0.9999	0.9994	0.9975	0.9914	0.9755
	13	1.0000	1.0000	1.0000	1.0000	1.0000	1.0000	0.9999	0.9995	0.9981	0.9936
	14	1.0000	1.0000	1.0000	1.0000	1.0000	1.0000	1.0000	0.9999	0.9997	0.9988
	15	1.0000	1.0000	1.0000	1.0000	1.0000	1.0000	1.0000	1.0000	1.0000	0.9999
	16	1.0000	1.0000	1.0000	1.0000	1.0000	1.0000	1.0000	1.0000	1.0000	1.0000
	17	1.0000	1.0000	1.0000	1.0000	1.0000	1.0000	1.0000	1.0000	1.0000	1.0000

		P									
n	x	0.05	0.10	0.15	0.20	0.25	0.30	0.35	0.40	0.45	0.50
18	0	0.3972	0.1501	0.0536	0.0180	0.0056	0.0016	0.0004	0.0001	1.0000	1.0000
	1	0.7735	0.4503	0.2241	0.0991	0.0395	0.0142	0.0046	0.0013	0.0003	0.0001
	2	0.9419	0.7338	0.4797	0.2713	0.1353	0.0600	0.0236	0.0082	0.0025	0.0007
	3	0.9891	0.9018	0.7202	0.5010	0.3057	0.1646	0.0783	0.0328	0.0120	0.0038
	4	0.9985	0.9718	0.8794	0.7164	0.5187	0.3327	0.1886	0.0942	0.0411	0.0154
	5	0.9998	0.9936	0.9581	0.8671	0.7175	0.5344	0.3550	0.2088	0.1077	0.0481
	6	1.0000	0.9988	0.9882	0.9487	0.8610	0.7217	0.5491	0.3743	0.2258	0.1189
	7	1.0000	0.9998	0.9973	0.9837	0.9431	0.8593	0.7283	0.5634	0.3915	0.2403
	8	1.0000	1.0000	0.9995	0.9957	0.9807	0.9404	0.8609	0.7368	0.5778	0.4073
	9	1.0000	1.0000	0.9999	0.9991	0.9946	0.9790	0.9403	0.8653	0.7473	0.5927
	10	1.0000	1.0000	1.0000	0.9998	0.9988	0.9939	0.9788	0.9424	0.8720	0.7597
	11	1.0000	1.0000	1.0000	1.0000	0.9998	0.9986	0.9938	0.9797	0.9463	0.8811
	12	1.0000	1.0000	1.0000	1.0000	1.0000	0.9997	0.9986	0.9942	0.9817	0.9519
	13	1.0000	1.0000	1.0000	1.0000	1.0000	1.0000	0.9997	0.9987	0.9951	0.9846
	14	1.0000	1.0000	1.0000	1.0000	1.0000	1.0000	1.0000	0.9998	0.9990	0.9962
	15	1.0000	1.0000	1.0000	1.0000	1.0000	1.0000	1.0000	1.0000	0.9999	0.9993
	16	1.0000	1.0000	1.0000	1.0000	1.0000	1.0000	1.0000	1.0000	1.0000	0.9999
	17	1.0000	1.0000	1.0000	1.0000	1.0000	1.0000	1.0000	1.0000	1.0000	1.0000
	18	1.0000	1.0000	1.0000	1.0000	1.0000	1.0000	1.0000	1.0000	1.0000	1.0000
19	0	0.3774	0.1351	0.0456	0.0144	0.0042	0.0011	0.0030	0.0001	1.0000	1.0000
	1	0.7547	0.4203	0.1985	0.0829	0.0310	0.0104	0.0031	0.0008	0.0002	1.0000
	2	0.9335	0.7054	0.4413	0.2369	0.1113	0.0462	0.0170	0.0055	0.0015	0.0004
	3	0.9868	0.8850	0.6841	0.4551	0.2631	0.1332	0.0591	0.0230	0.0077	0.0022
	4	0.9980	0.9648	0.8556	0.6733	0.4654	0.2822	0.1500	0.0696	0.0280	0.0096
	5	0.9998	0.9914	0.9463	0.8369	0.6678	0.4739	0.2968	0.1629	0.0777	0.0318
	6	1.0000	0.9983	0.9837	0.9324	0.8251	0.6655	0.4812	0.3081	0.1727	0.0835
	7	1.0000	0.9997	0.9959	0.9767	0.9225	0.8180	0.6656	0.4878	0.3169	0.1796
	8	1.0000	1.0000	0.9992	0.9933	0.9713	0.9161	0.8145	0.6675	0.4940	0.3238
	9	1.0000	1.0000	0.9999	0.9984	0.9911	0.9674	0.9125	0.8139	0.6710	0.5000
	10	1.0000	1.0000	1.0000	0.9997	0.9977	0.9895	0.9653	0.9115	0.8159	0.6762

이항분포 누적확률 5

		P									
n	x	0.05	0.10	0.15	0.20	0.25	0.30	0.35	0.40	0.45	0.50
	11	1.0000	1.0000	1.0000	1.0000	0.9995	0.9972	0.9886	0.9648	0.9129	0.8204
	12	1.0000	1.0000	1.0000	1.0000	0.9999	0.9994	0.9969	0.9884	0.9658	0.9165
	13	1.0000	1.0000	1.0000	1.0000	1.0000	0.9999	0.9993	0.9969	0.9891	0.9682
	14	1.0000	1.0000	1.0000	1.0000	1.0000	1.0000	0.9999	0.9994	0.9972	0.9904
	15	1.0000	1.0000	1.0000	1.0000	1.0000	1.0000	1.0000	0.9999	0.9995	0.9978
	16	1.0000	1.0000	1.0000	1.0000	1.0000	1.0000	1.0000	1.0000	0.9999	0.9996
	17	1.0000	1.0000	1.0000	1.0000	1.0000	1.0000	1.0000	1.0000	1.0000	1.0000
	18	1.0000	1.0000	1.0000	1.0000	1.0000	1.0000	1.0000	1.0000	1.0000	1.0000
	19	1.0000	1.0000	1.0000	1.0000	1.0000	1.0000	1.0000	1.0000	1.0000	1.0000
20	0	0.3585	0.1216	0.0388	0.0115	0.0032	0.0008	0.0002	1.0000	1.0000	1.0000
	1	0.7358	0.3917	0.1756	0.0692	0.0243	0.0076	0.0021	0.0005	0.0001	1.0000
	2	0.9245	0.6769	0.4049	0.2061	0.0913	0.0355	0.0121	0.0036	0.0009	0.0002
	3	0.9841	0.8670	0.6477	0.4114	0.2252	0.1071	0.0444	0.0160	0.0049	0.0013
	4	0.9974	0.9568	0.8298	0.6296	0.4148	0.2375	0.1182	0.0510	0.0189	0.0059
	5	0.9997	0.9887	0.9327	0.8042	0.6172	0.4164	0.2454	0.1256	0.0553	0.0207
	6	1.0000	0.9976	0.9781	0.9133	0.7858	0.6080	0.4166	0.2500	0.1299	0.0577
	7	1.0000	0.9996	0.9941	0.9679	0.8982	0.7723	0.6010	0.4159	0.2520	0.1316
	8	1.0000	0.9999	0.9987	0.9900	0.9591	0.8867	0.7624	0.5956	0.4143	0.2517
	9	1.0000	1.0000	0.9998	0.9974	0.9861	0.9520	0.8782	0.7553	0.5914	0.4119
	10	1.0000	1.0000	1.0000	0.9994	0.9961	0.9829	0.9468	0.8725	0.7507	0.5881
	11	1.0000	1.0000	1.0000	0.9999	0.9991	0.9949	0.9804	0.9435	0.8692	0.7483
	12	1.0000	1.0000	1.0000	1.0000	0.9998	0.9987	0.9940	0.9790	0.9420	0.8684
	13	1.0000	1.0000	1.0000	1.0000	1.0000	0.9997	0.9985	0.9935	0.9786	0.9423
	14	1.0000	1.0000	1.0000	1.0000	1.0000	1.0000	0.9997	0.9984	0.9936	0.9793
	15	1.0000	1.0000	1.0000	1.0000	1.0000	1.0000	1.0000	0.9997	0.9985	0.9941
	16	1.0000	1.0000	1.0000	1.0000	1.0000	1.0000	1.0000	1.0000	0.9997	0.9987
	17	1.0000	1.0000	1.0000	1.0000	1.0000	1.0000	1.0000	1.0000	1.0000	0.9998
	18	1.0000	1.0000	1.0000	1.0000	1.0000	1.0000	1.0000	1.0000	1.0000	1.0000
	19	1.0000	1.0000	1.0000	1.0000	1.0000	1.0000	1.0000	1.0000	1.0000	1.0000
	20	1.0000	1.0000	1.0000	1.0000	1.0000	1.0000	1.0000	1.0000	1.0000	1.0000

B. 3 포아송분포 누적확률 1

$$P[X \le x] = \sum_{k=0}^{x} \frac{\lambda^k e^{-\lambda}}{k!}$$

	$\lambda = E(X)$									
x	0.1	0.2	0.3	0.4	0.5	0.6	0.7	0.8	0.9	1.0
0	0.905	0.819	0.741	0.670	0.607	0.549	0.497	0.449	0.407	0.368
1	0.995	0.982	0.963	0.938	0.910	0.878	0.844	0.809	0.772	0.736
2	1.000	0.999	0.996	0.992	0.986	0.977	0.966	0.953	0.937	0.920
3	1.000	1.000	1.000	0.999	0.998	0.997	0.994	0.991	0.987	0.981
4	1.000	1.000	1.000	1.000	1.000	1.000	0.999	0.999	0.998	0.996
5	1.000	1.000	1.000	1.000	1.000	1.000	1.000	1.000	1.000	0.999
6	1.000	1.000	1.000	1.000	1.000	1.000	1.000	1.000	1.000	1.000

x	1.1	1.2	1.3	1.4	1.5	1.6	1.7	1.8	1.9	2.0
0	0.333	0.301	0.273	0.247	0.223	0.202	0.183	0.165	0.150	0.135
1	0.699	0.663	0.627	0.592	0.558	0.525	0.493	0.463	0.434	0.406
2	0.900	0.879	0.857	0.833	0.809	0.783	0.757	0.731	0.704	0.677
3	0.974	0.966	0.957	0.946	0.934	0.921	0.907	0.891	0.875	0.857
4	0.995	0.992	0.989	0.986	0.981	0.976	0.970	0.964	0.956	0.947
5	0.999	0.998	0.998	0.997	0.996	0.994	0.992	0.990	0.987	0.983
6	1.000	1.000	1.000	0.999	0.999	0.999	0.998	0.997	0.994	0.995
7	1.000	1.000	1.000	1.000	1.000	1.000	1.000	0.999	0.999	0.999
8	1.000	1.000	1.000	1.000	1.000	1.000	1.000	1.000	1.000	1.000

x	2.2	2.4	2.6	2.8	3.0	3.2	3.4	3.6	3.8	4.0
0	0.111	0.091	0.074	0.061	0.050	0.041	0.033	0.027	0.022	0.018
1	0.355	0.308	0.267	0.231	0.199	0.171	0.147	0.126	0.107	0.092
2	0.623	0.570	0.518	0.469	0.423	0.380	0.340	0.303	0.269	0.238
3	0.819	0.779	0.736	0.692	0.647	0.603	0.558	0.515	0.473	0.433
4	0.928	0.904	0.877	0.848	0.815	0.781	0.744	0.706	0.668	0.629
5	0.975	0.964	0.951	0.935	0.916	0.895	0.871	0.844	0.816	0.785
6	0.993	0.988	0.983	0.976	0.966	0.955	0.942	0.927	0.909	0.889
7	0.998	0.997	0.995	0.992	0.988	0.983	0.977	0.969	0.960	0.949
8	1.000	0.999	0.999	0.998	0.996	0.994	0.992	0.988	0.984	0.979
9	1.000	1.000	1.000	0.999	0.999	0.998	0.997	0.996	0.994	0.992
10	1.000	1.000	1.000	1.000	1.000	1.000	0.999	0.999	0.998	0.997
11	1.000	1.000	1.000	1.000	1.000	1.000	1.000	1.000	0.999	0.999
12	1.000	1.000	1.000	1.000	1.000	1.000	1.000	1.000	1.000	1.000

포아송분포 누적확률 2

	$\lambda=E(X)$									
x	4.2	4.4	4.6	4.8	5.0	5.2	5.4	5.6	5.8	6.0
0	0.015	0.012	0.010	0.008	0.007	0.006	0.005	0.004	0.003	0.002
1	0.078	0.066	0.056	0.048	0.040	0.034	0.029	0.024	0.021	0.017
2	0.210	0.185	0.163	0.143	0.125	0.109	0.095	0.082	0.072	0.062
3	0.395	0.359	0.326	0.294	0.265	0.238	0.213	0.191	0.170	0.151
4	0.590	0.551	0.513	0.476	0.440	0.406	0.373	0.342	0.313	0.285
5	0.753	0.720	0.686	0.651	0.616	0.581	0.546	0.512	0.478	0.446
6	0.867	0.844	0.818	0.791	0.762	0.732	0.702	0.670	0.638	0.606
7	0.936	0.921	0.905	0.887	0.867	0.845	0.822	0.797	0.771	0.744
8	0.972	0.964	0.955	0.944	0.932	0.918	0.903	0.886	0.867	0.847
9	0.989	0.985	0.980	0.975	0.968	0.960	0.951	0.941	0.929	0.916
10	0.996	0.994	0.992	0.990	0.986	0.982	0.977	0.972	0.965	0.957
11	0.999	0.998	0.997	0.996	0.995	0.993	0.990	0.988	0.984	0.980
12	1.000	0.999	0.999	0.999	0.998	0.997	0.996	0.995	0.993	0.991
13	1.000	1.000	1.000	1.000	0.999	0.999	0.999	0.998	0.997	0.996
14	1.000	1.000	1.000	1.000	1.000	1.000	0.999	0.999	0.999	0.999
15	1.000	1.000	1.000	1.000	1.000	1.000	1.000	1.000	1.000	0.999
16	1.000	1.000	1.000	1.000	1.000	1.000	1.000	1.000	1.000	1.000

x	6.5	7.0	7.5	8.0	8.5	9.0	9.5	10.0	10.5	11.0
0	0.002	0.001	0.001	0.000	0.000	0.000	0.000	0.000	0.000	0.000
1	0.011	0.007	0.005	0.003	0.002	0.001	0.001	0.000	0.000	0.000
2	0.043	0.030	0.020	0.014	0.009	0.006	0.004	0.003	0.002	0.001
3	0.112	0.082	0.059	0.042	0.030	0.021	0.015	0.010	0.007	0.005
4	0.224	0.173	0.132	0.100	0.074	0.055	0.040	0.029	0.021	0.015
5	0.369	0.301	0.241	0.191	0.150	0.116	0.089	0.067	0.050	0.038
6	0.527	0.450	0.378	0.313	0.256	0.207	0.165	0.130	0.102	0.079
7	0.673	0.599	0.525	0.453	0.386	0.324	0.269	0.220	0.179	0.143
8	0.792	0.729	0.662	0.593	0.523	0.456	0.392	0.333	0.279	0.232
9	0.877	0.830	0.776	0.717	0.653	0.587	0.522	0.458	0.379	0.341
10	0.933	0.901	0.862	0.816	0.763	0.706	0.645	0.583	0.521	0.460
11	0.966	0.947	0.921	0.888	0.849	0.803	0.752	0.697	0.639	0.579
12	0.984	0.973	0.957	0.936	0.909	0.876	0.836	0.792	0.742	0.689
13	0.993	0.987	0.978	0.966	0.949	0.926	0.898	0.864	0.825	0.781
14	0.997	0.994	0.990	0.983	0.973	0.959	0.940	0.917	0.888	0.854
15	0.999	0.998	0.995	0.992	0.986	0.978	0.967	0.951	0.932	0.907
16	1.000	0.999	0.998	0.996	0.993	0.989	0.982	0.973	0.960	0.944
17	1.000	1.000	0.999	0.998	0.997	0.995	0.991	0.986	0.978	0.968
18	1.000	1.000	1.000	0.999	0.999	0.998	0.996	0.993	0.988	0.982
19	1.000	1.000	1.000	1.000	0.999	0.999	0.998	0.997	0.994	0.991
20	1.000	1.000	1.000	1.000	1.000	1.000	0.999	0.998	0.997	0.995
21	1.000	1.000	1.000	1.000	1.000	1.000	1.000	0.999	0.999	0.998
22	1.000	1.000	1.000	1.000	1.000	1.000	1.000	1.000	0.999	0.999
23	1.000	1.000	1.000	1.000	1.000	1.000	1.000	1.000	1.000	1.000

B. 4 표준정규분포 누적확률 1

z	0	1	2	3	4	5	6	7	8	9
−3.	.0013	.0010	.0007	.0005	.0003	.0002	.0002	.0001	.0001	.0000
−2.9	.0019	.0018	.0017	.0017	.0016	.0016	.0015	.0015	.0014	.0014
−2.8	.0026	.0025	.0024	.0023	.0023	.0022	.0021	.0021	.0020	.0019
−2.7	.0035	.0034	.0033	.0032	.0031	.0030	.0029	.0028	.0027	.0026
−2.6	.0047	.0045	.0044	.0043	.0041	.0040	.0039	.0038	.0037	.0036
−2.5	.0062	.0060	.0059	.0057	.0055	.0054	.0052	.0051	.0049	.0048
−2.4	.0082	.0080	.0078	.0075	.0073	.0071	.0069	.0068	.0066	.0064
−2.3	.0107	.0104	.0102	.0099	.0096	.0094	.0091	.0089	.0087	.0084
−2.2	.0139	.0136	.0132	.0129	.0126	.0122	.0119	.0116	.0113	.0110
−2.1	.0179	.0174	.0170	.0165	.0162	.0158	.0154	.0150	.0146	.0143
−2.0	.0228	.0222	.0217	.0212	.0207	.0202	.0197	.0192	.0188	.0183
−1.9	.0287	.0281	.0274	.0268	.0262	.0256	.0250	.0244	.0238	.0233
−1.8	.0359	.0352	.0344	0336	.0329	.0311	.0314	.0307	.0300	.0294
−1.7	.0446	.0436	.0427	.0418	.0409	.0401	.0392	.0384	.0375	.0367
−1.6	.0548	.0537	.0526	.0516	.0505	.0495	.0485	.0475	.0465	.0455
−1.5	.0668	.0655	.0643	.0630	.0618	.0606	.0594	.0582	.0570	.0559
−1.4	.0808	.0793	.0778	.0764	.0749	.0735	.0722	.0708	.0694	.0681
−1.3	.0968	.0951	.0934	.0918	.0901	.0885	.0869	.0853	.0838	.0823
−1.2	.1151	.1131	.1112	.1093	.1075	.1056	.1038	.1020	.1003	.0985
−1.1	.1357	.1335	.1314	.1292	.1271	.1251	.1230	.1210	.1190	.1170
−1.0	.1587	.1562	.1539	.1515	.1492	.1469	.1446	.1423	.1401	.1379
− .9	.1841	.1814	.1788	.1762	.1736	.1711	.1685	.1660	.1635	.1611
− .8	.2119	.2090	.2061	.2033	.2005	.1977	.1949	.1922	.1894	.1867
− .7	.2420	.2389	.2358	.2327	.2297	.2266	.2236	.2206	.2177	.2148
− .6	.2743	.2709	.2676	.2643	.2611	.2578	.2546	.2514	.2483	.2451
− .5	.3085	.3050	.3015	.2981	.2946	.2912	.2877	.2843	.2810	.2776
− .4	.3446	.3409	.3372	.3336	.3300	.3264	.3228	.3192	.3156	.3121
− .3	.3821	.3783	.3745	.3707	.3669	.3632	.3594	.3557	.3520	.3483
− .2	.4207	.4168	.4129	.4090	.4052	.4013	.3974	.3936	.3897	.3859
− .1	.4602	.4562	.4522	.4483	.4443	.4404	.4364	.4325	.4286	.4247
− 0	.5000	.4960	.4920	.4880	.4840	.4801	.4761	.4721	.4681	.4641

표준정규분포 누적확률 2

z	0	1	2	3	4	5	6	7	8	9
.0	.5000	.5040	.5080	.5120	.5160	.5199	.5239	.5279	.5319	.5359
.1	.5398	.5438	.5478	.5517	.5557	.5596	.5636	.5675	.5714	.5753
.2	.5793	.5832	.5871	.5910	.5948	.5987	.6026	.6064	.6103	.6141
.3	.6179	.6217	.6255	.6293	.6331	.6368	.6406	.6443	.6480	.6517
.4	.6554	.6591	.6628	.6664	.6700	.6736	.6772	.6808	.6844	.6879
.5	.6915	.6950	.6985	.7019	.7054	.7088	.7123	.7157	.7190	.7224
.6	.7257	.7291	.7324	.7357	.7389	.7422	.7454	7486	.7517	.7549
.7	.7580	.7611	.7642	.7673	.7703	.7734	.7764	.7794	.7823	.7852
.8	.7881	.7910	.7939	.7967	.7995	.8023	.8051	.8078	.8106	.8133
.9	.8159	.8186	.8212	.8238	.8264	.8289	.8315	.8340	.8365	.8389
1.0	.8413	.8438	.8461	.8485	.8508	.8531	.8554	.8577	.8599	.8621
1.1	.8643	.8665	.8686	.8708	.8729	.8749	.8770	.8790	.8810	.8830
1.2	.8849	.8869	.8888	.8907	.8925	.8944	.8962	.8980	.8997	.9015
1.3	.9032	.9049	.9066	.9082	.9099	.9115	.9131	.9147	.9162	.9177
1.4	.9192	.9207	.9222	.9236	.9251	.9265	.9278	.9292	.9306	.9319
1.5	.9332	.9345	.9357	.9370	.9382	.9394	.9406	.9418	.9430	.9441
1.6	.9452	.9463	.9474	.9484	.9495	.9505	.9515	.9525	.9535	.9545
1.7	.9554	.9564	.9573	.9582	.9591	.9599	.9608	.9616	.9625	.9633
1.8	.9641	.9648	.9656	.9664	.9671	.9678	.9686	.9693	.9700	.9706
1.9	.9713	.9719	.9726	.9732	.9738	.9744	.9750	.9756	.9762	.9767
2.0	.9772	.9778	.9783	.9788	.9793	.9798	.9803	.9808	.9812	.9817
2.1	.9821	.9826	.9830	.9834	.9838	.9842	.9846	.9850	.9854	.9857
2.2	.9861	.9864	9868	.9871	.9874	.9878	.9881	.9884	.9887	.9890
2.3	.9893	.9896	.9898	.9901	.9904	.9906	.9909	.9911	.9913	.9916
2.4	.9918	.9920	.9922	.9925	.9927	.9929	.9931	.9932	.9934	.9936
2.5	.9938	.9940	9941	.9943	.9945	.9946	.9948	.9949	.9951	.9952
2.6	.9953	.9955	.9956	.9957	.9959	.9960	.9961	.9962	.9963	.9964
2.7	.9965	.9966	.9967	.9968	.9969	.9970	.9971	.9972	.9973	.9974
2.8	.9974	.9975	.9976	.9977	.9977	.9978	.9979	.9979	.9980	.9981
2.9	.9981	.9982	.9982	.9983	.9984	.9984	.9985	.9985	.9986	.9986
3.	.9987	.9990	.9993	.9995	.9997	.9998	.9998	.9999	.9999	1.0000

α	.1	.05	.01	.005	.0001
z_α	1.2816	1.6449	2.3263	2.5758	3.0902

B. 5 카이제곱분포

	α							
n	.990	.975	.950	.900	.100	.050	.025	.010
1	0.000	0.001	0.004	0.016	2.706	3.841	5.024	6.635
2	0.020	0.051	0.103	0.211	4.605	5.991	7.378	9.210
3	0.115	0.216	0.352	0.584	6.251	7.815	9.348	11.34
4	0.297	0.484	0.711	1.064	7.779	9.488	11.14	13.28
5	0.554	0.831	1.145	1.610	9.236	11.07	12.83	15.09
6	0.872	1.237	1.635	2.204	10.64	12.59	14.45	16.81
7	1.239	1.690	2.167	2.833	12.02	14.07	16.01	18.48
8	1.646	2.180	2.733	3.490	13.36	15.51	17.54	20.09
9	2.088	2.700	3.325	4.168	14.68	16.92	19.02	21.67
10	2.558	3.247	3.940	4.865	15.99	18.31	20.48	23.21
11	3.053	3.816	4.575	5.578	17.28	19.68	21.92	24.72
12	3.571	4.404	5.226	6.304	18.55	21.03	23.34	26.22
13	4.107	5.009	5.892	7.042	19.81	22.36	24.74	27.69
14	4.660	5.629	6.571	7.790	21.06	23.68	26.12	29.14
15	5.229	6.262	7.261	8.547	22.31	25.00	27.49	30.58
16	5.812	6.908	7.962	9.312	23.54	26.30	28.84	32.00
17	6.408	7.564	8.672	10.08	24.77	27.59	30.19	33.41
18	7.015	8.231	9.390	10.86	25.99	28.87	31.53	34.80
19	7.633	8.907	10.12	11.65	27.20	30.14	32.85	36.19
20	8.260	9.591	10.85	12.44	28.41	31.41	34.17	37.57
21	8.897	10.28	11.59	13.24	29.62	32.67	35.48	38.93
22	9.542	10.98	12.34	14.04	30.81	33.92	36.78	40.29
23	10.20	11.69	13.09	14.85	32.01	35.17	38.08	41.64
24	10.86	12.40	13.85	15.66	33.20	36.42	39.36	42.98
25	11.52	13.12	14.61	16.47	34.38	37.65	40.65	44.31
26	12.20	13.84	15.38	17.29	35.56	38.88	41.92	45.64
27	12.88	14.57	16.15	18.11	36.74	40.11	43.19	46.96
28	13.56	15.31	16.93	18.94	37.92	41.34	44.46	48.28
29	14.26	16.05	17.71	19.77	39.09	42.56	45.72	49.59
30	14.95	16.79	18.49	20.60	40.26	43.77	46.98	50.89
40	22.16	24.43	26.51	29.05	51.80	55.76	59.34	63.69
50	29.71	32.36	34.76	37.69	63.17	67.50	71.42	76.15
60	37.48	40.48	43.19	46.46	74.40	79.08	83.30	88.38
70	45.44	48.76	51.74	55.33	85.53	90.53	95.02	100.4
80	53.34	57.15	60.39	64.28	96.58	101.9	106.6	112.3

B. 6 t-분포

	α				
n	.10	.05	.025	.01	.005
1	3.078	6.314	12.706	31.821	63.657
2	1.886	2.920	4.303	6.965	9.925
3	1.638	2.353	3.182	4.541	5.841
4	1.533	2.132	2.776	3.747	4.604
5	1.476	2.015	2.571	3.365	4.032
6	1.440	1.943	2.447	3.143	3.707
7	1.415	1.895	2.365	2.998	3.499
8	1.397	1.860	2.306	2.896	3.355
9	1.383	1.833	2.262	2.821	3.250
10	1.372	1.812	2.228	2.764	3.169
11	1.363	1.796	2.201	2.718	3.106
12	1.356	1.782	2.179	2.681	3.055
13	1.350	1.771	2.160	2.650	3.012
14	1.345	1.761	2.145	2.624	2.977
15	1.341	1.753	2.131	2.602	2.947
16	1.337	1.746	2.120	2.583	2.921
17	1.333	1.740	2.110	2.567	2.898
18	1.330	1.734	2.101	2.552	2.878
19	1.328	1.729	2.093	2.539	2.861
20	1.325	1.725	2.086	2.528	2.845
21	1.323	1.721	2.080	2.518	2.831
22	1.321	1.717	2.074	2.508	2.819
23	1.319	1.714	2.069	2.500	2.807
24	1.318	1.711	2.064	2.492	2.797
25	1.316	1.708	2.060	2.485	2.787
26	1.315	1.706	2.056	2.479	2.779
27	1.314	1.703	2.052	2.473	2.771
28	1.313	1.701	2.048	2.467	2.763
29	1.311	1.699	2.045	2.462	2.756
30	1.310	1.697	2.042	2.457	2.750
∞	1.282	1.645	1.960	2.326	2.576

B. 7 F-분포 1

$\alpha=0.05$

분모자유도(n)	분자자유도(m) 1	2	3	4	5	6	7	8	9	10	11	12	13	14	15
1	161	200	216	225	230	234	237	239	241	242	243	244	245	245	246
2	18.51	19.00	19.16	19.25	19.30	19.33	19.35	19.37	19.38	19.40	19.40	19.41	19.42	19.42	19.43
3	10.13	9.55	9.28	9.12	9.01	8.94	8.89	8.85	8.81	8.79	8.76	8.74	8.73	8.71	8.70
4	7.71	6.94	6.59	6.39	6.26	6.16	6.09	6.04	6.00	5.96	5.94	5.91	5.89	5.87	5.86
5	6.61	5.79	5.41	5.19	5.05	4.95	4.88	4.82	4.77	4.74	4.70	4.68	4.66	4.64	4.26
6	5.99	5.14	4.76	4.53	4.39	4.28	4.21	4.15	4.10	4.06	4.03	4.00	3.98	3.96	3.94
7	5.59	4.74	4.35	4.12	3.97	3.87	3.79	3.73	3.68	3.64	3.60	3.57	3.55	3.53	3.51
8	5.32	4.46	4.07	3.84	3.69	3.58	3.50	3.44	3.39	3.35	3.31	3.28	3.26	3.24	3.22
9	5.12	4.26	3.86	3.63	3.48	3.37	3.29	3.23	3.18	3.14	3.10	3.07	3.05	3.03	3.01
10	4.96	4.10	3.71	3.48	3.33	3.22	3.14	3.07	3.02	2.98	2.94	2.91	2.89	2.86	2.85
11	4.84	3.98	3.59	3.36	3.20	3.09	3.01	2.95	2.90	2.85	2.82	2.79	2.76	2.74	2.72
12	4.75	3.89	3.49	3.26	3.11	3.00	2.91	2.85	2.80	2.75	2.72	2.69	2.66	2.64	2.62
13	4.67	3.81	3.41	3.18	3.03	2.92	2.83	2.77	2.71	2.67	2.63	2.60	2.58	2.55	2.53
14	4.60	3.74	3.34	3.11	2.96	2.85	2.76	2.70	2.65	2.60	2.57	2.53	2.51	2.48	2.48
15	4.54	3.68	3.29	3.06	2.90	2.79	2.71	2.64	2.59	2.54	2.51	2.48	2.45	2.42	2.40
16	4.49	3.63	3.24	3.01	2.85	2.74	2.66	2.59	2.54	2.49	2.46	2.42	2.40	2.37	2.35
17	4.45	3.59	3.20	2.96	2.81	2.70	2.61	2.55	2.49	2.45	2.41	2.38	2.35	2.33	2.31
18	4.41	3.55	3.16	2.93	2.77	2.66	2.58	2.51	2.46	2.41	2.37	2.34	2.31	2.29	2.27
19	4.38	3.52	3.13	2.90	2.74	2.63	2.54	2.48	2.42	2.38	2.34	2.31	2.28	2.26	2.23
20	4.35	3.49	3.10	2.87	2.71	2.60	2.51	2.45	2.39	2.35	2.31	2.28	2.25	2.22	2.20
21	4.32	3.47	3.07	2.84	2.68	2.57	2.49	2.42	2.37	2.32	2.28	2.25	2.22	2.20	2.18
22	4.30	3.44	3.05	2.82	2.66	2.55	2.46	2.40	2.34	2.30	2.26	2.23	2.20	2.17	2.15
23	4.28	3.42	3.03	2.80	2.64	2.53	2.44	2.37	2.32	2.27	2.24	2.20	2.18	2.15	2.13
24	4.26	3.40	3.01	2.78	2.62	2.51	2.42	2.36	2.30	2.25	2.22	2.18	2.15	2.13	2.11
25	4.24	3.39	2.99	2.76	2.60	2.49	2.40	2.34	2.28	2.24	2.20	2.16	2.14	2.11	2.09
30	4.17	3.32	2.92	2.69	2.53	2.42	2.33	2.27	2.21	2.16	2.13	2.09	2.06	2.04	2.01
40	4.08	3.23	2.84	2.61	2.45	2.34	2.25	2.18	2.12	2.08	2.04	2.00	1.97	1.95	1.92
60	4.00	3.15	2.76	2.53	2.37	2.25	2.17	2.10	2.04	1.99	1.95	1.92	1.89	1.86	1.84

$\alpha=0.05$

분모자유도(n)	분자자유도(m) 16	17	18	19	20	21	22	23	24	25	26	27	28	29	30
1	246	247	247	248	248	248	249	249	249	249	249	250	250	250	250
2	19.43	19.44	19.44	19.44	19.45	19.45	19.45	19.45	19.45	19.46	19.46	19.46	19.46	19.46	19.46
3	8.69	8.68	8.67	8.67	8.66	8.65	8.65	8.64	8.64	8.63	8.63	8.63	8.62	8.62	8.62
4	5.84	5.83	5.82	5.81	5.80	5.79	5.79	5.78	5.77	5.77	5.76	5.76	5.75	5.75	5.75
5	4.60	4.59	4.58	4.57	4.56	4.55	4.54	4.53	4.53	4.52	4.52	4.51	4.50	4.50	4.50
6	3.92	3.91	3.90	3.88	3.87	3.86	3.86	3.85	3.84	3.83	3.83	3.82	3.82	3.81	3.81
7	3.49	3.48	3.47	3.46	3.44	3.43	3.43	3.42	3.41	3.40	3.40	3.39	3.39	3.38	3.38
8	3.20	3.19	3.17	3.16	3.15	3.14	3.13	3.12	3.12	3.11	3.10	3.10	3.09	3.08	3.08
9	2.99	2.97	2.96	2.96	2.94	2.93	2.92	2.91	2.90	2.89	2.89	2.88	2.87	2.87	2.86
10	2.83	2.81	2.80	2.79	2.77	2.76	2.75	2.75	2.74	2.73	2.72	2.72	2.71	2.70	2.70
11	2.70	2.69	2.67	2.66	2.65	2.64	2.63	2.62	2.61	2.60	2.59	2.59	2.58	2.58	2.57
12	2.60	2.58	2.57	2.56	2.54	2.53	2.52	2.51	2.51	2.50	2.49	2.48	2.48	2.47	2.47
13	2.51	2.50	2.48	2.47	2.46	2.45	2.44	2.43	2.42	2.41	2.41	2.40	2.39	2.39	2.38
14	2.44	2.43	2.41	2.10	2.39	2.38	2.37	2.36	2.35	2.34	2.33	2.33	2.32	2.31	2.31
15	2.38	2.37	2.35	2.34	2.33	2.32	2.31	2.30	2.29	2.28	2.27	2.27	2.26	2.25	2.25
16	2.33	2.32	2.30	2.29	2.28	2.26	2.25	2.24	2.24	2.23	2.22	2.21	2.21	2.20	2.19
17	2.29	2.27	2.26	2.24	2.23	2.22	2.21	2.20	2.19	2.18	2.17	2.17	2.16	2.15	2.15
18	2.25	2.23	2.22	2.20	2.19	2.18	2.17	2.16	2.15	2.14	2.13	2.13	2.12	2.11	2.11
19	2.21	2.20	2.18	2.17	2.16	2.14	2.13	2.12	2.11	2.11	2.10	2.09	2.08	2.08	2.07
20	2.18	2.17	2.15	2.14	2.12	2.11	2.10	2.09	2.08	2.07	2.07	2.06	2.05	2.05	2.04
21	2.16	2.14	2.12	2.11	2.10	2.08	2.07	2.06	2.05	2.05	2.04	2.03	2.02	2.02	2.01
22	2.13	2.11	2.10	2.08	2.07	2.06	2.05	2.04	2.03	2.02	2.01	2.00	2.00	1.99	1.98
23	2.11	2.09	2.08	2.06	2.05	2.04	2.02	2.01	2.01	2.00	1.96	1.98	1.97	1.97	1.96
24	2.09	2.07	2.05	2.04	2.03	2.01	2.00	1.99	1.98	1.97	1.97	1.96	1.95	1.95	1.94
25	2.07	2.05	2.04	2.02	2.01	2.00	1.98	1.97	1.96	1.96	1.95	1.94	1.93	1.93	1.92
30	1.99	1.98	1.96	1.95	1.93	1.92	1.91	1.90	1.89	1.88	1.87	1.86	1.85	1.85	1.84
40	1.90	1.89	1.87	1.85	1.84	1.83	1.81	1.80	1.79	1.78	1.77	1.77	1.76	1.75	1.74
60	1.82	1.80	1.78	1.76	1.75	1.73	1.72	1.71	1.70	1.69	1.68	1.67	1.66	1.66	1.65

F-분포 2

$\alpha=0.01$

분모자유도(n)	분자자유도(m) 1	2	3	4	5	6	7	8	9	10	11	12	13	14	15
1	4052	5000	5403	5624	5764	5859	5928	5981	6022	6056	6083	6106	6126	6143	6157
2	98.50	99.00	99.17	99.25	99.30	99.33	99.36	99.97	99.39	99.40	99.41	99.42	99.42	99.43	99.43
3	34.12	30.82	29.46	28.71	28.24	27.91	27.67	27.49	27.35	27.23	27.13	27.05	26.98	26.92	26.87
4	21.20	18.00	16.69	15.98	15.52	15.21	14.98	14.80	14.66	14.55	14.45	14.37	14.31	14.25	14.20
5	16.26	13.27	12.06	11.39	10.97	10.67	10.46	10.29	10.16	10.05	9.96	9.89	9.82	9.77	9.72
6	13.75	10.92	9.78	9.15	8.75	8.47	8.26	8.10	7.98	7.87	7.79	7.72	7.66	7.60	7.56
7	12.25	9.55	8.45	7.85	7.46	7.19	6.99	6.84	6.72	6.62	6.54	6.47	6.41	6.36	6.31
8	11.26	8.65	7.59	7.01	6.63	6.37	6.18	6.03	5.91	5.81	5.73	5.67	5.61	5.56	5.52
9	10.56	8.02	6.99	6.42	6.06	5.80	5.61	5.47	5.35	5.26	5.18	5.11	5.05	5.01	4.96
10	10.04	7.56	6.55	5.99	5.64	5.39	5.20	5.06	4.94	4.85	4.77	4.71	4.65	4.60	4.56
11	9.65	7.21	6.22	5.67	5.32	5.07	4.89	4.74	4.63	4.54	4.46	4.40	4.34	4.29	4.25
12	9.33	6.93	5.95	5.41	5.06	4.82	4.64	4.50	4.39	4.30	4.22	4.16	4.10	4.05	4.01
13	9.07	6.70	5.74	5.21	4.86	4.62	4.44	4.30	4.19	4.10	4.02	3.96	3.91	3.86	3.82
14	8.86	6.51	5.56	2.04	4.69	4.46	4.28	4.14	4.03	3.94	3.86	3.80	3.75	3.70	3.66
15	8.68	6.36	5.42	4.89	4.56	4.32	4.14	4.00	3.89	3.80	3.73	3.67	3.61	3.56	3.52
16	8.53	6.23	5.29	4.77	4.44	4.20	4.03	3.89	3.78	3.69	3.62	6.55	3.50	3.45	3.41
17	8.40	6.11	5.18	4.67	4.34	4.10	3.93	3.79	3.68	3.59	3.52	6.46	3.40	3.35	3.31
18	8.29	6.01	5.09	4.58	4.25	4.01	3.84	3.71	3.60	3.51	3.43	3.37	3.32	3.27	3.23
19	8.18	5.93	5.01	4.50	4.17	3.94	3.77	3.63	3.52	3.43	3.36	3.30	3.24	3.19	3.15
20	8.02	5.85	4.94	4.43	4.10	3.87	3.70	3.56	3.46	3.37	3.29	3.23	3.18	3.13	3.09
21	8.02	5.78	4.87	4.37	4.04	3.81	3.64	3.51	3.40	3.31	3.24	3.17	3.12	3.07	3.03
22	7.95	5.72	4.82	4.31	3.99	3.76	3.59	3.45	3.35	3.26	3.18	3.12	3.07	3.02	2.98
23	7.88	5.66	4.76	4.26	3.94	3.71	3.54	3.41	3.30	3.21	3.14	3.07	3.02	2.97	2.93
24	7.82	5.61	4.72	4.22	3.90	3.67	3.50	3.36	3.26	3.17	3.09	3.03	2.98	2.93	2.89
25	7.77	5.57	4.68	4.18	3.85	3.63	3.46	3.32	3.22	3.13	3.06	2.99	2.94	2.89	2.85
30	7.56	5.39	4.51	4.02	3.70	3.47	3.30	3.17	3.07	2.98	2.91	2.84	2.79	2.74	2.70
40	7.31	5.18	4.31	3.83	3.51	3.29	3.12	2.99	2.89	2.80	2.73	2.66	2.61	2.56	2.52
60	7.08	4.98	4.13	3.65	3.34	3.12	2.95	2.82	2.72	2.63	2.56	2.50	2.44	2.39	2.35

$\alpha = 0.01$

분모자유도(n)	분자자유도(m)														
	16	17	18	19	20	21	22	23	24	25	26	27	28	29	30
1	6170	6181	6192	6201	6209	6216	6223	6229	6235	6240	6245	6249	6253	6257	6261
2	99.44	99.44	99.44	99.45	99.45	99.45	99.45	99.46	99.46	99.46	99.46	99.46	99.46	99.46	99.47
3	26.83	26.79	26.75	26.72	26.69	26.66	26.64	26.62	26.60	26.58	26.56	26.55	26.53	26.52	26.50
4	14.15	14.11	14.08	14.05	14.02	13.99	13.97	13.95	13.93	13.91	13.89	13.88	13.86	13.85	13.84
5	9.68	9.64	9.61	9.58	9.55	9.53	9.51	9.49	9.47	9.45	9.43	9.42	9.40	9.39	9.38
6	7.52	7.48	7.45	7.42	7.40	7.37	7.35	7.33	7.31	7.30	7.28	7.27	7.25	7.24	7.23
7	6.28	6.24	6.21	6.18	6.16	6.13	6.11	6.09	6.07	6.06	6.04	6.03	6.02	6.00	5.99
8	5.48	5.44	5.41	5.38	5.36	5.34	5.32	5.30	5.28	5.26	5.25	5.23	5.22	5.21	5.20
9	4.92	4.89	4.86	4.83	4.81	4.79	4.77	4.75	4.73	4.71	4.70	4.68	4.67	4.66	4.65
10	4.52	4.49	4.46	4.43	4.41	4.38	4.36	4.34	4.33	4.31	4.30	4.28	4.27	4.26	4.25
11	4.21	4.18	4.15	4.12	4.10	4.08	4.06	4.04	4.02	4.01	3.99	3.98	3.96	3.95	3.94
12	3.97	3.94	3.91	3.88	3.86	3.84	3.82	3.80	3.78	3.76	3.75	3.74	3.72	3.71	3.70
13	3.78	3.75	3.72	3.69	3.66	3.64	3.62	3.60	3.59	3.57	3.56	3.54	3.53	3.52	3.51
14	3.62	3.59	3.56	3.53	3.51	3.48	3.46	3.44	3.43	3.41	3.40	3.38	3.37	3.36	3.35
15	3.49	3.45	3.42	3.40	3.37	3.35	3.33	3.31	3.29	3.28	3.26	3.25	3.24	3.23	3.21
16	3.37	3.34	3.31	3.28	3.26	3.24	3.22	3.20	3.18	3.16	3.15	3.14	3.12	3.11	3.10
17	3.27	3.24	3.21	3.19	3.16	3.14	3.12	3.10	3.08	3.07	3.05	3.04	3.03	3.01	3.00
18	3.19	3.16	3.13	3.10	3.08	3.05	3.03	3.02	3.00	2.98	2.97	2.95	2.94	2.93	2.92
19	3.12	3.08	3.05	3.03	3.00	2.98	2.96	2.94	2.92	2.91	2.89	2.88	2.87	2.86	2.84
20	3.05	3.02	2.99	2.96	2.94	2.92	2.90	2.88	2.86	2.84	2.83	2.81	2.80	2.79	2.78
21	2.99	2.96	2.93	2.90	2.88	2.86	2.84	2.82	2.80	2.79	2.77	2.76	2.74	2.73	7.72
22	2.94	2.91	2.88	2.85	2.83	2.81	2.78	2.77	2.75	2.73	2.72	2.70	2.69	2.68	2.67
23	2.89	2.86	2.83	2.80	2.78	2.76	2.74	2.72	2.70	2.69	2.67	2.66	2.64	2.63	2.62
24	2.85	2.82	2.79	2.76	2.74	2.72	2.70	2.68	2.66	2.64	2.63	2.61	2.60	2.59	2.58
25	2.81	2.78	2.75	2.72	2.70	2.68	2.66	2.64	2.62	2.60	2.59	2.58	2.56	2.55	2.54
30	2.66	2.63	2.60	2.57	2.55	2.53	2.51	2.49	2.47	2.45	2.44	2.42	2.41	2.40	2.39
40	2.48	2.45	2.42	2.39	2.37	2.35	2.33	2.31	2.29	2.27	2.26	2.24	2.23	2.22	2.20
60	2.31	2.28	2.25	2.22	2.20	2.17	2.15	2.13	2.12	2.10	2.08	2.07	2.05	2.04	2.03

B. 8 스튜던트化 범위($\alpha=0.05$)

자유도	처리수준수																	
	2	3	4	5	6	7	8	9	10	11	12	13	14	15	16	17	18	19	20
1		27.0	32.8	37.2	40.5	43.1	45.4	47.3	49.1	50.6	51.9	53.2	54.3	55.4	56.3	57.2	58.0	58.8	59.6
2	6.09	8.33	9.80	10.89	11.73	12.43	13.03	13.54	13.99	14.39	14.75	15.08	15.38	15.65	15.91	16.14	16.36	16.57	16.77
3	4.50	5.91	6.83	7.51	8.04	8.47	8.85	9.18	9.46	9.72	9.95	10.16	10.35	10.52	10.69	10.84	10.98	11.12	11.24
4	3.93	5.04	5.76	6.29	6.71	7.06	7.35	7.60	7.83	8.03	8.21	8.37	8.52	8.67	8.80	8.92	9.03	9.14	9.24
5	3.64	4.60	5.22	5.67	6.03	6.33	6.58	6.80	6.99	7.17	7.32	7.47	7.60	7.72	7.83	7.93	8.03	8.12	8.21
6	3.46	4.34	4.90	5.31	5.63	5.89	6.12	6.32	6.49	6.65	6.79	6.92	7.04	7.14	7.24	7.34	7.43	7.51	7.59
7	3.34	4.16	4.68	5.06	5.35	5.59	5.80	5.99	6.15	6.29	6.42	6.54	6.65	6.75	6.84	6.93	7.01	7.08	7.16
8	3.26	4.04	4.53	4.89	5.17	5.40	5.60	5.77	5.92	6.05	6.18	6.29	6.39	6.48	6.57	6.65	6.73	6.80	6.87
9	3.20	3.95	4.42	4.76	5.02	5.24	5.43	5.60	5.74	5.87	5.98	6.09	6.19	6.28	6.36	6.44	6.51	6.58	6.65
10	3.15	3.88	4.33	4.66	4.91	5.12	5.30	5.46	5.60	5.72	5.83	5.93	6.03	6.12	6.20	6.27	6.34	6.41	6.47
11	3.11	3.82	4.26	4.58	4.82	5.03	5.20	5.35	5.49	5.61	5.71	5.81	5.90	5.98	6.06	6.14	6.20	6.27	6.33
12	3.08	3.77	4.20	4.51	4.75	4.95	5.12	5.27	5.40	5.51	5.61	5.71	5.80	5.88	5.95	6.02	6.09	6.15	6.21
13	3.06	3.73	4.15	4.46	4.69	4.88	5.05	5.19	5.32	5.43	5.53	5.63	5.71	5.79	5.86	5.93	6.00	6.06	6.11
14	3.03	3.70	4.11	4.41	4.64	4.83	4.99	5.13	5.25	5.36	5.46	5.56	5.64	5.72	5.76	5.86	5.92	5.98	6.03
15	3.01	3.67	4.08	4.37	4.59	4.78	4.94	5.08	5.20	5.31	5.40	5.49	5.57	5.65	5.72	5.79	5.85	5.91	5.96
16	3.00	3.65	4.05	4.34	4.56	4.74	4.90	5.03	5.15	5.26	5.35	5.44	5.52	5.59	5.66	5.73	5.79	5.84	5.90
17	2.98	3.62	4.02	4.31	4.52	4.70	4.86	4.99	5.11	5.21	5.31	5.39	5.47	5.55	5.61	5.68	5.74	5.79	5.84
18	2.97	3.61	4.00	4.28	4.49	4.47	4.83	4.96	5.07	5.17	5.27	5.35	5.43	5.50	5.57	5.63	5.69	5.74	5.79
19	2.96	3.59	3.98	4.26	4.47	4.64	4.79	4.92	5.04	5.14	5.23	5.32	5.39	5.46	5.53	5.59	5.65	5.70	5.75
20	2.95	3.58	3.96	4.24	4.45	4.62	4.77	4.90	5.01	5.11	5.20	5.28	5.36	5.43	5.50	5.56	5.61	5.66	5.71
24	2.92	3.53	3.90	4.17	4.37	4.54	4.68	4.81	4.92	5.01	5.10	5.18	5.25	5.32	5.38	5.44	5.50	5.55	5.59
30	2.89	3.48	3.84	4.11	4.30	4.46	4.60	4.72	4.83	4.92	5.00	5.08	5.15	5.21	5.27	5.33	5.38	5.43	5.48
40	2.86	3.44	3.79	4.04	4.23	4.39	4.52	4.63	4.74	4.82	4.90	4.98	5.05	5.11	5.17	5.22	5.27	5.32	5.36
60	2.83	3.40	3.74	3.98	4.16	4.31	4.44	4.55	4.65	4.73	4.81	4.88	4.94	5.00	5.06	5.11	5.15	5.20	5.24
120	2.80	3.36	3.69	3.92	4.10	4.24	4.36	4.47	4.56	4.64	4.71	4.78	4.84	4.90	4.95	5.00	5.04	5.09	5.13
∞	2.77	3.32	3.63	3.86	4.03	4.17	4.29	4.39	4.47	4.55	4.62	4.68	4.74	4.80	4.84	4.89	4.93	4.97	5.01

B. 9 윌콕슨의 부호순위통계량

$$P[W^+ \leq c] = P\left[W^+ \geq \frac{n(n+1)}{2} - c\right]$$

c \ n	3	4	5	6	7	8	9	10	11	12	13	14	15
0	.125	.062	.031	.016	.008								
1	.250	.125	.062	.031	.016	.008							
2		.188	.094	.047	.023	.012							
3			.156	.078	.039	.020	.010						
4				.109	.055	.027	.014	.007					
5				.156	.078	.039	.020	.010					
6					.109	.055	.027	.014					
7					.148	.074	.037	.019	.009				
8					.188	.098	.049	.024	.012				
9						.125	.064	.032	.016				
10						.156	.082	.042	.021	.010			
11							.102	.053	.027	.013			
12							.125	.065	.034	.017			
13							.150	.080	.042	.021	.009		
14								.097	.051	.026	.011		
15									.062	.032	.013	.008	
16									.074	.039	.016	.010	
17									.087	.046	.020	.012	
18										.055	.024	.015	
19										.065	.029	.018	.009
20										.076	.034	.021	.011
21										.088	.040	.025	.013
22											.047	.029	.015
23											.055	.034	.018
24											.064	.039	.021
25											.073	.045	.024
26											.084	.052	.028
27											.095	.059	.032
28												.068	.036
29												.077	.042
30												.086	.047
31												.097	.053
32													.060
33													.068
34													.076
35													.084
36													.094

예를 들어 $n=9$인 경우

$$P[W^+ \leq 8] = P\left[W^+ \geq \frac{9 \cdot 10}{2} - 8\right] = .049$$

이므로 수준 $\alpha=.10$의 양측검정기각영역은 다음과 같다.

$$\{W^+ \leq 8 \text{ 또는 } W^+ \geq 37\}$$

B. 10　순위합통계량 1

$$P[W \le c] = P[W \ge n(m+n+1) - c]$$

n	3	3	3	3	3	3	3	3
m	3	4	5	6	7	8	9	10
c								
6	.050	.028	.015	.012	.008	.006		
7	.100	.057	.036	.024	.017	.012	.009	.007
8			.071	.048	.033	.024	.018	.014
9				.083	.058	.042	.032	.025
10					.092	.067	.050	.039
11						.097	.073	.056
12								.080
M	21	24	27	30	33	36	39	42

n	4	4	4	4	4	4	4
m	4	5	6	7	8	9	10
c							
10	.014	.008					
11	.029	.016	.010	.006			
12	.057	.032	.019	.012	.008		
13	.100	.056	.033	.021	.014	.010	.007
14		.095	.057	.036	.024	.017	.012
15			.086	.055	.036	.025	.018
16				.082	.055	.038	.027
17					.077	.053	.038
18						.074	.053
19						.099	.071
20							.094
M	36	40	44	48	52	56	60

예를 들어 $m=8$, $n=4$인 경우 $M=n(m+n+1)=52$이고, 이때 $\alpha=.05$에 해당하는 양측기각영역을 구해 보자. 수표에서 $P[W \le 14]=.024$이므로

$$P[W \le 14 \text{ 또는 } W \ge 52-14] = .048$$

이고 따라서 $\{W \ge 14,\ W \ge 38\}$이 구하는 기각영역이다.

순위합통계량 2

c \ n, m	n=5, m=5	n=5, m=6	n=5, m=7	n=5, m=8	n=5, m=9	n=5, m=10
15	.004					
16	.008					
17	.016	.009				
18	.028	.015	.009			
19	.048	.026	.015	.009		
20	.075	.041	.024	.014	.009	
21		.063	.037	.023	.014	.010
22		.089	.053	.033	.021	.014
23			.074	.047	.030	.020
24				.064	.041	.028
25				.085	.056	.038
26					.073	.050
27					.095	.065
28						.082
M	55	60	65	70	75	80

c \ n, m	n=6, m=6	n=6, m=7	n=6, m=8	n=6, m=9	n=6, m=10
24	.008				
25	.013	.007			
26	.021	.011			
27	.032	.017	.010		
28	.047	.026	.015	.009	
29	.066	.037	.021	.013	.008
30	.090	.051	.030	.018	.011
31		.069	.041	.025	.016
32		.090	.054	.033	.021
33			.071	.044	.028
34			.091	.057	.036
35				.072	.047
36				.091	.059
37					.074
38					.090
M	78	84	90	96	102

c \ n, m	n=7, m=7	n=7, m=8	n=7, m=9	n=7, m=10
34	.009			
35	.013	.007		
36	.019	.010		
37	.027	.014	.008	
38	.036	.020	.011	
39	.049	.027	.016	.009
40	.064	.036	.021	.012
41	.082	.047	.027	.017
42		.060	.036	.022
43		.076	.045	.028
44		.095	.057	.035
45			.071	.044
46			.087	.054
47				.067
48				.081
49				.097
M	105	112	119	126

순위합통계량 3

c \ n, m	n=8, m=8	n=8, m=9	n=8, m=10
46	.010		
47	.014	.008	
48	.019	.010	
49	.025	.014	.008
50	.032	.018	.010
51	.041	.023	.013
52	.052	.030	.017
53	.065	.037	.022
54	.080	.046	.027
55	.097	.057	.034
56		.069	.042
57		.084	.051
58			.061
59			.073
60			.086
M	136	144	152

c \ n, m	n=9, m=9	n=9, m=10
59	.009	
60	.012	
61	.016	.009
62	.020	.011
63	.025	.014
64	.031	.017
65	.039	.022
66	.047	.027
67	.057	.033
68	.068	.039
69	.081	.047
70	.095	.056
71		.067
72		.078
73		.091
M	171	180

c \ n, m	n=10, m=10
74	.009
75	.012
76	.014
77	.018
78	.022
79	.026
80	.032
81	.038
82	.045
83	.053
84	.062
85	.072
86	.083
87	.095
M	210

B. 11 콜모고로프 적합도검정통계량

$P[D^{+} \leq d(\alpha, n)] = 1 - \alpha$ 인 $d(\alpha, n)$값

표본크기(n)	α .10	.05	.025	.01	.005
1	.900	.950	.975	.990	.995
2	.684	.776	.842	.900	.929
3	.565	.636	.708	.785	.829
4	.493	.565	.624	.689	.734
5	.447	.509	.563	.627	.669
6	.410	.468	.519	.577	.617
7	.381	.436	.483	.538	.576
8	.358	.410	.454	.507	.542
9	.339	.387	.430	.480	.513
10	.323	.369	.409	.457	.489
11	.308	.352	.391	.437	.468
12	.296	.338	.375	.419	.449
13	.285	.325	.361	.404	.432
14	.275	.314	.349	.390	.418
15	.266	.304	.338	.377	.404
16	.258	.295	.327	.366	.392
17	.250	.286	.318	.355	.381
18	.244	.279	.309	.346	.371
19	.237	.271	.301	.337	.361
20	.232	.265	.294	.329	.352
21	.226	.259	.287	.321	.344
22	.221	.253	.281	.314	.337
23	.216	.247	.275	.307	.330
24	.212	.242	.269	.301	.323
25	.208	.238	.264	.295	.317
26	.204	.233	.259	.290	.311
27	.200	.229	.254	.284	305
28	.197	.225	.250	.279	.300
29	.193	.221	.246	.275	.295
30	.190	.218	.242	.270	.290
31	.187	.214	.238	.266	.285
32	.184	.211	.234	.262	.281
33	.182	.208	.231	.258	.277
34	.179	.205	.227	.254	.273
35	.177	.202	.224	.251	.269
36	.174	.199	.221	.247	.265
37	.172	.196	.218	.244	.262
38	.170	.194	.215	.241	.258
39	.168	.191	.213	.238	.255
40	.165	.189	.210	.235	.252
점근공식	$\frac{1.07}{\sqrt{n}}$	$\frac{1.22}{\sqrt{n}}$	$\frac{1.36}{\sqrt{n}}$	$\frac{1.52}{\sqrt{n}}$	$\frac{1.63}{\sqrt{n}}$

B. 12 스미르노프 검정통계량 분포표

$P_0[D_1^+ \le d_1(\alpha, n)] = 1-\alpha$ 인 $d_1(\alpha, n)$값

(1) $m=n$ 일 때

표본크기(n)	α .10	.05	.025	.01	.005
3	2/3	2/3			
4	3/4	3/4	3/4		
5	3/5	3/5	4/5	4/5	4/5
6	3/6	4/6	4/6	5/6	5/6
7	4/7	4/7	5/7	5/7	5/7
8	4/8	4/8	5/8	5/8	6/8
9	4/9	5/9	5/9	6/9	6/9
10	4/10	5/10	6/10	6/10	7/10
11	5/11	5/11	6/11	7/11	7/11
12	5/12	5/12	6/12	7/12	7/12
13	5/13	6/13	6/13	7/13	8/13
14	5/14	6/14	7/14	7/14	8/14
15	5/15	6/15	7/15	8/15	8/15
16	6/16	6/16	7/16	8/16	9/16
17	6/17	7/17	7/17	8/17	9/17
18	6/18	7/18	8/18	9/18	9/18
19	6/19	7/19	8/19	9/19	9/19
20	6/20	7/20	8/20	9/20	10/20
21	6/21	7/21	8/21	9/21	10/21
22	7/22	8/22	8/22	10/22	10/22
23	7/23	8/23	9/23	10/23	10/23
24	7/24	8/24	9/24	10/24	11/24
25	7/25	8/25	9/25	10/25	11/25
26	7/26	8/26	9/26	10/26	11/26
27	7/27	8/27	9/27	11/27	11/27
28	8/28	9/28	10/28	11/28	12/28
29	8/29	9/29	10/29	11/29	12/29
30	8/30	9/30	10/30	11/30	12/30
31	8/31	9/31	10/31	11/31	12/31
32	8/32	9/32	10/32	12/32	12/32
33	8/33	9/33	11/33	12/33	13/33
34	8/34	10/34	11/34	12/34	13/34
35	8/35	10/35	11/35	12/35	13/35
36	9/36	10/36	11/36	12/36	13/36
37	9/37	10/37	11/37	13/37	13/37
38	9/38	10/38	11/38	13/38	14/38
39	9/39	10/39	11/39	13/39	14/39
40	9/40	10/40	12/40	13/40	14/40
점근공식	$\frac{1.52}{\sqrt{n}}$	$\frac{1.73}{\sqrt{n}}$	$\frac{1.92}{\sqrt{n}}$	$\frac{2.15}{\sqrt{n}}$	$\frac{2.30}{\sqrt{n}}$

(2) $m \neq n$ 일 때

표본크기(n)		α .10	.05	.025	.01	.005
$m=1$	$n=9$	17/18				
	10	9/10				
$m=2$	$n=3$	5/6				
	4	3/4				
	5	4/5	4/5			
	6	5/6	5/6			
	7	5/7	6/7			
	8	3/4	7/8	7/8		
	9	7/9	8/9	8/9		
	10	7/10	4/5	9/10		
$m=3$	$n=4$	3/4	3/4			
	5	2/3	4/5	4/5		
	6	2/3	2/3	5/6		
	7	2/3	5/7	6/7	6/7	
	8	5/8	3/4	3/4	7/8	
	9	2/3	2/3	7/9	8/9	8/9
	10	3/5	7/10	4/5	9/10	9/10
	12	7/12	2/3	3/4	5/6	11/12
$m=4$	$n=5$	3/5	3/4	4/5	4/5	
	6	7/12	2/3	3/4	5/6	5/6
	7	17/28	5/7	3/4	6/7	6/7
	8	5/8	5/8	3/4	7/8	7/8
	9	5/9	2/3	3/4	7/9	8/9
	10	11/20	13/20	7/10	4/5	4/5
	12	7/12	2/3	2/3	3/4	5/6
	16	9/16	5/8	11/16	3/4	13/16
$m=5$	$n=6$	3/5	2/3	2/3	5/6	5/6
	7	4/7	23/35	5/7	29/35	6/7
	8	11/20	5/8	27/40	4/5	4/5
	9	5/9	3/5	31/45	7/9	4/5
	10	1/2	3/5	7/10	7/10	4/5
	15	8/15	3/5	2/3	11/15	11/15
	20	1/2	11/20	3/5	7/10	3/4
$m=6$	$n=7$	23/42	4/7	29/42	5/7	5/6
	8	1/2	7/12	2/3	3/4	3/4
	9	1/2	5/9	2/3	13/18	7/9
	10	1/2	17/30	19/30	7/10	11/15
	12	1/2	7/12	7/12	2/3	3/4
	18	4/9	5/9	11/18	2/3	13/18
	24	11/24	1/2	7/12	5/8	2/3

$m=7$	$n=8$	27/56	33/56	5/8	41/56	3/4
	9	31/63	5/9	40/63	5/7	47/63
	10	33/70	39/70	43/70	7/10	5/7
	14	3/7	1/2	4/7	9/14	5/7
	28	3/7	13/28	15/28	17/28	9/14
$m=8$	$n=9$	4/9	13/24	5/8	2/3	3/4
	10	19/40	21/40	23/40	27/40	7/10
	12	11/24	1/2	7/12	5/8	2/3
	16	7/16	1/2	9/16	5/8	5/8
	32	13/32	7/16	1/2	9/16	19/32
$m=9$	$n=10$	7/15	1/2	26/45	2/3	31/45
	12	4/9	1/2	5/9	11/18	2/3
	15	19/45	22/45	8/15	3/5	29/45
	18	7/18	4/9	1/2	5/9	11/18
	36	13/36	5/12	17/36	19/36	5/9
$m=10$	$n=15$	2/5	7/15	1/2	17/30	19/30
	20	2/5	9/20	1/2	11/20	3/5
	40	7/20	2/5	9/20	1/2	
$m=12$	$n=15$	23/60	9/20	1/2	11/20	7/12
	16	3/8	7/16	23/48	13/24	7/12
	18	13/36	5/12	17/36	19/36	5/9
	20	11/30	5/12	7/15	31/60	17/30
$m=15$	$n=20$	7/20	2/5	13/30	29/60	31/60
$m=16$	$n=20$	27/80	31/80	17/40	19/40	41/80
점근공식		$1.07\sqrt{\frac{m+n}{mn}}$	$1.22\sqrt{\frac{m+n}{mn}}$	$1.36\sqrt{\frac{m+n}{mn}}$	$1.52\sqrt{\frac{m+n}{mn}}$	$1.63\sqrt{\frac{m+n}{mn}}$

B. 13 스피어만 순위상관계수(r_s) 분포표: $r_s(\alpha,\ n)$

$P_0\{r_s \geq r_s(\alpha,\ n)\} = \alpha$를 만족하는 $r_s(\alpha,\ n)$값

n	α					
	.001	.005	.010	.025	.050	.100
4	—	—	—	—	.8000	.8000
5	—	—	.9000	.9000	.8000	.7000
6	—	.9429	.8857	.8286	.7714	.6000
7	.9643	.8929	.8571	.7450	.6786	.5357
8	.9286	.8571	.8095	.7143	.6190	.5000
9	.9000	.8167	.7667	.6833	.5833	.4667
10	.8667	.7818	.7333	.6364	.5515	.4424
11	.8364	.7545	.7000	.6091	.5273	.4182
12	.8182	.7273	.6713	.5804	.4965	.3986
13	.7912	.6978	.6429	.5549	.4780	.3791
14	.7670	.6747	.6220	.5341	.4593	.3626
15	.7464	.6536	.6000	.5179	.4429	.3500
16	.7265	.6324	.5824	.5000	.4265	.3382
17	.7083	.6152	.5637	.4853	.4118	.3260
18	.6904	.5975	.5480	.4716	.3994	.3148
19	.6737	.5825	.5333	.4579	.3895	.3070
20	.6586	.5684	.5203	.4451	.3789	.2977
21	.6455	.5545	.5078	.4351	.3688	.2909
22	.6318	.5426	.4963	.4241	.3597	.2829
23	.6186	.5306	.4852	.4150	.3518	.2767
24	.6070	.5200	.4748	.4061	.3435	.2704
25	.5962	.5100	.4654	.3977	.3362	.2646
26	.5856	.5002	.4564	.3894	.3299	.2588
27	.5757	.4915	.4481	.3822	.3236	.2540
28	.5660	.4828	.4401	.3749	.3175	.2490
29	.5567	.4744	.4320	.3685	.3113	.2443
30	.5479	.4665	.4251	.3620	.3059	.2400

색 인

[ㅈ]

共著者略歷

허문열(許文烈)

서울대학교 공과대학 응용수학과 졸업
미국 Southern Methodist 대학교 대학원(통계학 석사, 박사)
한국과학기술연구소 전산개발센터 선임연구원
전 : 성균관대학교 경제학부 통계학과 교수

송문섭(宋文燮)

서울대학교 사범대학 수학과 졸업
미국 웨인주립대학교 수학과 대학원(수학 석사, 통계학 박사)
캐나다 워터루대학교 컴퓨터학과 대학원(석사)
전 : 서울대학교 자연과학대학 통계학과 교수

제 4 개정판
수리통계학

1987년	3월	5일	초판발행
1991년	3월	20일	개정판발행
1997년	2월	28일	제 2 개정판발행
2002년	3월	30일	제 3 개정판발행
2011년	2월	25일	제 4 개정판발행
2025년	1월	20일	중판발행

공저자 허문열 · 송문섭
발행인 안종만 · 안상준
발행처 (주) 박영사
서울특별시 종로구 새문안로3길 36, 1601
전화 (733)6771 FAX (736)4818
등록 1959. 3. 11. 제300-1959-1호(倫)
www.pybook.co.kr e-mail: pys@pybook.co.kr

저자와 협의하여 인지첩부를 생략함

정 가 24,000원

ISBN 978-89-6454-117-3